预设性能控制及其航天应用

Prescribed Performance Control and Its Aerospace Applications

罗建军 魏才盛 殷泽阳 著

国防工业出版社

·北京·

图书在版编目（CIP）数据

预设性能控制及其航天应用 / 罗建军，魏才盛，殷泽阳著.—北京：国防工业出版社，2023.2

ISBN 978-7-118-12767-6

Ⅰ. ①预…　Ⅱ. ①罗…　②魏…　③殷…　Ⅲ. ①航天器－性能控制　Ⅳ. ①V525

中国国家版本馆 CIP 数据核字（2023）第 028343 号

※

国防工業出版社 出版发行

（北京市海淀区紫竹院南路 23 号　邮政编码 100048）

北京虎彩文化传播有限公司印刷

新华书店经售

*

开本 710×1000　1/16　**印张** 17¼　**字数** 263 千字

2023 年 5 月第 1 版第 1 次印刷　**印数** 1—1500 册　**定价** 158.00 元

（本书如有印装错误，我社负责调换）

国防书店：（010）88540777　　书店传真：（010）88540776

发行业务：（010）88540717　　发行传真：（010）88540762

前言

受控系统的瞬态与稳态性能是衡量控制方法和控制器设计优劣的重要指标，如何在保障系统稳定性的前提下定量地刻画和确保受控系统的瞬态与稳态性能，在理论和应用方面都具有重要的研究意义和价值。因此，经典控制理论和现代控制理论都对该问题进行着持续的研究。

在以单输入单输出线性定常系统为典型对象的经典控制理论中，借助于传递函数这一数学工具，对受控系统的瞬态与稳态性能采用极点配置法实现定量化描述；在现代控制理论中，借助状态空间法进一步对多输入多输出线性系统进行定量化描述。随着受控对象的内部结构、系统层次、控制机理等越来越复杂，受控对象通常存在强烈的非线性，而且往往难以建立精确的数学模型，这就导致针对线性系统的瞬态与稳态性能定量化设计的方法难以应用于非线性系统中。针对非线性系统，基于终端滑模技术形成的有限时间控制方法实现了对受控对象趋近速度等瞬态性能的定量设计，但是分数阶状态及输出反馈的运用导致设计的控制器结构相对复杂；同时，符号函数的运用导致所设计的控制律不连续，不可避免地带来控制系统的抖振问题；此外，以上针对线性和非线性系统的控制性能定量化刻画的方法中，受控系统的控制性能都严重依赖于控制器参数，需要繁琐的后验调参过程，不利于对系统瞬态和稳态性能的优化设计。

区别于以上控制性能刻画的方法，预设性能控制作为一种先验定量地刻画受控系统控制性能的方法，能够根据控制目标需求先验设计相应的性能函数来定量地描述受控系统的瞬态与稳态性能，而且可以独立于所设计的控制器，从而避免了复杂的调参过程，这就为实现高品质非线性控制系统设计提供了一种潜在可行的方法。预设性能控制的基本框架和设计方法由希腊学者 Bechlioulis 和 Rovithakis 于 2008 年提出。得益于预设性能控制方法在预设受控系统性能和控制方案设计上的优势，近十年来，其在理论和应用研究方面得到了飞速的发展，受到了航空航天、机械、化工等领域的广泛关注。在航天领域，随着航天技术的进步与应用的深化，空间任务朝向复杂化、多约束、自主化、网络化等方向发展，航天器呈现出多载荷、变结构、刚柔耦合等特点，对航天器控制系统的设计带来了更多问题和挑战。预设性能控制方法作为一种能够先验设计控制系统性能的非线性控制方法，为解决航天器控制系统的设计提供了潜在的解决思路和技术方案。

促使作者开始关注和深入研究预设性能控制起源于“十三五”国家自然科学基金重大项目“空间翻滚目标捕获过程中的航天器控制理论与方法”指南的发布和相关研究工作的开展。本书是作者近几年来关于预设性能控制方法和航天器预设性能控制研究的成果总结，本书重视理论研究与新技术应用的结合，将强化学习技术和预设性能控制方法相结合，提出了数据驱动的动态预设性能控制方法，并将其用于刚性航天器和分布式航天器系统的姿态控制；提出了有限时间/约定时间预设性能函数设计方案和有限时间/约定时间预设性能控制方法，丰富和发展了有限时间控制理论和方法，并将其用于广义动力学系统位置和速度的双层预设性能控制；将时间驱动预设性能控制推广到事件驱动预设性能控制，在保障受控系统预设瞬态与稳态性能的基础上降低了受控系统信息或执行器更新频率，并将其用于柔性航天器的姿态稳定和跟踪控制；将全状态反馈预设性能控制方法发展到部分状态预设性能控制，在部分状态缺失情况下实现了组合体航天器的姿态控制。

本书的研究工作得到了国家自然科学基金重大项目“空间翻滚目标捕获过程中的航天器控制理论与方法”（61690210）及其课题“空间非合作目标交会的多约束智能自主规划与控制”（61690211）的资助，在此表示感谢！

本书适合于控制理论与工程和航空宇航科学与技术领域的科学研究和工程技术人员阅读和研究参考，也可作为高等院校相关专业研究生的教学参考书。期望本书对于研究和应用预设性能控制的学者和工程技术人员具有学术参考价值和使用价值，并引发更深层次的创新研究与应用。

作　者

2022 年 10 月

目录

Contents

01 第1章 概论

1.1 预设性能控制的概念

受控系统的瞬态与稳态性能是衡量控制方法和控制器设计优劣的重要指标，如何在保障系统稳定性的前提下，定量地刻画和确保受控系统瞬态与稳态性能，是经典控制理论和现代控制理论的重要研究内容。在以单输入单输出的线性定常系统为典型对象的经典控制理论中，借助于传递函数这一数学工具，对受控系统的瞬态与稳态性能采用极点配置等方法实现定量化描述；在现代控制理论中，借助于状态空间这一数学工具将研究扩展到了多输入多输出线性系统中。随着工程应用需求的变化和技术要求的提高，受控对象的内部结构、系统层次、控制机理越来越复杂，其中通常存在很强的非线性，且往往难以建立精确的数学模型，这就导致针对线性系统的瞬态与稳态性能的定量化设计方法难以应用于非线性系统中。针对非线性系统，基于终端滑模技术形成的有限时间控制方法实现了对受控对象趋近速度等瞬态性能的定量设计，但是分数阶状态及输出反馈的运用导致设计的控制器结构相对复杂；同时，符号函数的运用导致所设计的控制律不连续，不可避免地带来控制系统抖振问题；此外，以上针对线性和非线性系统的控制性能定量化刻画的方法中，受控系统的控制性能都严重依赖于控制器参数设计和选取，需要繁杂的后验调参过程，不利于对系统瞬态和稳态性能的优化设计。

预设性能控制（Prescribed performance control，PPC）方法作为一种先验定量地刻画受控系统控制性能的方法，于 2008 年由希腊学者 Bechlioulis 和 Rovithakis 共同提出[1]。该方法的核心思想是根据任务对受控对象的性能要求，利用预先设定的性能包络函数的收敛特性来定量地描述和刻画受控系统的瞬态和稳态性能，从而人为地设定受控系统状态（误差）的性能包络，并据此设计预设性能控制器实现对受控系统状态的控制。其中，定量描述和刻画的受控对象状态的动态性能包括趋近速率、上调量、下调量等，稳态性能一般为受控系统的控制精度或者稳态误差范围。

图 1-1 给出了预设性能控制作用下受控系统轨线的示意图[2]。预设性能控制方

法通过人为设计性能函数 $\rho(t)$ 对受控系统的状态 $e(t)$ 进行定量化的性能包络设计，性能函数 $\rho(t)$ 的性质（如趋近速度、稳态边界等）决定了受控系统状态 $e(t)$ 的轨迹可达范围。可见，预设性能控制方法的核心是设计性能函数和控制器，将受控系统的状态限制在所设计的性能包络中，从而达到定量化地控制瞬态与稳态性能的目的。因此，如何实现所预设的性能是预设性能控制方法实施的关键和应用的初衷。

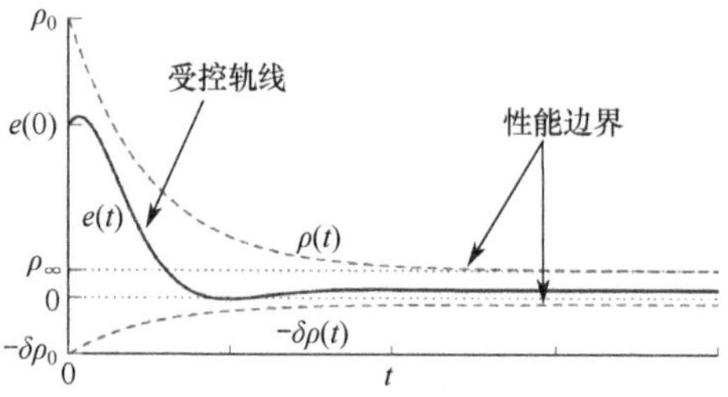

图 1-1　预设性能控制中的受控系统轨线示意图[2]

1.2 预设性能控制研究现状

预设性能控制的思想最早可以追溯到 Ilchmann 等[3]在 2002 年提出的漏斗（Funnel）控制概念，漏斗控制的示意图如图 1-2 所示[4]。预设性能控制方法在本质上是漏斗控制思想和实现方法的演化与提升。二者的核心观点都是预先设计受控系统的瞬态与稳态性能，然后通过控制器的设计来保证全时间域上性能的实现。但是二者也有一些区别。图 1-3 给出了预设性能控制的框架和基本步骤，可以看出，预设性能控制方法的实现方式主要包括三个步骤：①对受控系统的状态（误差）人为地设定预设性能约束（性能边界约束函数通常选择为渐近收敛的函数）；②为了避免由于人为地引入了性能约束而导致的在约束情况下控制器设计复杂度和难度的增加问题，通过引入对等映射函数将约束空间同胚映射到无约束空间；③在映射生成的新空间内，设计能够保证新系统稳定的控制器。其中，控制器具体的设计形式与采用的控制方法相关，因此形式上具有多样性和灵活性。对于漏斗控制，则是借用纳入性能边界的增益函数形成误差反馈控制律，以此来实现预设性能控制。故此，预设性能控制方法与漏斗控制方法相比，虽然两者都能实现对受控系统的预设性能控制，但是预设性能控制方法更进一步地给出了实现预设性能的基本设计框架，而在具体的控制器设计层面并没有严格的限制。

自从预设性能控制方法被提出以来，得益于该方法在预设受控系统性能和控制方案设计上的优势，其在理论研究和应用领域得到了飞速的发展，并呈现出五个特点：①由静态增益预设性能控制方法向着动态预设性能控制方法发展；②由指数收敛的预设性能控制方法向着有限/约定时间收敛的预设性能控制方法发展；③由时间驱动的预设性能控制方法向着事件驱动的预设性能控制方法发展；④由不考虑执行器状况向着考虑执行器安装误差与故障的容错预设性能控制方法发展；⑤由全状态反馈的预设性能控制方法向着部分状态反馈的预设性能控制方法发展。

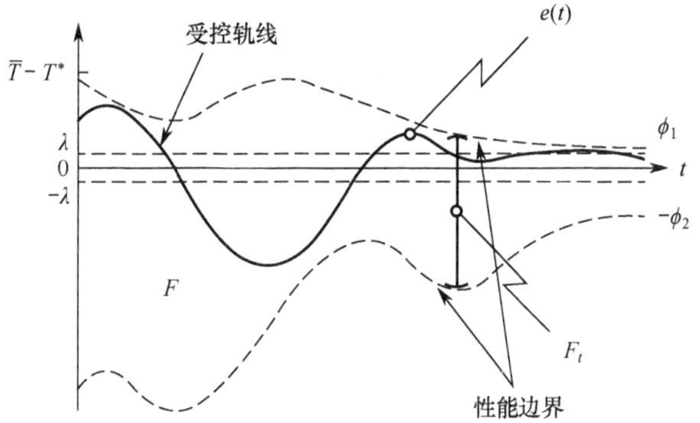

图 1-2　漏斗控制示意图[4]

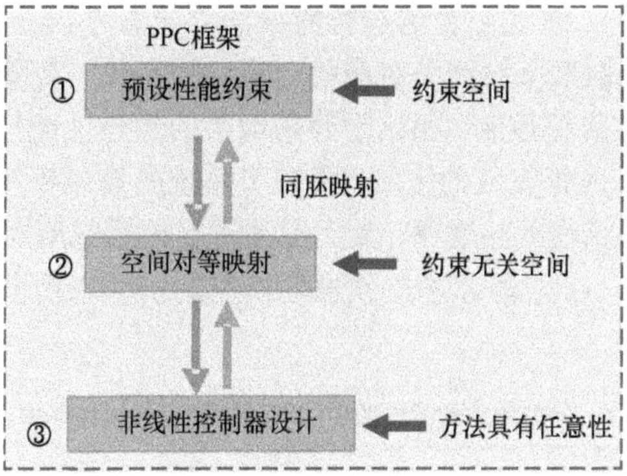

图 1-3　预设性能控制框架和基本步骤

1.2.1　静态增益/动态预设性能控制

自从 2008 年预设性能控制方法被提出以来，其最典型的研究进展就是针对严格负反馈系统（或由多个严格负反馈系统形成的大型互联非线性系统），设计了静态增益的类 PID（Proportion integration differentiation，PID）形式的预设性能控制控制器。例如 Rovithakis 团队针对不确定严格负反馈系统，提出了类比例控制的预设性能控制方法，实现了系统在未知非线性动力学下的鲁棒控制[5]。胡云安等[6]和陈明等[7]采用退步控制，设计了鲁棒预设性能控制控制器，实现了对级联负反馈系统的稳定控制。现有研究中，静态增益预设性能控制器的结构类似于传统 PID 控制。例如，文献[8]和文献[9]分别给出的控制器结构具有式（1-1）和式（1-2）的形式：

$$u_i = -k_{i,1}\zeta_i^{-1}z_i - k_{i,2}\zeta_i^{-1}\int_0^t z_i(\tau)\mathrm{d}\tau = -k_{i,1}\zeta_i^{-1}\ln\left(\frac{\delta_{i,1}+\Lambda_i}{\delta_{i,2}-\Lambda_i}\right) - k_{i,2}\zeta_i^{-1}\int_0^t \ln\left(\frac{\delta_{i,1}+\Lambda_i(\tau)}{\delta_{i,2}-\Lambda_i(\tau)}\right)\mathrm{d}\tau \tag{1-1}$$

$$u_i(s_i,t) = -k_i\frac{1}{2\rho_i(t)}\frac{1}{(1+\varepsilon_i)(1-\varepsilon_i)}\ln\left(\frac{1+\varepsilon_i}{1-\varepsilon_i}\right) \tag{1-2}$$

式（1-1）中的 $k_{i,1},k_{i,2}$ 和式（1-2）中的 k_i 表示为对应的静态控制增益，其他参数的具体含义可以参考相应的文献。从这两个控制器的结构可以看出，静态增益预设性能控制方法的控制器结构类似于 PID，其控制器的增益是静态固定的。静态增益预设性能控制方法的优点是控制器结构简单、复杂度低，易于实际系统在线应用。

虽然静态增益预设性能控制的控制器结构简单、复杂度低，无需对受控系统的动力学模型进行辨识，但是其对于动力学模型和外界环境不确定性的鲁棒性和自适应性有很强的局限性。因此，为了提升静态增益预设性能控制方法的鲁棒性和自适应性，融合神经网络、模糊系统、支持向量机等智能算法的自适应动态预设性能控制律不断被提出[10,11]。通过融合这些智能算法对未知不确定动力学的在线逼近能力，在预设性能控制框架下设计了对应的自适应控制律，实现了对含有未知强不确定动力学模型系统的鲁棒控制。相比于静态增益的预设性能控制律，自适应动态预设性能控制律缩小了系统收敛的区域，提升了系统的控制精度。同时由于自适应参数的引入，提高了系统收敛的速率，大大增强了受控系统应对不确定参数和外界环境的自适应能力。表 1-1 对静态增益预设性能控制和动态预设性能控制方法的优缺点进行了对比。

表 1-1　静态增益预设性能控制和动态预设性能控制方法对比

控制方法	控制器结构	收敛特性	优　点	缺　点
静态增益预设性能控制方法	类 PID 形式	收敛较慢	结构简单、易于在线实现	鲁棒性差、抗干扰和不确定性能力差
动态预设性能控制方法	结构多样，包含自适应参数信息	收敛较快	鲁棒性高、抗干扰和应对不确定性能力强	参数调节计算量大，不易在线实现

在实际应用中，是采用静态增益预设性能控制方法还是动态预设性能控制方法，需要综合考虑被控对象和系统实现的硬件计算能力、控制精度需求、被控对象的外界环境等因素。通常情况下，硬件计算能力欠佳且控制精度要求不高的被控对象，可以采用静态增益预设性能控制方法；硬件计算能力强、系统结构和控制任务复杂的被控对象，应考虑采用动态预设性能控制方法。

考虑到动态预设性能控制方法在应对系统各类不确定性（如参数与非参数不确定性、外部干扰等）方面的巨大优势，不确定性控制系统对预设性能能力的需求和计算复杂度的提高，面向具体控制系统研究满足强鲁棒性和实时性的动态预设性能控制方法，是未来预设性能控制方法的重要发展方向。

1.2.2 指数收敛/有限时间/约定时间预设性能控制

预设性能约束函数设计是实现预设性能控制的主要工作之一。不同特征的预设性能函数也是区分不同预设性能控制方法的重要方面。现有的预设性能控制方法多采用指数形式的预设性能函数来定量地刻画受控系统的瞬态与稳态性能，如式（1-3）所示，这就使得受控对象具有指数收敛的趋近速率。

$$\mu(t) = (\mu_0 - \mu_\infty)\exp(-\kappa_0 t) + \mu_\infty \tag{1-3}$$

其中：$\mu_0 > \mu_\infty > 0$； $\kappa_0 > 0$ 是常量参数。

在指数型预设性能函数的作用下，可以保证受控系统状态的有效收敛。但从理论角度而言，受控系统的状态在无限时间才能达到预设的稳态性能。为了加快受控系统的趋近速率，基于终端滑模技术的预设性能控制方法被提出[12]。在文献[12]中，性能包络采用类似式（1-3）的指数函数进行刻画，然后采用终端滑模技术设计相应的控制器，实现了受控欧拉-拉格朗日广义动力学系统的有限时间预设性能控制。类似的有限时间预设性能控制研究和实现方式还有文献[13-15]。这些研究虽然能够实现有限时间的预设性能控制控制，但是由于终端滑模技术的应用，导致控制器的形式复杂，且不连续的控制器难以在实际工程中有效应用。为了克服指数收敛性能函数和上述研究存在的缺陷，本书作者创新性地提出了约定时间收敛的性能函数设计方法，然后借助于预设性能控制方法框架，使得受控对象的状态能够在用户给定的时间内到达指定的稳态边界内[16]。与此同时，为了实现对航天器姿态的约定时间跟踪控制，又进一步提出了能够同时对姿态和角速度施加约束的约定时间预设性能控制方法[17]。相比于基于滑模技术的有限时间预设性能控制方法，本书作者提出的约定时间预设性能控制方法没有用到分数阶状态和符号函数，因此克服了基于滑模技术的预设性能控制方法的缺点[18]。表 1-2 对以上考虑时间约束的不同预设性能控制方法进行了对比。

表 1-2 考虑时间约束的预设性能控制实现方法对比

控制方法	性能函数	控制器结构	收敛特性	缺点
传统预设性能控制方法	指数收敛	只包含状态一阶信息	指数收敛稳定	收敛时间慢
基于终端滑模的预设性能控制方法	指数收敛	包含状态分数阶、符号函数等信息	有限时间稳定	控制器计算量大且不连续，容易出现抖振
约定时间预设性能控制方法	约定时间收敛	只包含状态一阶信息	约定时间稳定	被控对象一致最终有界收敛

稳、准、快、省是控制系统追求的目标。研究和发展有限/约定时间收敛的预

设性能控制方法是为了提高指数收敛预设性能控制方法的瞬态性能，从而实现对被控对象“又好又快”的控制。尤其是约定时间预设性能控制方法，能够保证系统状态在用户给定的时间内收敛，能够与任务的完成时间约束进行很好地结合，具有重要的理论意义和工程应用价值。因此，有限时间/约定时间预设性能控制方法也是预设性能控制发展的趋势和重要的研究方向。

1.2.3 时间/事件驱动预设性能控制

现有的预设性能控制方法（如文献[5-11]）多是时间驱动的，即控制系统的指令更新和通信是周期性采样的，这就对受控系统的通信能力以及执行器响应能力提出了较高的要求。例如文献[5-8]和文献[10]针对严格负反馈系统设计了时间驱动的预设性能控制器，控制器依赖受控系统的采样时间进行更新；文献[9]拓展了时间驱动预设性能控制方法在多输入多输出非线性系统中的应用；文献[11]和文献[19-23]对时间驱动的预设性能控制方法在航天器上的应用进行了研究。其中，Wei等[11]针对空间机械臂抓捕非合作目标后形成的组合体航天器，提出了基于反馈数据学习的自适应预设性能控制方法，实现了在组合体航天器未知惯性信息下的姿态稳定和跟踪控制。殷泽阳等[19]研究了视线坐标系下追踪航天器接近与跟踪空间非合作目标的预设性能控制，实现了在目标惯性信息未知情况下对目标的接近。马广富等[20]通过融合终端滑模技术和预设性能控制提出了航天器自适应姿态跟踪控制方法，实现了有限时间姿态跟踪控制。张超等[21]、Luo 等[22]以及 Huang 等[23]进一步研究了预设性能控制方法在柔性和刚性航天器姿态控制中的应用。但是以上在航天器姿态控制中的预设性能控制方法都是时间驱动的，并没有考虑航天器星载硬件系统的采样周期是否能够满足所设计方法的要求。除此之外，由于时间驱动的预设性能控制方法的控制器设计过程相对简单，也在其他许多实际系统中得到了广泛关注，如机械臂系统、水下航行器系统、航天器轨道系统等[24-28]。虽然时间驱动预设性能控制能够满足相应系统的控制性能需要，但是在实际系统中，受控对象的带宽有限，无法保证对期望的通信和执行器指令进行周期性不间断的响应。在这种情况下，有必要引入基于事件驱动的控制策略来降低受控系统的通信/执行机构响应的频次。图 1-4 给出了事件驱动控制系统的框图。相比于时间驱动控制，事件驱动控制中系统的信息交互是按照预先设计的触发条件（称为事件）决定的，因此信息和控制律更新是间歇的或者是非均匀周期的，这就大大减少了对系统网络通信的压力，同时也有助于减少计算资源以及执行机构的运行频次。文献[29-31]对近年来事件驱动控制研究的进展和趋势做了系统、全面的综述，但由于对事件驱动预设性能控制方法的研究才刚刚起步，因此对事件驱动预设性能控制研究的报道不多。其中，Choi 与 Yoo[32]针对带有量化非线性的单输入单输出纯反馈系统，提出了基于事件驱动的预设性能控制方法，在保障受控系统的瞬态与稳态性能的前提下，最大程度地降低了系统的通信与执行器更新次数。针对航天器姿态系统，Wu 等[33]提出了基于事件驱动的姿态预设性能控制方法，虽然降低了航天器系统的通信频率，但是该事件驱动预设性能控制方法是模型（转动惯量矩阵）依赖的，因此无法直接拓展解决惯量矩阵未知的航天器姿态控制问题，如空间在轨服务中机器人抓捕目标后组合体的稳定控制。针对抓捕目标后组合体航天器存在惯量信息未知的情况，本书作者提出了基于事件驱动的姿态预设性能控制方法，在无需对未知转动惯量辨识的前提下，实现了对组合体航天器的姿态跟踪控制，同时大大降低了执行器通信响应的频率[34]。

表 1-3 对时间驱动和事件驱动的预设性能控制方法的优缺点进行了对比。

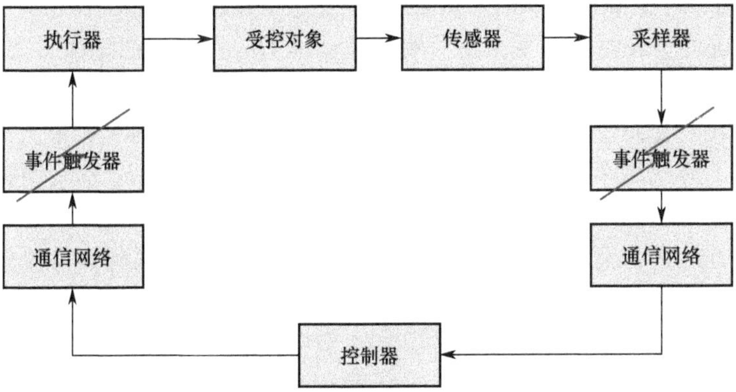

图 1-4 事件驱动控制系统框图

表 1-3 时间驱动与事件驱动预设性能控制方法对比

控制方法	控制器更新形式	保守性	优点	缺点
时间驱动预设性能控制	连续时间更新	收敛速度、控制精度等保守性小	硬件简单、控制精度较高	采样周期严重影响通信和执行器更新频率
事件驱动预设性能控制	离散时间更新	收敛速度、控制精度等保守性大	通信和执行器更新频率低	需要额外的硬件或者软件支撑

需要指出的是，现有的事件驱动预设性能控制方法多是在 Lyapunov 稳定性理论基础上，通过权衡系统稳定性和控制性能（尤其是趋近率和控制精度）的前提下实现的。因此，相比于时间驱动预设性能控制方法，事件驱动预设性能控制方法在系统收敛速度、控制精度等方面具有一定的保守性。

1.2.4 标称/容错预设性能控制

在进行控制系统设计的理论研究时，通常需要设计理想的控制力轨线（如研究姿态控制时，需要设计惯性系三轴的理想控制力矩）。但进行实际对象应用时，必须要考虑理想控制力的实施问题，即控制作用的施加与执行问题。例如在长期的空间任务中，难以避免地要遭遇各种干扰、执行器偏心、执行器效率下降、个别执行器卡死等故障。相对于惯量矩阵和外部干扰引起的不确定性，由执行器故障引起的不确定性量级更大、控制更难，甚至会造成控制系统失效。文献[35-37]对故障检测和隔离控制方法进行了综述和分析。总的来说，针对系统故障的容错控制方法分为两类，即主动容错控制和被动容错控制。

主动容错控制方法主要体现在对受控系统所出现的故障进行检测、评估、隔离和容错机制制定，而被动容错主要是依赖于受控系统的冗余设计和控制系统的鲁棒性去消除或减小故障所带来的负面影响[38,39]。由于预设性能控制方法具有较强的鲁棒性，传统的预设性能控制方法可用来被动地适应执行器故障，如文献[40]针对多个不确定性非线性系统提出了一种低复杂度容错预设性能控制方法，在未知执行器故障下实现了对受控系统的鲁棒跟踪控制。但是被动容错控制方式容错能力有限。为了解决这个问题，有学者在预设性能控制框架下分别利用模糊逻辑系统[41]和神经网络系统[42]近似地估计故障引起的不确定性函数，实现主动容错控制。此类方法在仿真中效果很好，但是在实际应用时会遇到计算复杂度高、实时性差等问题。

为了解决上述问题，Hu 团队[43,44]和本书作者团队[45]分别针对姿态控制系统和广义欧拉–拉格朗日动力学系统提出了低复杂度的自适应容错预设性能控制方法。此类方法构造的自适应律复杂度低、容错能力强、容错效果好，更适合实际系统的容错预设性能控制应用。

1.2.5 全状态/部分状态反馈预设性能控制

在实际系统中，由于传感器故障和测量能力受限，会存在受控对象部分信息缺失或不可测的情况，进而导致无法实施全状态反馈的预设性能控制。针对这一问题，观测器技术的飞速发展和应用为不可测状态的估计和部分状态反馈控制提供了有效途径。但是，针对线性系统，有比较成熟的观测器设计方法，如 Kalman 滤波器和 Luenberger 观测器；对于非线性系统，截止到目前还没有完善统一的观测器设计方法。

现有的非线性观测器设计方法有：基于 Lyapunov 理论的方法、基于坐标变换的方法、扩展 Luenberger 方法以及扩展 Kalman 方法等[46,47]。文献[48-51]分别就不同类型的受控系统的状态估计和控制进行了比较全面的综述和介绍。虽然以上文献工作涉及的观测器能够实现对未知状态的在线估计，但是由于缺乏统一的性能设计和评估框架，导致受控系统的瞬态与稳态性能很少得到关注。为了解决部分状态未知情况下的预设性能控制，近几年来，预设性能控制方法通过融合观测器技术，形成了基于部分状态反馈的预设性能控制方法，实现了受控系统性能与观测系统的并行设计。例如文献[52]借助于系统模型，针对单输入单输出的严格负反馈和非负反馈非线性系统，分别设计了相应的状态观测器，并基于预设性能控制框架，实现了在部分状态未知情况下的非线性系统跟踪控制。

但是现有状态观测器仅能对受控系统的未知状态进行观测，并不能对系统存在的不确定性和外界干扰进行观测。为了解决此问题，自抗扰控制技术应运而生。在自抗扰控制技术中，将存在的不确定性和干扰统一视为一个新的状态，通过设计一个扩展状态观测器实现对这些未知信息的在线估计[53,54]。由于自抗扰控制技术能够完美地与 PID 控制结合，使得其受到多个领域的广泛关注，例如，航天器姿态系统、电机伺服系统、船舶系统、空间机器人系统等[55-59]。在自抗扰控制技术中，微分观测器由于结构设计简单，且不依赖于具体的受控系统模型，经常用来作为状态观测器对未知状态进行估计。得益于此，本书作者针对抓捕非合作目标后的组合体航天器的接管控制问题，考虑了组合体角速度不可测问题，设计了非线性状态微分观测器，在对未知角速度观测前提下，提出了一种不依赖系统惯量信息的预设性能控制方法[60]。为了扩展基于微分观测器的预设性能控制方法，本书作者又进一步研究了高阶互联非线性系统的分散控制[61]，并将其应用于航天器编队飞行控制。

考虑到控制系统朝向大型化、复杂化的趋势发展，受限于系统传感器的成本，多类型控制系统往往无法装载全状态测量传感器，因此，结合状态观测器设计方法开展部分状态反馈预设性能控制方法及应用研究是预设性能控制理论与方法的重要发展方向。

1.3 航天器预设性能控制研究背景与需求

由于在线计算能力的局限性，早期的航天器控制系统多采用离线计算轨道和姿态控制输入的方式，并通过开环控制或天地大回路进行航天器操控。随着在线计算能力的提升，PID 控制方法由于其结构和计算过程简单、控制效果稳定、不依赖模型参数的特点，成为航天器在轨反馈控制的主流方法[62]。然而，PID 控制方法的控制性能严重依赖参数的调节，且控制精度有限。随着航天任务复杂度以及对控制的高精度和自主性要求的不断提升，PID 控制方法已经无法满足一些复杂和高要求的航天任务。

为了提升在轨控制的精度、最优性和鲁棒性，航天领域学者和工程师结合先进的控制理论和方法，提出了一系列航天器控制方法，如滑模控制方法[63-67]、鲁棒控制方法[68-70]、最优控制方法[71-73]、模型预测控制方法[74-76]等。滑模控制方法及其衍生出来的有限时间控制方法和固定时间控制方法由于其强鲁棒性得到了极大的发展，在航天器的姿态控制、多航天器的协同控制等应用对象中取得了很好的控制效果。鲁棒控制方法通过主动估计外部干扰的影响，并设计控制器使得外部干扰的影响最小，因而对干扰具有较强的抑制能力。最优控制方法通过构造关于系统状态和控制输入的性能指标，进行离线或在线优化，得到性能较优的控制器。模型预测控制方法通过引入滚动优化机制，主动预测未来一段时域的控制结果，并反馈给控制器从而给出最优的控制输入。

随着航天技术的进步与应用的深化，空间任务朝向复杂化、多约束、自主化、网络化等方向发展，随之也对航天器控制系统的设计提出了更多问题和挑战。为了满足新型空间任务的需求，航天器呈现出多载荷、变结构、刚柔耦合等发展趋势。对于航天器控制系统的设计而言，复杂化的空间任务对控制系统的控制性能提出了更高的要求。新型空间任务中存在很多约束，如复杂航天器的姿态控制中需要考虑在变结构、刚柔耦合工况下的姿态精度约束、在轨服务与空间操控中需要考虑目标的翻滚特性、（非合作）目标的避障和禁飞区约束、交会走廊约束等。当系统状态违反任务约束时，就可能会发生碰撞、执行器失效、机构损坏等问题，严重情况甚至会导致任务的失败。前述控制方法，如滑模控制方法等，虽然能够保证系统的最终稳定，然而无法先验估计或设计状态量收敛过程中的性能指标，因此在收敛过程中，尤其是在存在强不确定性的情况下，可能会违反任务和工程约束，导致任务的失败。

基于 1.2 节对预设性能控制方法研究和发展现状的综述与分析，可以发现预设性能控制方法在定量刻画和描述非线性系统瞬态与稳态性能上具有突出的优势，在航天器的控制中具有重要的工程应用前景，是一种面向航天任务需求的控制方法。利用预设性能函数预先设计满足复杂航天任务性能需求的性能边界，并设计控制器保证预设性能指标的实现，能够从理论上保证复杂航天任务满足期望的性能指标，确保任务的顺利进行。

预设性能控制方法在理论和应用趋向成熟的过程中还有许多亟待解决的难题。例如，现有预设性能控制方法多用于解决单个非线性系统或者耦合多个子系统的分散大系统的控制问题，但是在分布式系统中的应用相对较少。针对分布式系统，在仅依赖子系统之间的交互信息的基础上，如何定量化刻画和描述各个子系统的瞬态与稳态性能是一大难点；现有预设性能控制方法能对受控系统的单个状态或者耦合的状态进行性能包络的设计，鲜有能够对受控系统的多个状态同时进行性能包络设计的，即现有预设性能控制方法很难处理多层状态的约束问题。除此之外，现有预设性能控制方法能够处理规则的状态约束，而对非规则（如非凸的、非连续的）的状态约束却束手无策。因此，有必要进一步深入地对预设性能控制开展研究，完善和丰富其理论体系。

具体到航天应用角度，预设性能控制方法为航天控制领域的应用与发展提供了有潜在应用前景的解决思路和技术方案。尽管国内外学者围绕不同应用对象的预设性能控制方法开展了诸多工作，但是随着空间任务的不断复杂化，以及对控制系统要求的不断提高和各种新型智能算法的不断开发，基于预设性能控制进行航天器相关的控制方法研究仍具有广阔的发展空间。此外，目前预设性能控制方法在航天领域中多用于单个航天器的姿态控制中，对于轨道控制、空间机械臂操控、多航天器控制、多阶段控制的研究仍然较少。面向未来空间任务的需求，并考虑到现有预设性能控制方法本身存在的缺陷，进一步开展航天器预设性能控制方法研究对于提升航天器控制品质具有重要的应用价值。

1.4 本书内容安排

本书以预设性能控制方法的研究与发展，以及航天器预设性能控制应用为主线，全书共分 9 章，内容包括预设性能控制基本方法（第 2 章）、动态预设性能控制方法及应用（第 3 章和第 4 章）、有限/约定时间预设性能控制方法及应用（第 5 章和第 6 章）、事件驱动预设性能控制方法及应用（第 7 章）、部分状态反馈预设性能控制方法及应用（第 8 章），以及典型航天任务的预设性能控制（第 9 章）。其中，第 2 章从预设性能控制的基本原理和方法出发，给出了静态增益预设性能控制方法的实现步骤及应用实例；第 3 章和第 4 章为动态预设性能控制，分别介绍了低复杂度自适应动态预设性能控制方法和数据驱动动态预设性能控制方法；第 2 章至第 6 章为时间驱动预设性能控制（其中第 2 章至第 4 章为指数收敛的无限时间预设性能控制，第 5 章和第 6 章为有限/约定时间收敛预设性能控制），第 7 章为事件驱动预设性能控制；第 2 章至第 7 章为全状态反馈的预设性能控制，第 8 章为部分状态反馈的预设性能控制。

各章的主要内容如下：

第 1 章介绍了预设性能控制的概念，分析了预设性能控制方法的由来及其发展现状，并总结了该方法的发展过程及其重要特点和发展趋势。

第 2 章介绍了预设性能控制的基本方法，针对典型的大型互联非线性系统，给出了静态增益预设性能控制控制器设计的步骤和过程，并通过三组仿真算例说明了静态增益预设性能控制方法的有效性和局限性。

第 3 章以广义动力学系统——欧拉-拉格朗日型系统为控制对象，介绍了采用自适应算法实现低复杂度动态预设性能控制的方法、步骤和过程。给出了在模型信息未知/半未知情况下的自适应动态预设性能控制器设计流程。并以刚性航天器姿态稳定和跟踪任务为算例，开展了仿真研究并验证了低复杂度自适应动态预设性能控制方法的有效性。

第 4 章以广义动力学系统——欧拉-拉格朗日型系统为控制对象，介绍了采用自适应动态规划算法实现动态预设性能控制的方法、步骤和过程。在模型信息未知/半未知情况下，首先设计了标称预设性能控制器，实现了广义动力学系统的基本稳定；其次，通过融合自适应动态规划的数据驱动算法，设计了动态补偿控制器，自适应调节标称预设性能控制器的性能；最后，分别通过单航天器姿态跟踪控制任务和分布式航天器的姿态协同控制任务的算例仿真，验证了采用自适应动态规划算法的数据驱动动态预设性能控制方法的有效性。

第 5 章以广义动力学系统——欧拉-拉格朗日型系统为控制对象，介绍了有限时间预设性能控制方法及其实现的步骤和过程。首先，设计了有限时间收敛的性能函数；其次，基于系统可测数据构造了有限时间稳定的流形，并设计了有限时间可达的预设性能控制器，实现了在模型信息未知/半未知情况下的有限时间预设性能控制；最后，通过二阶机械系统的算例仿真验证了有限时间预设性能控制方法的有效性。

第 6 章首先以广义动力学系统——欧拉-拉格朗日型系统为控制对象，介绍了约定时间预设性能控制的方法及其实现步骤和过程。针对广义位置和速度分别设计了双层约定时间可达的性能函数，并在双层预设性能函数下，设计了鲁棒稳定的控制器，实现了受控系统的约定时间控制，通过航天器姿态跟踪任务的算例仿真，验证了约定时间预设性能控制方法的有效性。然后，为了拓展约定时间预设性能控制方法的应用范围，针对一类高阶非线性系统，提出了一种基于反步法的约定时间预设性能控制方法，并通过算例仿真验证了这种高阶非线性系统约定时间预设性能控制方法的有效性。

第 7 章以广义动力学系统——欧拉-拉格朗日型系统为控制对象，介绍了事件驱动容错预设性能控制方法及其实现步骤和过程。首先，分析了执行器的常规故障类别，并建立了相应的故障模型；其次，采用径向基神经网络技术实现了对未知动力学模型的近似逼近。与此同时，借助于范数不等式技术设计了相应的自适应控制器，实现了在执行器故障下的系统容错预设性能控制；最后，通过柔性航天器姿态稳定和跟踪控制算例仿真，验证了事件驱动容错预设性能控制方法的有效性。

第 8 章以广义动力学系统——欧拉-拉格朗日型系统为控制对象，介绍了部分状态反馈预设性能控制方法及其实现步骤和过程。首先，设计了有限时间稳定的微分观测器，实现了对未知广义速度信息的在线估计；其次，基于系统可测信息和微分观测器的输出信息，设计了基于有限时间微分观测器的部分状态反馈预设性能控制器，实现了在模型信息未知以及速度信息未知情况下的系统控制；最后，通过空间机器人抓捕目标后形成的组合体航天器的姿态稳定任务的算例仿真，验证了部分状态反馈预设性能控制方法的有效性。

第 9 章介绍了预设性能控制方法在三个典型航天任务中的应用。主要介绍了三种典型航天任务，即空间非合作目标自主视线交会控制任务、绳系卫星抛掷控制任务以及平动点轨道目标的交会任务。通过对预设性能控制方法在三种典型航天任务的应用仿真，进一步说明了预设性能控制方法的有效性及其航天应用前景。

参考文献

[1] Bechlioulis C P, Rovithakis G A. Robust adaptive control of feedback linearizable MIMO nonlinear systems with prescribed performance[J]. IEEE Transactions on Automatic Control, 2008, 53(9): 2090-2099.

[2] 魏才盛, 罗建军, 殷泽阳. 航天器姿态预设性能控制方法综述[J]. 宇航学报, 2019, 40(10): 1167-1176.

[3] Ilchmann A, Ryan E P, Sangwin C J. Tracking with prescribed transient behaviour[J]. ESAIM: Control, Optimisation and Calculus of Variations, 2002, 7: 471-493.

[4] Ilchmann A, Trenn S. Input constrained funnel control with applications to chemical reactor models[J]. Systems & Control Letters, 2004, 53(5): 361-375.

[5] Bechlioulis C P, Rovithakis G A. A low-complexity global approximation-free control scheme with prescribed performance for unknown pure feedback systems[J]. Automatica, 2014, 50(4): 1217-1226.

[6] 胡云安, 耿宝亮, 赵永涛. 严格反馈非线性系统预设性能 Backstepping 控制器设计[J]. 控制与决策, 2014(8):1509-1512.

[7] 陈明, 张士勇. 基于 Backstepping 的非线性系统预设性能鲁棒控制器设计[J]. 控制与决策, 2015, 30(5): 877-881.

[8] Wei C, Luo J, Dai H, et al. Low-complexity differentiator-based decentralized fault-tolerant control of uncertain large-scale nonlinear systems with unknown dead zone[J]. Nonlinear Dynamics, 2017, 89(4): 2573-2592.

[9] Bechlioulis C P, Rovithakis G A. Decentralized robust synchronization of unknown high order nonlinear multi-agent systems with prescribed transient and steady state performance[J]. IEEE Transactions on Automatic Control, 2016, 62(1): 123-134.

[10] Luo J, Wei C, Dai H, et al. Robust LS-SVM-based adaptive constrained control for a class of uncertain nonlinear systems with time-varying predefined performance[J]. Communications in Nonlinear Science and Numerical Simulation, 2018, 56: 561-587.

[11] Wei C, Luo J, Dai H, et al. Learning-based adaptive prescribed performance control of postcapture space robot-target combination without inertia identifications[J]. Acta Astronautica, 2018, 146: 228-242.

[12] Li X, Luo X, Wang J, et al. Finite-time consensus of nonlinear multi-agent system with prescribed performance[J]. Nonlinear Dynamics, 2018, 91(4): 2397-2409.

[13] Hua C, Chen J, Li Y. Leader-follower finite-time formation control of multiple quadrotors with prescribed performance[J]. International Journal of Systems Science, 2017, 48(12): 2499-2508.

[14] Guo Y, Wang P, Ma G, et al. Prescribed performance based finite-time attitude tracking control for rigid spacecraft[C]. International Conference on Information Science and Technology, Granada,

Cordoba, and Seville, Spain, 2018.

[15] Chen Z, Chen Q, He X, et al. Adaptive finite-time command filtered fault-tolerant control for uncertain spacecraft with prescribed performance[J]. Complexity, 2018, 4912483: 1-12.

[16] Wei C, Luo J, Yin Z, et al. Leader-following consensus of second-order multi-agent systems with arbitrarily appointed-time prescribed performance[J]. IET Control Theory & Applications, 2018, 12(16): 2276-2286.

[17] Yin Z, Suleman A, Luo J, et al. Appointed-time prescribed performance attitude tracking control via double performance functions[J]. Aerospace Science and Technology, 2019, 93: 105337.

[18] Yin Z, Luo J, Wei C. Robust prescribed performance control for Euler–Lagrange systems with practically finite-time stability[J]. European Journal of Control, 2020, 52: 1-10.

[19] 殷泽阳，罗建军，魏才盛，等. 非合作目标接近与跟踪的低复杂度预设性能控制[J]. 宇航学报, 2017, 38(8): 855-864.

[20] 马广富，朱庆华，王鹏宇，等. 基于终端滑模的航天器自适应预设性能姿态跟踪控制[J]. 航空学报, 2018 (6): 136-146.

[21] 张超，孙延超，马广富，等. 挠性航天器预设性能自适应姿态跟踪控制[J]. 哈尔滨工业大学学报, 2018, 50(4): 1-7.

[22] Luo J, Yin Z, Wei C, et al. Low-complexity prescribed performance control for spacecraft attitude stabilization and tracking[J]. Aerospace Science and Technology, 2018, 74: 173-183.

[23] Huang X, Biggs J D, Duan G. Post-capture attitude control with prescribed performance[J]. Aerospace Science and Technology, 2020, 96: 105572.

[24] Karayiannidis Y, Papageorgiou D, Doulgeri Z. A model-free controller for guaranteed prescribed performance tracking of both robot joint positions and velocities[J]. IEEE Robotics and Automation Letters, 2016, 1(1): 267-273.

[25] Wang M, Yang A. Dynamic learning from adaptive neural control of robot manipulators with prescribed performance[J]. IEEE Transactions on Systems, Man, and Cybernetics: Systems, 2017, 47(8): 2244-2255.

[26] 高吉成. 具有预设性能的自适应容错控制研究及其在水下机器人的应用[D]. 扬州大学, 2017.

[27] Wang S, Na J, Ren X. RISE-based asymptotic prescribed performance tracking control of nonlinear servo mechanisms[J]. IEEE Transactions on Systems, Man, and Cybernetics: Systems, 2017, 48(12): 2359-2370.

[28] 郑丹丹，罗建军，殷泽阳，等. 速度信息缺失的平动点轨道交会预设性能控制[J]. 宇航学报, 2019, 40(5): 508-517.

[29] Ding L, Han Q L, Ge X, et al. An overview of recent advances in event-triggered consensus of multiagent systems[J]. IEEE Transactions on Cybernetics, 2018, 48(4): 1110-1123.

[30] Heemels W, Johansson K H, Tabuada P. An introduction to event-triggered and self-triggered

control[C]. IEEE Conference on Decision and Control, Maui, USA, 2012.
[31] Zhu W, Jiang Z P, Feng G. Event-based consensus of multi-agent systems with general linear models[J]. Automatica, 2014, 50(2): 552-558.
[32] Choi Y H, Yoo S J. Robust event-driven tracking control with preassigned performance for uncertain input-quantized nonlinear pure-feedback systems[J]. Journal of the Franklin Institute, 2018, 355(8): 3567-3582.
[33] Wu B, Shen Q, Cao X. Event-triggered attitude control of spacecraft[J]. Advances in Space Research, 2018, 61(3): 927-934.
[34] Wei C, Luo J, Ma C, et al. Event-triggered neuroadaptive control for postcapture spacecraft with ultralow-frequency actuator updates[J]. Neurocomputing, 2018, 315: 310-321.
[35] 周东华, 席裕庚, 张钟俊. 故障检测与诊断技术[J]. 控制理论与应用, 1991(1): 1-10.
[36] Zaytoon J, Lafortune S. Overview of fault diagnosis methods for discrete event systems[J]. Annual Reviews in Control, 2013, 37(2): 308-320.
[37] Yin S, Xiao B, Ding S X, et al. A review on recent development of spacecraft attitude fault tolerant control system[J]. IEEE Transactions on Industrial Electronics, 2016, 63(5): 3311-3320.
[38] Wang R, Wang J. Fault-tolerant control with active fault diagnosis for four-wheel independently driven electric ground vehicles[J]. IEEE Transactions on Vehicular Technology, 2011, 60(9): 4276-4287.
[39] Li X, Liu H H T. A passive fault tolerant flight control for maximum allowable vertical tail damaged aircraft[J]. Journal of Dynamic Systems, Measurement, and Control, 2012, 134(3): 031006.
[40] Zhang J X, Yang G H. Prescribed performance fault-tolerant control of uncertain nonlinear systems with unknown control directions[J]. IEEE Transactions on Automatic Control, 2017, 62(12): 6529-6535.
[41] Tong S, Li Y, Xu Y. Prescribed performance fuzzy adaptive fault-tolerant control of non-linear systems with actuator faults[J]. IET Control Theory & Applications, 2014, 8(6):420-431.
[42] Chen M, Liu X, Wang H. Adaptive robust fault-tolerant control for nonlinear systems with prescribed performance[J]. Nonlinear Dynamics, 2015, 81(4): 1727-1739.
[43] Xiao B, Hu Q, Zhang Y. Adaptive sliding mode fault tolerant attitude tracking control for flexible spacecraft under actuator saturation[J]. IEEE Transactions on Control Systems Technology, 2011, 20(6): 1605-1612.
[44] Hu Q, Shao X, Guo L. Adaptive fault-tolerant attitude tracking control of spacecraft with prescribed performance[J]. IEEE/ASME Transactions on Mechatronics, 2018, 23(1): 331-341.
[45] Yin Z, Luo J, Wei C. Quasi fixed-time fault-tolerant control for nonlinear mechanical systems with enhanced performance[J]. Applied Mathematics and Computation, 2019, 352: 157-173.
[46] Tsui C C. Observer design - A survey[J]. International Journal of Automation and Computing,

2015, 12(1): 50-61.

[47] Simon D. Kalman filtering with state constraints: a survey of linear and nonlinear algorithms[J]. IET Control Theory & Applications, 2010, 4(8): 1303-1318.

[48] Ho H F, Wong Y K, Rad A B, et al. State observer based indirect adaptive fuzzy tracking control[J]. Simulation Modelling Practice and Theory, 2005, 13(7): 646-663.

[49] Gao Z, Breikin T, Wang H. Reliable observer-based control against sensor failures for systems with time delays in both state and input[J]. IEEE Transactions on Systems, Man, and Cybernetics-Part A: Systems and Humans, 2008, 38(5): 1018-1029.

[50] 赵红超，高建华，徐君明. 飞行器控制系统中不确定性的估计方法综述[J]. 飞航导弹，2016(10): 89-94.

[51] Mathieu J L, Koch S, Callaway D S. State estimation and control of electric loads to manage real-time energy imbalance[J]. IEEE Transactions on Power Systems, 2012, 28(1): 430-440.

[52] Sui S, Tong S, Li Y. Observer-based fuzzy adaptive prescribed performance tracking control for nonlinear stochastic systems with input saturation[J]. Neurocomputing, 2015, 158: 100-108.

[53] 韩京清. 自抗扰控制器及其应用[J]. 控制与决策, 1998, 13(1): 19-23.

[54] Han J. From PID to active disturbance rejection control[J]. IEEE Transactions on Industrial Electronics, 2009, 56(3): 900-906.

[55] 赖爱芳，郭毓，郑立君. 航天器姿态机动及稳定的自抗扰控制[J]. 控制理论与应用，2012, 29(3): 401-407.

[56] 吴忠，黄丽雅，魏孔明，等. 航天器姿态自抗扰控制[J]. 控制理论与应用，2013, 30(12): 1616-1621.

[57] Wang S, Ren X, Na J, et al. Extended-state-observer-based funnel control for nonlinear servomechanisms with prescribed tracking performance[J]. IEEE Transactions on Automation Science and Engineering, 2016, 14(1): 98-108.

[58] 李荣辉，曹峻海，李铁山. 波浪作用下船舶航向自抗扰控制设计及参数配置[J]. 控制理论与应用, 2018, 35(11): 1601-1609.

[59] 刘昊，魏承，谭春林，等. 空间充气展开绳网系统捕获目标自抗扰控制研究[J]. 自动化学报，2019, 45(9): 1691-1700.

[60] Luo J, Wei C, Dai H, et al. Robust inertia-free attitude takeover control of postcapture combined spacecraft with guaranteed prescribed performance[J]. ISA Transactions, 2018, 74: 28-44.

[61] Wei C, Luo J, Dai H, et al. Low-complexity differentiator-based decentralized fault-tolerant control of uncertain large-scale nonlinear systems with unknown dead zone[J]. Nonlinear Dynamics, 2017, 89(4): 2573-2592.

[62] Show L L, Juang J C, Lin C T, et al. Spacecraft robust attitude tracking design: PID control approach[C]. Proceedings of the American Control Conference, Anchorage, USA. 2002.

[63] Chen Y P, Lo S C. Sliding-mode controller design for spacecraft attitude tracking maneuvers[J].

IEEE Transactions on Aerospace and Electronic Systems, 1993, 29(4): 1328-1333.
[64] Lo S C, Chen Y P. Smooth sliding-mode control for spacecraft attitude tracking maneuvers[J]. Journal of Guidance, Control, and Dynamics, 1995, 18(6): 1345-1349.
[65] Xiao B, Hu Q, Zhang Y. Adaptive sliding mode fault tolerant attitude tracking control for flexible spacecraft under actuator saturation[J]. IEEE Transactions on Control Systems Technology, 2011, 20(6): 1605-1612.
[66] Lu K, Xia Y, Zhu Z, et al. Sliding mode attitude tracking of rigid spacecraft with disturbances[J]. Journal of the Franklin Institute, 2012, 349(2): 413-440.
[67] Song Z, Li H, Sun K. Finite-time control for nonlinear spacecraft attitude based on terminal sliding mode technique[J]. ISA Transactions, 2014, 53(1): 117-124.
[68] Gao H, Yang X, Shi P. Multi-objective robust H_∞ Control of spacecraft rendezvous[J]. IEEE Transactions on Control Systems Technology, 2009, 17(4): 794-802.
[69] Gao X, Teo K L, Duan G R. Robust H_∞ control of spacecraft rendezvous on elliptical orbit[J]. Journal of the Franklin Institute, 2012, 349(8): 2515-2529.
[70] Gao X, Teo K L, Duan G R. Non-fragile robust H_∞ control for uncertain spacecraft rendezvous system with pole and input constraints[J]. International Journal of Control, 2012, 85(7): 933-941.
[71] Liu Q, Wie B. Robust time-optimal control of uncertain flexible spacecraft[J]. Journal of Guidance, Control, and Dynamics, 1992, 15(3): 597-604.
[72] Sharma R, Tewari A. Optimal nonlinear tracking of spacecraft attitude maneuvers[J]. IEEE Transactions on Control Systems Technology, 2004, 12(5): 677-682.
[73] Xin M, Pan H. Nonlinear optimal control of spacecraft approaching a tumbling target[J]. Aerospace Science and Technology, 2011, 15(2): 79-89.
[74] Hegrenæs Ø, Gravdahl J T, Tøndel P. Spacecraft attitude control using explicit model predictive control[J]. Automatica, 2005, 41(12): 2107-2114.
[75] Leomanni M, Rogers E, Gabriel S B. Explicit model predictive control approach for low-thrust spacecraft proximity operations[J]. Journal of Guidance, Control, and Dynamics, 2014, 37(6): 1780-1790.
[76] Li H, Yan W, Shi Y. Continuous-time model predictive control of under-actuated spacecraft with bounded control torques[J]. Automatica, 2017, 75: 144-153.

02 第 2 章 预设性能控制基本方法

2.1 引言

预设性能控制方法具有预先设计系统的瞬态性能（主要包括收敛速度、超调量等指标）和稳态性能（主要是稳态误差指标）的能力，符合实际任务的控制需求。分析和概括预设性能控制方法的基本原理、总结其主要实现步骤、并基于广义控制系统模型演绎预设性能控制方法的应用过程，具有重要的指导意义。

为了阐述预设性能控制的基本方法，并在此基础上介绍其他预设性能控制方法，本章首先介绍预设性能控制的基本框架，给出实现预设性能的三个重要步骤；然后在此基础上，针对具有代表性的大型互联非线性系统的控制问题，提出一种比例型预设性能控制方法，并在此过程中演绎预设性能和控制器设计的重要步骤；最后，将比例型预设性能控制方法分别应用于二阶互联非线性系统、二阶互联倒立摆系统以及弹簧–质量块–阻尼器系统的控制问题中，并作为仿真案例，验证预设性能控制方法预先设计系统性能的能力。

本章及后续章节采用如下通用符号定义：$\mathbb{R}^n$、$\mathbb{N}$、$\mathbb{N}^+$ 和上标 T 分别表示 n 维欧几里得空间、整数集合、正整数集合以及矩阵的转置；$|\cdot|$、$\|\cdot\|$ 分别表示实数的绝对值和向量的二范数；$\boldsymbol{I}$ 表示合适维数的单位矩阵；$\boldsymbol{0}_n$、$\boldsymbol{1}_n \in \mathbb{R}^n$ 分别表示 n 维全 0 和全 1 向量。

2.2 预设性能控制框架与实现步骤

根据预设性能控制的概念和基本思想，图 2-1 给出了预设性能控制方法基本框架。预设性能控制方法的核心原理是通过预先设计系统状态的性能上界和性能下界，从而约束系统状态的收敛过程，如图 2-1 的左部所示。系统状态的性能上界和下界统称为预设性能函数。通过合理设计预设性能函数的收敛过程，可以约束系统状态的瞬态性能和稳态性能。其中，瞬态性能包括收敛速度、超调量等，稳态性能主要指稳态误差。施加性能上下界的过程为系统引入了额外的非线性约束，增加了控制器设计的复杂度。为了解决这个问题，预设性能控制方法通过进行无约束化映射将约束状态量映射到无约束空间，如图 2-1 的右侧所示。通过使用无约束化映射函数将有界区间映射到无穷区间，约束下的状态量将被映射为无约束的状态量。因此，只要设计非线性控制器保证映射后的状态量有界，即可保证原状态量满足预设的性能上下界，如图 2-1 的中部所示。从图 2-1 可以看出，预设性能控制方法主要包含三个重要环节和步骤[1]，即：①预设性能约束；②无约束化映射；③非线性控制器设计。

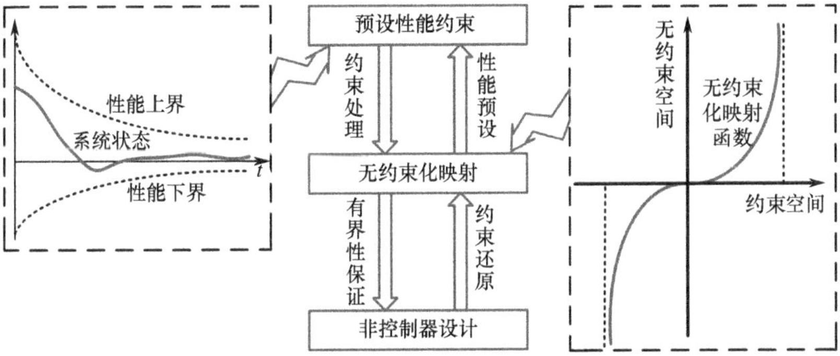

图 2-1 预设性能控制方法框架示意图

2.2.1 预设性能约束

在预设性能控制方法的三个关键步骤中，首先是预设性能约束的设计。在此步骤中，需要解决的是如何将对受控系统的要求或约束建模为性能边界约束，进而进行定量化描述。传统的预设性能边界约束设计为上下界约束，其通常应用一组不等式对系统状态进行上下界限制，参照图 1-1，其定量化描述为

$$\begin{cases} -\delta\mu(t) < e(t) < \mu(t), & e(0) \geqslant 0 \\ -\mu(t) < e(t) < \delta\mu(t), & e(0) < 0 \end{cases} \tag{2-1}$$

其中：$e(t) \in \mathbb{R}$ 为受控系统的状态或者误差；$\delta \in (0,1]$ 为超调量抑制参数；$\mu(t) \in \mathbb{R}$ 为性能函数。

式（2-1）的上下界约束也可以写为式（2-2）所示的统一形式：

$$L\mu(t) < e(t) < U\mu(t) \tag{2-2}$$

其中

$$L = \begin{cases} -\delta, & e(0) \geqslant 0 \\ -1, & e(0) < 0 \end{cases}, \quad U = \begin{cases} 1, & e(0) \geqslant 0 \\ \delta, & e(0) < 0 \end{cases} \tag{2-3}$$

为了方便控制器设计，性能函数 $\mu(t)$ 通常需要满足两个条件[2,3]：

（1）函数是时间相关且是单调递减的；

（2）函数是连续可导的。

满足以上两个条件的函数有很多，常用的性能函数有指数收敛型性能函数和双曲余切型性能函数。指数收敛型性能函数和双曲余切型性能函数的示意图如图 2-2 所示。下面给出这两种性能函数的具体形式。

1. 指数收敛型性能函数[2]

$$\mu(t)=(\mu_0-\mu_\infty)\exp(-\kappa_0 t)+\mu_\infty \tag{2-4}$$

其中：$\mu_0\in\mathbb{R}^+$ 为 $\mu(t)$ 的初值（即 $\mu(0)=\mu_0$）；$\mu_\infty\in\mathbb{R}^+$ 为 $\mu(t)$ 的终值；κ_0 为指数收敛速度。

指数收敛型性能函数的示意图如图 2-2（a）所示。显然，函数 $\mu(t)$ 以指数速度 $\exp(-\kappa_0 t)$ 收敛至终值 μ_∞。

2. 双曲余切型性能函数[4]

$$\mu(t)=\coth(\kappa_1 t+\kappa_2)-1+\mu_\infty \tag{2-5}$$

其中：$\mu_\infty>0,\kappa_1,\kappa_2>0$ 为常量参数。

双曲余切型性能函数的示意图如图 2-2（b）所示。与指数收敛型性能函数不同，双曲余切型性能函数没有给出初值 μ_0。值得注意的是，该函数当 $t=0$ 时函数取值为 $+\infty$。因此，双曲余切型函数主要用于处理系统状态初值 $e(0)$ 的符号及范围未定的工况。

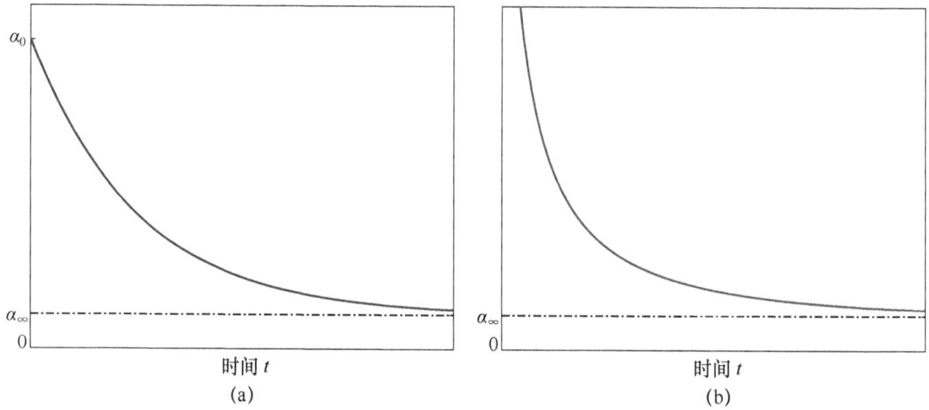

图 2-2 典型预设性能函数示意图

（a）指数收敛型性能函数；（b）双曲余切型性能函数。

除了上述两种性能函数外，本书还考虑了系统状态的收敛时间，给出了有限时间、约定时间收敛的性能函数设计方法，详见本书第 5 章 5.2.2 节和第 6 章 6.2.2 节。

在对受控系统瞬态与稳态性能约束进行定量描述后，为控制系统额外引入了状态的上下界约束，进而增加了相应控制器设计的复杂度。为了方便控制器的设计，需要对约束下的非线性系统进行无约束化处理，这就引出了预设性能控制框架的第二个关键步骤——无约束化映射。

2.2.2 无约束化映射

如何克服式（2-2）中的性能约束给控制器设计带来的额外复杂性是预设性能控制方法的又一关键。为了实现性能约束空间到无约束空间的对等转换，需要寻找一个可进行一一映射的函数。

值得注意的是，式（2-2）可以转化为如下形式：

$$L < \vartheta(t) := e(t) / \mu(t) < U \tag{2-6}$$

由于L和U在控制过程中为常数，因此，只要设计控制框架保证状态量$\vartheta(t)$始终处于固定区间(L,U)内，即可保证约束式（2-2）始终成立。

预设性能控制方法通过对状态量$\vartheta(t)$进行无约束化映射将约束状态量映射到无约束空间。定义无约束化映射函数为：$\hbar(\bullet):(L,U)\to(-\infty,+\infty)$。无约束化映射函数$\hbar(\bullet)$满足如下性质[5]：

（1）$\hbar(\bullet)$为一一映射，定义域为(L,U)，值域为$(-\infty,+\infty)$；

（2）$\hbar(\bullet)$是单调递增函数；

（3）$\hbar(L)=-\infty$，$\hbar(U)=+\infty$。

按照超调量抑制参数δ是否为1，可以将无约束化映射函数分为两类：非对称型和对称型。其中当$\delta=1$时，有两种典型的对称型无约束化映射函数：对称对数型无约束化映射函数；正切型无约束化映射函数。下面给出两种典型的非对称型和两种典型的对称型无约束化映射函数。

1. 非对称对数型无约束化映射函数[5]

$$\hbar(\vartheta)=\ln\frac{\vartheta-L}{U-\vartheta}=\begin{cases}\ln\dfrac{\delta+\vartheta}{1-\vartheta}, & \vartheta(0)\geqslant 0\\[2ex] \ln\dfrac{1+\vartheta}{\delta-\vartheta}, & \vartheta(0)<0\end{cases} \tag{2-7}$$

式（2-7）满足映射函数的三条性质。然而其存在一处缺陷：当$\hbar(\vartheta)=0$时，ϑ不为0。当在无约束空间控制状态$\hbar(\vartheta)$为0后，原系统状态不处于系统零点，此时无约束空间的零点与约束空间的零点不一致，会造成两种空间的控制目标不同。

2. 改进对数型无约束化映射函数[6]

$$\hbar(\vartheta)=\begin{cases}\ln\dfrac{\delta+\vartheta}{\delta(1-\vartheta)}, & \vartheta(0)\geqslant 0\\ \ln\dfrac{\delta(1+\vartheta)}{\delta-\vartheta}, & \vartheta(0)<0\end{cases} \tag{2-8}$$

改进后的映射函数满足：$\hbar(0)=0$。

当超调量参数$\delta=1$时，存在如下两种典型的对称型无约束化映射函数：对称对数型无约束化映射函数；正切型无约束化映射函数。

3. 对称对数型无约束化映射函数[7]

当$\delta=1$时，式（2-7）和式（2-8）中的映射函数的形式得到了统一，即有

$$\hbar(\vartheta)=\ln\frac{1+\vartheta}{1-\vartheta} \tag{2-9}$$

对函数式（2-9）乘以（$1/2$）后得到的函数也满足映射函数的性质：

$$\hbar(\vartheta)=\frac{1}{2}\ln\frac{1+\vartheta}{1-\vartheta}=\operatorname{arctanh}(\vartheta) \tag{2-10}$$

从式（2-10）可以得出：虽然对称对数型无约束化映射函数无法处理超调量问题，但其逆映射求解简单（可以直接利用$\tanh(\bullet)$函数的性质）。

4. 对称正切型无约束化映射函数

正切型无约束化映射函数如下式所示

$$\hbar(\vartheta)=\tan(\pi\vartheta/2) \tag{2-11}$$

正切型映射函数利用了正切函数定义域为$(-\pi/2,\pi/2)$且单调递增的性质，求解简单，使用方便。

基于上述映射函数的定义，可以得到映射后的状态量为

$$z=\hbar(\vartheta) \tag{2-12}$$

由映射函数的性质可知，只需要设计控制器保证映射后的状态量$z(t)$始终有界，即可保证式（2-2）中的性能边界约束始终成立。

2.2.3 非线性控制器设计

经过2.2.2节中的无约束化映射，原约束系统的控制问题转化为映射后无约束系统的状态有界稳定控制问题。由于预设性能控制方法并没有限制设计控制器的具体方法，因此可以结合映射后系统的结构特点，采用合适的控制方法，如滑模控制、退步控制等，来设计相应的控制器。

以上是典型预设性能控制方法的实现步骤，现有实现预设性能控制的方式还有基于障碍Lyapunov函数（Barrier Lyapunov Function BLF）的方法，其主要思路是

将式（2-1）中的性能约束嵌入到 BLF 的设计中，通过基于 Lyapunov 函数的设计方法，设计相应的控制器。具体的设计步骤可以参考文献[8]，这里不再赘述。

2.3 大型互联非线性系统的预设性能控制

2.2 节给出了典型预设性能控制方法实现的三个步骤，为了进一步阐明预设性能控制方法实现的框架流程，本节以多个严格负反馈系统组成的大型互联非线性系统的分散控制为例，给出基本的比例型预设性能控制器的设计过程。

在进行预设性能控制器设计之前，首先对大型互联非线性系统分散控制的研究现状进行简要回顾。

近年来，大型互联非线性系统的鲁棒控制受到了广泛的关注，这是因为很多实际系统包括航天器姿态系统、机械臂系统等都可以描述为一类大型互联非线性系统[9,10]。在现有的研究中，分散式控制和分布式控制方法是大型互联非线性系统控制的两种有效途径。其中，分散式控制方法不需要系统之间的通信信息，而仅仅依赖于子系统的观测信息和子系统之间的互联动力学信息；而分布式控制方法需要局部互联子系统的观测信息[11]。因此，分散式控制在很大程度上削弱了子系统互联的网络信息通信压力，简化了大型控制系统设计复杂度，具有很高的实际应用价值。

对于大型互联非线性系统的分散式控制，经常遇到两个问题：①对于带有未知非线性动力学模型的大型系统，如何选择有效的分散式控制方法；②在未知非线性模型下，如何去定量地刻画系统的瞬态与稳态性能。针对第一个问题，基于神经网络和模糊系统良好的非线性逼近能力，许多神经网络/模糊智能分散式控制方法应运而生，并得到广泛的应用[12-14]。虽然该类智能算法能够保证大型互联非线性系统的鲁棒控制，但是存在以下两方面的缺陷：第一，为了减少非线性逼近带来的误差，神经网络和模糊系统非线性逼近器的数量往往选择得比较大，而且随着比较器数量的增加，控制系统设计的复杂度随之快速增长，在这种情况下，控制系统的时效性大大降低；第二，在非线性逼近过程中，需要精心调整神经网络和模糊系统的权重，不合理的权重初值和非有效的权重参数调整规则往往造成非线性逼近过程的发散。在这种情况下，难以保证控制系统的可靠性和安全性。针对第二个问题，目前针对大型互联非线性系统的瞬态与稳态性能的评估多是通过打靶后验获得，即通过不断地打靶，调整控制器参数来获取较好的系统趋近速率和较小的系统控制误差。该过程费时费力，且难以先验地设计控制系统的瞬态与稳态性能。

基于以上分析，为了克服现有分散式控制方法的缺点，同时为了阐明预设性能控制方法的设计过程及其对大型互联非线性系统的控制效果，本节基于预设性能控制框架，在不需要复杂的神经网络和模糊系统逼近情况下，提出一种低复杂度的预设性能控制方法，来实现对一类大型互联非线性系统的快速稳定控制。首先，给出了一类大型互联非线性系统和相关控制问题描述；然后，基于该类大型互联非线性系统的特点，构造时变稳定流形，并在图 2-1 所示预设性能控制框架下，设计比例型预设性能控制器；最后，通过稳定性证明和三组仿真算例，在理论和应用上保证和验证算法的合理性和有效性。

2.3.1 大型互联非线性系统描述

本章研究的大型互联非线性系统由 N 个互联的严格负反馈子系统组成，其具体动力学模型如式（2-13）所示：

$$\begin{cases}\dot{x}_{i,j}=x_{i,j+1}, \quad j=1,\cdots,n_i-1\\ \dot{x}_{i,n_i}=f_i(\boldsymbol{x}_i,u_i)+h_i(\boldsymbol{x}_1,\cdots,\boldsymbol{x}_N)+d_i(t)\\ y_i=x_{i,1}\end{cases} \tag{2-13}$$

其中：$\boldsymbol{x}_i=[x_{i,1},\cdots,x_{i,n_i}]^{\mathrm{T}}\in\mathbb{R}^{n_i}, y_i\in\mathbb{R}\ (i=1,\cdots,N)$ 分别为第 i 个子系统的状态向量和输出；$f_i:\mathbb{R}^{n_i+1}\to\mathbb{R}$ 为第 i 个子系统的未知非线性项，满足局部利普希茨（Lipschitz）连续条件；u_i 为第 i 个子系统的控制输入；$h_i:\mathbb{R}^n\to\mathbb{R}$ 为互联子系统之间未知非线性函数 $(n=\sum_{i=1}^{N}n_i)$；$d_i:\mathbb{R}^+\to\mathbb{R}$ 为未知外界干扰。

为了方便后续控制器设计，针对式（2-13）中的子系统，有如下假设：

假设 2-1 对于式（2-13）中的子系统，存在两个未知的正的参量 f_{iL}, f_{iH}，使得以下不等式成立：

$$0<f_{iL}\leqslant\frac{\partial f_i(\boldsymbol{x}_i,u_i)}{\partial u_i}\leqslant f_{iH} \tag{2-14}$$

假设 2-2 对于子系统之间的互联非线性函数 h_i，存在一个正的已知函数 $\alpha_{i0}(t)$，使得如下不等式成立：

$$\left|h_i(\boldsymbol{x}_1,\cdots,\boldsymbol{x}_N)\right|\leqslant\alpha_{i0}(t) \tag{2-15}$$

注 2-1 **假设 2-1** 意在表示子系统的控制增益是有界的，符合实际系统的增益特性，因此是合理的。**假设 2-2** 意在说明子系统之间的互联非线性函数存在上界。上述两个假设也多被现有文献使用，如文献[13]和文献[14]。

基于式（2-13），定义第 i 个子系统的期望输出轨迹函数为 y_{di}，并假定此函数至少具有 n_i 阶导数，从而可得到期望输出的向量是 $\overline{\boldsymbol{y}}_{di}=[y_{di}, y_{di}^{(1)},\cdots,y_{di}^{(n_i-1)}]^{\mathrm{T}}\in\mathbb{R}^{n_i}$。定义第 i 个子系统的跟踪误差为 $\boldsymbol{e}_i=\boldsymbol{x}_i-\overline{\boldsymbol{y}}_{di}$。通过对跟踪误差微分可得：

$$\begin{cases}\dot{e}_{i,j}=\dot{x}_{i,j}-y_{di}^{(j)}=x_{i,j+1}-y_{di}^{(j)}, \quad j=1,\cdots,n_i-1\\ \dot{e}_{i,n_i}=f_i(\boldsymbol{x}_i,u_i)+h_i(\boldsymbol{x}_1,\cdots,\boldsymbol{x}_N)+d_i(t)-y_{di}^{(n_i)}\end{cases} \tag{2-16}$$

从式（2-13）可以看到，子系统的控制输入是非仿射形式。为了方便后续控制器设计，基于**假设 2-1** 和隐函数定理[15]，在 $u_i, \boldsymbol{x}_i$ 对应的紧集 $\Omega_{u_i}, \Omega_{x_i}$ 上，存在一个

连续的理想控制律 $u_i^* = \beta(\boldsymbol{x}_i) \in \Omega_{u_i} \subset \mathbb{R}$，使得 $f_i(\boldsymbol{x}_i, u_i^*) = f_i(\boldsymbol{x}_i, \beta(\boldsymbol{x}_i)) = 0, \forall \boldsymbol{x}_i \in \Omega_{x_i} \subset \mathbb{R}^{n_i}$。运用中值定理[15]，可以得到：

$$\begin{cases} f_i(\boldsymbol{x}_i, u_i) = f_i(\boldsymbol{x}_i, u_i^*) + (u_i - u_i^*) f_{u_i,\theta} \\ f_{u_i,\theta} = \left.\dfrac{\partial f_i(\boldsymbol{x}_i, u_i)}{\partial u_i}\right|_{u=u_{i,\theta}}, \quad u_{i,\theta} = \theta u_i + (1-\theta) u_i^* \end{cases} \tag{2-17}$$

由于 u_i^* 是未知的，所以 $f_{u_i,\theta}$ 也是未知的。除此之外，因为 f_i 是局部 Lipschitz 连续，因此 $f_{u_i,\theta}$ 也是局部 Lipschitz 连续的。具体的定理及其证明如下所示。

定理 2-1 当式（2-13）中的 f_i 是局部 Lipschitz 连续时，定义在式（2-17）里的 $f_{u_i,\theta}$ 也是局部 Lipschitz 连续。

定理 2-1 证明：当 f_i 是局部 Lipschitz 连续时，可以得到如下结论：

$$\begin{cases} \left| f_i(x_{i,j^*} + \Delta x_{i,j^*}, u_i) - f_i(x_{i,j^*}, u_i) \right| \leqslant \ell_{i,1} \left| \Delta x_{i,j^*} \right| \\ \left| f_i(x_{i,j^*}, u_i + \Delta u_i) - f_i(x_{i,j^*}, u_i) \right| \leqslant \ell_{i,2} \left| \Delta u_i \right| \end{cases} \tag{2-18}$$

其中：$\ell_{i,1}, \ell_{i,2}$ 为 Lipschitz 常数。

进一步基于式（2-17）可以获得：

$$\begin{cases} \lim\limits_{\left|\Delta x_{i,j^*}\right| \to 0} \left| \dfrac{f_i(x_{i,j^*} + \Delta x_{i,j^*}, u_i) - f_i(x_{i,j^*}, u_i)}{\Delta x_{i,j^*}} \right| \leqslant \ell_{i,1} \\ \left| f_{u_i,\theta} \right| = \lim\limits_{\left|\Delta u_i\right| \to 0} \left| \dfrac{f_i(x_{i,j^*}, u_i + \Delta u_i) - f_i(x_{i,j^*}, u_i)}{\Delta u_i} \right| \leqslant \ell_{i,2} \end{cases} \tag{2-19}$$

因此，相对于参量 x_{i,j^*}, u_i，函数 $f_{u_i,\theta}$ 的偏导数也是有界的，即

$$\left| \partial f_{u_i,\theta} / \partial x_{i,j^*} \right| \leqslant \lambda_1, \ \left| \partial f_{u_i,\theta} / \partial u_i \right| \leqslant \lambda_2 \tag{2-20}$$

对于任意 $\boldsymbol{x}_i \in \Omega_{x_i}$ 的分量 x_{i,j^*} 和 $u_i \in \Omega_{u_i}$ $(i = 1, \cdots, N, \ j^* = 1, \cdots, n_i)$ 都始终成立（其中：λ_1, λ_2 是未知的正参数）。基于式（2-16）可得

$$\begin{cases} \left| f_{u_i,\theta}(x_{i,j^*} + \Delta x_{i,j^*}, u_i) - f_{u_i,\theta}(x_{i,j^*}, u_i) \right| \leqslant \lambda_1 \left| \Delta x_{i,j^*} \right| \\ \left| f_{u_i,\theta}(x_{i,j^*}, u_i + \Delta u_i) - f_{u_i,\theta}(x_{i,j^*}, u_i) \right| \leqslant \lambda_2 \left| \Delta u_i \right| \end{cases} \tag{2-21}$$

式（2-21）说明函数 $f_{u_i,\theta}$ 是局部 Lipschitz 连续的，从而**定理 2-1** 成立。 ■

将式（2-17）代入式（2-16）可得跟踪误差系统：

$$\begin{cases} \dot{e}_{i,j} = x_{i,j+1} - y_{di}^{(j)}, \ j = 1,\cdots,n_i - 1 \\ \dot{e}_{i,n_i} = f_{u_i,\theta} u_i + f_i(\boldsymbol{x}_i, u_i^*) - f_{u_i,\theta} u_i^* + h_i(\boldsymbol{x}_1,\cdots,\boldsymbol{x}_N) + d_i(t) - y_{di}^{(n_i)} \end{cases} \tag{2-22}$$

基于式（2-22）中新建立的仿射误差模型，则针对大型互联非线性系统（2-13）的预设性能控制的控制目标有两个方面：

（1）在不依赖于神经网络和模糊系统逼近的情况下，设计一个鲁棒的分散式控制器，使得每个子系统能够跟踪上期望指令，同时跟踪误差系统（2-22）中的所有闭环变量都是一致最终有界的；

（2）跟踪误差系统的瞬态与稳态性能能够先验地设计并在全时间域上得以保证。

根据图 2-1 所示的预设性能控制框架，低复杂度预设性能控制器设计包含三个步骤，因此，本章针对大型互联非线性系统（2-13）的预设性能控制器设计问题，首先要设计预设性能函数；其次基于设计的预设性能函数，设计预设性能控制器；最后在设计的控制器下，给出受控系统的稳定性证明。

2.3.2 预设性能控制器设计

2.3.1 节中对非仿射非线性系统的 Lipschitz 连续性分析为本节控制器的设计提供了很好的模型基础。为了便于后续控制器设计，首先定义如下式所示的时变流形 s_i：

$$s_i = c_{i,1}e_{i,1} + c_{i,2}e_{i,2} + \cdots + c_{i,n_i-1}e_{i,n_i-1} + e_{i,n_i} \tag{2-23}$$

其中：$\boldsymbol{c}_i = [c_{i,1},\cdots,c_{i,n_i-1},1]^{\mathrm{T}} \in \mathbb{R}^{n_i}$ 为待设计的参数向量并且使得多项式 $C_i(\lambda) = c_{i,1} + c_{i,2}\lambda + \cdots + c_{i,n_i-1}\lambda^{n_i-1} + \lambda^{n_i}$ 为 Hurwitz 稳定的（λ 是 Laplace 算子）。同时，$\boldsymbol{c}_i$ 的选择应该保证当多项式 $C_i(\lambda) = 0$ 时有 n_i 个不同的解。值得注意的是，s_i 的大小可以看作当前跟踪误差到时变流形的距离。基于式（2-23）可得

$$\frac{e_{i,1}(\lambda)}{s_i(\lambda)} = \frac{1}{c_{i,1} + c_{i,2}\lambda + \cdots + c_{i,n_i-1}\lambda^{n_i-1} + \lambda^{n_i}} = \frac{1}{\Pi_{j^*=1}^{n_i}(\lambda + p_{i,j^*})} \tag{2-24}$$

其中：$p_{i,j^*} > 0$ 为多项式 $C_i(\lambda) = 0$ 时的第 j^* 个解（$i = 1,\cdots,N,\ j^* = 1,\cdots,n_i$）。

注 2-2 对于式（2-24），$s_i, e_{i,1}$ 可以分别看作是一个线性系统的输入和输出。$1/\prod_{j^*=1}^{n_i}(\lambda + p_{i,j^*})$ 是含有 n_i 个不同稳定极点的传递函数。因此当 $s_i \to 0$，则误差 $e_{i,1} \to 0$。当误差 $e_{i,1} \to 0$，则它的 j 阶导数同样会趋于 0（$j = 1,\cdots,n_i - 1$）。

因此基于**注 2-2** 中的分析，如果流形变量 s_i 能够保证在全时间域上稳定，则 2.1 节中的两个控制目标可以实现。为了保证跟踪误差系统的瞬态性能与稳态性能，定义如下性能包络：

$$-\delta_{i,1}\mu_i(t) < s_i(t) < \delta_{i,2}\mu_i(t) \tag{2-25}$$

其中：$\delta_{i,1}$，$\delta_{i,2}$ 为正的设计参数；$\mu_i(t) > 0$ 为严格连续递减性能函数。

不失一般性，性能函数选择为 $\mu_i(t)=(\mu_{i0}-\mu_{i\infty})\exp(-\kappa_i t)+\mu_{i\infty}$（$\mu_{i0}>\mu_{i\infty}>0$，$\kappa_i>0$ 是待设计参数）。

注 2-3 式（2-25）给出的性能包络实际刻画了流形变量 s_i 的瞬态性能与稳态性能，包括系统的超调量、下调量、趋近速率和跟踪误差边界等性能。从另一角度看，式（2-25）也是一个性能约束函数。由于性能约束的施加，增加了相应控制器设计的难度。

为了降低控制器设计的复杂度，定义如下式所示的约束无关连续转换函数：

$$s_i(t)=\rho(z_i)\mu_i \tag{2-26}$$

其中：严格单调函数 $\rho(\bullet)$ 满足 $\rho(0)\neq 0$, $\lim\limits_{z_i\to+\infty}\rho(z_i)=\delta_{i,2}$, $\lim\limits_{z_i\to-\infty}\rho(z_i)=-\delta_{i,1}$。不失一般性，将函数 $\rho(\bullet)$ 选为

$$\rho(z_i)=\frac{\delta_{i,2}\exp(z_i)-\delta_{i,1}\exp(-z_i)}{\exp(z_i)+\exp(-z_i)} \tag{2-27}$$

其中：$z_i\in\mathbb{R}$ 为新定义的误差转化变量。

基于式（2-27），可得转换误差变量等于 $z_i=\rho^{-1}(s_i)=\dfrac{1}{2}\ln[(\delta_{i,1}+\varLambda_i)/(\delta_{i,2}-\varLambda_i)]$（$\varLambda_i=s_i/\mu_i$）。显然，本节采用对数型无约束化映射函数对状态进行了无约束化映射。

基于式（2-22）和式（2-23），对 z_i 取时间导数可得

$$\begin{cases}\dot{z}_i=\dfrac{1}{2\mu_i}\dfrac{\delta_{i,1}+\delta_{i,2}}{(\delta_{i,1}+\varLambda_i)(\delta_{i,2}-\varLambda_i)}(\dot{s}_i-\varLambda_i\dot{\mu}_i)\\ \quad=\xi_i\Bigg[f_{u_i,\theta}u_i+f_i(\boldsymbol{x}_i,u_i^*)-f_{u_i,\theta}u_i^*+h_i(\boldsymbol{x}_1,\cdots,\boldsymbol{x}_N)\\ \quad\quad+d_i(t)-y_{di}^{(n_i)}+\displaystyle\sum_{j=1}^{n_i-1}c_{i,j}e_{i,j+1}-\varLambda_i\dot{\mu}_i\Bigg]\\ \xi_i=\dfrac{1}{2\mu_i}\dfrac{\delta_{i,1}+\delta_{i,2}}{(\delta_{i,1}+\varLambda_i)(\delta_{i,2}-\varLambda_i)}\end{cases} \tag{2-28}$$

从式(2-23)中不难发现参量 $\xi_i>0$。为了叙述方便，定义复合函数 $g_i=f_i(\boldsymbol{x}_i,u_i^*)-f_{u_i,\theta}u_i^*+d_i(t)-y_{di}^{(n_i)}+h_i(\boldsymbol{x}_1,\cdots,\boldsymbol{x}_N)+\sum\limits_{j=1}^{n_i-1}c_{i,j}e_{i,j+1}-\varLambda_i\dot{\mu}_i$。因此，式（2-28）可简写为

$$\dot{z}_i=\xi_i(f_{u_i,\theta}u_i+g_i) \tag{2-29}$$

注 2-4 通过式（2-26）的转换，受性能约束的时变流形参量 s_i 等效成一个无约束的误差转化变量 z_i，而对应的预设性能也随之得以保持。从式（2-26）和式（2-27）可以看出，当新定义的误差转化变量 z_i 的稳定性得以保证时，时变流形参量 s_i 也可以渐近收敛到原点。

依据注 **2-4** 中的分析，实现 2.3.1 节的控制目标的关键在于保证误差转化变量 z_i 的渐近收敛。在进行控制器设计之前，当时变流形变量 s_i 是有界情况下，式（2-28）中非线性项 g_i 包含的原始跟踪误差 $e_{i,j}$ 的有界性由如下定理保证。

定理 2-2 当预设性能条件式（2-25）能够在整个时间域上得以保证时，跟踪误差 $e_{i,j^*}\ (i=1,\cdots,N,\ j^*=1,\cdots,n_i)$ 有界并且满足：

$$
\begin{cases}
\lim\limits_{t\to+\infty}\left|e_{i,j^*}(t)\right| < \mu_{i\infty}\delta_i b^{\#}_{i,j^*} \\
b^{\#}_{i,j^*} = \sum\limits_{m=1}^{j^*-1}\phi_m(p_{i,1},\cdots,p_{i,m})\, b^{\#}_{i,m} + (n_i - j^* + 1)\dfrac{b^*_{i,j^*}}{p^*_{i,j^*}} \\
b^*_{i,j^*} = \max\limits_{m=j^*,\cdots,n_i}\left\{b_{i,j^*m}\right\},\ p^*_{i,j^*} = \min\limits_{m=j^*,\cdots,n_i}\left\{p_{i,m}\right\} \\
b_{i,j^*m} = \lim\limits_{\lambda\to 0}\dfrac{\mathrm{d}\lambda}{\mathrm{d}\Sigma_{i,j^*}}\bigg|_{\lambda=-p_{i,m}},\ \Sigma_{i,j^*} = \prod\limits_{m=j^*}^{n_i}(\lambda + p_{i,m})
\end{cases}
\tag{2-30}
$$

其中：$\delta_i = \max\left\{\delta_{i,1},\delta_{i,2}\right\}$；$\phi_m(p_{i,1},\cdots,p_{i,m})$ 为极点序列 $p_{i,1},\ldots,p_{i,m}$ 中每 $m\geqslant 2$ 个参量乘积的和，当 $m=1$ 时，$\phi_m(p_{i,1},\cdots,p_{i,m})$ 等于 $p_{i,1}$。

注 2-5 **定理 2-2** 中式(2-30)表明当极点 p_{i,j^*} 设计得足够大，且稳态边界参数 $\mu_{i\infty}$ 足够小的时候，跟踪误差将趋近于 0。

定理 2-2 证明：证明分三步完成。

第一步： 由式（2-24）可得

$$
\begin{cases}
\dfrac{e_{i,1}(\lambda)}{s_i(\lambda)} = \dfrac{1}{\prod_{j^*=1}^{n_i}(\lambda + p_{i,j^*})} = \sum\limits_{j^*=1}^{n_i}\dfrac{b_{i,j^*}}{\lambda + p_{i,j^*}} \\
b_{i,j^*} = \lim\limits_{\lambda\to 0}\dfrac{\mathrm{d}\lambda}{\mathrm{d}\Sigma}\bigg|_{\lambda=-p_{i,j^*}},\ \Sigma = \prod\limits_{j^*=1}^{n_i}(\lambda + p_{i,j^*})
\end{cases}
\tag{2-31}
$$

对式（2-31）中右侧的每一项，定义 $\omega_{i,j^*}(\lambda) = \dfrac{b_{i,j^*}}{\lambda + p_{i,j^*}}s_i(\lambda)$，则可得到以下不等式：

$$
\left|\omega_{i,j^*}(t)\right| \leqslant \left|b_{i,j^*}\right|\cdot\left(\left|\omega_{i,j^*}(0)\right|\exp(-p_{i,j^*}t) + \int_0^t \exp(-p_{i,j^*}(t-\tau))\left|s_i(\tau)\right|\mathrm{d}\tau\right)
\tag{2-32}
$$

假定设计的极点满足 $p_{i,j^*} > \kappa_i > 0$，则基于式（2-25）、式（2-32）可转化为

$$
\begin{aligned}
&\left|\omega_{i,j^*}(t)\right| \\
&\leqslant \left|b_{i,j^*}\right| \cdot \left(\left|\omega_{i,j^*}(0)\right| \exp(-p_{i,j^*}t) + \int_0^t \exp(-p_{i,j^*}(t-\tau))\left|s_i(\tau)\right| \mathrm{d}\tau\right) \\
&\leqslant \left|b_{i,j^*}\right| \cdot \left[\left|\omega_{i,j^*}(0)\right| \exp(-p_{i,j^*}t) + \mu_{i\infty}\delta_i \int_0^t \exp(-p_{i,j^*}(t-\tau)) \mathrm{d}\tau \right. \\
&\qquad \left. + \delta_i \int_0^t \exp(-p_{i,j^*}(t-\tau))(\mu_{i0}-\mu_{i\infty})\exp(-\kappa_i\tau)\mathrm{d}\tau \right] \\
&= \left|b_{i,j^*}\right| \cdot \left[\left|\omega_{i,j^*}(0)\right| \exp(-p_{i,j^*}t) + \delta_i \exp(-p_{i,j^*}t)\left(-(\mu_{i0}-\mu_{i\infty}) \right.\right. \\
&\qquad \left.\left. + \exp(-(\kappa_i - p_{i,j^*})t) \cdot \frac{\mu_{i0}-\mu_{i\infty}}{p_{i,j^*}-\kappa_i} + \frac{\mu_{i\infty}}{p_{i,j^*}} \exp(p_{i,j^*}t) - \frac{\mu_{i\infty}}{p_{i,j^*}}\right)\right] \\
&\leqslant \left|b_{i,j^*}\right| \cdot \left[\left|\omega_{i,j^*}(0)\right| \exp(-p_{i,j^*}t) + \frac{(\mu_{i0}-\mu_{i\infty})\delta_i}{p_{i,j^*}-\kappa_i} \exp(-\kappa_i t) + \frac{\mu_{i\infty}\delta_i}{p_{i,j^*}}\right] \\
&\leqslant \bar{\omega}_{i,j^*}(0)\exp(-\kappa_i t) + \frac{\left|b_{i,j^*}\right| \mu_{i\infty}\delta_i}{p_{i,j^*}}
\end{aligned}
\tag{2-33}
$$

其中：$\bar{\omega}_{i,j^*}(0) = \left|b_{i,j^*}\right| \cdot \left[\left|\omega_{i,j^*}(0)\right| + \dfrac{(\mu_{i0}-\mu_{i\infty})\delta_i}{p_{i,j^*}-\kappa_i}\right]$；$\delta_i = \max\left\{\delta_{i,1}, \delta_{i,2}\right\}$。

根据式（2-33），可得

$$
\left|e_{i,1}\right| \leqslant \sum_{j^*=1}^{n_i} \left(\bar{\omega}_{i,j^*}(0)\exp(-\kappa_i t) + \frac{\left|b_{i,1j^*}\right| \mu_{i\infty}\delta_i}{p_{i,j^*}}\right) \leqslant n_i \left(\bar{\omega}_{i,1}^* \exp(-\kappa_i t) + \frac{b_{i,1}^* \mu_{i\infty}\delta_i}{p_{i,1}^*}\right) \tag{2-34}
$$

其中

$$
\begin{cases}
\bar{\omega}_{i,1}^* = \max\limits_{m=1,\cdots,n_i} \left\{\bar{\omega}_{i,1m}(0)\right\}, b_{i,1}^* = \max\limits_{m=1,\cdots,n_i} \left\{b_{i,1m}\right\} \\
p_{i,1}^* = \min\limits_{m=1,\cdots,n_i} \left\{p_{i,m}\right\}, \Sigma_{i,1} = \prod\limits_{m=1}^{n_i} (\lambda + p_{i,m}) \\
\bar{\omega}_{i,1m}(0) = \left|b_{i,1m}\right| \cdot \left(\left|\omega_{i,m}(0)\right| + \dfrac{(\mu_{i0}-\mu_{i\infty})\delta_i}{p_{i,m}-\kappa_i}\right) \\
b_{i,1m} = \lim\limits_{\lambda \to 0} \dfrac{\mathrm{d}\lambda}{\mathrm{d}\Sigma_{i,1}}\Big|_{\lambda = -p_{i,m}}
\end{cases}
$$

式（2-34）可简写为如下紧凑形式：

$$\left|e_{i,1}\right| \leqslant \omega_{i,1}^{\#} \exp(-\kappa_i t) + \mu_{i\infty}\delta_i b_{i,1}^{\#}, \quad \omega_{i,1}^{\#} \triangleq \bar{\omega}_{i,1}^{*} n_i, \; b_{i,1}^{\#} \triangleq \frac{b_{i,1}^{*}}{p_{i,1}^{*}} n_i \tag{2-35}$$

第二步：对于误差 $e_{i,2} = e_{i,1}^{(1)}$，根据文献[16]的 Laplace 变换方法，式（2-31）中输入 $s_i(\lambda)$ 到 $e_{i,2}(\lambda)$ 的传递函数可以看成是一个一阶高通滤波器和 $(n_i - 1)$ 个低通滤波器。即在频域下，有

$$\begin{aligned} e_{i,2}(\lambda) &= \frac{\lambda}{\lambda + p_{i,1}} \cdot \frac{1}{\prod_{j^*=2}^{n_i}(\lambda + p_{i,j^*})} s_i(\lambda) = \left(1 - \frac{p_{i,1}}{\lambda + p_{i,1}}\right) \frac{1}{\prod_{j^*=2}^{n_i}(\lambda + p_{i,j^*})} s_i(\lambda) \\ &= \left(\frac{1}{\prod_{j^*=2}^{n_i}(\lambda + p_{i,j^*})} - \frac{p_{i,1}}{\prod_{r=1}^{n_i}(\lambda + p_{i,r})}\right) s_i(\lambda) \end{aligned} \tag{2-36}$$

而在时域下，基于式（2-36），$e_{i,2}$ 满足

$$\begin{aligned} \left|e_{i,2}\right| &= \lambda^{-1}\left(\frac{1}{\prod_{j^*=2}^{n_i}(\lambda + p_{i,j^*})} s_i(\lambda) - \frac{p_{i,1}}{\prod_{r=1}^{n_i}(\lambda + p_{i,r})} s_i(\lambda)\right) \\ &\leqslant (n_i - 1)\left(\bar{\omega}_{i,2}^{*} \exp(-\kappa_i t) + \frac{b_{i,2}^{*}\mu_{i\infty}\delta_i}{p_{i,2}^{*}}\right) + p_{i,1}\left|e_{i,1}\right| \end{aligned} \tag{2-37}$$

其中

$$\begin{cases} \bar{\omega}_{i,2}^{*} = \max\limits_{m=2,\cdots,n_i}\left\{\bar{\omega}_{i,2m}(0)\right\}, b_{i,2}^{*} = \max\limits_{m=2,\cdots,n_i}\left\{b_{i,2m}\right\} \\ p_{i,2}^{*} = \min\limits_{m=2,\cdots,n_i}\left\{p_{i,m}\right\}, \Sigma_{i,2} = \prod_{m=2}^{n_i}(\lambda + p_{i,m}) \\ \bar{\omega}_{i,2m}(0) = \left|b_{i,2m}\right| \cdot \left[\left|\omega_{i,m}(0)\right| + \dfrac{(\mu_{i0} - \mu_{i\infty})\delta_i}{p_{i,m} - \kappa_i}\right] \\ b_{i,2m} = \lim\limits_{\lambda \to 0} \dfrac{\mathrm{d}\lambda}{\mathrm{d}\Sigma_{i,2}}\bigg|_{\lambda = -p_{i,m}} \end{cases}$$

把式（2-34）代入式（2-37）可得

$$\begin{aligned} \left|e_{i,2}\right| &\leqslant (n_i - 1)\left(\bar{\omega}_{i,2}^{*} \exp(-\kappa_i t) + \frac{b_{i,2}^{*}\mu_{i\infty}\delta_i}{p_{i,2}^{*}}\right) + p_{i,1}\left|e_{i,1}\right| \\ &\leqslant (n_i - 1)\left(\bar{\omega}_{i,2}^{*} \exp(-\kappa_i t) + \frac{b_{i,2}^{*}\mu_{i\infty}\delta_i}{p_{i,2}^{*}}\right) + p_{i,1}n_i\left(\bar{\omega}_{i,1}^{*} \exp(-\kappa_i t) + \frac{b_{i,1}^{*}\mu_{i\infty}\delta_i}{p_{i,1}^{*}}\right) \\ &\leqslant [\bar{\omega}_{i,1}^{*} p_{i,1} n_i + (n_i - 1)\bar{\omega}_{i,2}^{*}]\exp(-\kappa_i t) + \frac{p_{i,1}b_{i,1}^{*}\mu_{i\infty}\delta_i}{p_{i,1}^{*}} n_i + \frac{b_{i,2}^{*}\mu_{i\infty}\delta_i}{p_{i,2}^{*}}(n_i - 1) \\ &= \omega_{i,2}^{\#}\exp(-\kappa_i t) + \mu_{i\infty}\delta_i b_{i,2}^{\#} \end{aligned} \tag{2-38}$$

其中：$\omega_{i,2}^{\#} \triangleq \bar{\omega}_{i,1}^{*} p_{i,1} n_i + \bar{\omega}_{i,2}^{*}(n_i - 1)$；$b_{i,2}^{\#} \triangleq \dfrac{b_{i,1}^{*}}{p_{i,1}^{*}} p_{i,1} n_i + \dfrac{b_{i,2}^{*}}{p_{i,2}^{*}}(n_i - 1)$。

第三步：对于其他误差项 $e_{i,j^*} = e_{i,1}^{(j^*-1)}$ $(3 \leqslant j^* \leqslant n_i)$，采用与第二步相同的证明方法，在 Laplace 变换下，可得

$$\begin{aligned} e_{i,j^*}(\lambda) &= \frac{\lambda^{j^*-1}}{\prod_{r=1}^{j^*-1}(\lambda + p_{i,r})} \bullet \frac{1}{\prod_{m=j^*}^{n_i}(\lambda + p_{i,m})} s_i(\lambda) \\ &= \left[1 - \sum_{m=1}^{j^*-1} \phi_m(p_{i,1}, \cdots, p_{i,m}) \frac{\lambda^{j^*-1-m}}{\prod_{r=1}^{j^*-1}(\lambda + p_{i,r})}\right] s_i(\lambda) \end{aligned} \tag{2-39}$$

基于式（2-39），在时域下可得以下不等式：

$$\begin{aligned} \left|e_{i,j^*}\right| &= \lambda^{-1}\left[\left(1 - \sum_{m=1}^{j^*-1} \frac{\phi_m(p_{i,1}, \cdots, p_{i,m})\lambda^{j^*-1-m}}{\Pi_{r=1}^{j^*-1}(\lambda + p_{i,r})}\right) s_i(\lambda)\right] \\ &\leqslant (n_i - j^* + 1)\left(\bar{\omega}_{i,j^*}^{*} \exp(-\kappa_i t) + \frac{b_{i,j^*}^{*} \mu_{i\infty} \delta_i}{p_{i,j^*}^{*}}\right) + \sum_{m=1}^{j^*-1} \phi_m(p_{i,1}, \cdots, p_{i,m}) \left|e_{i,j^*-m}\right| \end{aligned} \tag{2-40}$$

其中

$$\begin{cases} \bar{\omega}_{i,j^*}^{*} = \max\limits_{m=j^*,\cdots,n_i} \left\{\bar{\omega}_{i,j^*m}(0)\right\}, b_{i,j^*}^{*} = \max\limits_{m=j^*,\cdots,n_i} \left\{b_{i,j^*m}\right\} \\ p_{i,j^*}^{*} = \min\limits_{m=j^*,\cdots,n_i} \left\{p_{i,m}\right\}, \Sigma_{i,j^*} = \prod_{m=j^*}^{n_i}(\lambda + p_{i,m}) \\ \bar{\omega}_{i,j^*m}(0) = \left|b_{i,j^*m}\right| \bullet \left[\left|\omega_{i,j^*m}(0)\right| + \dfrac{(\mu_{i0} - \mu_{i\infty})\delta_i}{p_{i,m} - \kappa_i}\right] \\ b_{i,j^*m} = \lim\limits_{\lambda \to 0} \dfrac{\mathrm{d}\lambda}{\mathrm{d}\Sigma_{i,j^*}}\bigg|_{\lambda = -p_{i,m}} \end{cases}$$

进一步考虑到 e_{i,j^*-m} 与 e_{i,j^*} 具有相似的形式，因此可得

$$\begin{aligned} \left|e_{i,j^*}\right| &\leqslant (n_i - j^* + 1)\left(\bar{\omega}_{i,j^*}^{*} \exp(-\kappa_i t) + \frac{b_{i,j^*}^{*} \mu_{i\infty} \delta_i}{p_{i,j^*}^{*}}\right) + \sum_{m=1}^{j^*-1} \phi_m(p_{i,1}, \cdots, p_{i,m}) \left|e_{i,j^*-m}\right| \\ &\leqslant (n_i - j^* + 1)\left(\bar{\omega}_{i,j^*}^{*} \exp(-\kappa_i t) + \frac{b_{i,j^*}^{*} \mu_{i\infty} \delta_i}{p_{i,j^*}^{*}}\right) + \sum_{m=1}^{j^*-1} \phi_m(p_{i,1}, \cdots, p_{i,m}) (\omega_{i,m}^{\#} \exp(-\kappa_i t) + \mu_{i\infty} \delta_i b_{i,m}^{\#}) \\ &\leqslant \left[\sum_{m=1}^{j^*-1} \phi_m(p_{i,1}, \cdots, p_{i,m}) \omega_{i,m}^{\#} + (n_i - j^* + 1)\bar{\omega}_{i,j^*}^{*}\right] \times \exp(-\kappa_i t) + \end{aligned}$$

$$\left[\sum_{m=1}^{j^*-1}\phi_m(p_{i,1},\cdots,p_{i,m})\,b_{i,m}^{\#}+(n_i-j^*+1)\frac{b_{i,j^*}^*}{p_{i,j^*}^*}\right]\times\mu_{i\infty}\delta_i \tag{2-41}$$
$$=\omega_{i,j^*}^{\#}\exp(-\kappa_i t)+\mu_{i\infty}\delta_i b_{i,j^*}^{\#}$$

其中：$\omega_{i,j^*}^{\#}\triangleq\sum_{m=1}^{j^*-1}\phi_m(p_{i,1},\cdots,p_{i,m})\omega_{i,m}^{\#}+(n_i-j^*+1)\bar{\omega}_{i,j^*}^*$；

$$b_{i,j^*}^{\#}\triangleq(n_i-j^*+1)\frac{b_{i,j^*}^*}{p_{i,j^*}^*}+\sum_{m=1}^{j^*-1}\phi_m(p_{i,1},\cdots,p_{i,m})\,b_{i,m}^{\#}。$$

因为 $\phi_m(\bullet)\,(1\leqslant m\leqslant n_i-1)$ 与多项式 $C_i(\lambda)=0$ 相关，因此是有界的。因而式（2-41）中的 $\omega_{i,j^*}^{\#},b_{i,j^*}^{\#}$ 也是有界的。进一步看，根据第一步到第三步的证明，可以得到 $e_{i,1}$、$e_{i,2}$ 与 $e_{i,j^*}\ (3\leqslant j^*\leqslant n_i)$ 具有相同的表达形式，当 $t\to+\infty$，则式（2-41）变成式（2-30）。从而**定理 2-2** 得证。 ■

定理 2-2 表明当性能函数（2-25）能够在时间域上得以保持，则跟踪误差 $e_{i,j^*}\ (i=1,\cdots,N,\ j^*=1,\cdots,n_i)$ 是一致最终有界的。接下来的工作将主要集中在相应控制器的设计。

基于式（2-27）中的无约束转换函数，设计的低复杂度预设性能控制器为

$$u_i=-k_i\xi_i z_i=-k_i\xi_i\ln\left(\frac{\delta_{i,1}+\Lambda_i}{\delta_{i,2}-\Lambda_i}\right) \tag{2-42}$$

其中：k_i 为正的控制增益；其他参数含义见式（2-28）。

注 2-6 在式（2-42）中，$\Lambda_i(t)=s_i(t)/\mu_i(t),\ \mu_i(t)=(\mu_{i0}-\mu_{i\infty})\mathrm{e}^{-\kappa_i t}+\mu_{i\infty}$，其中，性能函数 μ_i 中的参数 $\kappa_i>0,\ \mu_{i\infty}>0$ 将影响控制系统的性能。具体而言，参数 κ_i 将影响时变流形变量 s_i 的趋近速率，即参数 κ_i 越大，则系统的趋近速率越快。但是，参数 κ_i 越大，需要的控制输入也越大。因此在实际系统中，参数 κ_i 可根据系统的输入饱和约束进行选择。参数 $\mu_{i\infty}$ 的选取主要影响受控系统的稳态误差，因此，参数 $\mu_{i\infty}$ 可根据实际系统的控制精度需求进行选择。

式（2-42）给出的控制器形式类似传统 PID 控制中的比例（P 型）控制器，形式简单，计算复杂度低，容易在线实现。

2.3.3 稳定性分析

对于 P 型预设性能控制器，系统的稳定性分别在以下定理中给出。

定理 2-3 在 P 型预设性能控制器（2-42）下，式（2-25）定义的跟踪误差预设性能可以实现，即跟踪误差系统的瞬态性能与稳态性能能够实现。同时跟踪误差闭环系统的所有变量都一致最终有界。

为了更好地证明**定理 2-3**，首先引入**引理 2-1**。对于如下系统

$$\dot{\boldsymbol{x}}(t) = \boldsymbol{f}(\boldsymbol{x}(t),t),\ \boldsymbol{x}(0) \in \Omega_x \subset \mathbb{R}^n \tag{2-43}$$

其中：$\boldsymbol{f}(\boldsymbol{x}(t),t): \Omega_x \times \mathbb{R} \to \mathbb{R}^n$ 为定义在一个非空集合 Ω_x 上的函数，且对时间 t 和 $\boldsymbol{x}(t) \in \Omega_x$ 是局部可积的。

引理 2-1 如果函数 $\boldsymbol{f}(\boldsymbol{x}(t),t)$ 对于自变量 $t, \boldsymbol{x}(t)$ 是局部 Lipschitz 连续的，那么式（2-43）中系统的所有解都将保持在开集 Ω_x 上，且存在一个时间上界 $t_{\max}$，在时间区间上 $t \in [0, t_{\max})$ 上，存在一个最大解 $x_{\max} \in \Omega_x$。

引理 2-1 的证明见文献[17]。

基于以上引理，**定理 2-3** 的证明过程分两步。

第一步：证明式（2-28）中参量 Λ_i 在局部时间域 $[0, t_{\max})$ 上存在最大解。基于式（2-22），对参量 Λ_i 求导可得

$$\dot{\Lambda}_i(t) = \frac{1}{\mu_i}(f_{u_i,\theta} u_i + g_i - \dot{\mu}_i \Lambda_i) \tag{2-44}$$

其中：$\Omega_{\Lambda_i} \triangleq (-\delta_{i,1}, \delta_{i,2}) \subset \mathbb{R}$。

基于式（2-25），可得 s_i 的初值满足 $s_i(0) \in (-\delta_{i,1}\mu_i(0), \delta_{i,2}\mu_i(0))$，即在 $\mu_i(t) > 0, \forall t \in [0, t_{\max})$ 情况下，参量 $\Lambda_i(0) = s_i(0)/\mu_i(0) \in \Omega_{\Lambda_i}$。然后根据**定理 2-1** 和**引理 2-1** 可得，参量 Λ_i 是局部 Lipschitz 连续的，因此，在时间区间 $[0, t_{\max})$ 上存在一个最大的解，即 $\Lambda_{i,\max} \in \Omega_{\Lambda_i}$。故此第一步得证。

第二步：在局部时间域 $[0, t_{\max})$ 上，证明在控制器（2-42）下，跟踪误差系统是收敛的。基于式（2-28）中定义的转换变量 z_i，定义如下 Lyapunov 函数：

$$V = \frac{1}{2}\boldsymbol{z}^{\mathrm{T}}\boldsymbol{Q}\boldsymbol{z} \tag{2-45}$$

其中：$\boldsymbol{z} = [z_1, \cdots, z_N]^{\mathrm{T}} \in \mathbb{R}^N$。对 V 求导可得

$$\begin{aligned}\dot{V} &= \boldsymbol{z}^{\mathrm{T}}\boldsymbol{Q}\dot{\boldsymbol{z}} = -\boldsymbol{z}^{\mathrm{T}}\boldsymbol{Q}\boldsymbol{K}\boldsymbol{z} + \boldsymbol{z}^{\mathrm{T}}\boldsymbol{Q}\boldsymbol{g} \leqslant -\boldsymbol{z}^{\mathrm{T}}\boldsymbol{Q}\boldsymbol{K}\boldsymbol{z} + \frac{1}{2}\boldsymbol{z}^{\mathrm{T}}\boldsymbol{z} + \frac{1}{2}\|\boldsymbol{Q}\boldsymbol{g}\|^2 \\ &= -\boldsymbol{z}^{\mathrm{T}}\left(\boldsymbol{Q}\boldsymbol{K} - \frac{1}{2}\boldsymbol{I}\right)\boldsymbol{z} + \frac{1}{2}\|\boldsymbol{Q}\boldsymbol{g}\|^2\ (\boldsymbol{K} = \mathrm{diag}(2k_i\xi_i^2 f_{u_i,\theta}) \in \mathbb{R}^{N\times N}, \boldsymbol{g} = [\xi_i g_i]_{N\times 1}^{\mathrm{T}} \in \mathbb{R}^N)\end{aligned} \tag{2-46}$$

其中：$\boldsymbol{Q} \in \mathbb{R}^{N\times N}$ 是一个对称正定矩阵。

从对角矩阵 $\boldsymbol{K}$ 的定义看，由于参数 $k_i, \xi_i, f_{u_i,\theta}$ 是正的，因此对角矩阵 $\boldsymbol{K}$ 是正定的。根据**假设 2-1** 和**假设 2-2** 以及第一步的证明，可得在局部时间域 $[0, t_{\max})$ 上，g_i 是有界的，即 $\|g_i\| \leqslant g_{i0}$（g_{i0} 是一个未知的常量）。假定矩阵 $\boldsymbol{Q}$ 满足 $\sigma_{\min}(\boldsymbol{Q}) > 1/2\sigma_{\max}(\boldsymbol{K}^{-1})$（$\sigma(\bullet)$ 表示非奇异矩阵的特征值），则可得 $(\boldsymbol{Q}\boldsymbol{K} - 1/2\boldsymbol{I}) > 0$。进一步有

$$\dot{V} \leqslant -\sigma_{\min}\left(\boldsymbol{QK}-\frac{1}{2}\boldsymbol{I}\right)\|z\|^2+\frac{\sigma_{\max}(\boldsymbol{Q})}{2}g_0^{*2} \tag{2-47}$$

其中： $g_0^* = \max\{\xi_i g_{i0}\}\ (i=1,\cdots,N)$ 。

基于式（2-47），可得 z 收敛到一个紧集，即

$$\|z\| \leqslant g_0^*\sqrt{\frac{\sigma_{\max}(\boldsymbol{Q})}{\sigma_{\min}(2\boldsymbol{QK}-\boldsymbol{I})}} \tag{2-48}$$

式（2-48）表明在局部时间域 $[0,t_{\max})$ 上，误差转化变量 z 是一致最终有界的，根据式（2-28）中的无约束化函数转化，可得参量 $\Lambda_i = s_i/\mu_i = \rho(z_i)$ （或 s_i ）也是一致最终有界的。根据**定理 2-2** 可得误差跟踪系统的所有变量都是一致最终有界的。当时间界 $t_{\max}\to+\infty$ ，此结论也是成立的。可以利用反证法来证明此结论的正确性。假设上述结论在 $t_{\max}\to+\infty$ 并不成立，则存在时间点 $t^*\in[0,t_{\max})$ 使得 $\Lambda_i(t^*)\notin\Omega_{\Lambda_i}$ 。显然这个结论与第一步中的结论相矛盾。因此假设不成立，即当时间界 $t_{\max}\to+\infty$ ，式（2-28）定义的预设性能也能够得以保证，且误差跟踪系统的所有变量都是一致最终有界的。综合第一步和第二步的证明，**定理 2-3** 得以证明。 ■

至此，完成了大型互联非线性系统的低复杂度预设性能控制器的设计与分析。综合以上叙述和分析，可以给出低复杂度预设性能控制器设计的过程框图，如图 2-3 所示。从图 2-3 可以看出，预设性能控制器设计有三个重要环节，即预设性能函数选取、无约束转化以及稳定控制器的设计。在这三个环节中，具体设计方式的不同会带来不同的预设性能控制方法。

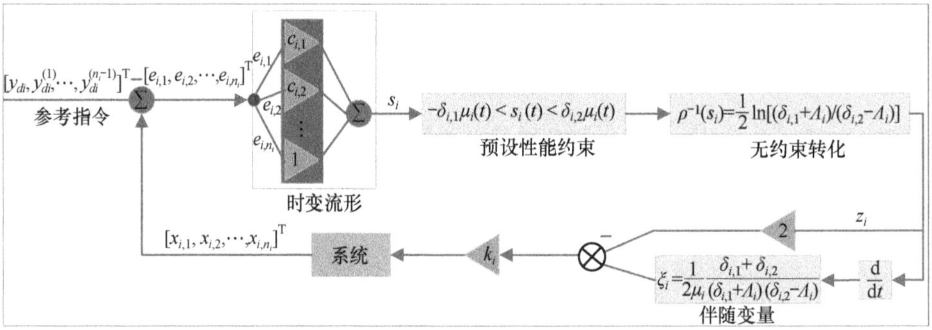

图 2-3 大型互联非线性系统 P 型预设性能控制框图

2.4 典型非线性系统控制仿真

为了验证 2.3 节大型互联非线性系统预设性能控制方法的有效性，本节安排三组典型非线性系统控制的仿真算例。其中，第一组仿真算例对象是由三对二阶子系统耦合形成的一般非线性大系统；第二组仿真算例是两对互联的二阶倒立摆系统，

第三组仿真算例是两对耦合的弹簧–质量块–阻尼器系统。具体的非线性系统及其预设性能控制仿真如下。

2.4.1 二阶互联非线性系统协同控制仿真

文献[18]研究了多个非线性系统在离散通信下的协同控制。根据文献[18]，三对耦合的二阶子系统 $\Gamma_{11},\Gamma_{12},\Gamma_{13}$ 形式分别为

$$\Gamma_{11}:\begin{cases}\dot{x}_{1,1}=x_{1,2}\\ \dot{x}_{1,2}=\dfrac{1}{\mathcal{M}_1}\left[-\left(1+25\left|x_{1,2}\right|\right)x_{1,2}-\mathcal{M}_2x_{2,2}x_{3,2}\right]+\dfrac{\mathrm{sat}(u_1)}{\mathcal{M}_1}+\dfrac{1}{\mathcal{M}_1}d_1(t)\\ y_1=x_{1,1}\end{cases} \tag{2-49a}$$

$$\Gamma_{12}:\begin{cases}\dot{x}_{2,1}=x_{2,2}\\ \dot{x}_{2,2}=\dfrac{1}{\mathcal{M}_2}\left[\mathcal{M}_1x_{1,2}x_{3,2}-\left(10+200\left|x_{2,2}\right|\right)x_{2,2}\right]+\dfrac{\mathrm{sat}(u_2)}{\mathcal{M}_2}+\dfrac{1}{\mathcal{M}_2}d_2(t)\\ y_2=x_{2,1}\end{cases} \tag{2-49b}$$

$$\Gamma_{13}:\begin{cases}\dot{x}_{3,1}=x_{3,2}\\ \dot{x}_{3,2}=-\dfrac{1}{\mathcal{M}_3}\left(0.5+1500\left|x_{3,2}\right|\right)x_{3,2}+\dfrac{\mathrm{sat}(u_3)}{\mathcal{M}_3}+\dfrac{1}{\mathcal{M}_3}d_3(t)\\ y_3=x_{3,1}\end{cases} \tag{2-49c}$$

其中：$\mathcal{M}_i(i=1,2,3)$ 为系统常量参数；$\mathrm{sat}(\bullet)$ 为饱和函数，其输出形式为

$$\mathrm{sat}(\bullet)=\begin{cases}\bullet, & |\bullet|\leqslant s_u\\ s_u, & |\bullet|>s_u\end{cases} \tag{2-50}$$

其中：s_u 为饱和函数的边界。

在本算例中，式（2-23）、式（2-25）、式（2-42）以及式（2-49）里涉及的参数值设定为：$c_{1,1}=c_{2,1}=1$，$c_{3,1}=2$，$\delta_{1,1}=0.4$，$\delta_{1,2}=1$，$\delta_{2,1}=0.5$，$\delta_{2,2}=1$，$\delta_{3,1}=0.4$，$\delta_{3,2}=1$，$\mu_{10}=6$，$\mu_{1\infty}=0.05$，$\kappa_1=0.02$，$\mu_{20}=35$，$\mu_{2\infty}=0.1$，$\kappa_2=0.02$，$\mu_{30}=3$，$\mu_{3\infty}=0.05$，$\kappa_3=0.05$，$k_1=600$，$k_2=800$，$k_3=200$，$\mathcal{M}_1=500$，$\mathcal{M}_2=1000$，$\mathcal{M}_3=700$。

对于式（2-49）内的三个子系统，输入饱和函数的边界分别设为 100、20、300。式（2-49）内的外界干扰分别设计为

$$\begin{cases}d_1(t)=3+3\sin(t/50)+2\sin(t/10)\\ d_2(t)=-1+3\sin(t/20-\pi/6)+2\sin(t)\\ d_3(t)=-5\sin(1/10t)-\sin(t+\pi/3)\end{cases}$$

期望指令设计为 $y_{d1}=0.25, y_{d2}=1.35, y_{d3}=\pi/6$。初始系统状态为 $x_{11}=5$,

$x_{12}=0$, $x_{21}=20$, $x_{22}=0$, $x_{31}=\pi/3$, $x_{32}=0$。

二阶互联非线性系统预设性能的仿真结果如图 2-4～图 2-9 所示（注：所有图中的 PPF 表示设计的预设性能函数）。

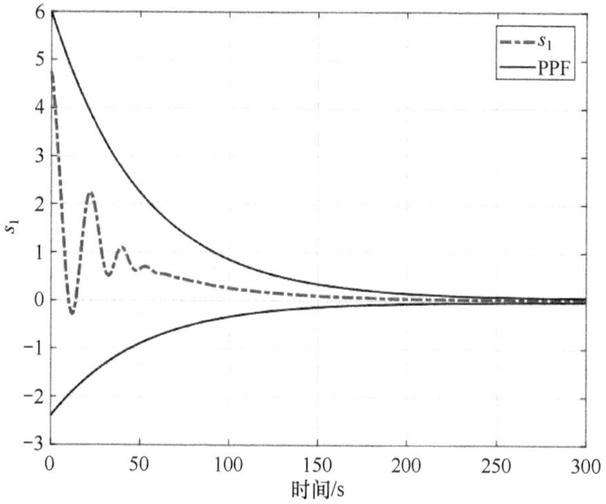

图 2-4　流形 s_1 随时间变化曲线

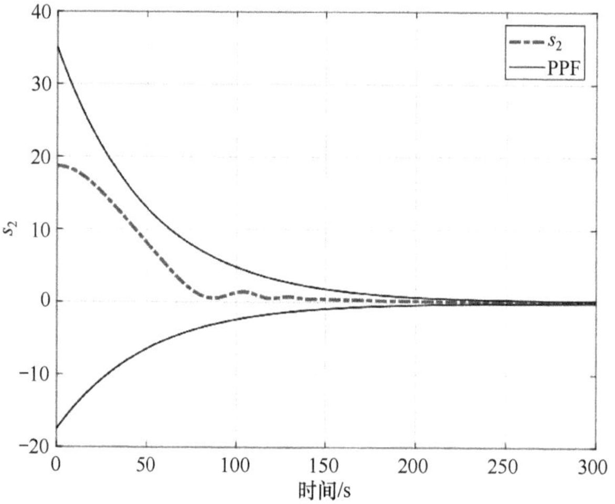

图 2-5　流形 s_2 随时间变化曲线

从图 2-4～图 2-6 可以看出，在预设性能控制器下，设计的流形在 150 s 内趋向零点；图 2-7 和图 2-8 中的仿真结果表明在设计的预设性能控制器作用下，受控系统能够跟踪上期望的指令。图 2-9 中的仿真结果表明跟踪目标轨迹所需要的控制输入满足系统饱和约束。综上，图 2-4～图 2-9 的结果验证了所设计的预设性能控制器的有效性。

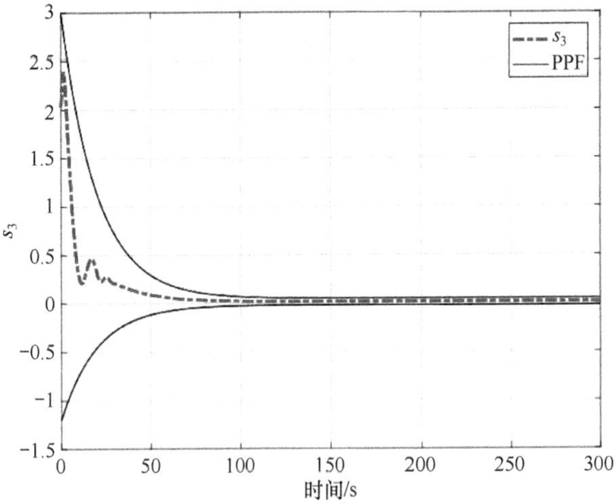

图 2-6　流形 s_3 随时间变化曲线

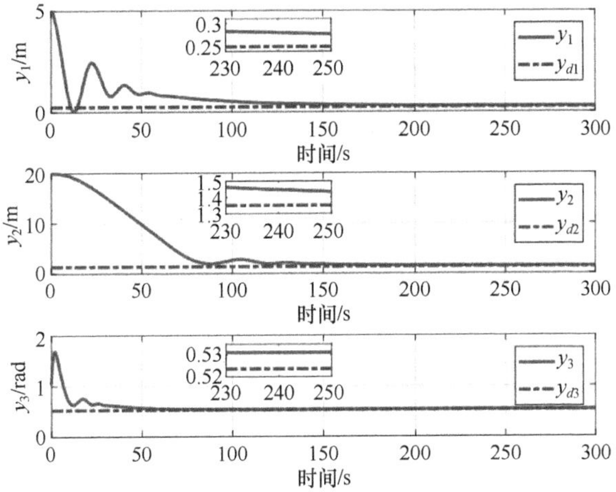

图 2-7　三个子系统输出的变化曲线

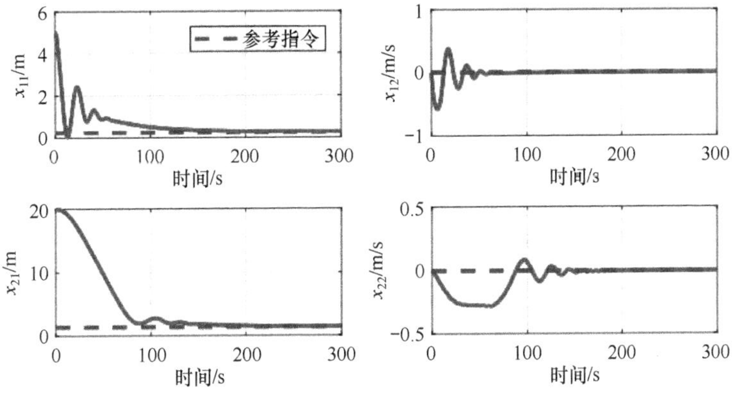

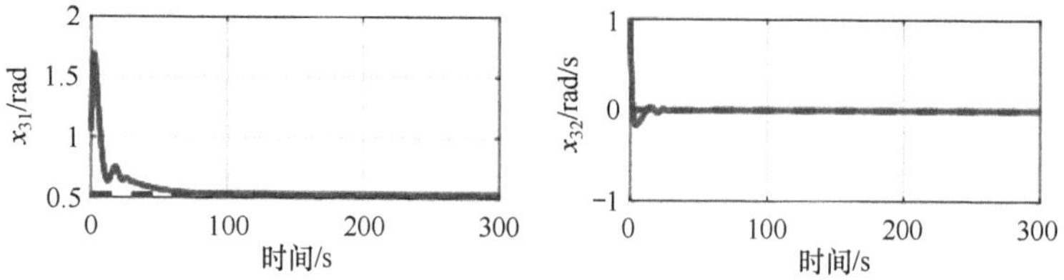

图 2-8　三个子系统状态的变化曲线

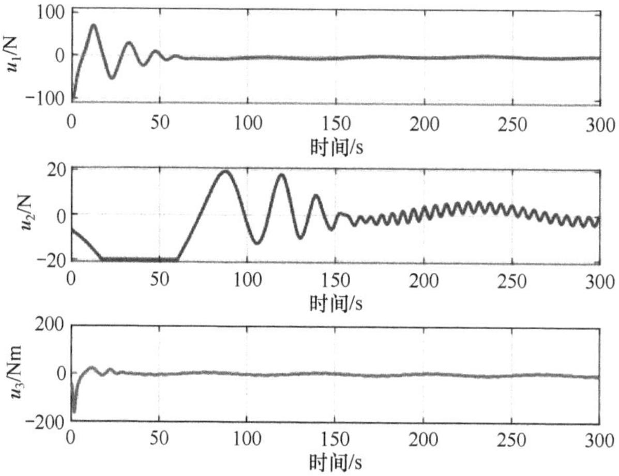

图 2-9　三个子系统控制输入的变化曲线

2.4.2　二阶互联倒立摆控制仿真

本小节以两个伺服电机驱动的二阶互联倒立摆系统为例，来验证预设性能控制方法在实际物理系统中的有效性。

两个伺服电机驱动的二阶互联倒立摆系统如图 2-10 所示。

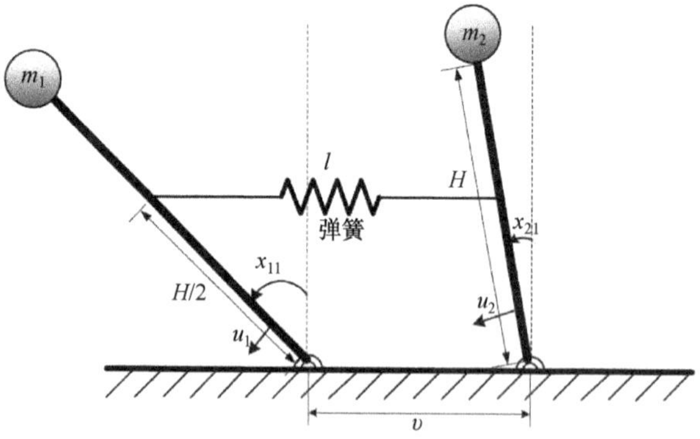

图 2-10　二阶互联倒立摆示意图

两个伺服电机驱动的二阶互联倒立摆系统的运动学模型为[19-20]

$$\Gamma_{21}:\begin{cases}\dot{x}_{1,1}=x_{1,2}\\ \dot{x}_{1,2}=\left(\dfrac{m_1\zeta H}{J_1}-\dfrac{\eta H^2}{4J_1}\right)\sin(x_{1,1})+\dfrac{\eta H}{2J_1}(l-\upsilon)+\dfrac{\mathrm{sat}(u_1)}{J_1}+\dfrac{\eta H^2}{4J_1}\sin(x_{2,1})+d_1(t)\\ y_1=x_{1,1}\end{cases}$$

（2-51a）

$$\Gamma_{22}:\begin{cases}\dot{x}_{2,1}=x_{2,2}\\ \dot{x}_{1,2}=\left(\dfrac{m_2\zeta H}{J_2}-\dfrac{\eta H^2}{4J_2}\right)\sin(x_{2,1})-\dfrac{\eta H}{2J_2}(l-\upsilon)+\dfrac{\mathrm{sat}(u_2)}{J_2}+\dfrac{\eta H^2}{4J_2}\sin(x_{1,1})+d_2(t)\\ y_2=x_{2,1}\end{cases}$$

（2-51b）

其中：$(x_{1,1},x_{2,1})$、$(x_{1,2},x_{2,2})$ 分别为倒立摆偏离竖直方向的角度位置和角速度；$u_i(i=1,2)$ 为伺服电机的输入值；外界未知干扰定义分别为 $d_1(t)=0.1\sin(t)$，$d_2(t)=0.2+0.1\cos(2t)$。其他系统参数如下：重力加速度 $\zeta=9.81\mathrm{m/s^2}$；连接两个倒立摆的弹簧系数为 $\eta=100\mathrm{N/m}$；弹簧的自然长度和倒立摆高度分别是 $l=0.5\mathrm{m}$ 和 $H=0.5\mathrm{m}$；两个倒立摆铰链连接位置距离为 $\upsilon=0.4\mathrm{m}<l$；两个倒立摆的质量分别是 $m_1=2\mathrm{kg}$ 和 $m_2=2.5\mathrm{kg}$；两个倒立摆系统的惯量矩阵分别为 $J_1=0.5\mathrm{kg{\bullet}m^2}$，$J_2=0.625\mathrm{kg{\bullet}m^2}$。饱和函数 $\mathrm{sat}(u_i)(i=1,2)$ 的定义如式（2-50）所示，根据文献[20]，其饱和边界分别取为 25。对于倒立摆系统，期望在伺服电机驱动下，都能在竖直方向上保持平衡，即期望的轨迹为 $y_{di}=0\ (i=1,2)$。仿真初始状态分别为 $x_{11}=-3\,(°)$，$x_{12}=0.5\,(°/\mathrm{s})$，$x_{21}=3\,(°)$，$x_{22}=-0.7\,(°/\mathrm{s})$。式（2-23）、式（2-25）、式（2-42）以及式（2-51）里涉及的仿真参数值设定为：$c_{1,1}=3$，$c_{2,1}=2$，$\delta_{1,1}=1$，$\delta_{1,2}=0.3$，$\delta_{2,1}=0.2$，$\delta_{2,2}=1$，$\mu_{10}=10$，$\mu_{1\infty}=0.1$，$\kappa_1=1$，$\mu_{20}=7$，$\mu_{2\infty}=0.1$，$\kappa_2=1$，$k_1=k_2=10$。

二阶互联倒立摆系统预设性能控制的仿真结果如图 2-11～图 2-15 所示（注：所有图中的 PPF 表示设计的预设性能函数）。

从图 2-11～图 2-15 可以得到如下三点结论：首先，流形预设的瞬态性能与稳态性能都能够在所设计的预设性能控制器下得以实现（图 2-11 和图 2-12）；其次，尽管两个互联倒立摆系统都受到外界干扰的影响，但是两个倒立摆系统都能够在 4 s 内到达平衡点且在全过程中保持（图 2-13 和图 2-14），因此，设计的预设性能控制器具有一定的抗干扰性。与此同时，图 2-15 的仿真结果显示两个伺服电机的输入都满足输入饱和约束的限制。最后，与文献[19]和文献[20]的仿真结果相比，在相同的控制精度下，本章提出的预设性能控制并没有用到复杂的神经网络和模糊系统等近似方法，因此，控制系统的复杂度大大降低。

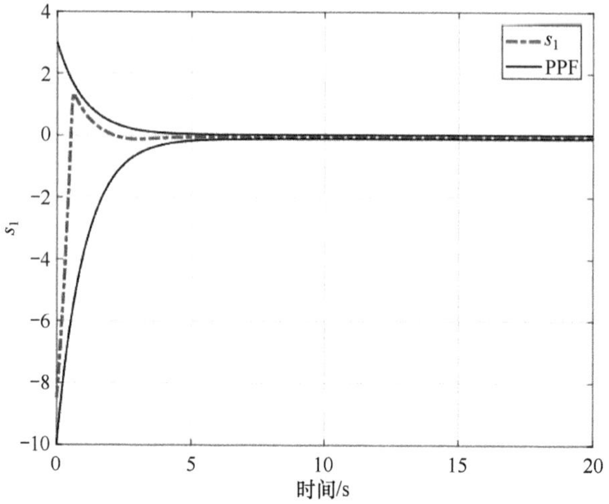

图 2-11　流形 S_1 随时间变化曲线

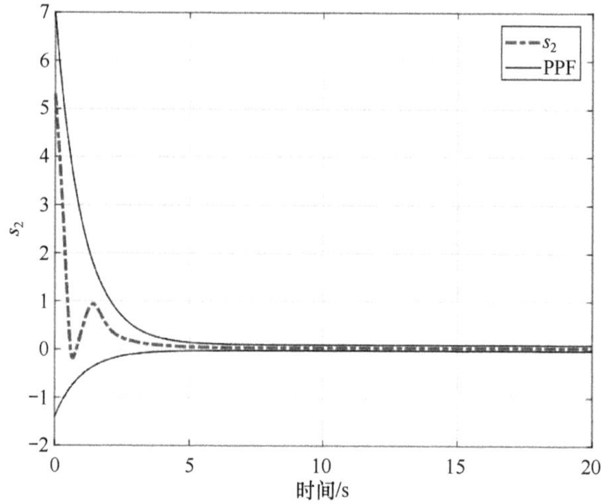

图 2-12　流形 S_2 随时间变化曲线

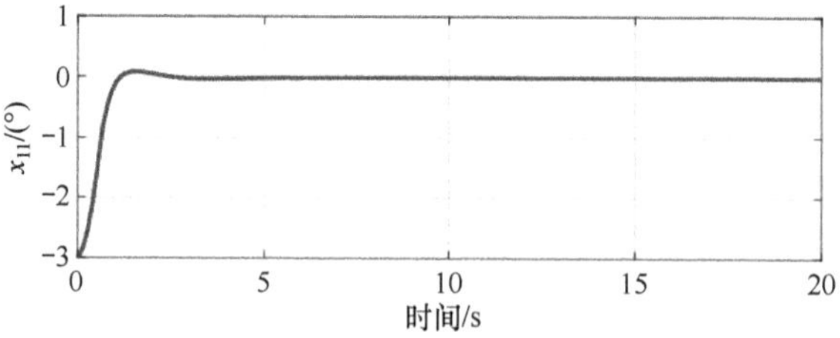

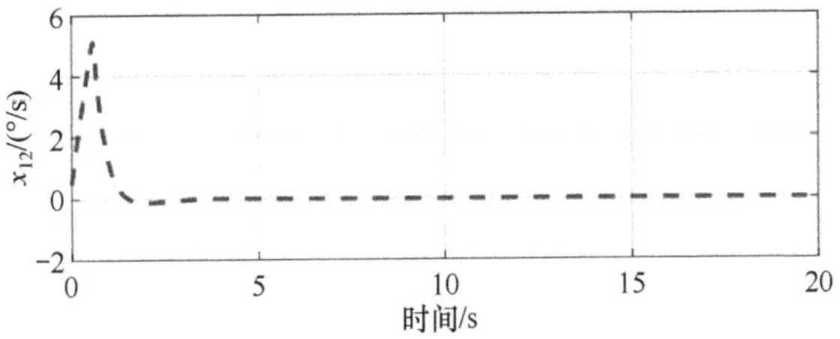

图 2-13　第一个倒立摆系统状态随时间变化曲线

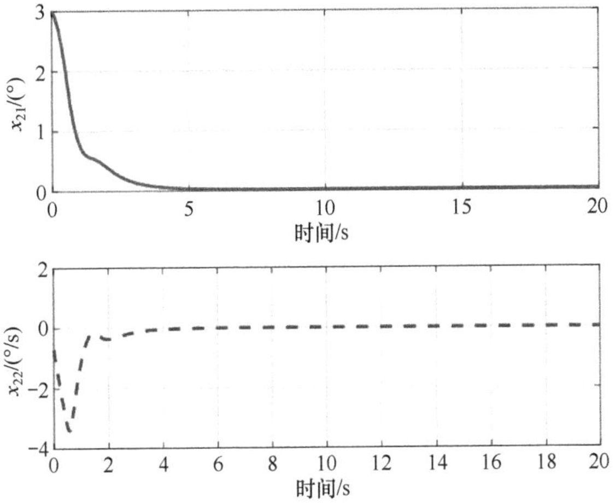

图 2-14　第二个倒立摆系统状态随时间变化曲线

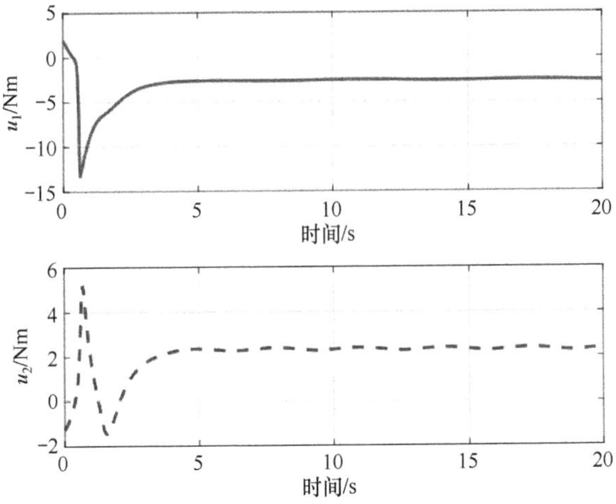

图 2-15　两个伺服电机输入随时间变化曲线

2.4.3 弹簧-质量块-阻尼器系统控制仿真

本节以两对耦合的弹簧-质量块-阻尼器系统作为第三组算例来进一步说明和验证预设性能控制方法的有效性。

两对耦合的弹簧-质量块-阻尼器系统如图 2-16 所示。

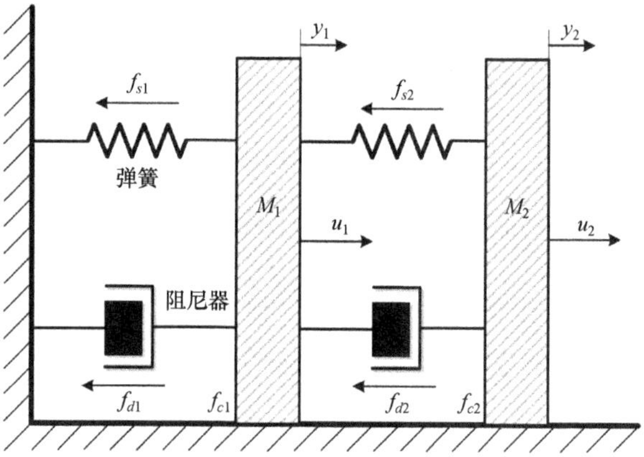

图 2-16 弹簧-质量块-阻尼器系统示意图

两对耦合的弹簧-质量块-阻尼器系统的运动模型为

$$\Gamma_{31}:\begin{cases}\dot{x}_{1,1}=x_{1,2}\\ \dot{x}_{1,2}=\dfrac{\text{sat}(u_1)}{M_1}+\dfrac{1}{M_1}(-f_{s1}-f_{d1}+f_{s2}+f_{d2}-f_{c1}+f_{c2}+\varDelta_1)\\ y_1=x_{1,1}\end{cases} \tag{2-52a}$$

$$\Gamma_{32}:\begin{cases}\dot{x}_{2,1}=x_{2,2}\\ \dot{x}_{2,2}=\dfrac{\text{sat}(u_2)}{M_2}+\dfrac{1}{M_2}(-f_{s2}-f_{d2}-f_{c2}+\varDelta_2)\\ y_2=x_{2,1}\end{cases} \tag{2-52b}$$

其中：$f_{s1}=y_1+0.1y_1^3$ 和 $f_{s2}=2(y_2-y_1)+0.12(y_2-y_1)^3$ 分别为两组弹簧的拉力；$f_{d1}=2\dot{y}_1+0.2\dot{y}_1^2$ 和 $f_{d2}=2.2(\dot{y}_2-\dot{y}_1)+0.15(\dot{y}_2-\dot{y}_1)^2$ 分别为两组弹簧的摩擦力；$f_{c1}=0.02\text{sign}(\dot{y}_1)$ 和 $f_{c2}=0.02\text{sign}(\dot{y}_2-\dot{y}_1)$ 是库伦摩擦力。假定 $f_{s1}, f_{s2}, f_{d1}, f_{d2}, f_{c1}, f_{c2}$ 是未知的。质量块的质量为 $M_1=0.25\,\text{kg}, M_2=0.2\,\text{kg}$，$\varDelta_1=0.2\sin(3t)\text{e}^{-0.2t}$，$\varDelta_2=0.2\cos(3t)\text{e}^{-0.1t}$ 表示未知外界干扰，饱和输出 $\text{sat}(u_i)(i=1,2)$ 的形式如式（2-50）所示，其饱和边界均取为 10。

在算例仿真中，两个子系统期望的输出轨迹分别为 $y_{d1}=0.5(\sin(1.5t)+\sin(0.5t))$ 和 $y_{d2}=\sin(t)$。式（2-23）、式（2-25）、式（2-42）以及式（2-52）里涉及的仿

真参数值设定为：$c_{1,1} = c_{2,1} = 1$，$\delta_{1,1} = 0.5$，$\delta_{1,2} = 1$，$\delta_{2,1} = 1$，$\delta_{2,2} = 0.7$，$\mu_{10} = 2$，$\mu_{1\infty} = 0.1$，$\kappa_1 = 1$，$\mu_{20} = 3$，$\mu_{2\infty} = 0.1$，$\kappa_2 = 1$，$k_1 = k_2 = 10$，初始仿真状态取为 $x_{11} = 0.5\text{m}$，$x_{12} = 0\text{m/s}$，$x_{21} = -1\text{m}$，$x_{22} = 0\text{m/s}$。

两对弹簧–质量块–阻尼器耦合系统的预设性能控制仿真结果如图 2-17～图 2-23 所示（注：图中的 PPF 表示预设性能函数）。

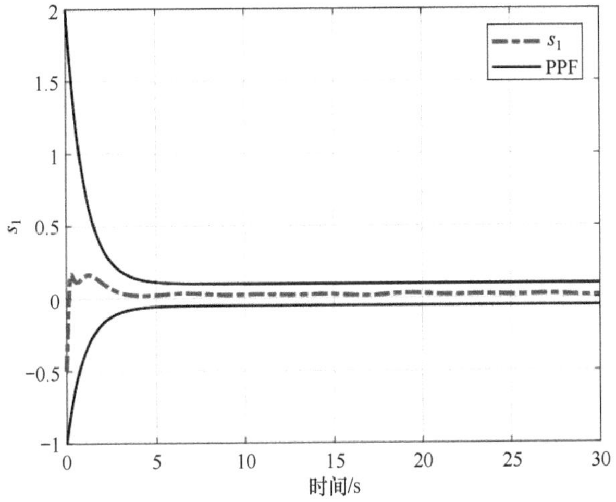

图 2-17　流形 s_1 随时间变化曲线

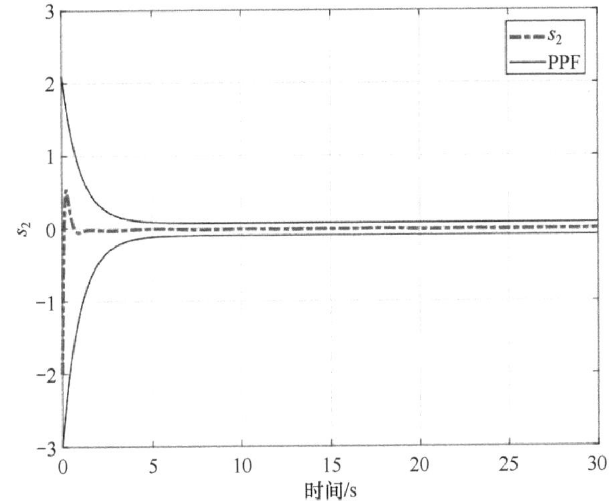

图 2-18　流形 s_2 随时间变化曲线

从图 2-17～图 2-23 所示的结果曲线可以得出以下结论：首先，两个弹簧–质量块–阻尼器子系统都能在 3s 左右跟踪上期望的输出指令，且跟踪误差系统的瞬态（包括趋近率、超调量等）和稳态（跟踪精度）性能都能够全程得以实现（图 2-17 和图 2-18）。

除此之外，图 2-20 和图 2-22 表明系统期望速度分量在设计的预设性能控制方法下也能够得到精确地跟踪；其次，图 2-23 给出了两个弹簧–质量块–阻尼器子系统的控制输入响应，可以看出，所需要的控制力都在饱和约束范围内，因此，控制方法可以很好的在线实现；最后，整个算法依托 Win 10 Intel Core i5-4200U CPU @1.6GHz 计算平台，在 Matlab 2013 软件下的单步平均迭代时间是 0.015ms，因此算法复杂度很低，适合在线使用。

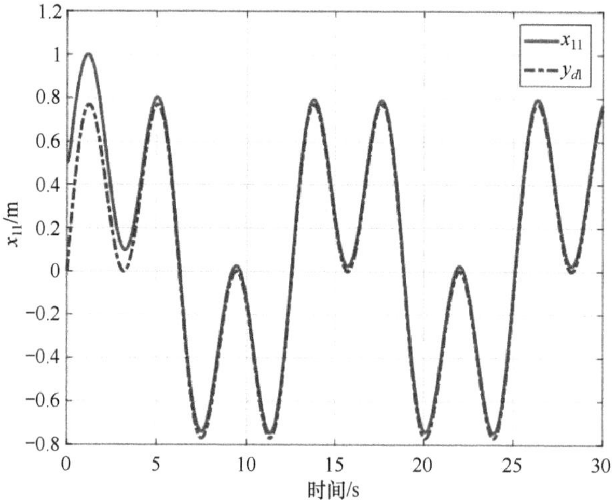

图 2-19　质量块 M_1 的位移变化曲线

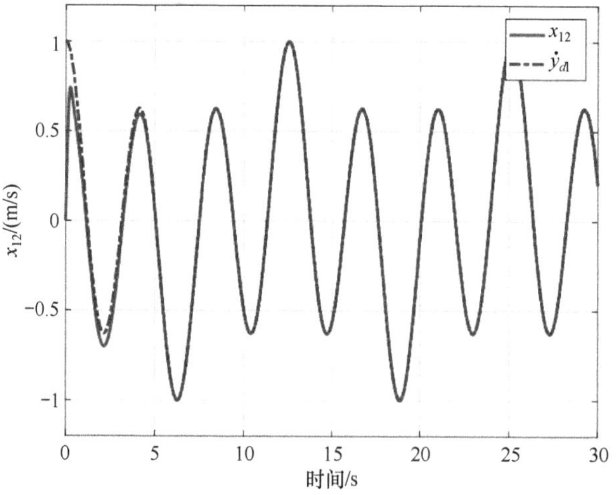

图 2-20　质量块 M_1 的速度变化曲线

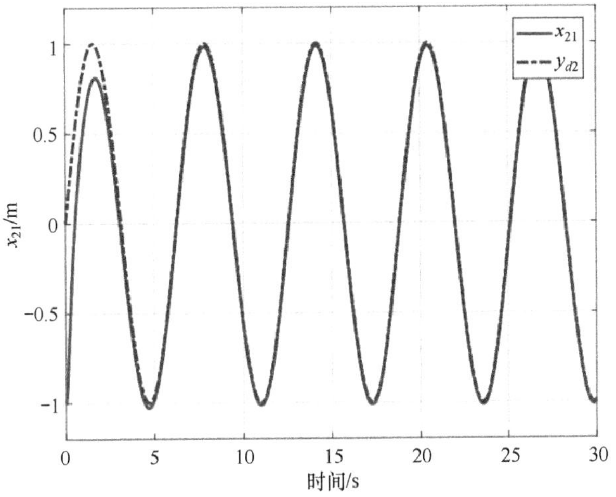

图 2-21　质量块 M_2 的位移变化曲线

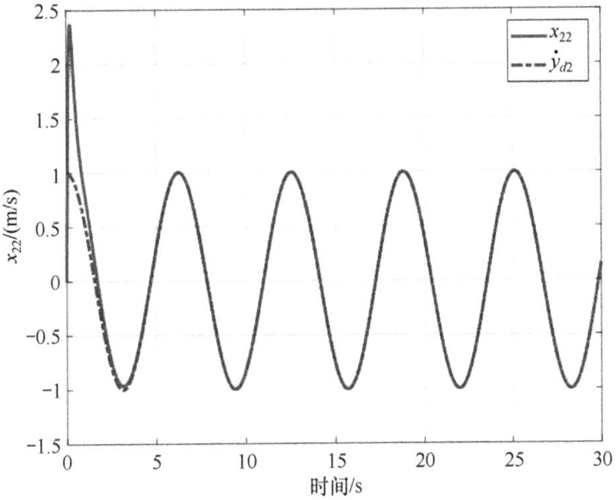

图 2-22　质量块 M_2 的速度变化曲线

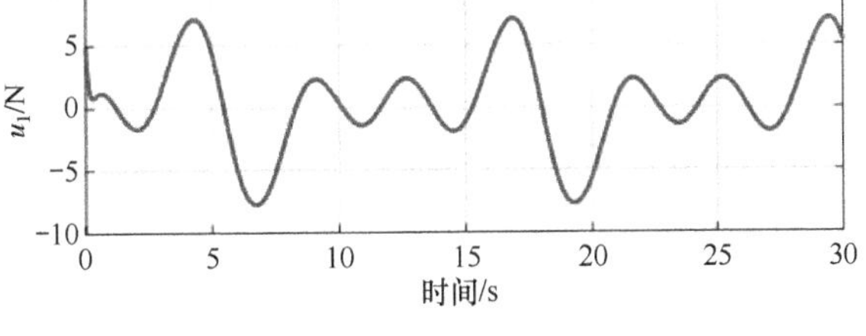

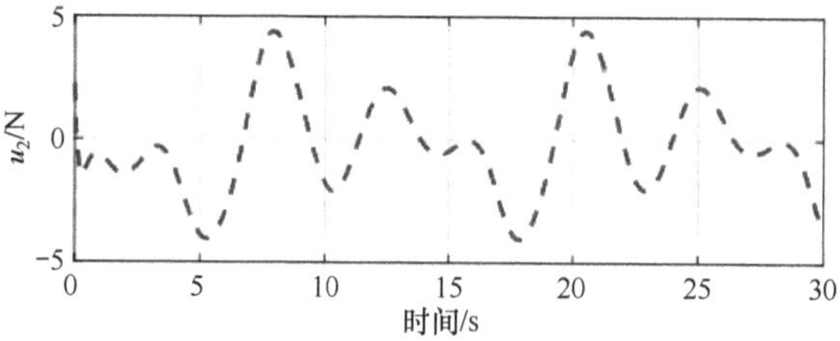

图 2-23　质量块 M_1、M_2 的控制输入变化曲线

2.5 本章小结

本章介绍了预设性能控制方法的基本框架和实现步骤，具体包括：预设性能约束设计、无约束化映射以及非线性控制器设计。在预设性能约束函数设计中，给出了指数收敛型和双曲余切型两种性能函数；在无约束化映射步骤中，总结了四种典型的无约束化映射函数。此外，针对一类互联非线性大系统，基于预设性能框架，通过设计时变流形和比例型预设性能控制器，形成了结构简单的预设性能控制方法。该控制方法的显著优势在于，其结构与传统 PID 控制方法的结构相似，因此具有在线实现的应用优势。通过三个典型非线性系统控制算例的结果表明，该控制方法可以实现对不同互联系统期望轨迹的有效跟踪控制。

通过本章预设性能控制器的设计过程，可以对预设性能控制方法的基本原理和实现方式有清晰的认识。同时本章的内容也为后续章节研究内容的开展奠定了很好的理论基础。除此之外，从**定理 2-3** 的证明可以看出，虽然比例型预设性能控制方法简单，但也存在一些局限性，即鲁棒性和自适应能力相对较差。这是因为所设计的预设性能控制器中不包含任何对未知不确定动力学模型和外界干扰的补偿，因此，其控制的精度是有限的。所以在后续章节的研究中，将着重探讨自适应预设性能控制方法设计思路，并进一步深化预设性能控制方法及其应用研究。

参考文献

[1] 魏才盛，罗建军，殷泽阳. 航天器姿态预设性能控制方法综述[J]. 宇航学报，2019, 40(10): 1167-1176.

[2] Bechlioulis C P, Rovithakis G A. Robust adaptive control of feedback linearizable MIMO nonlinear systems with prescribed performance[J]. IEEE Transactions on Automatic Control, 2008, 53(9): 2090-2099.

[3] Bechlioulis C P, Rovithakis G A. Adaptive control with guaranteed transient and steady state tracking error bounds for strict feedback systems[J]. Automatica, 2009, 45(2): 532-538.

[4] Bu X, Wu X, Zhu F, et al. Novel prescribed performance neural control of a flexible air-breathing

hypersonic vehicle with unknown initial errors[J]. ISA Transactions, 2015, 59: 149-159.

[5] Bechlioulis C P, Rovithakis G A. Prescribed performance adaptive control for multi-input multi-output affine in the control nonlinear systems[J]. IEEE Transactions on Automatic Control, 2010, 55(5): 1220-1226.

[6] Yin Z, Suleman A, Luo J, et al. Appointed-time prescribed performance attitude tracking control via double performance functions[J]. Aerospace Science and Technology, 2019, 93: 105337.

[7] Bechlioulis C P, Rovithakis G A. A low-complexity global approximation-free control scheme with prescribed performance for unknown pure feedback systems[J]. Automatica, 2014, 50(4): 1217-1226.

[8] Liu Y J, Lu S, Li D, et al. Adaptive controller design-based ABLF for a class of nonlinear time-varying state constraint systems[J]. IEEE Transactions on Systems, Man, and Cybernetics: Systems, 2016, 47(7): 1546-1553.

[9] Jain S, Khorrami F. Decentralized adaptive control of a class of large-scale interconnected nonlinear systems[J]. IEEE Transactions on Automatic Control, 1997, 42(2): 136-154.

[10] 傅勤, 杨成梧. 含非匹配互联项的一类大型互联非线性系统的鲁棒分散控制[J]. 自动化学报, 2008, 34(4): 488-492.

[11] Bakule L. Decentralized control: An overview[J]. Annual Reviews in Control, 2008, 32(1): 87-98.

[12] Li J, Chen W, Li J M. Adaptive NN output-feedback decentralized stabilization for a class of large-scale stochastic nonlinear strict-feedback systems[J]. International Journal of Robust & Nonlinear Control, 2011, 21(4): 452-472.

[13] Wu L B, Yang G H. Decentralized adaptive fuzzy fault-tolerant tracking control of large-scale nonlinear systems with actuator failures[J]. Neurocomputing, 2016, 179: 307-317.

[14] Karimi B, Menhaj M B. Non-affine nonlinear adaptive control of decentralized large-scale systems using neural networks[J]. Information Sciences, 2010, 180(17): 3335-3347.

[15] Bartle R. The Elements of Real Analysis[M]. Hoboken: Wiley,1964.

[16] Bechlioulis C P, Rovithakis G. Decentralized robust synchronization of unknown high-order nonlinear multi-agent systems with prescribed transient and steady state performance[J]. IEEE Transactions on Automatic Control, 2017, 62(1): 123-134.

[17] Sontag E D. Mathematical Control Theory[M]. London: Springer, 1998.

[18] Almeida J, Silvestre C, Pascoal A M. Cooperative control of multiple surface vessels with discrete-time periodic communications[J]. International Journal of Robust and Nonlinear Control, 2012, 22(4): 398-419.

[19] Wu L B, Yang G H. Decentralized adaptive fuzzy fault-tolerant tracking control of large-scale nonlinear systems with actuator failures[J]. Neurocomputing, 2016, 179: 307-317.

[20] Karimi B, Menhaj M B. Non-affine nonlinear adaptive control of decentralized large-scale systems using neural networks[J]. Information Sciences, 2010, 180(17): 3335-3347.

03

第3章 自适应动态预设性能控制

3.1 引言

从第2章预设性能控制基本原理与方法的介绍中不难发现，预设性能控制的实现主要包含三个步骤，即预设性能约束设计、无约束化映射以及非线性控制器设计。通常情况下，前两个步骤的设计工作和内容相对固定。第三个步骤，即非线性控制器设计的方法可以结合不同的控制方法完成，因此会导致相应的控制器形式和性能也有所不同。在第2章中，为了降低受控系统控制器的复杂度，给出了类PID形式的预设性能控制方法及其设计过程。该类型的预设性能控制器结构简单，需要在线调节的参数较少，易于在线实现。但是在应对系统不确定性、外界干扰等方面的鲁棒性相对较差、自适应性不足，为了克服这些不足，有必要研究和发展具有强鲁棒性和自适应性的动态预设性能控制方法。本章和第4章分别研究和介绍自适应动态预设性能控制和数据驱动的动态预设性能控制。

在阐述自适应动态预设性能控制方法的实现方式之前，有必要对现有相关研究进展和成果进行简要介绍和总结。自适应动态预设性能控制方法的研究最初是为了克服传统预设性能控制方法的缺点，其典型实现方式就是利用神经网络或者模糊系统对受控非线性系统的未知非线性模型进行在线辨识学习，然后在预设性能框架下设计相应的控制器和自适应律，如文献[1-4]。其中，文献[1]针对非线性伺服机构，利用一个高阶神经网络对未知非线性模型进行在线近似，同时在预设性能控制框架下设计相应的自适应控制器和参数更新律实现对伺服机构的运动控制。文献[2]针对一类含参数不确定性的输入和状态受限的非线性系统，通过融合反步和神经网络近似技术提出一种受限指令预设性能自适应反演控制器设计方法，实现了对未知非线性系统的自适应控制。文献[3]针对多输入多输出非线性系统，借助神经网络对未知非线性系统进行了在线辨识，同时基于在线辨识的结果设计了相应的自适应预设性能控制器，实现了对多输入多输出系统的鲁棒自适应控制。本书作者针对服务航天器抓捕目标后的柔性组合体航天器姿态系统，通过借助径向基神经网络实现了对耦合未知惯量矩阵非线性动力学模型的在线近似，通过设计自适应预设性能控制器实现了姿态的稳定和跟踪控制[4]。利用神经网络或者模糊系统的动态预设性能控制方法虽然能够提升预设性能控制器应对系统不确定性的自适应性，但是神经网络或者模糊系统的引入也带来额外的调参工作量，尤其是神经网络层数、网络结点或者模糊规则越多，需要在线更新的自适应参数越多，因此控制系统复杂度很高，不利于在实际系统中应用。为了克服现有自适应动态预设性能控制方法的局限，本章以一类广义动力学系统为控制对象，研究和介绍一种新的低复杂度自适应动态预设性能控制方法，该方法采用参数分离技术最大程度减少自适应参数的数量，从而降低控制系统的复杂度。

欧拉-拉格朗日系统作为一种典型广义动力学系统，因其能够表征许多实际系统（如机械臂系统、航天器姿轨系统等）而得到了广泛关注[5-8]。本章以欧拉-拉格朗日系统为例，阐释低复杂度自适应动态预设性能控制方法及其实现过程，并以服务航天器抓捕目标后形成的组合体航天器的姿态稳定与跟踪控制为例验证方法的有效性。

3.2 广义动力学系统的自适应动态预设性能控制方法

3.2.1 广义动力学系统描述

本章考虑的一类含有不确定性的广义动力学系统，即欧拉-拉格朗日系统的形式为

$$\boldsymbol{H}(\boldsymbol{p})\ddot{\boldsymbol{p}}+\boldsymbol{C}(\boldsymbol{p},\dot{\boldsymbol{p}})\dot{\boldsymbol{p}}+\boldsymbol{G}(\boldsymbol{p})=\boldsymbol{u}+\boldsymbol{d} \tag{3-1}$$

其中：$\boldsymbol{p}\in\mathbb{R}^n$ 和 $\dot{\boldsymbol{p}}\in\mathbb{R}^n$ 分别为广义位置和速度（$n\in\mathbb{N}^+$）；$\boldsymbol{H}(\boldsymbol{p})\in\mathbb{R}^{n\times n}$、$\boldsymbol{C}(\boldsymbol{p},\dot{\boldsymbol{p}})\in\mathbb{R}^{n\times n}$ 和 $\boldsymbol{G}(\boldsymbol{p})\in\mathbb{R}^n$ 分别为系统正定的惯量矩阵、科氏力和离心力矩阵以及重力矢量，在实际过程中，精确的 $\boldsymbol{H}(\boldsymbol{p})$、$\boldsymbol{C}(\boldsymbol{p},\dot{\boldsymbol{p}})$、$\boldsymbol{G}(\boldsymbol{p})$ 难以获得；$\boldsymbol{u},\boldsymbol{d}\in\mathbb{R}^n$ 分别为控制力矩和外界未知干扰。

通常情况下，式（3-1）中的广义动力学系统具有如下性质和假设[9,10]：

性质 3-1 矩阵 $\dot{\boldsymbol{H}}(\boldsymbol{p})-2\boldsymbol{C}(\boldsymbol{p},\dot{\boldsymbol{p}})$ 是反对称的，即满足 $\boldsymbol{x}^{\mathrm{T}}(\dot{\boldsymbol{H}}(\boldsymbol{p})-2\boldsymbol{C}(\boldsymbol{p},\dot{\boldsymbol{p}}))\boldsymbol{x}=0$，$\forall\boldsymbol{x}\in\mathbb{R}^n$。

性质 3-2 存在一组正的参数 $\underline{\lambda}_1,\bar{\lambda}_1,\lambda_2,\lambda_3$ 使得 $\underline{\lambda}_1\|\boldsymbol{x}\|\leqslant\boldsymbol{x}^{\mathrm{T}}\boldsymbol{H}(\boldsymbol{p})\boldsymbol{x}\leqslant\bar{\lambda}_1\|\boldsymbol{x}\|$，$\forall\boldsymbol{x}\in\mathbb{R}^n$、$\boldsymbol{C}(\boldsymbol{p},\dot{\boldsymbol{p}})\leqslant\lambda_2\|\dot{\boldsymbol{p}}\|$ 和 $\|\boldsymbol{G}(\boldsymbol{p})\|\leqslant\lambda_3$ 三个不等式成立。

假设 3-1 未知外界干扰 $\boldsymbol{d}$ 是有界的，即满足 $\|\boldsymbol{d}\|\leqslant d_{\max}$（$d_{\max}$ 为一个未知常量）。

在实际系统中，控制饱和是一种典型控制输入，其非线性严重影响控制系统的性能。对于控制输入 $\boldsymbol{u}=[u_1,\cdots,u_n]^{\mathrm{T}}$，通常采用式（3-2）来作为其饱和输出

模型，即

$$u_i(t)=\mathrm{sat}(v_i(t))=\mathrm{sign}(v_i(t))\min\{u_{i0},|v_i(t)|\} \tag{3-2}$$

其中：v_i 为饱和非线性输入；$u_{i0}>0$ 为 u_i 的饱和边界。

参照文献[11]中关于输出饱和的处理方式，式（3-2）中的饱和非线性模型可以用一个死区模型近似等价为

$$u_i=\mathrm{sat}(v_i)=\alpha_{i0}v_i-\int_0^{\Re_i}\phi_i(\tau)dz_{\tau,i}(v_i)\mathrm{d}\tau \tag{3-3}$$

其中：$\alpha_{i0}=\int_0^{\Re_i}\phi_i(\tau)\,\mathrm{d}\tau_i$ 为一个正的常量；$\phi_i(\tau)$ 为一个定义在有限区间 $\Re_i$ 上的密度函数，且满足当 $\tau>\Re_i,\phi_i(\tau)=0$，$\phi_i(\tau)\geqslant 0,\forall\tau>0$；$dz_{\tau,i}(v_i)$ 为死区算子，其定义为

$$dz_{\tau,i}(v_i)=\max\{v_i-\tau,\min\{0,v_i+\tau\}\} \tag{3-4}$$

基于式（3-3），式（3-1）可转化为

$$\boldsymbol{H}(\boldsymbol{p})\ddot{\boldsymbol{p}}+\boldsymbol{C}(\boldsymbol{p},\dot{\boldsymbol{p}})\dot{\boldsymbol{p}}+\boldsymbol{G}(\boldsymbol{p})=\boldsymbol{\alpha}_0\boldsymbol{v}+\boldsymbol{d}^* \tag{3-5}$$

其中：$\boldsymbol{\alpha}_0=\mathrm{diag}(\alpha_{10},\cdots\alpha_{n0})$ 为对角增益矩阵；$\boldsymbol{d}^*$ 为复合干扰，且定义为 $\boldsymbol{d}^*=[d_1^*,\cdots,d_n^*]^{\mathrm{T}}$（$d_i^*:=d_i-\int_0^{\Re_i}\phi_i(\tau)dz_{\tau,i}(v_i)\mathrm{d}\tau$）。

注 3-1 文献[11]研究了输出饱和情况下的非线性系统控制方法，对于输出饱和的近似，根据文献[11]可知，有许多函数（如高斯函数）可以用来近似饱和输出模型，且参数 $\boldsymbol{\alpha}_0$ 可以通过有限次离线测试得到。与此同时，由于 $\int_0^{\Re_i}\phi_i(\tau)dz_{\tau,i}(v_i)\mathrm{d}\tau$ 是有界的，根据**假设 3-1** 可得复合干扰 $\boldsymbol{d}^*$ 也是有界的。

基于以上对广义动力学模型的转化与分析，本章在未知动力学信息和外界干扰环境下，研究一种低复杂度自适应动态预设性能控制方法，实现对期望轨迹的跟踪控制。

3.2.2 预设性能约束与模型转化

根据第 2 章的内容，对于一个通用跟踪误差 $s(t)\in\mathbb{R}$，其性能约束（包络）定义为

$$\begin{aligned}&-\kappa\rho(t)<s(t)<\rho(t),\quad s(0)\geqslant 0\\&-\rho(t)<s(t)<\kappa\rho(t),\quad s(0)<0\end{aligned} \tag{3-6}$$

其中：$\kappa\in(0,1]$ 为正参数；$\rho(t)$ 为性能函数，$\rho(t)=(\rho_0-\rho_\infty)\exp(-\ell t)+\rho_\infty$（$\ell>0,\rho_0>\rho_\infty>0$ 为所设计的常数参量）。

式（3-6）是附加在跟踪误差上的性能约束，通常引入一个单调函数 $\mathcal{P}$ 实现无约束转化，本章采用如下转换函数：

$$\mathcal{P}(\varepsilon(t))=\frac{\overline{\gamma}+\exp(-\varepsilon(t))\underline{\gamma}}{1+\exp(-\varepsilon(t))} \tag{3-7}$$

定义集合 $\boldsymbol{\mho}=(\underline{\gamma},\overline{\gamma})$ 为

$$\boldsymbol{\mho}=(\underline{\gamma},\overline{\gamma})=\begin{cases}(-\kappa,1), & e(0)\geqslant 0\\(-1,\kappa), & e(0)<0\end{cases} \tag{3-8}$$

则转化后的误差为 $\varepsilon(t)=\ln\dfrac{\Lambda(t)-\underline{\gamma}}{\overline{\gamma}-\Lambda(t)}$，其中，$\Lambda(t)=\dfrac{s(t)}{\rho(t)}$ 为定义的标准误差。显然，转化后的误差 $\varepsilon(t)\in(-\infty,+\infty)$。

对转化后的误差 $\varepsilon(t)$ 求导可得

$$\dot{\varepsilon}(t)=\frac{\partial\mathcal{P}^{-1}(\Lambda(t))}{\partial\Lambda(t)}\times\frac{\mathrm{d}\Lambda(t)}{\mathrm{d}t}=\zeta(t)(\dot{s}(t)+\eta(t)s(t)) \tag{3-9}$$

其中：参数 $\eta(t)$、$\zeta(t)$ 分别为

$$\begin{cases}\eta(t)=-\dfrac{\dot{\rho}(t)}{\rho(t)}<\ell\\[2mm]\zeta(t)=\dfrac{\overline{\gamma}-\underline{\gamma}}{(\Lambda(t)-\underline{\gamma})(\overline{\gamma}-\Lambda(t))}\times\dfrac{1}{\rho(t)}>0\end{cases} \tag{3-10}$$

文献[12]针对非线性系统的预设性能采用了以上约束处理方式，并给出了转化后的误差系统存在的性质，具体有

$$\begin{cases}|\varepsilon|\geqslant c_0|\Lambda|\\ s\zeta\varepsilon\geqslant c_0^2\Lambda^2=c_0^2\dfrac{s^2}{\rho^2}\geqslant\dfrac{c_0^2}{\rho_0^2}s^2\\ s\zeta\varepsilon\geqslant c_1^2\varepsilon^2\end{cases} \tag{3-11}$$

其中：$c_0=\dfrac{4}{\kappa+1}$，$c_1=1+\dfrac{b(2b+1-\kappa)}{(\kappa+b)(1-b)}\left(b=\dfrac{\sqrt{\kappa}(\kappa+1)-2\kappa}{1-\kappa}\right)$。

3.2.3 自适应动态预设性能控制器设计

为了便于后续控制器设计，定义 $\boldsymbol{q}_1=\boldsymbol{p},\boldsymbol{q}_2=\dot{\boldsymbol{p}}$，则式（3-5）等价为

$$\begin{cases}\dot{\boldsymbol{q}}_1=\boldsymbol{q}_2\\ \dot{\boldsymbol{q}}_2=\boldsymbol{f}_1(\boldsymbol{q}_1,\boldsymbol{q}_2)+\boldsymbol{f}_2(\boldsymbol{q}_1)\boldsymbol{\alpha}_0\boldsymbol{v}+\boldsymbol{d}^{**}\end{cases} \tag{3-12}$$

其中：$\boldsymbol{f}_1(\boldsymbol{q}_1,\boldsymbol{q}_2)=-\boldsymbol{H}^{-1}(\boldsymbol{p})(\boldsymbol{C}(\boldsymbol{p},\dot{\boldsymbol{p}})\dot{\boldsymbol{p}}+\boldsymbol{G}(\boldsymbol{p}))$；$\boldsymbol{f}_2(\boldsymbol{q}_1)=\boldsymbol{H}^{-1}(\boldsymbol{p})$；$\boldsymbol{d}^{**}=\boldsymbol{H}^{-1}\boldsymbol{d}^{*}$。

基于式（3-12）定义如下伴随误差：

$$\boldsymbol{s}=(\boldsymbol{q}_2-\dot{\boldsymbol{q}}_d)+\boldsymbol{\beta}(\boldsymbol{q}_1-\boldsymbol{q}_d) \tag{3-13}$$

其中：$\boldsymbol{s}=[s_1,s_2,\cdots,s_n]^{\mathrm{T}}\in\mathbb{R}^n$；$\boldsymbol{q}_d\in\mathbb{R}^n$ 为期望的已知可导的参考指令；$\boldsymbol{\beta}=$

$\mathrm{diag}(\beta_1,\beta_2,\cdots,\beta_n)\in\mathbb{R}^{n\times n}$ 为对角正定矩阵。

则根据式（3-6），对伴随误差 $\boldsymbol{s}$ 的性能包络定义如下：

$$\begin{aligned}&-\kappa_i\rho_i(t)<s_i(t)<\rho_i(t),\quad s_i(0)\geqslant 0\\&-\rho_i(t)<s_i(t)<\kappa_i\rho_i(t),\quad s_i(0)<0\end{aligned}\tag{3-14}$$

其中：$i=1,\cdots,n$。

为了分离未知参量，定义如下非线性项：

$$\boldsymbol{\mathcal{F}}=-\boldsymbol{C}(\boldsymbol{q}_1,\boldsymbol{q}_2)(\dot{\boldsymbol{q}}_d-\boldsymbol{\beta}(\boldsymbol{q}_1-\boldsymbol{q}_d))-\boldsymbol{G}(\boldsymbol{q}_1)+\boldsymbol{H}(\boldsymbol{q})(\boldsymbol{\beta}\boldsymbol{q}_2-\ddot{\boldsymbol{q}}_d-\boldsymbol{\beta}\dot{\boldsymbol{q}}_d)+\boldsymbol{K}_2\boldsymbol{\zeta}\boldsymbol{1}_n\tag{3-15}$$

其中：$\boldsymbol{K}_2$ 为对角正定矩阵，具体形式在后续给出。

根据式（3-10），对角矩阵 $\boldsymbol{\zeta}=\mathrm{diag}(\zeta_1,\cdots,\zeta_n)\in\mathbb{R}^{n\times n}$ 的每一对角元素满足 $\zeta_i>0$。对于式（3-15）定义的非线性项，以下不等式成立：

$$\begin{aligned}\|\boldsymbol{\mathcal{F}}\|&\leqslant\|-\boldsymbol{C}(\boldsymbol{q}_1,\boldsymbol{q}_2)(\dot{\boldsymbol{q}}_d-\boldsymbol{\beta}(\boldsymbol{q}_1-\boldsymbol{q}_d))-\boldsymbol{G}(\boldsymbol{q}_1)\|+\|\boldsymbol{H}(\boldsymbol{q})(\boldsymbol{\beta}\boldsymbol{q}_2-\ddot{\boldsymbol{q}}_d-\boldsymbol{\beta}\dot{\boldsymbol{q}}_d)+\boldsymbol{K}_2\boldsymbol{\zeta}\boldsymbol{1}_n\|\\&\leqslant\|\boldsymbol{C}(\boldsymbol{q}_1,\boldsymbol{q}_2)(\dot{\boldsymbol{q}}_d-\boldsymbol{\beta}(\boldsymbol{q}_1-\boldsymbol{q}_d))\|+\|\boldsymbol{G}(\boldsymbol{q}_1)\|+\|\boldsymbol{H}(\boldsymbol{q})(\boldsymbol{\beta}\boldsymbol{q}_2-\ddot{\boldsymbol{q}}_d-\boldsymbol{\beta}\dot{\boldsymbol{q}}_d)\|+\|\boldsymbol{K}_2\boldsymbol{\zeta}\boldsymbol{1}_n\|\\&\leqslant\|\boldsymbol{C}(\boldsymbol{q}_1,\boldsymbol{q}_2)\|\bullet\|(\dot{\boldsymbol{q}}_d-\boldsymbol{\beta}(\boldsymbol{q}_1-\boldsymbol{q}_d))\|+\|\boldsymbol{G}(\boldsymbol{q}_1)\|+\|\boldsymbol{H}(\boldsymbol{q})\|\bullet\|(\boldsymbol{\beta}\boldsymbol{q}_2-\ddot{\boldsymbol{q}}_d-\boldsymbol{\beta}\dot{\boldsymbol{q}}_d)\|+\|\boldsymbol{K}_2\boldsymbol{\zeta}\boldsymbol{1}_n\|\end{aligned}\tag{3-16}$$

根据**性质 3-1** 和**性质 3-2**，不等式（3-16）可进一步简化为

$$\|\boldsymbol{\mathcal{F}}\|\leqslant\lambda_2\|\boldsymbol{q}_2\|\bullet\|(\dot{\boldsymbol{q}}_d-\boldsymbol{\beta}(\boldsymbol{q}_1-\boldsymbol{q}_d))\|+\lambda_3+\bar{\lambda}_1\bullet\|(\boldsymbol{\beta}\boldsymbol{q}_2-\ddot{\boldsymbol{q}}_d-\boldsymbol{\beta}\dot{\boldsymbol{q}}_d)\|+\hbar_{\min}(\boldsymbol{K}_2)\|\boldsymbol{\zeta}\boldsymbol{1}_n\|\tag{3-17}$$

其中：$\hbar_{\min}(\bullet)$ 为满秩矩阵的逆。

通过定义

$$\boldsymbol{\psi}=\left(\|\boldsymbol{q}_2\|\bullet\|(\dot{\boldsymbol{q}}_d-\boldsymbol{\beta}(\boldsymbol{q}_1-\boldsymbol{q}_d))\|+\|(\boldsymbol{\beta}\boldsymbol{q}_2-\ddot{\boldsymbol{q}}_d-\boldsymbol{\beta}\dot{\boldsymbol{q}}_d)\|+\|\boldsymbol{\zeta}\boldsymbol{1}_n\|+1\right)\boldsymbol{1}_n+|\boldsymbol{s}|$$

存在未知的正参数 $\mu_{1,i}$，在满足 $\mu_{1,i}\geqslant\max\{\bar{\lambda}_1,\lambda_2,\lambda_3,\hbar_{\min}(\boldsymbol{K}_2)\}$ 情况下，使得如下不等式成立：

$$|\mathcal{F}_i|\leqslant\|\boldsymbol{\mathcal{F}}\|\leqslant\max\{\bar{\lambda}_1,\lambda_2,\lambda_3\}|\psi_i|\leqslant\mu_{1,i}|\psi_i|\tag{3-18}$$

其中：$\mathcal{F}_i$ 为非线性项 $\boldsymbol{\mathcal{F}}$ 的第 i 个元素；ψ_i 为 $\boldsymbol{\psi}$ 的第 i 个元素（$i=1,\cdots,n$）。

对于复合干扰 $\boldsymbol{d}^*$，在**性质 3-2** 和**假设 3-1** 下，以下不等式成立：

$$\left|d_i^*\right|=\left|d_i-\int_0^{\Re_i}\phi_i(\tau)dz_{\tau,i}(v_i)\mathrm{d}\tau\right|\leqslant\mu_{2,i}\tag{3-19}$$

其中：$\mu_{2,i}\ (i=1,\cdots,n)$ 是未知的正参数。

根据以上分析，设计的自适应动态预设性能控制器 $\boldsymbol{v}$ 包含两部分，即

$$\boldsymbol{v}=\boldsymbol{v}_p+\boldsymbol{v}_c\tag{3-20}$$

其中：$\boldsymbol{v}_p$、$\boldsymbol{v}_c$ 分别为标称预设性能控制器和鲁棒自适应补偿控制器，具体形式为

$$\begin{cases}\boldsymbol{v}_p = -\boldsymbol{\alpha}_0^{-1}\left(\boldsymbol{K}_1\boldsymbol{\zeta\varepsilon} + \boldsymbol{K}_2\boldsymbol{\zeta}\tanh\left(\int_0^t \boldsymbol{\varepsilon}(\tau)\mathrm{d}\tau\right)\right) \\ \boldsymbol{v}_c = [v_{c,1},\cdots,v_{c,n}]^{\mathrm{T}}\end{cases} \tag{3-21}$$

其中：$\boldsymbol{v}_c$ 的第 i 个元素为

$$\begin{aligned} v_{c,i} = &-\alpha_{i0}^{-1}\left(\hat{\mu}_{1,i} + r_{1,i}\tanh\left(\int_0^t \hat{\mu}_{1,i}(\tau)\mathrm{d}\tau\right)\right)\psi_i \mathrm{sign}(\varepsilon_i) \\ &-\alpha_{i0}^{-1}\left(\hat{\mu}_{2,i} + r_{2,i}\tanh\left(\int_0^t \hat{\mu}_{2,i}(\tau)\mathrm{d}\tau\right)\right)\mathrm{sign}(\varepsilon_i)\end{aligned} \tag{3-22}$$

$\boldsymbol{\varepsilon} = [\varepsilon_1,\cdots,\varepsilon_n]^{\mathrm{T}} \in \mathbb{R}^n$ 为转换后误差向量；$\boldsymbol{K}_1$、$\boldsymbol{K}_2 \in \mathbb{R}^{n\times n}$ 为设计的正定控制增益；$\boldsymbol{\zeta} = \mathrm{diag}(\zeta_1,\cdots,\zeta_n) \in \mathbb{R}^{n\times n}$ 为式（3-10）定义的协态变量；$r_{1,i}$、$r_{2,i}$ 为正的设计常量；$\hat{\mu}_{1,i}$、$\hat{\mu}_{2,i}$ 分别为对未知参量 $\mu_{1,i}, \mu_{2,i}$ 的估计值，具体的自适应律设计为

$$\begin{cases}\dot{\hat{\mu}}_{1,i} = -r_{1,i}\left(1-\tanh^2\left(\int_0^t \hat{\mu}_{1,i}(\tau)\mathrm{d}\tau\right)\right)\hat{\mu}_{1,i} + \psi_i|s_i| \\ \dot{\hat{\mu}}_{2,i} = -r_{2,i}\left(1-\tanh^2\left(\int_0^t \hat{\mu}_{2,i}(\tau)\mathrm{d}\tau\right)\right)\hat{\mu}_{2,i} + |s_i|\end{cases} \tag{3-23}$$

注 3-2 由式（3-20）～式（3-22）设计的自适应动态预设性能控制器并不依赖于具体的动力学模型，且并没有用到神经网络或者模糊系统近似的模型。与此同时，标称预设性能控制器 $\boldsymbol{v}_p$ 的形式类似 PI 类型控制器，有效地降低了系统稳态误差。考虑到积分项的存在会导致受控系统响应延迟，在受控系统进入稳态性能边界前，可采用 $\tanh(\bullet)$ 来限制积分跟踪误差的幅值。当受控系统进入稳态性能边界后，$\tanh(\bullet)$ 等效为一个线性函数，这样，标称预设性能控制器是近似的标准 PI 型控制器。

注 3-3 从式（3-22）可知鲁棒自适应补偿控制器 $\boldsymbol{v}_c$ 运用了符号函数 $\mathrm{sign}(\bullet)$，为了降低控制器的抖振稳态，可以采用滑模控制方法中的边界层技术来近似符号函数[10,13]，即 $\mathrm{sign}(\bullet) = \tanh(\bullet)/(\tanh(\bullet)+\mathfrak{I})$（$\mathfrak{I}$ 是一个正常量）。

注 3-4 从式（3-23）可知本章给出的自适应动态预设性能控制方法仅需要对两个未知参数进行在线估计，相比于现有基于神经网络或者模糊系统的自适应动态预设性能控制方法（如文献[2,3]），自适应调节的参数数量急剧减少，即控制系统的复杂度大大降低。因此，本章设计的控制律复杂度低易于在线实现，是一种低复杂度的自适应动态预设性能控制方法。

3.2.4 稳定性分析

基于 3.2.2 节中式（3-20）～式（3-23）所设计的自适应动态预设性能控制器和自适应律，本章的一个重要结论和定理如下。

定理 3-1 在式（3-20）～式（3-23）所设计的自适应动态预设性能控制器和

自适应律下，受控的广义动力学系统能够渐近稳定地跟踪上期望的参考指令，且所预设的性能能够在整个时域得以实现。

定理 3-1 的证明过程如下：首先选取的第一个 Lyapunov 函数为

$$V_1 = \frac{1}{2}\boldsymbol{s}^{\mathrm{T}}\boldsymbol{H}\boldsymbol{s} \tag{3-24}$$

基于式（3-13），伴随误差 $\boldsymbol{s}$ 的导数等于

$$\dot{\boldsymbol{s}} = \dot{\boldsymbol{q}}_2 + \boldsymbol{\beta}\boldsymbol{q}_2 - \ddot{\boldsymbol{q}}_d - \boldsymbol{\beta}\dot{\boldsymbol{q}}_d = \boldsymbol{f}_1(\boldsymbol{q}_1,\boldsymbol{q}_2) + \boldsymbol{f}_2(\boldsymbol{q}_1)\boldsymbol{\alpha}_0\boldsymbol{v} + \boldsymbol{d}^{**} + \boldsymbol{\beta}\boldsymbol{q}_2 - \ddot{\boldsymbol{q}}_d - \boldsymbol{\beta}\dot{\boldsymbol{q}}_d \tag{3-25}$$

式（3-25）左乘 $\boldsymbol{H}$ 并整理，可得

$$\begin{aligned}\boldsymbol{H}\dot{\boldsymbol{s}} = &-\boldsymbol{C}(\boldsymbol{q}_1,\boldsymbol{q}_2)\dot{\boldsymbol{q}}_1 - \boldsymbol{G}(\boldsymbol{q}_1) - \left(\boldsymbol{K}_1\boldsymbol{\zeta}\boldsymbol{\varepsilon} + \boldsymbol{K}_2\boldsymbol{\zeta}\tanh\left(\int_0^t \boldsymbol{\varepsilon}(\tau)\mathrm{d}\tau\right)\right) \\ &-\boldsymbol{\alpha}_0\boldsymbol{v}_c + \boldsymbol{d}^* + \boldsymbol{H}(\boldsymbol{\beta}\boldsymbol{q}_2 - \ddot{\boldsymbol{q}}_d - \boldsymbol{\beta}\dot{\boldsymbol{q}}_d)\end{aligned} \tag{3-26}$$

对式（3-24）中的 V_1 求导，可得

$$\dot{V}_1 = \frac{1}{2}\boldsymbol{s}^{\mathrm{T}}\dot{\boldsymbol{H}}\boldsymbol{s} + \boldsymbol{s}^{\mathrm{T}}\boldsymbol{H}\dot{\boldsymbol{s}} \tag{3-27}$$

将式（3-26）代入式（3-27），可得

$$\begin{aligned}\dot{V}_1 &= \frac{1}{2}\boldsymbol{s}^{\mathrm{T}}\dot{\boldsymbol{H}}\boldsymbol{s} + \boldsymbol{s}^{\mathrm{T}}\Bigg(-\boldsymbol{C}(\boldsymbol{q}_1,\boldsymbol{q}_2)\dot{\boldsymbol{q}}_1 - \left(\boldsymbol{K}_1\boldsymbol{\zeta}\boldsymbol{\varepsilon} + \boldsymbol{K}_2\boldsymbol{\zeta}\tanh\left(\int_0^t \boldsymbol{\varepsilon}(\tau)\mathrm{d}\tau\right)\right) \\ &\quad -\boldsymbol{\alpha}_0\boldsymbol{v}_c - \boldsymbol{G}(\boldsymbol{q}_1) + \boldsymbol{d}^* + \boldsymbol{H}(\boldsymbol{\beta}\boldsymbol{q}_2 - \ddot{\boldsymbol{q}}_d - \boldsymbol{\beta}\dot{\boldsymbol{q}}_d)\Bigg) \\ &= \frac{1}{2}\boldsymbol{s}^{\mathrm{T}}(\dot{\boldsymbol{H}} - 2\boldsymbol{C}(\boldsymbol{q}_1,\boldsymbol{q}_2))\boldsymbol{s} - \boldsymbol{s}^{\mathrm{T}}\left(\boldsymbol{K}_1\boldsymbol{\zeta}\boldsymbol{\varepsilon} + \boldsymbol{K}_2\boldsymbol{\zeta}\tanh\left(\int_0^t \boldsymbol{\varepsilon}(\tau)\mathrm{d}\tau\right) + \boldsymbol{\alpha}_0\boldsymbol{v}_c\right) \\ &\quad + \boldsymbol{s}^{\mathrm{T}}\boldsymbol{\mathcal{F}}^* + \boldsymbol{s}^{\mathrm{T}}\boldsymbol{d}^*\end{aligned} \tag{3-28}$$

其中：$\boldsymbol{\mathcal{F}}^* = -\boldsymbol{C}(\boldsymbol{q}_1,\boldsymbol{q}_2)(\dot{\boldsymbol{q}}_d - \boldsymbol{\beta}(\boldsymbol{q}_1 - \boldsymbol{q}_d)) - \boldsymbol{G}(\boldsymbol{q}_1) + \boldsymbol{H}(\boldsymbol{\beta}\boldsymbol{q}_d - \ddot{\boldsymbol{q}}_d - \boldsymbol{\beta}\dot{\boldsymbol{q}}_d)$。

根据式（3-21）和**性质 3-2**，式（3-28）进一步变为

$$\begin{aligned}\dot{V}_1 &= -\boldsymbol{s}^{\mathrm{T}}\boldsymbol{K}_1\boldsymbol{\zeta}\boldsymbol{\varepsilon} - \boldsymbol{s}^{\mathrm{T}}\boldsymbol{K}_2\boldsymbol{\zeta}\tanh\left(\int_0^t \boldsymbol{\varepsilon}(\tau)\mathrm{d}\tau\right) - \boldsymbol{s}^{\mathrm{T}}\boldsymbol{\alpha}_0\boldsymbol{v}_c + \boldsymbol{s}^{\mathrm{T}}\boldsymbol{\mathcal{F}}^* + \boldsymbol{s}^{\mathrm{T}}\boldsymbol{d}^* \\ &\leqslant -\boldsymbol{s}^{\mathrm{T}}\boldsymbol{K}_1\boldsymbol{\zeta}\boldsymbol{\varepsilon} + \left|\boldsymbol{s}^{\mathrm{T}}\right|\left|\boldsymbol{K}_2\boldsymbol{\zeta}\boldsymbol{1}_n\right| - \sum_{i=1}^n s_i\left(\hat{\mu}_{1,i} + r_{1,i}\tanh\left(\int_0^t \hat{\mu}_{1,i}(\tau)\mathrm{d}\tau\right)\right)\psi_i \bullet \mathrm{sign}(\varepsilon_i) \\ &\quad - \sum_{i=1}^n s_i\left(\hat{\mu}_{2,i} + r_{2,i}\tanh\left(\int_0^t \hat{\mu}_{2,i}(\tau)\mathrm{d}\tau\right)\right)\mathrm{sign}(\varepsilon_i) + \boldsymbol{s}^{\mathrm{T}}\boldsymbol{\mathcal{F}}^* + \boldsymbol{s}^{\mathrm{T}}\boldsymbol{d}^*\end{aligned} \tag{3-29}$$

由于转化函数 $\mathcal{P}(\bullet)$ 的单调递增特性，s_i 的符号与 ε_i 一致。与此同时，由式(3-10)可得 $\zeta_i > 0$。因此有 $\left|\boldsymbol{K}_2\boldsymbol{\zeta}\boldsymbol{1}_n\right| = \boldsymbol{K}_2\boldsymbol{\zeta}\boldsymbol{1}_n$（$\boldsymbol{K}_2$ 正定矩阵），当 $\boldsymbol{\mathcal{F}} = \boldsymbol{\mathcal{F}}^* + \boldsymbol{K}_2\boldsymbol{\zeta}\boldsymbol{1}_n$，式（3-29）转变为

$$\begin{aligned}\dot{V}_1 \leqslant -\boldsymbol{s}^{\mathrm{T}}\boldsymbol{K}_1\boldsymbol{\zeta}\boldsymbol{\varepsilon} - \sum_{i=1}^{n}\left(\hat{\mu}_{1,i} + r_{1,i}\tanh\left(\int_0^t \hat{\mu}_{1,i}(\tau)\mathrm{d}\tau\right)\right)\psi_i\left|s_i\right| \\ -\sum_{i=1}^{n}\left(\hat{\mu}_{2,i} + r_{2,i}\tanh\left(\int_0^t \hat{\mu}_{2,i}(\tau)\mathrm{d}\tau\right)\right)\left|s_i\right| + \sum_{i=1}^{n}\left|s_i\right|\left|\mathcal{F}_i\right| + \sum_{i=1}^{n}\left|s_i\right|\left|d_i^*\right|\end{aligned} \tag{3-30}$$

根据式（3-18）和式（3-19）的分析，可得

$$\begin{aligned}\dot{V}_1 &\leqslant -\boldsymbol{s}^{\mathrm{T}}\boldsymbol{K}_1\boldsymbol{\zeta}\boldsymbol{\varepsilon} - \sum_{i=1}^{n}\left(\hat{\mu}_{1,i} + r_{1,i}\tanh\left(\int_0^t \hat{\mu}_{1,i}(\tau)\mathrm{d}\tau\right)\right)\psi_i\left|s_i\right| - \\ &\quad \sum_{i=1}^{n}\left(\hat{\mu}_{2,i} + r_{2,i}\tanh\left(\int_0^t \hat{\mu}_{2,i}(\tau)\mathrm{d}\tau\right)\right)\left|s_i\right| + \sum_{i=1}^{n}\left|s_i\right|\mu_{1,i}\left|\psi_i\right| + \sum_{i=1}^{n}\left|s_i\right|\left|\mu_{2,i}\right| \\ &\leqslant -\boldsymbol{s}^{\mathrm{T}}\boldsymbol{K}_1\boldsymbol{\zeta}\boldsymbol{\varepsilon} + \sum_{i=1}^{n}\left(\mu_{1,i} - \left(\hat{\mu}_{1,i} + r_{1,i}\tanh\left(\int_0^t \hat{\mu}_{1,i}(\tau)\mathrm{d}\tau\right)\right)\right)\cdot\psi_i\left|s_i\right| + \\ &\quad \sum_{i=1}^{n}\left(\mu_{2,i} - \left(\hat{\mu}_{2,i} + r_{2,i}\tanh\left(\int_0^t \hat{\mu}_{2,i}(\tau)\mathrm{d}\tau\right)\right)\right)\cdot\left|s_i\right|\end{aligned} \tag{3-31}$$

参照文献[14]对未知参量的估计方法，定义如下虚拟参数估计误差，即

$$\tilde{\mu}_{k,i} = \mu_{k,i} - \left(\hat{\mu}_{k,i} + r_{k,i}\tanh\left(\int_0^t \hat{\mu}_{k,i}(\tau)\mathrm{d}\tau\right)\right) \tag{3-32}$$

其中：$i = 1,\cdots,n, k = 1,2$ 。

对式（3-22）求导可得

$$\dot{\tilde{\mu}}_{k,i} = -\dot{\hat{\mu}}_{k,i} - r_{k,i}\left(1 - \tanh^2\left(\int_0^t \hat{\mu}_{k,i}(\tau)\mathrm{d}\tau\right)\right)\hat{\mu}_{k,i} \tag{3-33}$$

为了后续证明方便，定义第二个 Lyapunov 函数：

$$V_2 = \frac{1}{2}(\tilde{\boldsymbol{\mu}}_1^{\mathrm{T}}\tilde{\boldsymbol{\mu}}_1 + \tilde{\boldsymbol{\mu}}_2^{\mathrm{T}}\tilde{\boldsymbol{\mu}}_2) \tag{3-34}$$

其中：$\tilde{\boldsymbol{\mu}}_k = [\tilde{\boldsymbol{\mu}}_{k,1},\cdots,\tilde{\boldsymbol{\mu}}_{k,n}]^{\mathrm{T}}\ (k = 1,2)$ 。

对式（3-34）的 V_2 求导可得

$$\dot{V}_2 = \tilde{\boldsymbol{\mu}}_1^{\mathrm{T}}\dot{\tilde{\boldsymbol{\mu}}}_1 + \tilde{\boldsymbol{\mu}}_2^{\mathrm{T}}\dot{\tilde{\boldsymbol{\mu}}}_2 = \sum_{i=1}^{n}(\tilde{\mu}_{1,i}\dot{\tilde{\mu}}_{1,i} + \tilde{\mu}_{2,i}\dot{\tilde{\mu}}_{2,i}) \tag{3-35}$$

基于式（3-24）和式（3-34），定义总的 Lyapunov 函数，即

$$V_0 = V_1 + V_2 \tag{3-36}$$

则基于式（3-31）和式（3-35），V_0 的导数为

$$\begin{aligned}\dot{V}_0 = \dot{V}_1 + \dot{V}_2 &\leqslant -\boldsymbol{s}^{\mathrm{T}}\boldsymbol{K}_1\boldsymbol{\zeta}\boldsymbol{\varepsilon} + \sum_{i=1}^{n}(\tilde{\mu}_{1,i}\psi_i\left|s_i\right| + \tilde{\mu}_{2,i}\left|s_i\right|) + \sum_{i=1}^{n}(\tilde{\mu}_{1,i}\dot{\tilde{\mu}}_{1,i} + \tilde{\mu}_{2,i}\dot{\tilde{\mu}}_{2,i}) \\ &= -\boldsymbol{s}^{\mathrm{T}}\boldsymbol{K}_1\boldsymbol{\zeta}\boldsymbol{\varepsilon} + \sum_{i=1}^{n}(\tilde{\mu}_{1,i}(\psi_i\left|s_i\right| + \dot{\tilde{\mu}}_{1,i}) + \tilde{\mu}_{2,i}(\left|s_i\right| + \dot{\tilde{\mu}}_{2,i}))\end{aligned} \tag{3-37}$$

将式（3-33）代入式（3-37），可得

$$\dot{V}_0 \leqslant -\boldsymbol{s}^{\mathrm{T}}\boldsymbol{K}_1\zeta\boldsymbol{\varepsilon} + \sum_{i=1}^{n}\tilde{\mu}_{1,i}\left(\psi_i\left|s_i\right| - \dot{\hat{\mu}}_{1,i} - r_{1,i}\left(1-\tanh^2\left(\int_0^t\hat{\mu}_{1,i}(\tau)\mathrm{d}\tau\right)\right)\hat{\mu}_{1,i}\right)$$
$$+\sum_{i=1}^{n}\tilde{\mu}_{2,i}\left(\left|s_i\right| - \dot{\hat{\mu}}_{2,i} - r_{2,i}\left(1-\tanh^2\left(\int_0^t\hat{\mu}_{2,i}(\tau)\mathrm{d}\tau\right)\right)\hat{\mu}_{2,i}\right) \tag{3-38}$$

在式（3-23）的自适应律下，式（3-38）简化为

$$\dot{V}_0 \leqslant -\boldsymbol{s}^{\mathrm{T}}\boldsymbol{K}_1\zeta\boldsymbol{\varepsilon} \tag{3-39}$$

根据式（3-11），式（3-39）变为

$$\dot{V}_0 \leqslant -c_0^{*2}\hbar_{\min}(\boldsymbol{K}_1)\boldsymbol{s}^{\mathrm{T}}\boldsymbol{s} \leqslant 0 \tag{3-40}$$

其中：$\hbar(\bullet)$ 为非奇异矩阵的特征值；$c_0^* = \min\left\{\frac{4}{(\kappa_i+1)\rho_{0,i}}\right\}(i=1,2,\cdots,n)$。当且仅当 $\boldsymbol{s}=\boldsymbol{0}_n$，式（3-40）的左侧等于 0。因此受控跟踪误差系统是渐近收敛的。由于式（3-13）是一个稳定的线性滤波器，因此误差 $\boldsymbol{q}_1-\boldsymbol{q}_d$ 和 $\boldsymbol{q}_2-\dot{\boldsymbol{q}}_d$ 都将趋于 $\boldsymbol{0}$，即所预设的性能也能在全时域上得以保证。因而**定理 3-1** 得证。 ■

3.3 航天器姿态自适应动态预设性能控制

本章第 3.2 节给出了自适应动态预设性能控制方法及其控制器设计过程。为了验证该方法及控制器的有效性，本节以航天器的姿态镇定和跟踪控制为仿真算例，对航天器姿态自适应动态预设性能控制进行仿真研究。

3.3.1 航天器姿态运动模型

近年来，服务航天器抓捕目标后形成的组合体航天器姿态系统作为一种典型的广义动力学系统得到了广泛关注。文献[15,16]对服务航天器抓捕目标后形成的组合体航天器姿态控制进行了仿真研究。文献[15]采用修正罗德里格斯参数（MRPs）对航天器姿态运动模型进行了描述，有以下姿态运动模型：

$$\begin{cases}\dot{\boldsymbol{\sigma}} = \boldsymbol{P}(\boldsymbol{\sigma})\boldsymbol{\omega} \\ \boldsymbol{J}\dot{\boldsymbol{\omega}} + \boldsymbol{\omega}^{\times}\boldsymbol{J}\boldsymbol{\omega} = \boldsymbol{u}_s + \boldsymbol{u}_d\end{cases} \tag{3-41}$$

其中：$\boldsymbol{\sigma}=[\sigma_1,\sigma_2,\sigma_3]^{\mathrm{T}}$、$\boldsymbol{\omega}=[\omega_1,\omega_2,\omega_3]^{\mathrm{T}}\in\mathbb{R}^3$ 分别为航天器在惯性坐标系下的姿态 MRPs 和角速度；$\boldsymbol{J}$ 为航天器的对称正定惯量矩阵，考虑到由于燃料消耗和航天器结构不确定，$\boldsymbol{J}$ 难以精确获得；$\boldsymbol{u}_s$ 和 $\boldsymbol{u}_d$ 分别为航天器输出力矩和外界摄动力矩；雅可比矩阵 $\boldsymbol{P}(\boldsymbol{\sigma})$ 的表示形式为

$$P(\boldsymbol{\sigma})=\frac{1}{4}[(1-\boldsymbol{\sigma}^{\mathrm{T}}\boldsymbol{\sigma})\boldsymbol{I}+2\boldsymbol{\sigma}^{\times}+2\boldsymbol{\sigma}\boldsymbol{\sigma}^{\mathrm{T}}] \tag{3-42}$$

其中：运算符 $\boldsymbol{x}^{\times}=[0,-\boldsymbol{x}(3),\boldsymbol{x}(2);\boldsymbol{x}(3),0,-\boldsymbol{x}(1);-\boldsymbol{x}(2),\boldsymbol{x}(1),0]\in\mathbb{R}^{3\times3}$，$\forall\boldsymbol{x}\in\mathbb{R}^{3}$。根据文献[15]，定义相应的姿态 MRPs 跟踪误差为

$$\boldsymbol{\sigma}_e=\boldsymbol{\sigma}\otimes\boldsymbol{\sigma}_d^{-1}=\frac{(1-\boldsymbol{\sigma}_d^{\mathrm{T}}\boldsymbol{\sigma}_d)\boldsymbol{\sigma}-(1-\boldsymbol{\sigma}^{\mathrm{T}}\boldsymbol{\sigma})\boldsymbol{\sigma}_d-2\boldsymbol{\sigma}_d^{\times}\boldsymbol{\sigma}}{1+\boldsymbol{\sigma}_d^{\mathrm{T}}\boldsymbol{\sigma}_d\boldsymbol{\sigma}^{\mathrm{T}}\boldsymbol{\sigma}+2\boldsymbol{\sigma}_d^{\mathrm{T}}\boldsymbol{\sigma}} \tag{3-43}$$

其中：$\boldsymbol{\sigma}_e$、$\boldsymbol{\sigma}_d$ 分别为姿态跟踪误差和期望姿态指令（采用 MRPs 表示）；$\otimes$ 为 MRPs 乘法。

角速度误差 $\boldsymbol{\omega}_e$ 定义为 $\boldsymbol{\omega}_e=\boldsymbol{\omega}-\boldsymbol{\omega}_d$（$\boldsymbol{\omega}_d$ 为期望的姿态角速度指令），基于式（3-41）和式（3-43）可得相应的姿态跟踪误差系统为

$$\begin{cases}\dot{\boldsymbol{\sigma}}_e=\boldsymbol{P}(\boldsymbol{\sigma}_e)\boldsymbol{\omega}_e\\ \boldsymbol{J}\dot{\boldsymbol{\omega}}_e=-\boldsymbol{\omega}_e^{\times}\boldsymbol{J}\boldsymbol{\omega}_e-\boldsymbol{\omega}_d^{\times}\boldsymbol{J}\boldsymbol{\omega}_e-\boldsymbol{\omega}_e^{\times}\boldsymbol{J}\boldsymbol{\omega}_d-\boldsymbol{\omega}_d^{\times}\boldsymbol{J}\boldsymbol{\omega}_d-\boldsymbol{J}\dot{\boldsymbol{\omega}}_d+\boldsymbol{u}_s+\boldsymbol{u}_d\end{cases} \tag{3-44}$$

式（3-44）可以转化成式（3-1）的形式，各项的具体表达式为

$$\begin{cases}\boldsymbol{H}(\boldsymbol{\sigma}_e)=\boldsymbol{P}^{-\mathrm{T}}(\boldsymbol{\sigma}_e)\boldsymbol{J}\boldsymbol{P}^{-1}(\boldsymbol{\sigma}_e)\\ \boldsymbol{C}(\boldsymbol{\sigma}_e,\dot{\boldsymbol{\sigma}}_e)=\boldsymbol{P}^{-\mathrm{T}}(\boldsymbol{\sigma}_e)\boldsymbol{J}\boldsymbol{P}^{-1}(\boldsymbol{\sigma}_e)\dot{\boldsymbol{P}}(\boldsymbol{\sigma}_e)\boldsymbol{P}^{-1}(\boldsymbol{\sigma}_e)-\boldsymbol{P}^{-\mathrm{T}}(\boldsymbol{\sigma}_e)\boldsymbol{\omega}_e^{\times}\boldsymbol{J}\boldsymbol{P}^{-1}(\boldsymbol{\sigma}_e)\\ \boldsymbol{G}(\boldsymbol{\sigma}_e,\boldsymbol{\omega}_d)=-\boldsymbol{P}^{-\mathrm{T}}(\boldsymbol{\sigma}_e)[\boldsymbol{\omega}_d^{\times}\boldsymbol{J}\boldsymbol{\omega}_e+\boldsymbol{\omega}_e^{\times}\boldsymbol{J}\boldsymbol{\omega}_d+\boldsymbol{\omega}_d^{\times}\boldsymbol{J}\boldsymbol{\omega}_d+\boldsymbol{J}\dot{\boldsymbol{\omega}}_d]\\ \boldsymbol{u}=\boldsymbol{P}^{-\mathrm{T}}(\boldsymbol{\sigma}_e)\boldsymbol{u}_s,\boldsymbol{d}=\boldsymbol{P}^{-\mathrm{T}}(\boldsymbol{\sigma}_e)\boldsymbol{u}_d\end{cases} \tag{3-45}$$

根据文献[15]，式（3-45）中的 $\boldsymbol{H}(\boldsymbol{\sigma}_e)$、$\boldsymbol{C}(\boldsymbol{\sigma}_e,\dot{\boldsymbol{\sigma}}_e)$、$\boldsymbol{G}(\boldsymbol{\sigma}_e,\boldsymbol{\omega}_d)$ 满足**性质 3-1** 和**性质 3-2**，因此，3.2 节中的控制方法适用于航天器姿态跟踪误差系统。

3.3.2 姿态控制器

根据式（3-45），可得航天器姿态控制的输入力矩为

$$\boldsymbol{u}_s=\boldsymbol{P}^{\mathrm{T}}(\boldsymbol{\sigma}_e)\boldsymbol{u} \tag{3-46}$$

具体的姿态控制器设计过程如 3.2 节所示。

3.3.3 仿真验证

为了验证本章提出的自适应动态预设性能控制方法与控制器设计的有效性，下面以服务航天器抓捕目标后形成的组合体航天器为仿真对象，分别组织姿态稳定和跟踪控制两组仿真算例。

在进行具体算例仿真之前，参考文献[15,16]，首先简单介绍一下组合体航天器的执行机构。根据文献[15,16]，服务航天器带有 8 个执行器，标号分别为 $\mathrm{T}_1,\mathrm{T}_2,\cdots,\mathrm{T}_8$。这 8 个执行器在服务航天器体坐标系 $O_sX_sY_sZ_s$ 下的构型如图 3-1 所示，其位置和方向参数如表 3-1 所示，每个执行器的饱和输出边界为 3N。

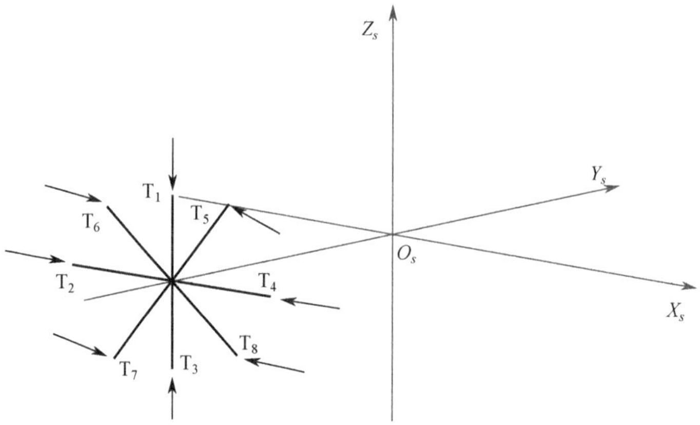

图 3-1　服务航天器体坐标系 $O_sX_sY_sZ_s$ 下执行器构型图

表 3-1　执行器安装位置和方向参数

执行器序号	位置 $\mathcal{PX}_i$ /mm	方向 $\mathcal{XR}_i$ /(°)
T_1	$[0,-750,750]$	$[90,90,180]$
T_2	$[-750,-750,0]$	$[0,90,90]$
T_3	$[0,-750,-750]$	$[90,90,0]$
T_4	$[750,-750,0]$	$[180,90,90]$
T_5	$[375\sqrt{2},-750,375\sqrt{2}]$	$[180,90,90]$
T_6	$[-375\sqrt{2},-750,375\sqrt{2}]$	$[0,90,90]$
T_7	$[-375\sqrt{2},-750,-375\sqrt{2}]$	$[0,90,90]$
T_8	$[375\sqrt{2},-750,-375\sqrt{2}]$	$[180,90,90]$

对于式（3-46）设计的输入力矩，需要进一步在星载执行器上进行分配。具体的分配算法为

$$\begin{aligned}&[T_1,T_2,\cdots,T_8]^{\mathrm{T}}=\arg\min_{[T_1,T_2,\cdots,T_8]^{\mathrm{T}}}\left\|\boldsymbol{u}_s-\mathcal{B}[T_1,T_2,\cdots,T_8]^{\mathrm{T}}\right\|\\&s.t.\quad |T_i|\leqslant 3,\ i=1,\cdots,8\end{aligned}\tag{3-47}$$

其中：位置矩阵 $\mathcal{B}=[\mathcal{B}_1^{\mathrm{T}},\mathcal{B}_2^{\mathrm{T}},\cdots,\mathcal{B}_8^{\mathrm{T}}]\in\mathbb{R}^{3\times 8}$ 的每个元素 $\mathcal{B}_i$ 等于 $\mathcal{PX}_i\odot\mathcal{XR}_i$（$i=1,\cdots,8$，$\odot$ 表示向量的叉乘）。

对于式（3-47）中的最优控制问题，可以采样约束二次规划对其求解，具体的求解过程可以查阅文献[17]，不再赘述。在式（3-47）的控制力矩分配下，结合前面的预设性能约束、模型建立与转化，以及控制器设计，可得组合体航天器姿态自适应动态预设性能控制框图如图 3-2 所示。

为了凸显本章提出的自适应动态预设性能控制方法（RAPC）的有效性，将文献[15]中的改善动态逆控制方法（MDIC）作为对比方法，MDIC 方法具体叙述见文献[15]。

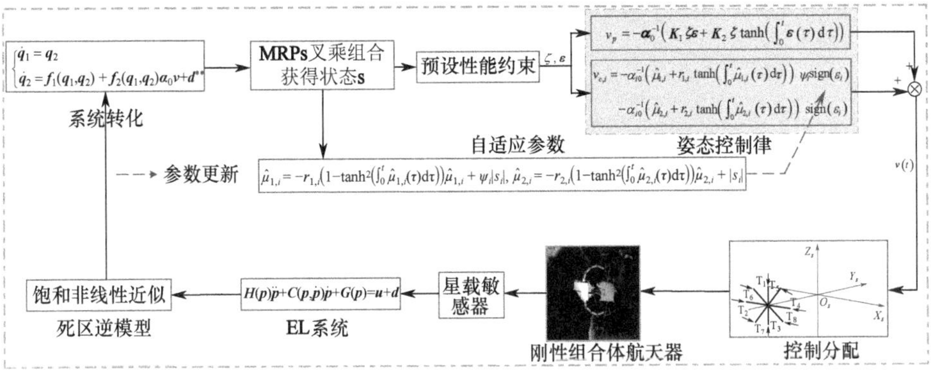

图 3-2 组合体航天器姿态控制框图

为了定量衡量跟踪系统的误差，引入如下累计误差计算方法：

$$S=\int_0^{\mathrm{CT}}\tau\left\|[\boldsymbol{\sigma}_e^{\mathrm{T}},\boldsymbol{\omega}_e^{\mathrm{T}}]^{\mathrm{T}}\right\|\mathrm{d}\tau \tag{3-48}$$

其中：CT 是总的仿真时间。

参照文献[15]，服务航天器和目标的质量分别为 1080 kg 和 675 kg，服务航天器带有两个机械臂，每个机械臂有 3 个相同的关节，单个关节质量 18.56 kg，其他结构参数可参考文献[15]。式（3-41）中的外界干扰 $\boldsymbol{u}_d$ 取为

$$\boldsymbol{u}_d=\begin{bmatrix}0.01+0.01\sin(0.05t)\\0.01\sin(0.08t)+0.01\cos(0.06t)\\0.01+0.015\sin(0.06t)\end{bmatrix}\mathrm{N}\cdot\mathrm{m} \tag{3-49}$$

1．姿态稳定控制仿真

姿态稳定控制算例中的仿真参数设置为

$\boldsymbol{\beta}=\mathrm{diag}(1,1,1)$，$\rho_{i,0}=1,\ \rho_{i,\infty}=0.06,\ \ell_i=0.004$，$\kappa_i=1\ (i=1,2,3)$，$\boldsymbol{K}_1=\mathrm{diag}(6400,6400,6400)$，$\boldsymbol{K}_2=\mathrm{diag}(60,60,60)$，$\boldsymbol{r}_1=\boldsymbol{r}_2=\mathrm{diag}(5,5,5)$，$\hat{\boldsymbol{\mu}}_1(0)=\mathrm{diag}(5,5,5)+3\mathrm{rand}(3,1)$，$\hat{\boldsymbol{\mu}}_2(0)=\mathrm{diag}(5,5,5)+4\mathrm{rand}(3,1)$。组合体航天器的初始角度和初始角速度分别取为 $[14°,23.5°,-7.8°]^{\mathrm{T}}$ 和 $[0.05,0.05,0.05]^{\mathrm{T}}$ rad/s。

为了验证自适应动态预设性能控制方法的鲁棒性，假设服务航天器和目标的质量参数上存在 10%～20 % 的随机不确定性，在此情况下获得的仿真计算结果如图 3-3～图 3-7 所示（图中的 RAPC 为本章提出的自适应动态预设性能控制方法，MDIC 为文献[15]的改善动态逆控制方法）。

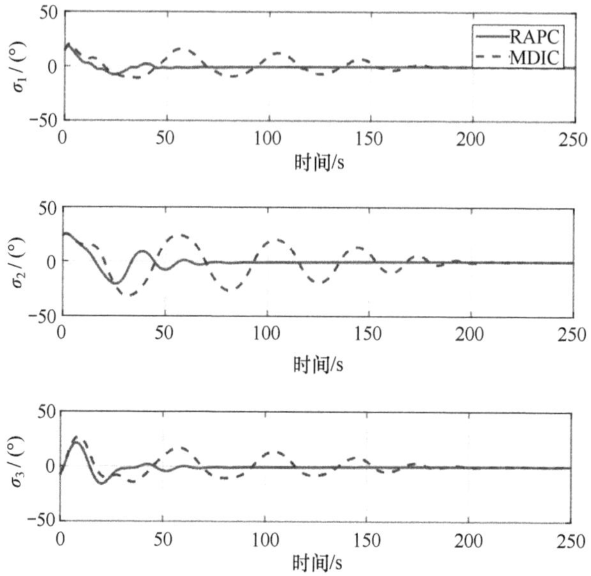

图 3-3　姿态角度随时间变化曲线

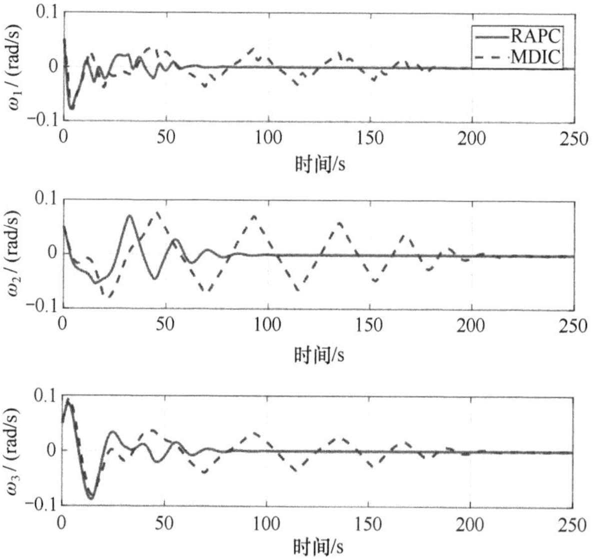

图 3-4　角速度随时间变化曲线

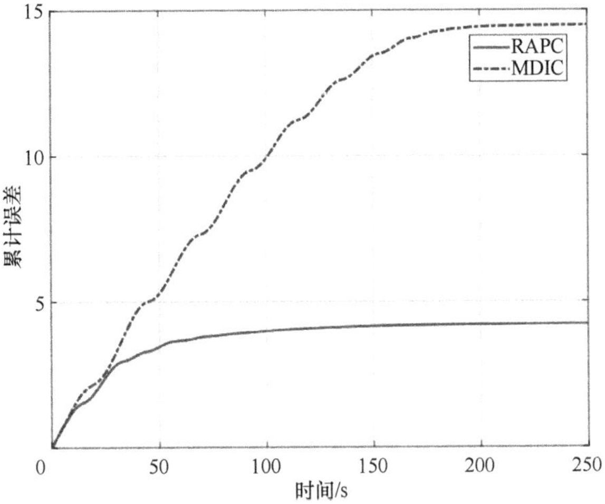

图 3-5　姿态稳定累计误差随时间变化曲线

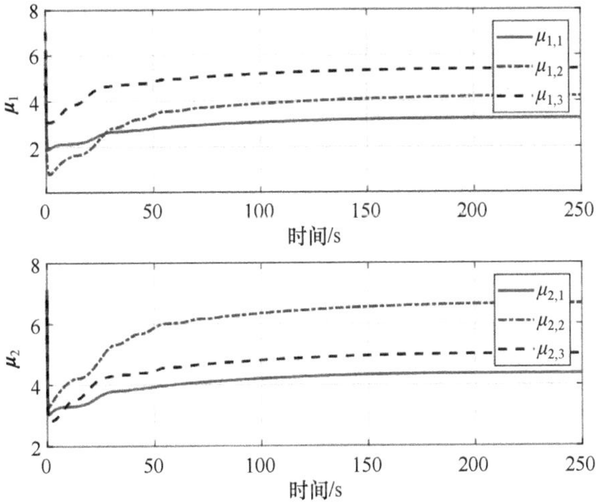

图 3-6　自适应参数随时间变化曲线

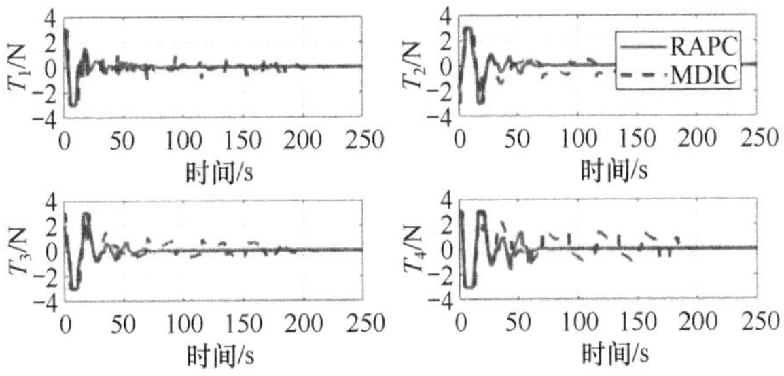

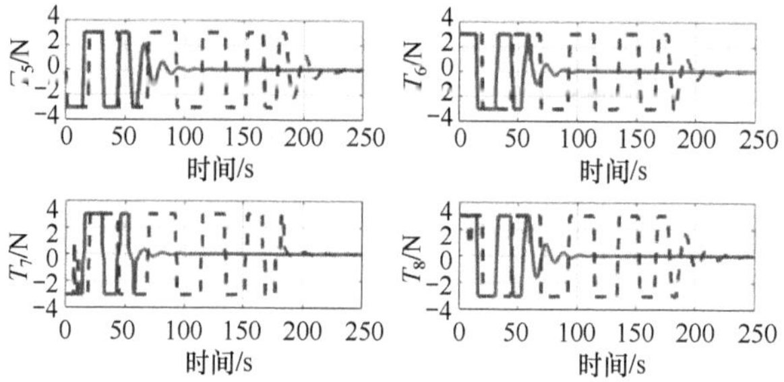

图 3-7　星载推力器随时间变化曲线

从图 3-3～图 3-7 的仿真结果可以得出如下结论：

（1）在本章提出的自适应动态预设性能控制方法（RAPC）作用下，组合体航天器在 50 s 左右实现姿态稳定，其趋近速度比 MDIC 方法快了近 100 s（图 3-3 和图 3-4）；相比于 MDIC 方法，采用 RAPC 方法的姿态稳定累计误差缩减了近 2 倍（图 3-5）。因此本章提出的自适应动态预设性能控制方法在瞬态与稳态性能上都优于 MDIC 方法。

（2）图 3-6 和图 3-7 展示了自适应参数和星载推力器的仿真结果，从这些仿真结果可以看出设计的自适应参数更新律是渐近收敛的，控制分配算法是有效的。

2．姿态跟踪控制仿真

为了进一步验证自适应动态预设性能控制方法的有效性，本小节对组合体航天器姿态跟踪控制性能进行算例仿真。

假定期望的姿态指令为$[13°,10°,15°]^{\mathrm{T}}$，其他仿真参数与 3.3.3 节保持一致，相应的仿真结果如图 3-8～图 3-11 所示。

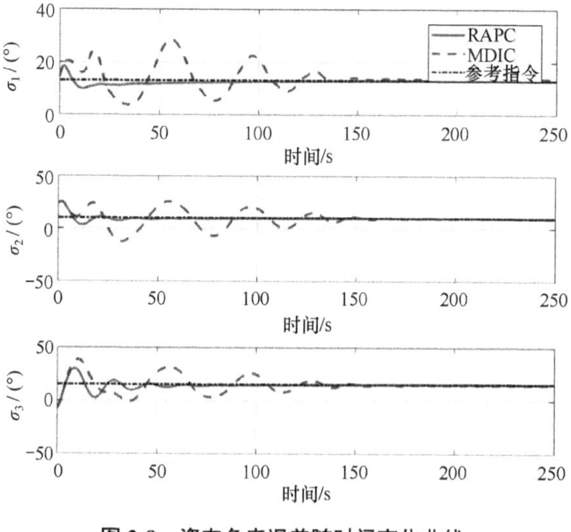

图 3-8　姿态角度误差随时间变化曲线

从图 3-8～图 3-11 的仿真结果可以得出如下结论：

（1）在本章提出的 RAPC 方法和 MDIC 方法下，组合体航天器都可以在 100 s 左右跟踪上期望姿态指令，但是 RAPC 方法的姿态跟踪误差系统误差偏小（图 3-8 和图 3-9）。

（2）图 3-10 和图 3-11 展示了自适应参数和星载推力器的仿真结果，从这些仿真结果可以看出设计的自适应参数更新律是渐近收敛的，控制分配算法是有效的。

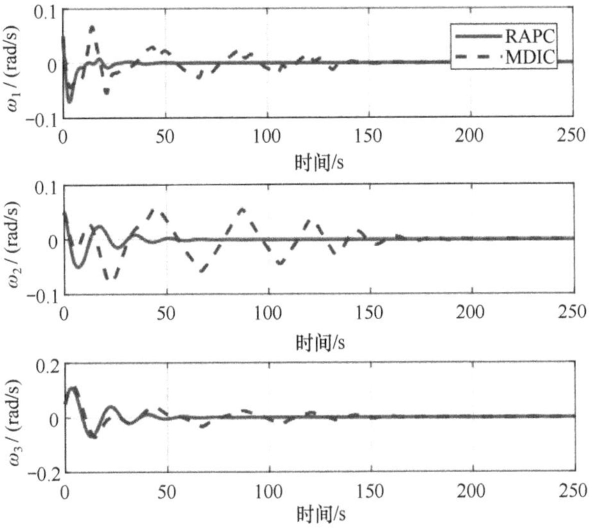

图 3-9　角速度 MRP 误差随时间变化曲线

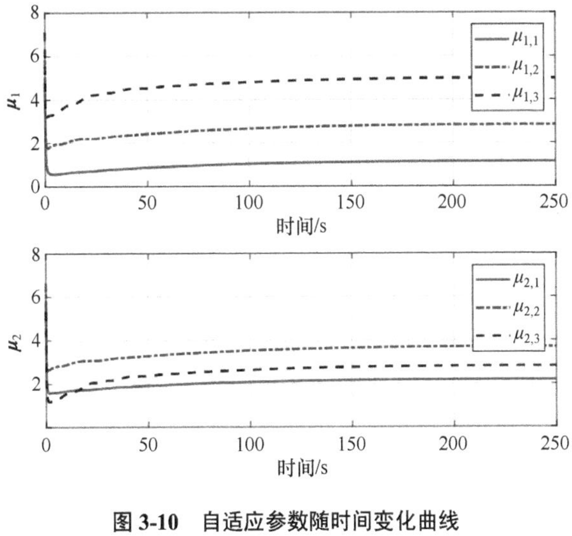

图 3-10　自适应参数随时间变化曲线

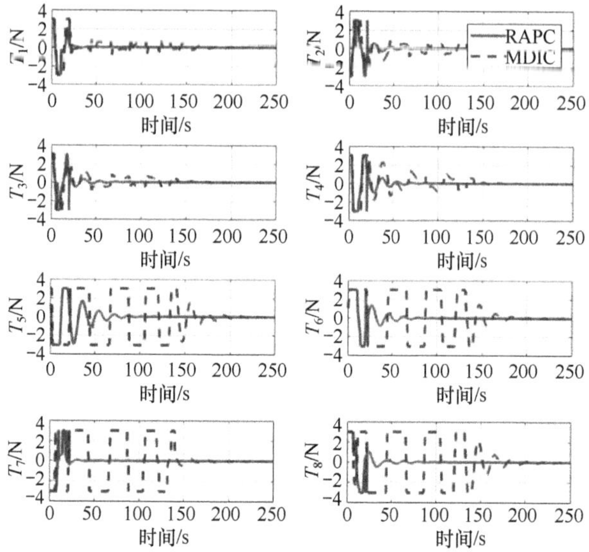

图 3-11 星载推力器随时间变化曲线

综合分析上述组合体航天器的姿态稳定和姿态跟踪控制两组算例的仿真结果可以看出，本章提出的自适应动态预设性能控制方法在保证受控系统瞬态性能与稳态性能方面具有明显的优势。除此之外，本章提出的自适应动态预设性能控制方法在处理受控系统未知非线性上并没有使用神经网络和模糊系统，因此方法复杂度相对较低，在线实现的潜力大。

3.4 本章小结

本章针对一类含有不确定性的广义非线性动力学系统，即欧拉-拉格朗日型非线性系统，开展了自适应动态预设性能控制方法研究。通过融合自适应控制方法，提高了标称预设性能控制方法在应对未知系统非线性和外界不确定性上的自适应性和鲁棒性。通过运用范数不等式处理受控系统未知非线性，相比于现有采用神经网络和模糊系统的方法，相应的自适应参数数量大大减少，即所设计的自适应律复杂度明显降低。以服务航天器抓捕目标后形成的组合体航天器的姿态稳定和姿态跟踪控制为例，验证了所提出的自适应动态预设性能控制方法的有效性。

对比本书第 2 章研究内容，本章所提出的自适应动态预设性能控制方法一方面保留了传统预设性能控制方法的基本框架，同时又在基本框架上进一步融合了自适应控制方法的优点，实现了动态预设性能控制器的设计，增强了受控系统的鲁棒性和自适应性。因此本章的自适应动态预设性能控制继承了第 2 章预设性能的基本原理和框架，同时又进一步发展了第 2 章的研究内容。在实际应用中，可以根据不同受控系统的需求和特点，选择应用第 2 章的预设性能控制或者第 3 章的自适应动态预设性能控制方法。

参考文献

[1] Na J, Chen Q, Ren X, et al. Adaptive prescribed performance motion control of servo mechanisms with friction compensation[J]. IEEE Transactions on Industrial Electronics, 2013, 61(1): 486-494.

[2] 张杨，胡云安. 受限指令预设性能自适应反演控制器设计[J]. 控制与决策，2017，32(7): 1253-1258.

[3] Bechlioulis C P, Rovithakis G A. Robust adaptive control of feedback linearizable MIMO nonlinear systems with prescribed performance[J]. IEEE Transactions on Automatic Control, 2008, 53(9): 2090-2099.

[4] Wei C, Luo J, Dai H, et al. Adaptive model-free constrained control of postcapture flexible spacecraft: a Euler-Lagrange approach[J]. Journal of Vibration and Control, 2018, 24(20): 4885-4903.

[5] Aamo O M, Arcak M, Fossen T I, et al. Global output tracking control of a class of Euler-Lagrange systems with monotonic non-linearities in the velocities[J]. International Journal of Control, 2001, 74(7): 649-658.

[6] Chung S J, Ahsun U, Slotine J J E. Application of synchronization to formation flying spacecraft: Lagrangian approach[J]. Journal of Guidance, Control, and Dynamics, 2009, 32(2): 512-526.

[7] Nuno E, Ortega R, Basanez L, et al. Synchronization of networks of nonidentical Euler-Lagrange systems with uncertain parameters and communication delays[J]. IEEE Transactions on Automatic Control, 2011, 56(4): 935-941.

[8] 董楸煌，陈力. 捕获载荷冲击漂浮基柔性空间机械臂动力学响应评估与自适应镇定控制及主动抑制[J]. 振动与冲击, 2014, 33(14):101-107.

[9] Mei J, Ren W, Chen J, et al. Distributed adaptive coordination for multiple Lagrangian systems under a directed graph without using neighbors' velocity information[J]. Automatica, 2013, 49(6): 1723-1731.

[10] Xiao B, Yin S, Kaynak O. Tracking control of robotic manipulators with uncertain kinematics and dynamics[J]. IEEE Transactions on Industrial Electronics, 2016, 63(10): 6439-6449.

[11] Chen M, Shi P, Lim C C. Robust constrained control for MIMO nonlinear systems based on disturbance observer[J]. IEEE Transactions on Automatic Control, 2015, 60(12): 3281-3286.

[12] Karayiannidis Y, Doulgeri Z. Model-free robot joint position regulation and tracking with prescribed performance guarantees[J]. Robotics and Autonomous Systems, 2012, 60(2): 214-226.

[13] Hu Q. Robust adaptive sliding mode attitude maneuvering and vibration damping of three-axis-stabilized flexible spacecraft with actuator saturation limits[J]. Nonlinear Dynamics,

2009, 55(4): 301-321.

[14] Wang Y, Song Y, Lewis F L. Robust adaptive fault-tolerant control of multiagent systems with uncertain nonidentical dynamics and undetectable actuation failures[J]. IEEE Transactions on Industrial Electronics, 2015, 62(6): 3978-3988.

[15] Huang P, Wang M, Meng Z, et al. Reconfigurable spacecraft attitude takeover control in post-capture of target by space manipulators[J]. Journal of the Franklin Institute, 2016, 353(9): 1985-2008.

[16] Luo J, Wei C, Dai H, et al. Robust inertia-free attitude takeover control of postcapture combined spacecraft with guaranteed prescribed performance[J]. ISA Transactions, 2018, 74: 28-44.

[17] Härkegård O. Dynamic control allocation using constrained quadratic programming[J]. Journal of Guidance, Control, and Dynamics, 2004, 27(6): 1028-1034.

04 第 4 章 数据驱动动态预设性能控制

4.1 引言

预设性能控制方法能够保证系统状态量始终处于预设的性能边界（上下界形式）以内，在无需具体系统参数的工况下，实现对系统状态的控制。从控制理论的角度来说，第 2 章和第 3 章介绍的比例型预设性能控制方法和自适应动态预设性能控制方法能够保证系统状态的有界稳定性，对于满足系统控制指标要求具有重要理论和工程意义。然而，上述控制方法仍然存在两方面的缺陷。一方面是控制框架中采用静态增益进行控制器设计，当增益选取不合理或者系统参数发生巨大变化时，尽管控制系统仍然能够保证系统满足预设性能，但是其可能存在超调、震荡、抖振等不良控制结果。另一方面是控制框架没有考虑任何最优性问题，受控轨迹可能并不满足最优性指标。事实上，由于预设性能框架假设动力学系统的具体参数是未知的，因此，也很难在未知参数的情况下考虑系统的最优性问题，所以有必要研究动态的、考虑控制最优性的预设性能控制方法。

数据驱动控制的含义是“控制器的设计不包含受控系统的模型信息，仅仅依赖受控系统的在线和离线输入输出信息（数据），并在一定的假设环境下，系统的收敛性、稳定性、最优性能够得到保证的控制理论与方法[1,2]”。现有的典型数据驱动控制方法包含 PID 控制方法、数据迭代学习控制方法以及自适应动态规划控制方法[3]。其中，无论是 PID 控制还是迭代学习控制，都无法解决未知非线性系统的最优控制问题。早在 1957 年，Bellman 就提出了求解最优控制问题的动态规划方法[4]。其相比于传统求解最优化问题方法（如变分法、庞特里亚金极值原理等）的求解效率更高。随后，Werbos 为了解决动态规划方法的维数灾问题，提出了自适应动态规划的方法[5]，其基本思想就是利用一个函数近似结构（如神经网络、模糊系统、多项式等）来估计代价函数，并对动态规划问题进行正向求解。自适应动态规划作为一种非常有效的强化学习方法，它强调了受控对象与环境之间的交互作用[6-9]。对于实际控制系统，交互可以狭义地理解为反馈。自适应动态规划学习的过程就是不断评估–反馈–再评估的过程。因此，利用自适应动态规划方法评估预设性能控制的控制结果，并施加优化修正，有望形成一种动态最优的预设性能控制方法。

本章在预设性能框架下结合自适应动态规划方法，将静态增益预设性能控制器作用下的稳定系统看作一个新系统，设计补偿控制器作为新系统的输入，补偿控制器作用下的状态量作为新系统的输出，利用数据驱动的思想构造基于自适应动态规划的在线补偿控制器，提高控制结果的最优性。本章的内容安排如下：首先，基于具有代表性的欧拉-拉格朗日系统，构造了基准预设性能控制器，保证了非线性系统的稳定性和预设性能的实现；其次，基于自适应动态规划方法构造了数据驱动补偿控制器，用以提高系统的最优性；最后，分别以刚性航天器的姿态跟踪控制和分布式航天器姿态协同控制作为仿真算例，验证本章所提出的数据驱动动态预设性能控制方法的有效性。

4.2 数据驱动的动态预设性能控制方法

4.2.1 系统模型与问题描述

本章基于通用的欧拉-拉格朗日系统模型，阐述数据驱动动态预设性能控制系统设计方法。

欧拉-拉格朗日系统模型[10,11]为

$$\boldsymbol{M}(\boldsymbol{p})\ddot{\boldsymbol{p}}+\boldsymbol{C}(\boldsymbol{p},\dot{\boldsymbol{p}})\dot{\boldsymbol{p}}+\boldsymbol{G}(\boldsymbol{p})=\boldsymbol{B}(\boldsymbol{p})(\boldsymbol{u}+\boldsymbol{u}_d) \tag{4-1}$$

其中：$\boldsymbol{p}=[p_1,\cdots,p_n]^{\mathrm{T}}\in\mathbb{R}^n$ 为被控系统的 n 维状态量；$\boldsymbol{M}(\boldsymbol{p})\in\mathbb{R}^{n\times n}$ 、$\boldsymbol{C}(\boldsymbol{p},\dot{\boldsymbol{p}})\in\mathbb{R}^{n\times n}$ 、$\boldsymbol{G}(\boldsymbol{p})\in\mathbb{R}^n$ 分别为非线性系统的广义惯量矩阵、科氏力和离心力矩阵以及重力矢量，且三者的具体值无法被先验得知；$\boldsymbol{B}(\boldsymbol{p})\in\mathbb{R}^{n\times n}$ 为已知增益矩阵；$\boldsymbol{u}\in\mathbb{R}^n$ 和 $\boldsymbol{u}_d\in\mathbb{R}^n$ 分别为系统的控制输入变量和未知的外部扰动。

假定被控系统的 n 维状态量 $\boldsymbol{p}$ 及其导数 $\dot{\boldsymbol{p}}$ 是可以被测量并可直接应用于控制系统设计。此外，假定上述欧拉-拉格朗日系统模型满足如下性质：

性质 4-1 广义惯量矩阵 $\boldsymbol{M}(\boldsymbol{p})$ 为对称正定矩阵，关于状态量 $\boldsymbol{p}$ 连续，且满足当 $\boldsymbol{p}$ 有界时，$\boldsymbol{M}(\boldsymbol{p})$ 及其逆矩阵 $\boldsymbol{M}^{-1}(\boldsymbol{p})$ 均为有界正定矩阵。

性质 4-2 科氏力和离心力矩阵 $\boldsymbol{C}(\boldsymbol{p},\dot{\boldsymbol{p}})$ 关于状态量 $\boldsymbol{p}$ 及其导数 $\dot{\boldsymbol{p}}$ 连续，且满足当 $\boldsymbol{p}$ 及 $\dot{\boldsymbol{p}}$ 有界时，$\boldsymbol{C}(\boldsymbol{p},\dot{\boldsymbol{p}})$ 为有界矩阵。

性质 4-3 重力矢量 $\boldsymbol{G}(\boldsymbol{p})$ 关于状态量 $\boldsymbol{p}$ 连续，且满足当 $\boldsymbol{p}$ 有界时，$\boldsymbol{G}(\boldsymbol{p})$ 为有界矩阵。

假定未知的外部扰动 $\boldsymbol{u}_d$ 满足如下假设：

假设 4-1 外部扰动 $\boldsymbol{u}_d$ 是未知但有界的，且其上界也是未知的。

基于上述性质和假设，本章研究欧拉-拉格朗日系统（4-1）的稳定控制问题，控制目标可以总结为：设计控制器 $\boldsymbol{u}$ ，使系统在未知 $\boldsymbol{M}(\boldsymbol{p})$、$\boldsymbol{C}(\boldsymbol{p},\dot{\boldsymbol{p}})$、$\boldsymbol{G}(\boldsymbol{p})$ ，且

存在有界外部干扰 $\boldsymbol{u}_d$ 的工况下，使得系统状态量 $\boldsymbol{p}$ 及其导数 $\dot{\boldsymbol{p}}$ 以预设速度收敛到预设的稳定域内，且收敛过程始终处于预设的性能边界以内。

4.2.2 基准预设性能控制器设计

本节采用 2.2 节给出的指数收敛型性能函数，即

$$\alpha(t)=(\alpha_0-\alpha_\infty)\exp(-\beta t)+\alpha_\infty \tag{4-2}$$

其中：$\alpha(t)$ 为指数收敛的正值预设性能函数；$\alpha_0>0$ 和 $\alpha_\infty>0$ 分别为 $\alpha(t)$ 的初值和终值；β 为指数收敛速度。

考虑式（4-1），构造如下式所示的线性组合流形：

$$\boldsymbol{e}(t)=\boldsymbol{p}(t)+\boldsymbol{\eta}\dot{\boldsymbol{p}}(t) \tag{4-3}$$

其中：$\boldsymbol{e}(t)=[e_1(t),\cdots,e_n(t)]^{\mathrm{T}}\in\mathbb{R}^n$ 为线性流形；$\boldsymbol{\eta}=\mathrm{diag}(\eta_1,\eta_2,\cdots,\eta_n)$ 为正定常数矩阵。

则对于 $\boldsymbol{e}(t)$ 的任意一维系统状态 $e_i(t)\quad(i=1,2,\cdots,n)$，可以为其施加式（4-2）形式的性能函数边界，即

$$-\alpha_i(t)<e_i(t)<\alpha_i(t),\ \ i=1,2,\cdots,n \tag{4-4}$$

其中：$\alpha_i(t)=(\alpha_{i,0}-\alpha_{i,\infty})\exp(-\beta_i t)+\alpha_{i,\infty}$；$\alpha_{i,0}$，$\alpha_{i,\infty}$，$\beta_i$ 的定义与式（4-2）中相同，且设置 $\alpha_{i,0}$ 使其满足 $\alpha_{i,0}>|e_i(0)|$。

上述性能函数为系统引入了额外约束，增加了控制器的设计难度。为了解决这个问题，为式（4-3）的线性组合流形引入同胚映射函数 $\hbar(\bullet):(-1,1)\to(-\infty,+\infty)$。对于变量 $\varpi\in(-1,1)$，映射函数定义为

$$\hbar(\varpi)=\frac{1}{2}\ln\frac{1+\varpi}{1-\varpi} \tag{4-5}$$

根据式（4-5）的定义可以得到，同胚映射函数 $\hbar(\bullet)$ 将区间 $(-1,1)$ 中的状态映射至整个实数空间，且为一一映射。因此，可以将约束问题转化为无约束问题。

考虑到式（4-4）中的约束可以转化为

$$-1<e_i(t)/\alpha_i(t)<1,\ \ i=1,2,\cdots,n \tag{4-6}$$

因此，不妨定义 $\mu_i(t)=e_i(t)/\alpha_i(t)$，则状态量 $\mu_i(t)$ 应受控并始终处于区间 $(-1,1)$ 以内。利用同胚映射函数 $\hbar(\bullet)$ 可以将状态 $\mu_i(t)$ 映射到无约束空间，得到映射状态量 $\boldsymbol{\varepsilon}(t)=[\varepsilon_1(t),\cdots,\varepsilon_n(t)]^{\mathrm{T}}$，其映射形式为

$$\varepsilon_i(t)=\hbar(\mu_i(t))=\frac{1}{2}\ln\frac{1+\mu_i(t)}{1-\mu_i(t)},\ \ i=1,2,\cdots,n \tag{4-7}$$

则状态 $e_i(t)$ 的约束控制问题通过该映射就转化为了状态量 $\varepsilon_i(t)$ 的有界控制问题。

为便于后续定理证明，通过对状态 $\varepsilon_i(t)$ 求导可以得到

$$
\begin{aligned}
\dot{\varepsilon}_i(t) &= \frac{\partial \hbar(\mu_i(t))}{\partial \mu_i(t)} \cdot \frac{\mathrm{d}\mu_i(t)}{\mathrm{d}t} \\
&= \left(\frac{\partial \hbar^{-1}(\varepsilon_i(t))}{\partial \varepsilon_i(t)}\right)^{-1} \frac{\mathrm{d}(e_i(t)/\alpha_i(t))}{\mathrm{d}t} \\
&= \gamma_i(\varepsilon_i(t),t)(\dot{e}_i(t) - \mu_i(t)\dot{\alpha}_i(t))
\end{aligned} \tag{4-8}
$$

其中：$\gamma_i(\varepsilon_i(t),t) = (\partial \hbar^{-1}(\varepsilon_i(t))/\partial \varepsilon_i(t))^{-1}/\alpha_i(t)$。

基于性能约束式（4-4）和映射状态量式（4-7），可以为非线性系统（4-1）设计如下式所示的基准预设性能控制器：

$$
\boldsymbol{u} = -k\frac{\boldsymbol{B}^{-1}(\boldsymbol{p})\gamma\boldsymbol{Q}\boldsymbol{\varepsilon}}{1-\boldsymbol{\varepsilon}^{\mathrm{T}}\boldsymbol{Q}\boldsymbol{\varepsilon}} \tag{4-9}
$$

其中：$k>0$ 为控制增益；$\gamma = \mathrm{diag}(\gamma_1,\gamma_2,\cdots,\gamma_n)$；$\boldsymbol{Q} = \mathrm{diag}(q_1,q_2,\cdots,q_n)$ 为正定矩阵且其参数选择满足

$$
\boldsymbol{\varepsilon}^{\mathrm{T}}(0)\boldsymbol{Q}\boldsymbol{\varepsilon}(0) < 1 \tag{4-10}
$$

注 4-1 基准预设性能控制器（4-9）的构造仅使用了系统状态量 $\boldsymbol{p}$ 及其导数 $\dot{\boldsymbol{p}}$ 以及已知增益矩阵 $\boldsymbol{B}(\boldsymbol{p})$，不包含系统状态矩阵 $\boldsymbol{M}(\boldsymbol{p})$、$\boldsymbol{C}(\boldsymbol{p},\dot{\boldsymbol{p}})$、$\boldsymbol{G}(\boldsymbol{p})$，因此是一种不依赖模型参数的控制器。

4.2.3 稳定性证明

为分析非线性系统（4-1）在控制器（4-9）作用下的稳定性，首先给出关于连续非线性系统最大解的定义和一个引理。

定义 4-1 考虑如下所示非线性系统的初值问题[12,13]：

$$
\dot{\boldsymbol{x}}(t) = \boldsymbol{f}(t,\boldsymbol{x}(t)),\ \ \boldsymbol{x}(0)\in\Omega_{\boldsymbol{x}} \tag{4-11}
$$

其中：$\boldsymbol{x}(t)\in\Omega_{\boldsymbol{x}}\subset\mathbb{R}^n$ 为系统状态量；$\Omega_{\boldsymbol{x}}$ 为非空开集；$\boldsymbol{f}(t,\boldsymbol{x}(t)):\mathbb{R}^+\times\Omega_{\boldsymbol{x}}\to\mathbb{R}^n$。对于初值问题的一个解（也就是 $t\mapsto\boldsymbol{x}(t)$），若其所有的右扩展均不是该初值问题的解，则这个解称为该系统的**最大解**。

为方便理解上述定义，给出一个具体示例：考虑初值问题 $\dot{x}(t)=x^2(t),\ x(0)=1$，则其解为 $x(t)=1/(1-t),\ \forall t\in[0,1)$。由于该函数对于任意的 $t>1$ 都无法进行定义，因此该解是初值问题的最大解。换言之，解 $x(t)=1/(1-t),\ \forall t\in[0,1)$ 对于 $t=1$ 的右扩展均不是该初值问题的解，因此该解是初值问题的最大解。

引理 4-1 考虑初值问题（4-11），若 $\boldsymbol{f}(t,\boldsymbol{x}(t))$ 满足：

（1）对于任意 $\boldsymbol{x}(t)\in\Omega_{\boldsymbol{x}}$，均关于时间 t 连续；

（2）对于任意初值 $\boldsymbol{x}(0)\in\Omega_{\boldsymbol{x}}$，都关于时间 t 可积；

（3）关于 $\boldsymbol{x}(t)$ 局部 Lipschitz 连续，则初值问题存在定义在时间区间 $[0,t_{\max})$（$t_{\max}\in\{\mathbb{R}^+,+\infty\}$）上的唯一最大解 $\boldsymbol{x}(t):[0,t_{\max})\to\Omega_{\boldsymbol{x}}$ 使得 $\boldsymbol{x}(t)\in\Omega_{\boldsymbol{x}},\ \forall t\in[0,t_{\max})$。

此外，若 $t_{\max}\in\mathbb{R}^{+}$，则对任意紧集 $\Omega_{x}'\in\Omega_{x}$，均存在时刻 $t'\in[0,t_{\max})$ 使得 $\boldsymbol{x}(t')\notin\Omega_{x}'$ [12-13]。

非线性系统（4-1）在基准预设性能控制器（4-9）下的稳定性由**定理 4-1** 给出。

定理 4-1 考虑欧拉–拉格朗日系统（4-1）满足**性质 4-1～性质 4-3** 和**假设 4-1**，在基准预设性能控制器（4-9）的作用下，若选择参数 $\alpha_{i,0}$ 满足 $\alpha_{i,0}>|e_i(0)|$，矩阵 $\boldsymbol{Q}$ 满足式（4-10），且矩阵 $\boldsymbol{\eta}$ 满足

$$0<\eta_i\beta_i<1,\ \ i=1,2,\cdots,n \tag{4-12}$$

则线性流形 $\boldsymbol{e}(t)$ 对于任意时刻 $t\geqslant 0$ 均满足性能约束式（4-4）。此外，系统状态 $\boldsymbol{p}(t)$ 的每一维状态 $p_i(t)$ 也至少以指数收敛速度 $\exp(-\beta_i t)$ 收敛至与 $e_i(t)$ 相同的稳定域内。

证明：定理 4-1 的证明将以三个步骤完成。考虑状态量 $\mu_i(t)\ (i=1,2,\cdots,n)$，首先，第一步将证明 $\mu_i(t)$ 在开集 $\Omega_{\mu_i}=(-1,1)$ 上存在时间区间 $[0,t_{\max})$（$t_{\max}\in\{\mathbb{R}^{+},+\infty\}$）使得 $\mu_i(t):[0,t_{\max})\to\Omega_{\mu_i}$ 为唯一最大解；随后，第二步将证明线性流形 $\boldsymbol{e}(t)$ 对于任意时刻 $t\geqslant 0$ 均满足性能约束（4-4）；最后，第三步将证明 $p_i(t)$ 也至少以指数收敛速度 $\exp(-\beta_i t)$ 收敛至与 $e_i(t)$ 相同的稳定域内。

第一步：首先，$\Omega_{\mu_i}=(-1,1)$ 显然是非空开集，由于参数 $\alpha_{i,0}$ 满足 $\alpha_{i,0}>|e_i(0)|$，因此很容易可以得到 $\mu_i(0)\in\Omega_{\mu_i}$。对 $\mu_i(t)$ 进行求导可以得到：

$$\dot{\mu}_i(t)=(\dot{p}_i(t)+\eta_i\ddot{p}_i(t)-\mu_i(t)\dot{\alpha}_i(t))/\alpha_i(t),\ i=1,2,\cdots,n \tag{4-13}$$

由式（4-13）以及性能函数 $\alpha_i(t)$ 的定义可以得到，$\dot{\mu}_i(t)$ 对于任意的 $\mu_i(t)\in\Omega_{\mu_i}$ 均关于时间 t 连续，对于任意初值 $\mu_i(0)\in\Omega_{\mu_i}$ 都关于时间 t 可积，且关于 $\mu_i(t)$ 局部 Lipschitz 连续。由**引理 4-1** 可以得到，$\mu_i(t)$ 在开集 $\Omega_{\mu_i}=(-1,1)$ 上，存在时间区间 $[0,t_{\max})$（$t_{\max}\in\{\mathbb{R}^{+},+\infty\}$）使得 $\mu_i(t):[0,t_{\max})\to\Omega_{\mu_i}$ 为唯一最大解使得对于任意 $t\in[0,t_{\max})$ 均有 $\mu_i(t)\in\Omega_{\mu_i}$。

第二步：第一步结论的等价表述为

$$\mu_i(t)\in(-1,1),\ i=1,2,\cdots,n,\ \forall\ t\in[0,t_{\max}) \tag{4-14}$$

因此，映射状态量 $\varepsilon_i(t)=\hbar(\mu_i(t))$ 在时间区间 $[0,t_{\max})$ 上均是有定义的。此外 $p_i(t)$ 和 $\dot{p}_i(t)$ 在该时间区间上也均是有界的。将式（4-1）和式（4-3）代入式（4-8）中可以得到

$$\begin{aligned}\dot{\varepsilon}_i(t)\ =\ &-\gamma_i\eta_i\sum_{j=1}^{n}[(\boldsymbol{M}^{-1}\boldsymbol{C})_{ij}\dot{p}_j+\boldsymbol{M}_{ij}^{-1}\boldsymbol{G}_j]-\gamma_i\mu_i\dot{\alpha}_i+\gamma_i\dot{p}_i\\&+\gamma_i\eta_i\sum_{j=1}^{n}(\boldsymbol{M}^{-1}\boldsymbol{B})_{ij}(u_j+u_{d,j})\end{aligned} \tag{4-15}$$

其中：$(\boldsymbol{M}^{-1}\boldsymbol{C})_{ij}$、$M_{ij}^{-1}$、$G_j$、$(\boldsymbol{M}^{-1}\boldsymbol{B})_{ij}$ 分别为矩阵 $\boldsymbol{M}^{-1}\boldsymbol{C}$、$\boldsymbol{M}^{-1}$、$\boldsymbol{G}$、$\boldsymbol{M}^{-1}\boldsymbol{B}$ 的第 j 列（和第 i 行）元素。

式（4-15）的矢量形式可写为

$$\dot{\boldsymbol{\varepsilon}}(t)=\boldsymbol{\gamma}\boldsymbol{\eta}(-\boldsymbol{M}^{-1}\boldsymbol{C}\dot{\boldsymbol{p}}-\boldsymbol{M}^{-1}\boldsymbol{G}+\boldsymbol{M}^{-1}\boldsymbol{B}\boldsymbol{u}_d+\boldsymbol{M}^{-1}\boldsymbol{B}\boldsymbol{u})-\boldsymbol{\gamma}\dot{\boldsymbol{A}}\boldsymbol{\mu}+\boldsymbol{\gamma}\dot{\boldsymbol{p}} \tag{4-16}$$

其中：$\boldsymbol{\mu}(t)=[\mu_1(t),\cdots,\mu_n(t)]^{\mathrm{T}}$；$\dot{\boldsymbol{A}}(t)=\mathrm{diag}(\dot{\alpha}_1(t),\cdots,\dot{\alpha}_n(t))$。

只需要证明映射状态 $\boldsymbol{\varepsilon}(t)$ 是有界的，即可保证原状态 $\boldsymbol{\mu}(t)$ 的每一维均处于区间 $(-1,1)$ 以内。因此构造关于状态 $\boldsymbol{\varepsilon}(t)$ 的 Lyapunov 函数为：$V:=(1/4)(\boldsymbol{\varepsilon}^{\mathrm{T}}(t)\boldsymbol{Q}\boldsymbol{\varepsilon}(t))^2$，对其求导并代入式（4-16）可以得到

$$\begin{aligned}\dot{V}&=\vartheta(\dot{\boldsymbol{\varepsilon}}^{\mathrm{T}}(t)\boldsymbol{Q}\boldsymbol{\varepsilon}(t))\\&=\vartheta(-\dot{\boldsymbol{p}}^{\mathrm{T}}\boldsymbol{C}^{\mathrm{T}}\boldsymbol{M}^{-\mathrm{T}}-\boldsymbol{G}^{\mathrm{T}}\boldsymbol{M}^{-\mathrm{T}}+\boldsymbol{u}_d^{\mathrm{T}}\boldsymbol{B}^{\mathrm{T}}\boldsymbol{M}^{-\mathrm{T}}+\boldsymbol{u}^{\mathrm{T}}\boldsymbol{B}^{\mathrm{T}}\boldsymbol{M}^{-\mathrm{T}}\\&\quad-\boldsymbol{\mu}^{\mathrm{T}}\boldsymbol{\eta}^{-1}\dot{\boldsymbol{A}}+\dot{\boldsymbol{p}}^{\mathrm{T}}\boldsymbol{\eta}^{-1})\boldsymbol{\gamma}\boldsymbol{\eta}\boldsymbol{Q}\boldsymbol{\varepsilon}\end{aligned} \tag{4-17}$$

其中：$\vartheta:=\boldsymbol{\varepsilon}^{\mathrm{T}}(t)\boldsymbol{Q}\boldsymbol{\varepsilon}(t)$。

由于 $\boldsymbol{p}(t)$ 和 $\dot{\boldsymbol{p}}(t)$ 在时间区间 $[0,t_{\max})$ 上是有界的，基于**性质 4-1～性质 4-3** 可知，矩阵 $\boldsymbol{M}^{-1}$、$\boldsymbol{C}$、$\boldsymbol{G}$、$\boldsymbol{B}$ 在该时间区间上也是有界的。结合**假设 4-1** 中 $\boldsymbol{u}_d$ 的有界性以及预设性能函数的导数矩阵 $\dot{\boldsymbol{A}}(t)$ 的有界性，在时间区间 $[0,t_{\max})$ 上，存在未知常数 $c_1>0$ 和 $c_2>0$ 使得不等式：

$$\left\|-\dot{\boldsymbol{p}}^{\mathrm{T}}\boldsymbol{C}^{\mathrm{T}}\boldsymbol{M}^{-\mathrm{T}}-\boldsymbol{G}^{\mathrm{T}}\boldsymbol{M}^{-\mathrm{T}}+\boldsymbol{u}_d^{\mathrm{T}}\boldsymbol{B}^{\mathrm{T}}\boldsymbol{M}^{-\mathrm{T}}-\boldsymbol{\mu}^{\mathrm{T}}\boldsymbol{\eta}^{-1}\dot{\boldsymbol{A}}+\dot{\boldsymbol{p}}^{\mathrm{T}}\boldsymbol{\eta}^{-1}\right\|\leqslant c_1 \tag{4-18}$$

和不等式

$$\|\boldsymbol{\gamma}\boldsymbol{\eta}\boldsymbol{Q}\boldsymbol{\varepsilon}\|\leqslant c_2 \tag{4-19}$$

始终成立。因此可以得到

$$\dot{V}\leqslant\vartheta(c_1c_2+\boldsymbol{u}^{\mathrm{T}}\boldsymbol{B}^{\mathrm{T}}\boldsymbol{M}^{-\mathrm{T}}\boldsymbol{\gamma}\boldsymbol{\eta}\boldsymbol{Q}\boldsymbol{\varepsilon}) \tag{4-20}$$

将控制器（4-9）代入式（4-20）可以得到

$$\dot{V}\leqslant\vartheta(c_1c_2-k/(1-\vartheta)\boldsymbol{\varepsilon}^{\mathrm{T}}\boldsymbol{Q}\boldsymbol{\gamma}\boldsymbol{M}^{-\mathrm{T}}\boldsymbol{\gamma}\boldsymbol{\eta}\boldsymbol{Q}\boldsymbol{\varepsilon}) \tag{4-21}$$

显然，代数式 $(\boldsymbol{\varepsilon}^{\mathrm{T}}\boldsymbol{Q}\boldsymbol{\gamma}\boldsymbol{M}^{-\mathrm{T}}\boldsymbol{\gamma}\boldsymbol{\eta}\boldsymbol{Q}\boldsymbol{\varepsilon})$ 为正定二次型形式且在时间区间 $[0,t_{\max})$ 范围上始终为正值。进一步可以得到

$$\dot{V}\leqslant\vartheta(c_1c_2-k\Theta_{\min}\eta_{\min}q_{\min}\vartheta/(1-\vartheta)) \tag{4-22}$$

其中：$\Theta_{\min}$ 为 $(\boldsymbol{\gamma}\boldsymbol{M}^{-\mathrm{T}}\boldsymbol{\gamma})$ 在时间区间 $[0,t_{\max})$ 范围内的最小值；$\eta_{\min}=\min(\eta_1,\eta_2,\cdots,\eta_n)$；$q_{\min}=\min(q_1,q_2,\cdots,q_n)$。

定义正值常数 $c_3:=k\Theta_{\min}\eta_{\min}q_{\min}>0$ 并代入式（4-22）可以得到

$$\dot{V}\leqslant\vartheta\left(c_1c_2-\frac{c_3\vartheta}{1-\vartheta}\right)=c\vartheta\frac{c_1c_2/c-\vartheta}{1-\vartheta} \tag{4-23}$$

其中：$c:=c_1c_2+c_3$。

由于 $0<c_1c_2/c<1$，因此，根据 ϑ 的不同初值，Lyapunov 函数导数有两种不同

情形，示意图如图 4-1 所示。下面对这两种情形进行讨论：

（1）当 $0 < c_1c_2/c < \vartheta(\boldsymbol{\varepsilon}(0)) < 1$ 时，由式（4-23）可以得出 $\dot{V}\big|_{t=0} < 0$。因此负值的 Lyapunov 函数导数会驱使状态 ϑ 收敛至紧集 $[0, c_1c_2/c]$ 以内，并在时间区间 $[0, t_{\max})$ 范围内保持有界。该情形如图 4-1(a)所示。

（2）当 $0 < \vartheta(\boldsymbol{\varepsilon}(0)) < c_1c_2/c < 1$ 时，状态 ϑ 将在时间区间 $[0, t_{\max})$ 内始终保持在紧集 $[0, c_1c_2/c]$ 以内。该情形如图 4-1(b)所示。

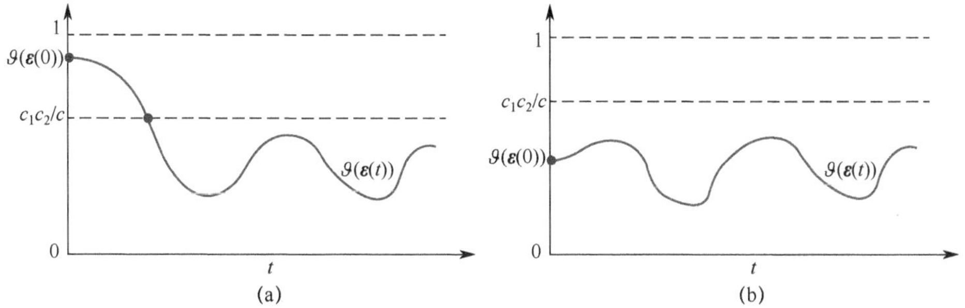

图 4-1　稳定性证明第二步中 Lyapunov 函数导数情形示意图

（a）情形 1：$0 < c_1c_2/c < \vartheta(\boldsymbol{\varepsilon}(0)) < 1$；（b）情形 2：$0 < \vartheta(\boldsymbol{\varepsilon}(0)) < c_1c_2/c < 1$

由上述分析可知，状态 ϑ 在时间区间 $[0, t_{\max})$ 内会始终保持在紧集 $[0, \bar{\vartheta}]$ 以内，其中 $\bar{\vartheta} := \max(\vartheta(\boldsymbol{\varepsilon}(0)), c_1c_2/c) < 1$。因此可以进一步得知

$$-\bar{\vartheta}/\eta_{\min} \leqslant \varepsilon_i(t) \leqslant \bar{\vartheta}/\eta_{\min},\ i = 1, 2, \cdots, n,\ \forall t \in [0, t_{\max}) \tag{4-24}$$

由于映射函数式（4-5）为单调可逆的一一映射函数，因此可以将式（4-24）中的 $\varepsilon_i(t)$ 逆映射回原约束空间 $\mu_i(t)$，并可以得到

$$\mu_i(t) \in [\hbar^{-1}(-\bar{\vartheta}/\eta_{\min}), \hbar^{-1}(\bar{\vartheta}/\eta_{\min})] \subset (-1, 1),\ i = 1, 2, \cdots, n,\ \forall t \in [0, t_{\max}) \tag{4-25}$$

由**引理 4-1** 可知，若 $t_{\max} \in \mathbb{R}^+$，则对于任意紧集 $\Omega'_{\mu_i} \subset \Omega_{\mu_i} = (-1, 1)$，均存在一个时刻 $t' \in [0, t_{\max})$ 使得 $\mu_i(t') \notin \Omega'_{\mu_i}$。然而在上述的分析中，我们寻找到 $\Omega_{\mu_i} = (-1, 1)$ 的一个紧集 $\Omega'_{\mu_i} = [\hbar^{-1}(-\bar{\vartheta}/\eta_{\min}), \hbar^{-1}(\bar{\vartheta}/\eta_{\min})]$ 使得对于任意 $t' \in [0, t_{\max})$ 均有 $\mu_i(t') \in \Omega'_{\mu_i}$。因此，可以得到：$t_{\max} = +\infty$。换言之，线性流形 $\boldsymbol{e}(t)$ 对于任意时刻 $t \geqslant 0$ 均满足性能约束式（4-4）。

第三步：式（4-3）可以转化为

$$\left(1 + \eta_i \frac{\mathrm{d}}{\mathrm{d}t}\right) p_i(t) = e_i(t),\ i = 1, 2, \cdots, n \tag{4-26}$$

式（4-26）可视为一个线性滤波器，其中，$e_i(t)$ 为滤波器的输入且满足 $|e_i(t)| < \alpha_i(t)$，$p_i(t)$ 可视为滤波器的输出。由此可以得到

$$\begin{aligned}|p_i(t)| &\leqslant (1/\eta_i)\int_0^t|e_i(\tau)|\exp(-(1/\eta_i)(t-\tau))\mathrm{d}\tau\\ &\leqslant (1/\eta_i)\int_0^t\alpha_i(t)\exp(-(1/\eta_i)(t-\tau))\mathrm{d}\tau\\ &\leqslant \frac{1}{1-\eta_i\beta_i}(\alpha_{i,0}-\alpha_{i,\infty})\exp(-\beta_i t)+\alpha_{i,\infty}\end{aligned} \tag{4-27}$$

由于η_i在参数选取时满足$0<\eta_i\beta_i<1$，可以得出：状态$p_i(t)$也将以指数速度$\exp(-\beta_i t)$收敛至稳定域$(-\alpha_{i,\infty},\alpha_{i,\infty})$中，换言之，$p_i(t)$也至少以指数收敛速度$\exp(-\beta_i t)$收敛至与$e_i(t)$相同的稳定域内。

定理 4-1 得证。 ■

4.2.4 数据驱动补偿控制器设计

欧拉-拉格朗日系统（4-1）可以转化为下述形式：

$$\dot{\boldsymbol{x}}(t)=\boldsymbol{f}(\boldsymbol{x}(t),\boldsymbol{u}(t)) \tag{4-28}$$

其中：$\boldsymbol{x}(t)=[x_1,x_2,\cdots,x_{2n}]^{\mathrm{T}}=[\boldsymbol{p}^{\mathrm{T}}(t),\dot{\boldsymbol{p}}^{\mathrm{T}}(t)]^{\mathrm{T}}\in\mathbb{R}^{2n}$；$\boldsymbol{f}(\boldsymbol{x}(t),\boldsymbol{u}(t)):\mathbb{R}^{2n}\times\mathbb{R}^{n}\to\mathbb{R}^{2n}$。

在本节中，式（4-9）给出的基准预设性能控制器作为稳定非线性系统（4-28）的基本控制器$\boldsymbol{u}_o(t)$，本节将基于自适应动态规划方法，额外设计一个数据驱动补偿控制器$\boldsymbol{u}_s(t)$，使得组合控制器的形式为

$$\boldsymbol{u}(t)=\boldsymbol{u}_o(t)+\boldsymbol{u}_s(t) \tag{4-29}$$

其中：$\boldsymbol{u}_o=-k\boldsymbol{B}^{-1}(\mathbf{p})\gamma\boldsymbol{Q}\boldsymbol{\varepsilon}/(1-\boldsymbol{\varepsilon}^{\mathrm{T}}\boldsymbol{Q}\boldsymbol{\varepsilon})$；$\boldsymbol{u}_s(t)=[u_{s1}(t),\cdots,u_{s,n}(t)]^{\mathrm{T}}$。

首先，定义关于状态量$\boldsymbol{x}(t)$和数据驱动补偿控制器$\boldsymbol{u}_s(t)$的关于时间t的瞬时二次型性能函数为

$$U(\boldsymbol{x}(t),\boldsymbol{u}_s(t))=\boldsymbol{x}^{\mathrm{T}}(t)\boldsymbol{R}_1\boldsymbol{x}(t)+\boldsymbol{u}_s^{\mathrm{T}}(t)\boldsymbol{R}_2\boldsymbol{u}_s(t) \tag{4-30}$$

其中：$\boldsymbol{R}_1\in\mathbb{R}^{2n\times 2n}$和$\boldsymbol{R}_2\in\mathbb{R}^{n\times n}$为正定权值矩阵。

则全时域性能函数可以定义为

$$\ell(\boldsymbol{x}(t),\boldsymbol{u}_s(t))=U(\boldsymbol{x}(t),\boldsymbol{u}_s(t))+\sum_{i=1}^{\infty}\varsigma^i U(\boldsymbol{x}(t+i\Delta t),\boldsymbol{u}_s(t+i\Delta t)) \tag{4-31}$$

其中：$\varsigma\in(0,1)$为时域衰减因子；Δt表示采样步长。

非线性系统（4-28）在控制器（4-29）作用下的最优补偿控制可以描述为：设计补偿控制器$\boldsymbol{u}_s(t)$来求解最优问题，即

$$\ell^*(\boldsymbol{x}(t),\boldsymbol{u}_s(t))=\min_{\boldsymbol{u}_s(t)}\ell(\boldsymbol{x}(t),\boldsymbol{u}_s(t)) \tag{4-32}$$

上述最优问题可以归类为 Bellman 优化问题。然而，该问题很难获得解析解[14]。兼顾有效性和计算效率，本章采用自适应动态规划方法对最优问题（4-32）进行求解。根据文献[15]，本节提出了一种基于数据驱动的补偿控制器，其控制框架如图 4-2 所示。补偿控制器包括两个部分，即评价神经网络和执行神经网络。其中，

执行神经网络用来获得补偿控制量 $\boldsymbol{u}_s(t)$，而评价神经网络用来评估性能函数并用于计算最优补偿控制量 $\boldsymbol{u}_s^*(t)$。

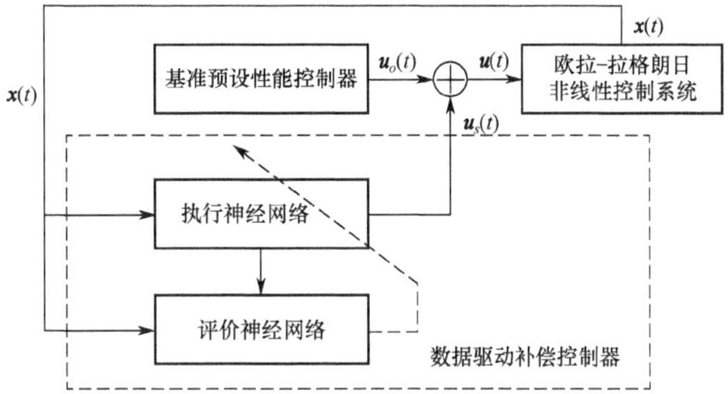

图 4-2 基于数据驱动的补偿控制器框架

1. 评价神经网络

为评估式（4-31）中的性能函数，在本节中构造了一个三层神经网络，所构造的三层评价网络示意图如图 4-3 所示，包含输入层、隐含层和输出层。隐含层的输入状态 $\boldsymbol{x}_h=[x_{h1},x_{h2},\cdots,x_{h,n_h}]^{\mathrm{T}}\in\mathbb{R}^{n_h}$ 定义为

$$x_{h,i}=\boldsymbol{w}_{1,i}^{\mathrm{T}}\bullet[\boldsymbol{x}^{\mathrm{T}},\boldsymbol{u}_s^{\mathrm{T}}]^{\mathrm{T}},\ i=1,2,\cdots,n_h \tag{4-33}$$

其中：n_h 为隐含层的节点数量；$\boldsymbol{w}_{1,i}\in\mathbb{R}^{3n}$ 为隐含层第 i 个节点的权重系数。

隐含层的输出状态 $\boldsymbol{y}_h=[y_{h1},y_{h2},...,y_{h,n_h}]^{\mathrm{T}}\in\mathbb{R}^{n_h}$ 由下式的双曲正切型的激活函数进行定义，即

$$y_{h,i}=\tanh(x_{h,i}),\quad i=1,2,\cdots,n_h \tag{4-34}$$

基于此，性能函数式（4-31）的估计值为

$$\hat{\ell}(\boldsymbol{x}(t),\boldsymbol{u}_s(t))=\boldsymbol{w}_2^{\mathrm{T}}\bullet\boldsymbol{y}_h \tag{4-35}$$

其中：$\boldsymbol{w}_2\in\mathbb{R}^{n_h}$ 为输出层的权重系数。

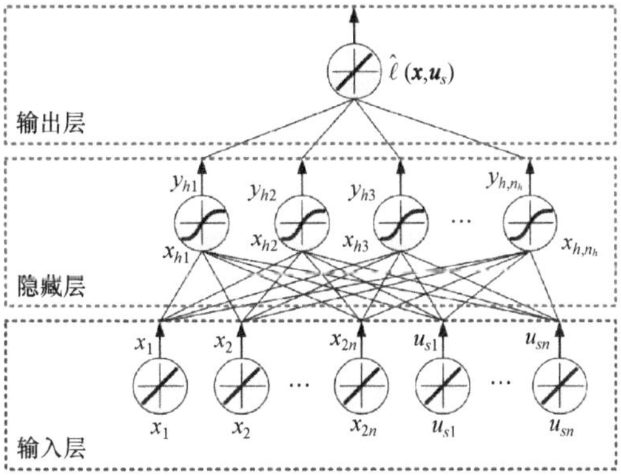

图 4-3 三层评价网络示意图

为了评估式（4-35）的估计效果，基于式（4-31）可以得到

$$\ell(\boldsymbol{x}(t-\Delta t),\boldsymbol{u}_s(t-\Delta t))-\varsigma\ell(\boldsymbol{x}(t),\boldsymbol{u}_s(t))-U(\boldsymbol{x}(t),\boldsymbol{u}_s(t))=0 \tag{4-36}$$

因此可以定义如下式所示的估计误差：

$$e_\ell(t)=\hat{\ell}(\boldsymbol{x}(t-\Delta t),\boldsymbol{u}_s(t-\Delta t))-\varsigma\hat{\ell}(\boldsymbol{x}(t),\boldsymbol{u}_s(t))-U(\boldsymbol{x}(t),\boldsymbol{u}_s(t)) \tag{4-37}$$

估计效果指标可以定义为如下式所示的二次型形式：

$$E_\ell(t)=(1/2)e_\ell^2(t) \tag{4-38}$$

隐含层的权重系数 $\boldsymbol{w}_{1,i}\ (i=1,2,\cdots,n_h)$ 和输出层的权重系数 $\boldsymbol{w}_2$ 可以通过基于梯度下降的学习方法[16]进行在线更新：

$$\begin{aligned}&\boldsymbol{w}_{1,i}(t+\Delta t)=\boldsymbol{w}_{1,i}(t)-\lambda(\partial E_\ell(t)/\partial\boldsymbol{w}_{1,i}(t)),i=1,2,\cdots,n_h\\&\boldsymbol{w}_2(t+\Delta t)=\boldsymbol{w}_2(t)-\lambda(\partial E_\ell(t)/\partial\boldsymbol{w}_2(t))\end{aligned} \tag{4-39}$$

其中：λ 为学习系数，且

$$\begin{cases}\dfrac{\partial E_\ell(t)}{\partial\boldsymbol{w}_{1,i}(t)}=\dfrac{\partial\boldsymbol{x}_h}{\partial\boldsymbol{w}_{1,i}}\bullet\dfrac{\partial\boldsymbol{y}_h}{\partial\boldsymbol{x}_h}\bullet\dfrac{\partial\hat{\ell}}{\partial\boldsymbol{y}_h}\bullet\dfrac{\partial E_\ell(t)}{\partial\hat{\ell}}=\varsigma e_\ell w_{2,i}(1-y_{h,i}^2)[\boldsymbol{x}^{\mathrm{T}},\boldsymbol{u}_s^{\mathrm{T}}]^{\mathrm{T}},i=1,2,\cdots,n_h\\\dfrac{\partial E_\ell(t)}{\partial\boldsymbol{w}_2(t)}=\dfrac{\partial\hat{\ell}}{\partial\boldsymbol{w}_2(t)}\bullet\dfrac{\partial E_\ell(t)}{\partial\hat{\ell}}=\varsigma e_\ell\boldsymbol{y}_h\end{cases} \tag{4-40}$$

其中：$w_{2,i}$ 为权重系数 $\boldsymbol{w}_2$ 的第 i 维分量。

2．执行神经网络

为了估计和计算最优补偿控制器，本节构造了一个三层的神经网络，如图 4-4 所示，包含输入层、隐含层和输出层。同样地，隐含层的输入状态 $\boldsymbol{x}'_h=[x'_{h1},x'_{h2},\cdots,x'_{h,n'_h}]^{\mathrm{T}}\in\mathbb{R}^{n'_h}$ 定义为

$$x'_{h,i}=\boldsymbol{w}'^{\mathrm{T}}_{1,i}\bullet[\boldsymbol{x}^{\mathrm{T}},\boldsymbol{u}_s^{\mathrm{T}}]^{\mathrm{T}},\ i=1,2,\cdots,n'_h \tag{4-41}$$

其中：n'_h 为隐含层的节点数量；$\boldsymbol{w}'_{1,i}\in\mathbb{R}^{3n}$ 为隐含层第 i 个节点的权重系数。

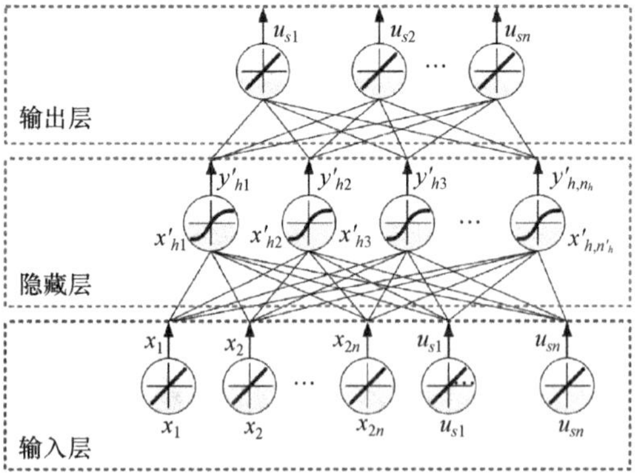

图 4-4 三层执行网络示意图

隐含层的输出状态 $\boldsymbol{y}'_h=[y'_{h1},y'_{h2},\ldots,y'_{h,n'_h}]^{\mathrm{T}}\in\mathbb{R}^{n'_h}$ 由下式的双曲正切型的激活函数进行定义，即

$$y'_{h,i}=\tanh(x'_{h,i}),\ \ i=1,2,\cdots,n'_h \tag{4-42}$$

通过最小化性能函数式（4-31），可以得到最优补偿控制器为

$$\boldsymbol{u}_s^*=\arg\min_{\boldsymbol{u}_s}\ell^*(\boldsymbol{x},\boldsymbol{u}_s) \tag{4-43}$$

由此，可以构造最优补偿控制器 $\boldsymbol{u}_s^*$ 的估计值为

$$u_{si}=\boldsymbol{w}'^{\mathrm{T}}_{2,i}\bullet\boldsymbol{y}'_h,\ \ i=1,2,\cdots,n \tag{4-44}$$

其中：$\boldsymbol{w}'_{2,i}\in\mathbb{R}^{n'_h}$ 为输出层第 i 个节点的权重系数。

式（4-44）的最优补偿控制器的估计值可以由下述指标进行评估：

$$E_{\boldsymbol{u}_s}(t)=(1/2)e^2_{\boldsymbol{u}_s}(t) \tag{4-45}$$

其中：$e_{\boldsymbol{u}_s}(t)=\hat{\ell}(\boldsymbol{x}(t),\boldsymbol{u}_s(t))$。

隐含层的权重系数 $\boldsymbol{w}'_{1,i}\ (i=1,2,\cdots,n'_h)$ 和输出层的权重系数 $\boldsymbol{w}'_{2,i}\ (i=1,2,\cdots,n)$ 可以通过基于梯度下降的学习方法[16]进行在线更新：

$$\begin{aligned}\boldsymbol{w}'_{1,i}(t+\Delta t)&=\boldsymbol{w}'_{1,i}(t)-\lambda(\partial E_{\boldsymbol{u}_s}(t)/\partial\boldsymbol{w}'_{1,i}(t)),\ i=1,2,\cdots,n'_h\\ \boldsymbol{w}'_{2,i}(t+\Delta t)&=\boldsymbol{w}'_{2,i}(t)-\lambda(\partial E_{\boldsymbol{u}_s}(t)/\partial\boldsymbol{w}'_{2,i}(t)),\ i=1,2,\cdots,n\end{aligned} \tag{4-46}$$

其中

$$\begin{cases}\dfrac{\partial E_{\boldsymbol{u}_s}(t)}{\partial w'_{1,i,k}(t)}=\dfrac{\partial\boldsymbol{x}'_h}{\partial w'_{1,i,k}(t)}\bullet\dfrac{\partial\boldsymbol{y}'_h}{\partial\boldsymbol{x}'_h}\bullet\dfrac{\partial\boldsymbol{u}_s}{\partial\boldsymbol{y}'_h}\bullet\dfrac{\partial\hat{\ell}}{\partial\boldsymbol{u}_s}\bullet\dfrac{\partial E_{\boldsymbol{u}_s}(t)}{\partial\hat{\ell}}\\ \qquad\qquad=\hat{\ell}[\boldsymbol{x}^{\mathrm{T}},\boldsymbol{u}_s^{\mathrm{T}}]_k(1-y'^2_{h,i})\displaystyle\sum_{m=1}^{n}w'_{2,m,i}\dfrac{\partial\hat{\ell}}{\partial u_{sm}},\ \ i=1,2,\cdots,n'_h\\ \dfrac{\partial E_{\boldsymbol{u}_s}(t)}{\partial\boldsymbol{w}'_{2,i}(t)}=\dfrac{\partial u_{si}}{\partial\boldsymbol{w}'_{2,i}(t)}\bullet\dfrac{\partial\hat{\ell}}{\partial u_{si}}\bullet\dfrac{\partial E_{\boldsymbol{u}_s}(t)}{\partial\hat{\ell}}=\hat{\ell}\bullet\dfrac{\partial\hat{\ell}}{\partial u_{si}}\bullet\boldsymbol{y}'_h,i=1,\cdots,n\end{cases} \tag{4-47}$$

其中：$w'_{1,i,k}(t)$ 为权重系数 $\boldsymbol{w}'_{1,i}(t)$ 的第 k 维分量；$[\boldsymbol{x}^{\mathrm{T}},\boldsymbol{u}_s^{\mathrm{T}}]_k$ 为矢量 $[\boldsymbol{x}^{\mathrm{T}},\boldsymbol{u}_s^{\mathrm{T}}]$ 的第 k 维分量；$w'_{2,m,i}$ 为权重系数 $\boldsymbol{w}'_{2,m}(t)$ 的第 i 维分量，且

$$\begin{aligned}\frac{\partial\hat{\ell}}{\partial u_{si}}&=\frac{\partial[\boldsymbol{x}^{\mathrm{T}},\boldsymbol{u}_s^{\mathrm{T}}]^{\mathrm{T}}}{u_{si}}\bullet\frac{\partial\boldsymbol{x}_h}{\partial[\boldsymbol{x}^{\mathrm{T}},\boldsymbol{u}_s^{\mathrm{T}}]^{\mathrm{T}}}\bullet\frac{\partial\boldsymbol{y}_h}{\partial\boldsymbol{x}_h}\bullet\frac{\partial\hat{\ell}}{\partial\boldsymbol{y}_h}\\ &=\sum_{j=1}^{n_h}(1-y^2_{h,j})w_{1,j,i+6}w_{2,j},\ \ i=1,2,\cdots,n\end{aligned} \tag{4-48}$$

其中：$w_{1,j,i+6}$ 为权重系数 $\boldsymbol{w}_{1,j}(t)$ 的第 $i+6$ 维分量。

综上，本节提出的数据驱动动态预设性能控制器可以写为

$$
\boldsymbol{u}=-k\frac{\boldsymbol{B}^{-1}(\boldsymbol{p})\gamma\boldsymbol{Q}\boldsymbol{\varepsilon}}{1-\boldsymbol{\varepsilon}^{\mathrm{T}}\boldsymbol{Q}\boldsymbol{\varepsilon}}+\boldsymbol{u}_s \tag{4-49}
$$

注 4-2 文献[15]提出的基于自适应动态规划的补偿控制方法要求非线性系统必须首先施加一个初始容许控制策略，且该策略可以保证非线性系统是收敛的。然而文献[15]仅使用了传统的 PID 算法作为初始容许控制策略。值得注意的是，PID 算法下非线性系统的稳定性是很难保证的。区别于文献[15]，本章使用了基准预设性能控制方法作为非线性系统的初始容许控制策略，且该控制器的稳定性在 4.2.3 节中进行了严格的证明。因此，通过下述**引理 4-2** 可以得出，迭代性能函数式（4-35）和迭代补偿控制器（4-44）均能收敛至最优解。

引理 4-2[15]对于优化问题（4-32)，考虑其由上文中的评价神经网络和执行神经网络进行计算得到。由于欧拉–拉格朗日型非线性模型（4-1）和初始容许控制策略（即基准预设性能控制器（4-9））是局部 Lipschitz 连续的，且初始容许控制策略能够使系统（4-1）稳定，则评价神经网络中的迭代性能函数（4-35）将会收敛至式（4-32）中的最优性能函数，且执行神经网络中的迭代补偿控制器（4-44）也将会收敛至式（4-43）中的最优补偿控制器。

4.3 刚性航天器姿态跟踪数据驱动预设性能控制

为了验证 4.2 节中提出的基于数据驱动的动态预设性能方法的有效性，本节将该方法应用于刚性航天器的姿态跟踪控制中。

4.3.1 刚性航天器姿态运动模型

本节使用修正罗德里格斯参数（MRP）来表示航天器的姿态运动。MRP 矢量 $\boldsymbol{\sigma}=[\sigma_1,\sigma_2,\sigma_3]^{\mathrm{T}}\in\mathbb{R}^3$ 定义为[17]

$$
\boldsymbol{\sigma}=\boldsymbol{\Phi}\tan(\varphi/4) \tag{4-50}
$$

其中：$\varphi\in\mathbb{R}$ 为姿态运动瞬时旋转角；$\boldsymbol{\Phi}\in\mathbb{R}^3$ 为姿态运动瞬时旋转轴，且满足 $\boldsymbol{\Phi}^{\mathrm{T}}\boldsymbol{\Phi}=1$。

采用 MRP 表示的姿态运动学方程如下：

$$
\dot{\boldsymbol{\sigma}}=\boldsymbol{G}_\sigma(\boldsymbol{\sigma})\boldsymbol{\omega} \tag{4-51}
$$

其中：$\boldsymbol{\omega}=[\omega_1,\omega_2,\omega_3]^{\mathrm{T}}\in\mathbb{R}^3$；矩阵 $\boldsymbol{G}_\sigma(\boldsymbol{\sigma})\in\mathbb{R}^{3\times3}$ 定义为

$$
\boldsymbol{G}_\sigma(\boldsymbol{\sigma})=\frac{1}{4}((1-\boldsymbol{\sigma}^{\mathrm{T}}\boldsymbol{\sigma})\boldsymbol{I}+2\boldsymbol{\sigma}\boldsymbol{\sigma}^{\mathrm{T}}+2\boldsymbol{\sigma}^{\times}) \tag{4-52}
$$

其中：$\boldsymbol{I}$ 为单位矩阵；算子 $\bullet^{\times}$ 对于任意三维向量 $\boldsymbol{\varpi}=[\varpi_1,\varpi_2,\varpi_3]^{\mathrm{T}}\in\mathbb{R}^3$ 定义为

$$
\boldsymbol{\varpi}^{\times}=\begin{bmatrix}0 & -\varpi_3 & \varpi_2\\ \varpi_3 & 0 & -\varpi_1\\ -\varpi_2 & \varpi_1 & 0\end{bmatrix} \tag{4-53}
$$

刚性航天器的姿态动力学方程为

$$\dot{\boldsymbol{\omega}} = -\boldsymbol{J}^{-1}\boldsymbol{\omega}^{\times}\boldsymbol{J}\boldsymbol{\omega} + \boldsymbol{J}^{-1}(\boldsymbol{u}(t) + \boldsymbol{u}_d(t)) \tag{4-54}$$

其中：$\boldsymbol{J} \in \mathbb{R}^{3\times3}$ 为刚性航天器的正定对称惯量矩阵；$\boldsymbol{u}(t) \in \mathbb{R}^3$ 和 $\boldsymbol{u}_d(t) \in \mathbb{R}^3$ 分别为航天器的姿态控制输入力矩和外部干扰力矩。

对于期望姿态运动轨迹的姿态跟踪问题，可以定义期望姿态 MRP 矢量到真实姿态 MRP 矢量 $\boldsymbol{\sigma}$ 的误差 MRP 矢量 $\boldsymbol{\sigma}_e = [\sigma_{e1}, \sigma_{e2}, \sigma_{e3}]^{\mathrm{T}} \in \mathbb{R}^3$ 来表示姿态跟踪误差[18,19]，即

$$\begin{aligned}\boldsymbol{\sigma}_e &= \boldsymbol{\sigma} \otimes \boldsymbol{\sigma}_d^{-1} \\ &= \frac{\boldsymbol{\sigma}_d(\boldsymbol{\sigma}^{\mathrm{T}}\boldsymbol{\sigma} - 1) + \boldsymbol{\sigma}(1 - \boldsymbol{\sigma}_d^{\mathrm{T}}\boldsymbol{\sigma}_d) - 2\boldsymbol{\sigma}_d^{\times}\boldsymbol{\sigma}}{1 + \boldsymbol{\sigma}_d^{\mathrm{T}}\boldsymbol{\sigma}_d\boldsymbol{\sigma}^{\mathrm{T}}\boldsymbol{\sigma} + 2\boldsymbol{\sigma}_d^{\mathrm{T}}\boldsymbol{\sigma}}\end{aligned} \tag{4-55}$$

其中：$\boldsymbol{\sigma}_d \in \mathbb{R}^3$ 为期望轨迹的姿态 MRP 矢量；符号 $\otimes$ 为 MRP 乘法。

基于该定义，刚性航天器的姿态误差运动学方程为

$$\dot{\boldsymbol{\sigma}}_e = \frac{1}{4}[-2(\boldsymbol{\omega}_e^{\times} + 2\boldsymbol{\omega}_{\mathrm{d}}^{\times})\boldsymbol{\sigma}_e + (1 - \boldsymbol{\sigma}_e^{\mathrm{T}}\boldsymbol{\sigma}_e)\boldsymbol{\omega}_e] + \frac{1}{2}(\boldsymbol{\omega}_e^{\mathrm{T}}\boldsymbol{\sigma}_e)\boldsymbol{\sigma}_e \tag{4-56}$$

其中：$\boldsymbol{\omega}_{\mathrm{d}} \in \mathbb{R}^3$ 为航天器的期望角速度；$\boldsymbol{\omega}_e \in \mathbb{R}^3$ 为姿态跟踪角速度误差且定义为 $\boldsymbol{\omega}_e = \boldsymbol{\omega} - \boldsymbol{\omega}_{\mathrm{d}}$。

基于式（4-54）和 $\boldsymbol{\omega}_e$ 的定义，可以得到刚性航天器姿态跟踪动力学方程：

$$\dot{\boldsymbol{\omega}}_e = -\boldsymbol{J}^{-1}\boldsymbol{\omega}^{\times}\boldsymbol{J}\boldsymbol{\omega} + \boldsymbol{J}^{-1}(\boldsymbol{u} + \boldsymbol{u}_d) - \dot{\boldsymbol{\omega}}_{\mathrm{d}} \tag{4-57}$$

假设 4-2 与**假设 4-1** 相同，假定外部扰动 $\boldsymbol{u}_d$ 是未知但有界的，且其上界也是未知的。

假设 4-3 期望角速度 $\boldsymbol{\omega}_{\mathrm{d}}$ 及其一阶时间导数 $\dot{\boldsymbol{\omega}}_{\mathrm{d}}$ 均是有界的，且是局部 Lipschitz 连续的。

4.3.2 数据驱动预设性能控制器设计

为使用 4.2 节提出的基于数据驱动的动态预设性能控制方法，首先要将姿态跟踪运动学和动力学方程转化为欧拉–拉格朗日型系统的形式。式（4-56）中的姿态误差运动学方程可以转化为

$$\dot{\boldsymbol{\sigma}}_e = \boldsymbol{G}_{\sigma}(\boldsymbol{\sigma}_e)\boldsymbol{\omega}_e - \boldsymbol{\omega}_d^{\times}\boldsymbol{\sigma}_e \tag{4-58}$$

性质 4-4 系统参数矩阵 $\boldsymbol{G}_{\sigma}(\boldsymbol{\sigma}_e)$ 是正定矩阵，且当 $\boldsymbol{\sigma}_e$ 有界时，$\boldsymbol{G}_{\sigma}(\boldsymbol{\sigma}_e)$ 及其逆矩阵 $\boldsymbol{G}_{\sigma}^{-1}(\boldsymbol{\sigma}_e)$ 均是有界的。

综合式（4-57）和式（4-58），可以得到如下形式的欧拉–拉格朗日系统：

$$\boldsymbol{M}(\boldsymbol{\sigma}_e)\ddot{\boldsymbol{\sigma}}_e + \boldsymbol{C}(\boldsymbol{\sigma}_e, \dot{\boldsymbol{\sigma}}_e)\dot{\boldsymbol{\sigma}}_e + \boldsymbol{G}(\boldsymbol{\sigma}_e) = \boldsymbol{B}(\boldsymbol{\sigma}_e)(\boldsymbol{u} + \boldsymbol{u}_d) \tag{4-59}$$

其中

$$\boldsymbol{M}(\boldsymbol{\sigma}_e) = \boldsymbol{G}_{\sigma}^{-\mathrm{T}}(\boldsymbol{\sigma}_e)\boldsymbol{J}\boldsymbol{G}_{\sigma}^{-1}(\boldsymbol{\sigma}_e)$$

$$\boldsymbol{C}(\boldsymbol{\sigma}_e, \dot{\boldsymbol{\sigma}}_e) = -\boldsymbol{M}(\boldsymbol{\sigma}_e)\dot{\boldsymbol{G}}_{\sigma}(\boldsymbol{\sigma}_e)\boldsymbol{G}_{\sigma}^{-1}(\boldsymbol{\sigma}_e) + \boldsymbol{M}(\boldsymbol{\sigma}_e)\boldsymbol{\omega}_d^{\times}$$

$$\begin{aligned}G(\boldsymbol{\sigma}_e)&=\boldsymbol{G}_\sigma^{-\mathrm{T}}(\boldsymbol{\sigma}_e)\boldsymbol{\omega}^\times\boldsymbol{J}\boldsymbol{\omega}+\boldsymbol{G}_\sigma^{-\mathrm{T}}(\boldsymbol{\sigma}_e)\boldsymbol{J}\dot{\boldsymbol{\omega}}_\mathrm{d}+\boldsymbol{M}(\boldsymbol{\sigma}_e)\dot{\boldsymbol{\omega}}_\mathrm{d}^\times\boldsymbol{\sigma}_e\\&\quad-\boldsymbol{M}(\boldsymbol{\sigma}_e)\dot{\boldsymbol{G}}_\sigma(\boldsymbol{\sigma}_e)\boldsymbol{G}_\sigma^{-1}(\boldsymbol{\sigma}_e)\boldsymbol{\omega}_d^\times\boldsymbol{\sigma}_e\boldsymbol{B}(\boldsymbol{\sigma}_e)\\&=\boldsymbol{G}_{\boldsymbol{\sigma}}^{-\mathrm{T}}(\boldsymbol{\sigma}_e)\end{aligned}$$

显然，式（4-59）中的 $\boldsymbol{M}(\boldsymbol{\sigma}_e)$、$\boldsymbol{C}(\boldsymbol{\sigma}_e,\dot{\boldsymbol{\sigma}}_e)$、$\boldsymbol{G}(\boldsymbol{\sigma}_e)$ 均满足欧拉–拉格朗日系统的**性质 4-1～性质 4-3**，且 $\boldsymbol{B}(\boldsymbol{\sigma}_e)$ 为已知正定增益矩阵。这样就可以直接使用 4.2 节提出的基于数据驱动的动态预设性能控制方法。基于式（4-49）可以得到姿态跟踪数据驱动动态预设性能控制器，即

$$\boldsymbol{u}=-k\frac{\boldsymbol{G}_{\boldsymbol{\sigma}}^{\mathrm{T}}(\boldsymbol{\sigma}_e)\boldsymbol{\gamma}\boldsymbol{Q}\boldsymbol{\varepsilon}}{1-\boldsymbol{\varepsilon}^{\mathrm{T}}\boldsymbol{Q}\boldsymbol{\varepsilon}}+\boldsymbol{u}_s \tag{4-60}$$

其中：$k>0$；$\boldsymbol{\gamma}\in\mathbb{R}^{3\times3}$；$\boldsymbol{Q}\in\mathbb{R}^{3\times3}$；$\boldsymbol{\varepsilon}\in\mathbb{R}^3$；$\boldsymbol{u}_s\in\mathbb{R}^3$ 的定义与 4.2 节中相同。

4.3.3 仿真验证

在本小节中，通过两组仿真来验证本节所提出的基于数据驱动的姿态跟踪动态预设性能控制器（4-60）的有效性。在第一组仿真中，仿真了基准预设性能控制器的控制效果。在第二组仿真中，进行了不同方法的对比仿真，验证本节提出的数据驱动动态预设性能控制方法的有效性。

1. 基准预设性能控制器仿真

首先验证基准预设性能控制器的控制效果。基准预设性能控制器的具体形式是在数据驱动预设性能控制器（4-60）中设置补偿控制器 $\boldsymbol{u}_s(t)=[0,0,0]^\mathrm{T}\,\mathrm{N{\bullet}m}$。

仿真中，设置刚性航天器的惯量矩阵为

$$\boldsymbol{J}=\begin{bmatrix}20&1.2&0.9\\1.2&17&1.4\\0.9&1.4&15\end{bmatrix}\mathrm{kg\bullet m^2} \tag{4-61}$$

且惯量矩阵的具体参数对于控制器是未知的。初始姿态误差 MRP 设置为 $\boldsymbol{\sigma}_e(0)=[-0.1579,0.1368,0.0947]^\mathrm{T}$，初始姿态角速度误差为 $\boldsymbol{\omega}_e(0)=[0.1,-0.1,-0.05]^\mathrm{T}\,\mathrm{rad/s}$，期望角速度轨迹设计为

$$\boldsymbol{\omega}_\mathrm{d}(t)=[0.1\sin(0.01\pi t),0.1\sin(0.02\pi t),0.1\sin(0.03\pi t)]^\mathrm{T}\,\mathrm{rad/s} \tag{4-62}$$

未知外部干扰设置为

$$\boldsymbol{u}_d(t)=\begin{bmatrix}0.1+0.05\sin(0.1\pi t)\\0.05+0.02\sin(0.2\pi t)\\-0.05+0.03\sin(0.3\pi t)\end{bmatrix}\mathrm{N\bullet m} \tag{4-63}$$

性能函数 $\alpha_i(t)(i=1,2,3)$ 的参数设计为：$\alpha_{i,0}=0.5$，$\alpha_{i,\infty}=0.01$，$\beta_i=0.15$。初值相关矩阵 $\boldsymbol{Q}$ 设计为 $\boldsymbol{Q}=\mathrm{diag}(0.1,0.1,0.1)$。仿真中设计输入饱和上界为 $1\,\mathrm{N\bullet m}$。

为展示基准预设性能控制的最佳控制效果，通过多次参数整定，给出了一组合

理的控制参数结果：控制增益 $k=200$，控制器参数 $\boldsymbol{\eta}=\gamma^{-1}\bullet\text{diag}(5.5,5.5,5.5)$。基于该仿真参数，图 4-5～图 4-7 给出了基准预设性能控制器作用下的仿真结果图。

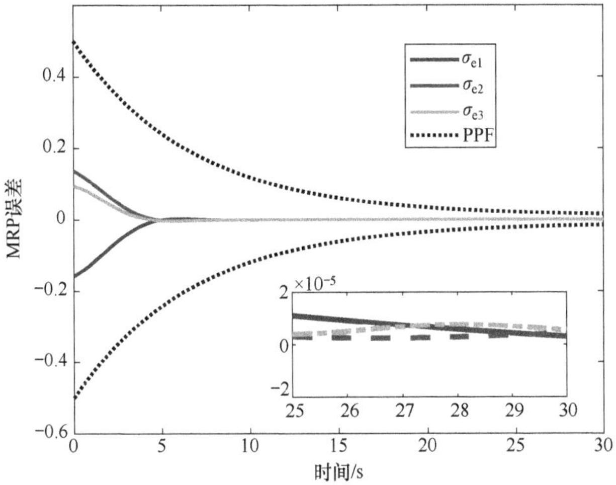

图 4-5　姿态跟踪 MRP 误差 σ_e 随时间的变化曲线（基准预设性能控制器）

图 4-5 给出了姿态跟踪 MRP 误差 $\boldsymbol{\sigma}_e$ 随时间的变化曲线。从图中可以看出，在整个时域范围内，$\boldsymbol{\sigma}_e$ 的三个分量始终处于预设的性能函数（PPF）边界以内。随着性能边界的快速收敛，$\boldsymbol{\sigma}_e$ 也以指数速度收敛至预设的稳定域内，收敛时间约为 4.75 s（收敛时间定义为 $\boldsymbol{\sigma}_e$ 满足收敛条件 $\|\boldsymbol{\sigma}_e\|\leqslant 0.02$ 的时间）。收敛后，姿态误差保持了很高的稳态精度（小于 2×10^{-5}）。

图 4-6 给出了姿态角速度误差 $\boldsymbol{\omega}_e$ 随时间的变化曲线。从图中可以得到，角速度误差也以很快的速度收敛到稳定范围内。收敛后的 $\boldsymbol{\omega}_e$ 的稳态误差也在 10^{-5} rad/s 量级。

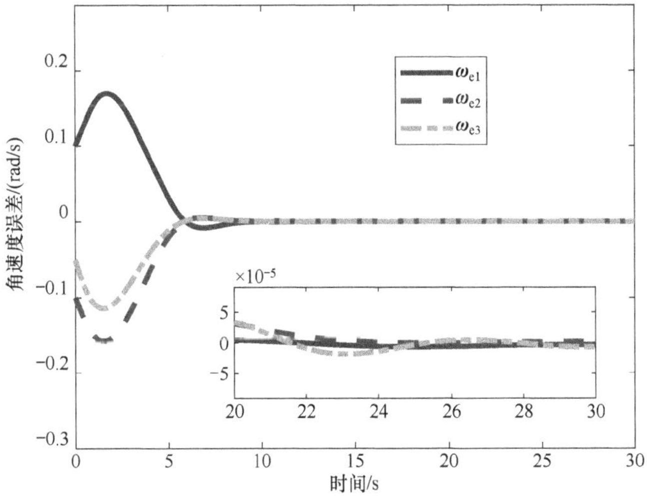

图 4-6　姿态角速度误差 ω_e 随时间的变化曲线（基准预设性能控制器）

图4-7展示了基准预设性能控制器的控制输入随时间的变化曲线。整个过程中，控制输入连续而稳定，利于工程实现。控制输入对于外部干扰具有较强的鲁棒性，能够保证外部干扰存在的情况下，姿态误差和角速度误差仍能保持很高的精度。

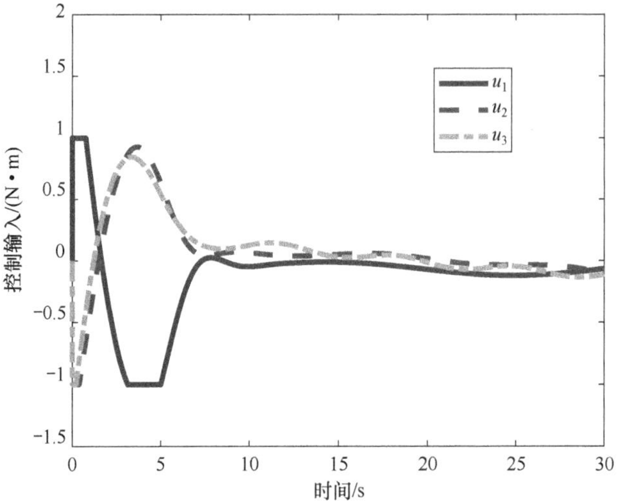

图4-7　控制输入 $\boldsymbol{u}$ 随时间的变化曲线（基准预设性能控制器）

从上述分析可以得到：基准预设性能控制方法能够保证系统满足预设的瞬态性能和稳态性能。当控制参数选择合理时，控制效果很好，能够实现状态快速收敛和高精度的稳态控制。

2. 数据驱动动态预设性能控制器仿真

在本小节中，将式（4-60）的数据驱动预设性能控制器（LPPC）、基准预设性能控制器（PPC）和传统的比例–微分控制器（PD）进行对比仿真分析。为了展示LPPC的控制效果，在仿真中将LPPC和PPC的控制参数调整为不良状态，调整后的控制参数为：控制增益 $k=100$ ，控制器参数 $\boldsymbol{\eta}=\gamma^{-1}\cdot\mathrm{diag}(4,4,4)$ 。该设置可以仿真实际工程问题与仿真工况不一致引起的参数整定不合理的情况。姿态跟踪任务相关设置与性能函数参数设置保持与基准预设性能控制仿真完全相同。表4-1给出了LPPC中的数据驱动补偿控制器的相关参数设置。

表4-1　数据驱动补偿控制器的参数设置

参数名称	参数设计值
学习系数 λ	0.2
时域衰减因子 ς	0.95
隐含层节点数（评价网络） n_h	10

续表

参 数 名 称	参数设计值
隐藏层节点数（执行网络）n_h'	10
性能函数权值矩阵 $\boldsymbol{R}_1, \boldsymbol{R}_2$	$\boldsymbol{R}_1 = \text{diag}(10,10,10,5,5,5)$ $\boldsymbol{R}_2 = \text{diag}(1,1,1)$
单次最大迭代次数（评价网络）	100
单次最大迭代次数（执行网络）	100
容许误差（评价网络）	10^{-5}
容许误差（执行网络）	10^{-5}

图 4-8 给出了三种控制器作用下姿态跟踪 MRP 误差 $\boldsymbol{\sigma}_e$ 随时间的变化曲线。从图中可以看出，三种控制器均能使姿态跟踪误差收敛。为了使不同控制方法间的对比更显著，表 4-2 以稳态 MRP 误差、收敛时间和最大超调量三个指标给出了三种方法的指标数据及其相对指标。在稳态误差方面，LPPC 方法与 PPC 方法误差相同，说明数据驱动补偿控制器对于稳态误差进一步降低的效果有限。但是二者的稳态误差都显著低于 PD 方法的稳态误差，控制精度提升了 3 个数量级。在收敛时间和最大超调量方面，LPPC 的控制结果均显著地优于其他两种方法。其中，收敛时间相对于 PPC 和 PD 方法分别提升了 22.16%和 57.84%，最大超调量相对于 PPC 和 PD 方法分别降低了 34.82%和 64.16%。这表明数据驱动补偿控制器可以显著地提升传统预设性能控制方法的瞬态性能，在控制参数设置不合理时，能够有效地优化控制性能。

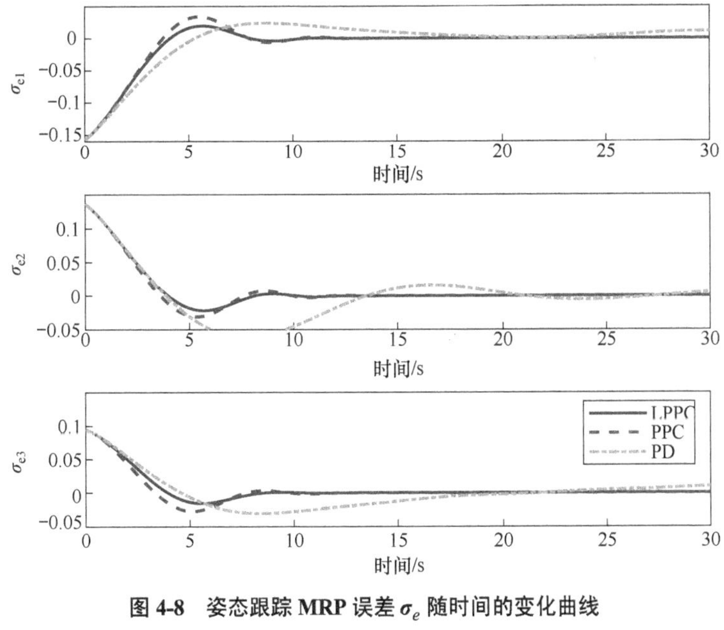

图 4-8　姿态跟踪 MRP 误差 σ_e 随时间的变化曲线

表 4-2 三种控制器作用下仿真结果对比

控 制 器	稳态MRP误差	收敛时间/s	最大超调量
LPPC	$\pm 3.30\times10^{-5}$	5.27	2.19×10^{-2}
PPC	$\pm 3.30\times10^{-5}$	6.77	3.36×10^{-2}
PD	$\pm 1.09\times10^{-2}$	12.50	6.11×10^{-2}
LPPC 相对 PPC	0	22.16%	34.82%
LPPC 相对 PD	99.69%	57.84%	64.16%

图 4-9 给出了数据驱动补偿控制器 $\boldsymbol{u}_s(t)$ 随时间的变化曲线。从图中可以看出，补偿控制器稳定连续，对基准控制器进行了很好地修正，提高了系统的瞬态性能。

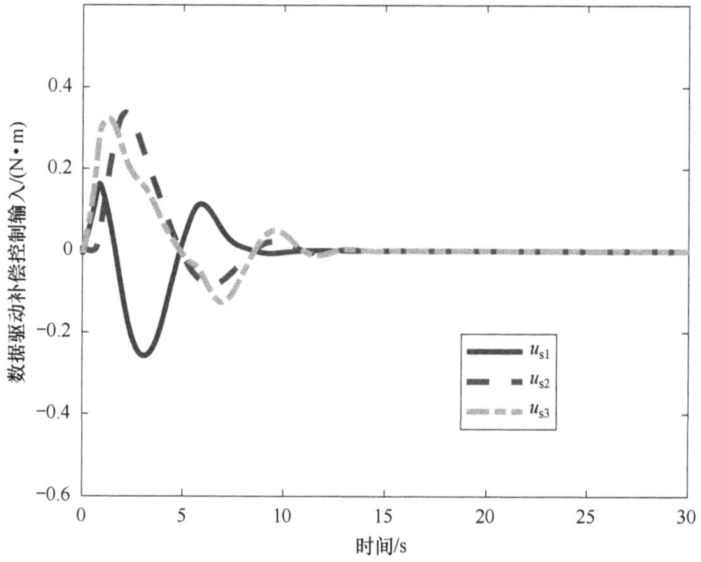

图 4-9 数据驱动补偿控制器 $\boldsymbol{u}_s(t)$ 随时间的变化曲线

图 4-10 展示了两组神经网络（评价神经网络和执行神经网络）的权重系数随时间的变化曲线，从图中可以得到，经过一段时间的迭代，权重矩阵很快收敛到最优值，保证了迭代神经网络能够提供最优的补偿控制。

从上述仿真分析可以得出，数据驱动动态预设性能控制方法可以显著地提升基准预设性能控制器的瞬态性能，其在控制参数选择不合理时，不仅保证了系统的预设性能，而且提升了控制系统的最优性。

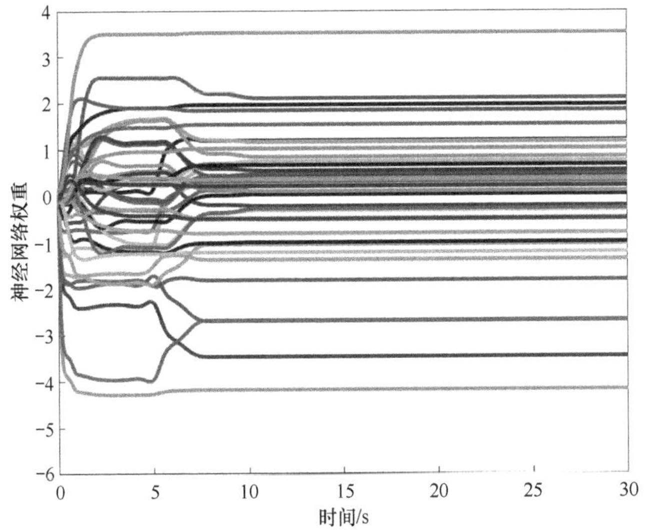

图 4-10 神经网络权重系数随时间的变化曲线

4.4 分布式航天器系统姿态协同数据驱动预设性能控制

4.2 节给出了单个欧拉–拉格朗日系统的数据驱动动态预设性能控制方法实现过程，4.3 节通过单个刚性航天器姿态跟踪控制验证了 4.2 节方法的有效性。为了进一步凸显 4.2 节中数据驱动预设性能控制方法的优势，本节进一步将该方法用于分布式航天器的姿态协同控制中。

在进行分布式航天器姿态协同控制之前，首先给出本节需要用到的一些必备的图论知识。在分布式航天器姿态协同控制系统中，主航天器和从航天器之间的信息拓扑通常用一个简单的有向图$\mathcal{G}=(\mathcal{V},\mathcal{E})$（其中每个结点没有自循环，有向图以下简称为图），其中$\mathcal{V}=\{v_1,\cdots,v_m\}$表示由$m$个顶点形成的集合，$\mathcal{E}\subseteq\mathcal{V}\times\mathcal{V}$表示顶点集合形成的边集合。图$\mathcal{G}$的邻接矩阵表示为$\boldsymbol{A}=[a_{ij}]\in\mathbb{R}^{m\times m}$，$a_{ij}\in\{0,1\}$表示邻接矩阵的权重且满足如果$(v_i,v_j)\in E, a_{ij}=1$，否则$a_{ij}=0\quad(i,j=1,2,\cdots,n)$。顶点$v_i$的邻近顶点的集合表示为$N_i=\{j|(v_i,v_j)\in E\}$，则图$\mathcal{G}$的入度表示为矩阵$\boldsymbol{D}=\mathrm{diag}(D_1,\cdots,D_m)$ $\left(D_i=\sum_{j\in N_i}a_{ij}\right)$，图$\mathcal{G}$的 Laplace 矩阵$\boldsymbol{L}$定义为$\boldsymbol{L}=\boldsymbol{D}-\boldsymbol{A}\in\mathbb{R}^{m\times m}$。本节中，假定主航天器的顶点定义为$v_0$，则从航天器与顶点$v_0$的交互信息拓扑可以用矩阵$\boldsymbol{B}=\mathrm{diag}(b_1,b_2,\cdots,b_m)$表示，其中$b_i\in\{0,1\}$。如果第$i$个从航天器能够获得主航天器的信息，则$b_i=1$，否则$b_i=0$。在此情况下，则囊括主航天器顶点的图可以增广为$\overline{\mathcal{G}}=(\overline{\mathcal{V}},\overline{\mathcal{E}})$，$\overline{\mathcal{V}}=\{v_0,\cdots,v_m\}$，$\overline{\mathcal{E}}=\mathcal{E}\cup\mathcal{E}_0\subseteq\overline{\mathcal{V}}\times\overline{\mathcal{V}}$，$\mathcal{E}_0=\{(v_i,v_0)|b_i=1\}$，增广$\overline{\mathcal{G}}$的 Laplace 矩阵定义为$\boldsymbol{H}=\boldsymbol{L}+\boldsymbol{B}$。

4.4.1 分布式航天器姿态协同控制问题描述

假定有 m 个从刚性航天器，则式（4-56）和式（4-57）中的姿态运动学和动力学方程变为

$$\begin{cases}\dot{\boldsymbol{\sigma}}_i=\boldsymbol{G}_{\sigma,i}(\boldsymbol{\sigma}_i)\boldsymbol{\omega}_i\\ \dot{\boldsymbol{\omega}}_i=-\boldsymbol{J}_i^{-1}\boldsymbol{\omega}_i^{\times}\boldsymbol{J}_i\boldsymbol{\omega}_i+\boldsymbol{J}_i^{-1}(\boldsymbol{u}_i+\boldsymbol{u}_{d,i})\end{cases} \tag{4-64}$$

其中：$i=1,2,\cdots,m$。

式（4-64）中参数的含义与式（4-51）和式（4-54）相同。根据文献[20]中航天器姿态动力学的研究，在 $\boldsymbol{p}_i=\boldsymbol{\sigma}_i$ 情况下，可知式（4-64）可以写成式（4-59）的形式，即

$$\boldsymbol{M}_i(\boldsymbol{p}_i)\ddot{\boldsymbol{p}}_i+\boldsymbol{C}_i(\boldsymbol{p}_i,\dot{\boldsymbol{p}}_i)\dot{\boldsymbol{p}}_i=\boldsymbol{B}_i(\boldsymbol{p}_i)(\boldsymbol{u}_i+\boldsymbol{u}_{d,i}) \tag{4-65}$$

其中：$\boldsymbol{C}_i(\boldsymbol{p}_i,\dot{\boldsymbol{p}}_i)=-\boldsymbol{M}_i(\boldsymbol{p}_i)\dot{\boldsymbol{B}}_i^{-1}(\boldsymbol{p}_i)\boldsymbol{B}_i(\boldsymbol{p}_i)-\boldsymbol{B}_i^{\mathrm{T}}(\boldsymbol{p}_i)(\boldsymbol{J}_i\boldsymbol{B}_i(\boldsymbol{p}_i)\dot{\boldsymbol{p}}_i)^{\times}\boldsymbol{B}_i(\boldsymbol{p}_i)$；$\boldsymbol{B}_i(\boldsymbol{p}_i)=\boldsymbol{G}_{\sigma,i}^{-1}(\boldsymbol{\sigma}_i)$；$\boldsymbol{M}_i(\boldsymbol{p}_i)=\boldsymbol{B}_i^{\mathrm{T}}(\boldsymbol{p}_i)\boldsymbol{J}_i\boldsymbol{B}_i(\boldsymbol{p}_i)$。

根据文献[20]和文献[21]中对航天器姿态动力学性质的研究可知，式（4-65）中的非线性项 $\boldsymbol{M}_i(\boldsymbol{p}_i)$、$\boldsymbol{C}_i(\boldsymbol{p}_i,\dot{\boldsymbol{p}}_i)$ 分别满足**性质 4-1** 和**性质 4-2**，为了便于后续分布式控制器的设计，针对主从航天器信息拓扑图给出如下假设：

假设 4-4 对于增广有向图 $\bar{\mathcal{G}}$ 存在以主航天器为顶点的生成树。

注 4-3 在**假设 4-4** 下，根据文献[22]和文献[23]中对有向图的分析可得图 $\bar{\mathcal{G}}$ 的 Laplace 矩阵 $\boldsymbol{H}$ 是一个 $\mathcal{M}$ 矩阵，即矩阵 $\boldsymbol{H}$ 的对角元素 $h_{ii}(i=1,2,\cdots,m)$ 是正的，即基于前面的图论知识可得 $h_{ii}=D_i+b_i>0$。

定义第 i 个从航天器的邻域姿态误差为

$$\begin{cases}\boldsymbol{e}_{1,i}=\sum\limits_{j\in N_i}a_{ij}(\boldsymbol{p}_i-\boldsymbol{p}_j)+b_i(\boldsymbol{p}_i-\boldsymbol{p}_{\mathrm{d}})\\ \boldsymbol{e}_{2,i}=\sum\limits_{j\in N_i}a_{ij}(\dot{\boldsymbol{p}}_i-\dot{\boldsymbol{p}}_j)+b_i(\dot{\boldsymbol{p}}_i-\dot{\boldsymbol{p}}_{\mathrm{d}})\end{cases} \tag{4-66}$$

其中：$\boldsymbol{p}_{\mathrm{d}}$ 和 $\dot{\boldsymbol{p}}_{\mathrm{d}}$ 分别为主航天器的姿态角和角速度。

基于式（4-66）中定义的邻域姿态误差，则 m 个从航天器姿态误差为

$$\begin{cases}\boldsymbol{e}_1=(\boldsymbol{L}+\boldsymbol{B})\boldsymbol{\theta}_1=\boldsymbol{H}\boldsymbol{\theta}_1\\ \boldsymbol{e}_2=(\boldsymbol{L}+\boldsymbol{B})\boldsymbol{\theta}_2=\boldsymbol{H}\boldsymbol{\theta}_2\end{cases} \tag{4-67}$$

其中：$\boldsymbol{\theta}_1=[\boldsymbol{\theta}_{1,1}^{\mathrm{T}},\cdots,\boldsymbol{\theta}_{1,m}^{\mathrm{T}}]^{\mathrm{T}}\in\mathbb{R}^{m\times 3}$；$\boldsymbol{\theta}_2=[\boldsymbol{\theta}_{2,1}^{\mathrm{T}},\cdots,\boldsymbol{\theta}_{2,m}^{\mathrm{T}}]^{\mathrm{T}}\in\mathbb{R}^{m\times 3}$；$\boldsymbol{\theta}_{1,i}=\boldsymbol{q}_i-\boldsymbol{q}_{\mathrm{d}},\boldsymbol{\theta}_{2,i}=\dot{\boldsymbol{q}}_i-\dot{\boldsymbol{q}}_{\mathrm{d}}\ (i=1,2,\cdots,m)$。

为了方便后续控制器设计，针对第 i 个从航天器定义如下伴随状态 $\boldsymbol{s}_i$：

$$\boldsymbol{s}_i=\boldsymbol{e}_{2,i}+\boldsymbol{\lambda}_i\boldsymbol{e}_{1,i} \tag{4-68}$$

其中：$\boldsymbol{\lambda}_i\in\mathbb{R}^{3\times 3}$ 为正定对角矩阵。

对姿态角度误差$\boldsymbol{e}_{1,i}$和伴随状态$\boldsymbol{s}_i$施加如下性能约束：

$$\begin{cases}-\kappa_{1,ir}\alpha_{1,i}(t)<e_{1,ir}(t)<\alpha_{1,i}(t) & e_{1,ir}(0)\geqslant 0\\ -\alpha_{1,i}(t)<e_{1,ir}(t)<\kappa_{1,ir}\alpha_{1,i}(t) & e_{1,ir}(0)<0\end{cases} \tag{4-69}$$

$$\begin{cases}-\kappa_{2,ir}\alpha_{2,i}(t)<s_{ir}(t)<\alpha_{2,i}(t) & s_{ir}(0)\geqslant 0\\ -\alpha_{2,i}(t)<s_{ir}(t)<\kappa_{2,ir}\alpha_{2,i}(t) & s_{ir}(0)<0\end{cases} \tag{4-70}$$

其中：$\alpha_{j,i}(j=1,2,i=1,2,\cdots,m)$为性能函数；$\kappa_{j,ir}\in(0,1]$为常量$(r=1,2,3)$。

根据4.2.2节中的性能约束转化方法，则式（4-69）和式（4-70）对应的误差转化系统分别为

$$\dot{\boldsymbol{\varepsilon}}_{e,i}(t)=\boldsymbol{\gamma}_{e,i}(t)(\dot{\boldsymbol{e}}_{1,i}(t)+\boldsymbol{\eta}_{e,i}(t)\boldsymbol{e}_{1,i}(t)) \tag{4-71}$$

$$\dot{\boldsymbol{\varepsilon}}_{s,i}(t)=\boldsymbol{\gamma}_{s,i}(t)(\dot{\boldsymbol{s}}_{i}(t)+\boldsymbol{\eta}_{s,i}(t)\boldsymbol{s}_{i}(t)) \tag{4-72}$$

其中：$\boldsymbol{\varepsilon}_{e,i},\boldsymbol{\varepsilon}_{s,i}$分别为$\boldsymbol{e}_{1,i}$和$\boldsymbol{s}_i$的转化误差；$\boldsymbol{\gamma}_{\iota,i}(t)=\mathrm{diag}(\gamma_{\iota,i1}(t),\gamma_{\iota,i2}(t),\gamma_{\iota,i3}(t))\in\mathbb{R}^{3\times 3}$为转化后协态变量；$\boldsymbol{\eta}_{\iota,i}(t)=\mathrm{diag}(\eta_{\iota,i1}(t),\eta_{\iota,i2}(t),\eta_{\iota,i3}(t))\in\mathbb{R}^{3\times 3}$的每个元素定义为$\eta_{\iota,i2}(t)=-\dfrac{\dot{\alpha}_{j,i}(t)}{\alpha_{j,i}(t)}$，且满足$0\leqslant\eta_{\iota,i2}(t)=-\dfrac{\dot{\alpha}_{j,i}(t)}{\alpha_{j,i}(t)}<\beta_j$（$\boldsymbol{\iota}=\boldsymbol{e}$或$\boldsymbol{s}$，$j=1,2,i=1,2,\cdots,m$）。

4.4.2 分布式数据驱动预设性能控制器设计

参照4.2节中控制器设计过程，针对分布式航天器系统，数据驱动动态预设性能控制器也包含两部分，即基准预设性能控制器和基于自适应动态规划的补偿控制器。

基于式（4-71）和式（4-72）的转化误差系统，设计的第i个从航天器的基准预设性能控制器$\boldsymbol{u}_{o,i}$为

$$\boldsymbol{u}_{o,i}=-\boldsymbol{G}_{\sigma,i}^{\mathrm{T}}(\boldsymbol{\sigma}_i)(\boldsymbol{K}_i\boldsymbol{\gamma}_{s,i}\boldsymbol{\varepsilon}_{s,i}+\boldsymbol{\varepsilon}_{e,i}) \tag{4-73}$$

其中：$\boldsymbol{K}_i$为正定对角增益矩阵。

在式（4-73）的基准预设性能控制器作用下，式（4-67）和式（4-68）中姿态角度误差$\boldsymbol{e}_{1,i}$和伴随状态$\boldsymbol{s}_i$的双层预设性能都可以在整个时域实现。具体的证明过程与4.2.3节中**定理4-1**的证明类似，作者在参考文献[21]中也给出了详细的证明过程，感兴趣的读者可参考文献[21]，这里不再赘述。

针对第i个从航天器的数据驱动补偿控制器$\boldsymbol{u}_{s,i}$，参考4.2.4节的设计步骤，$\boldsymbol{u}_{s,i}$可通过求解以下最优问题获得：

$$\ell^*(\boldsymbol{x}_i,\boldsymbol{u}_{s,i})=\min_{\boldsymbol{u}_{s,i}(t)}\ell(\boldsymbol{x}_i,\boldsymbol{u}_{s,i}) \tag{4-74}$$

其中：$\ell(\boldsymbol{x}_i,\boldsymbol{u}_{s,i})$的具体表达形式如式（4-31）所示。

针对第i个从航天器，状态$\boldsymbol{x}_i$选为$\boldsymbol{x}_i=[\boldsymbol{e}_{1,i}^{\mathrm{T}},\boldsymbol{s}_i^{\mathrm{T}}]^{\mathrm{T}}\in\mathbb{R}^6$。式（4-74）的最优问题

求解采用自适应动态规划技术，具体过程与 4.2.4 节相似，作者在参考文献[21]中也推导了具体的求解过程，感兴趣的读者可参考文献[21]，这里不再赘述。

综合式（4-73）和式（4-74），可得第 i 个从航天器的数据驱动动态预设性能控制器 $\boldsymbol{u}_i$ 为

$$\boldsymbol{u}_i = -\boldsymbol{G}_{\sigma,i}^{\mathrm{T}}(\boldsymbol{\sigma}_i)(\boldsymbol{K}_i\boldsymbol{\gamma}_{s,i}\boldsymbol{\varepsilon}_{s,i} + \boldsymbol{\varepsilon}_{e,i}) + \boldsymbol{u}_{s,i} \tag{4-75}$$

4.4.3 仿真验证

为了验证数据驱动动态预设性能控制方法在分布式航天器姿态系统中的有效性，本节组织了两组仿真算例，即分布式姿态协同稳定控制仿真和分布式姿态协同跟踪控制仿真。在两组仿真算例中，假定有四个从航天器，一个主航天器，主从航天器的信息交互拓扑如图 4-11 所示。

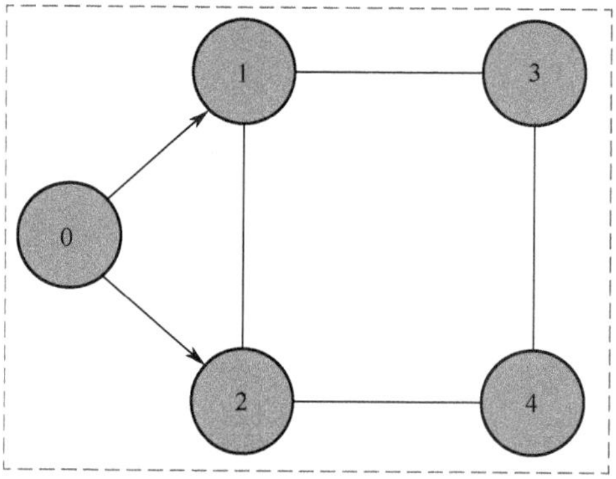

图 4-11 主从航天器信息交互拓扑图（标号 0 为主航天器，标号 1～4 为从航天器）

所有从航天器的控制系统的参数值相同，其中性能函数 $\alpha_{1,i}$、$\alpha_{2,i}$ 中涉及的 $\alpha_{1,i0}$、$\alpha_{2,i0}$、$\alpha_{1,i\infty}$、$\alpha_{2,i\infty}$、$\beta_{1,i}$、$\beta_{2,i}$ 的值分别选为 1、2、0.1、0.1、0.0075、0.0075；参数 $\kappa_{1,i}$、$\kappa_{2,i}$ 的值选为 1；控制增益 $\boldsymbol{K}_i = \mathrm{diag}(15,15,15)$；在评价网络和执行网络中，输入层到隐藏层以及隐藏层到输出层的神经网络权重初始值在区间[−0.3,0.3]随机选取；最优问题中涉及的权重矩阵 $\boldsymbol{R}_{1,i}$、$\boldsymbol{R}_{2,i}$ 取为 0.1 $\boldsymbol{I}$；衰减因子、执行网络和评价网络的结点分别取为 0.95、10、10；执行网络和评价网络的学习系数和容许误差分别取为 0.15、0.15、10^{-7}；执行网络和评价网络的单次迭代最大次数都取为 30。从航天器的惯量矩阵分别为

$$\begin{cases}\boldsymbol{J}_1 = [1\ 0.1\ 0.1;\ 0.1\ 0.1\ 0.1;\ 0.1\ 0.1\ 0.9] \\ \boldsymbol{J}_2 = [0.8\ 0.1\ 0.2;\ 0.1\ 0.7\ 0.3;\ 0.2\ \ 0.3\ 1.1] \\ \boldsymbol{J}_3 = [0.9\ 0.15\ 0.3;\ 0.15\ 1.2\ 0.4;\ 0.7\ 0.2\ 1.4] \\ \boldsymbol{J}_4 = [1.1\ 0.35\ 0.45;\ 0.35\ 1.0\ 0.5;\ 0.45\ 0.5\ 1.3]\end{cases}$$

从航天器的输出力矩的幅值为 80 mN • m；干扰取为 $[0.01+0.01\cos(0.05t), 0.01\sin(0.08t)+0.01\cos(0.06t), 0.01+0.15\sin(0.06t)]^{\mathrm{T}}$。

为了验证方法的有效性，将 PD 控制方法纳入到对比仿真中，其涉及的参数分别取为 $\boldsymbol{K}_{P,i}=\mathrm{diag}(5,5,5)$，$\boldsymbol{K}_{D,i}=\mathrm{diag}(10,10,10)\ (i=1,\cdots,4)$。

1. 分布式航天器姿态协同稳定控制仿真

在分布式航天器姿态协同稳定控制仿真中，主航天器期望的角度为 $[0,0,0]^{\mathrm{T}}$，四个从航天器的初始角度和角速度分别在区间 $[-0.1,0.1]$（MRP）和 $[-0.01,0.01]$ rad/s 随机选取。相应的仿真结果如图 4-12～图 4-21 所示（图中的 DLPPC 表示本节针对分布式航天器姿态协同控制设计的数据驱动动态预设性能控制器）。

从图 4-12～图 4-21 的仿真结果可知：在本节针对分布式航天器姿态协同控制设计的数据驱动动态预设性能控制器作用下，四个从航天器姿态在 20s 左右达到稳定状态，相比 PD 控制方法，趋近速率至少提升 5 s（图 4-12～图 4-14）；图 4-15 的仿真结果表明，数据驱动动态预设性能控制相比 PD 控制，从航天器的姿态稳定精度提升了约 1 个数量级；图 4-16～图 4-18 给出了在两种控制方法下的姿态角速度时间响应曲线，从仿真结果可知两种方法都能够使得从航天器姿态角速度达到稳定状态；图 4-19 给出了评价网络和执行网络权重的范数曲线图，由仿真结果可以发现利用自适应动态规划技术求解最优问题的过程是稳定的；图 4-20 和图 4-21 的仿真结果表明，两种控制方法下从航天器的执行器输出都在饱和力矩范围内，因此对应的控制方法是有效的。

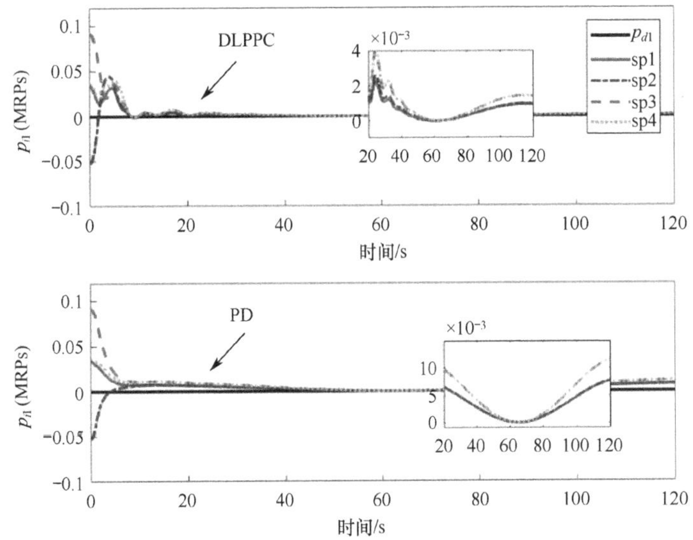

图 4-12　两种控制方法下的姿态 MRP p_{i1} 随时间变化曲线

（sp1～sp4 分别表示从航天器 1～4）

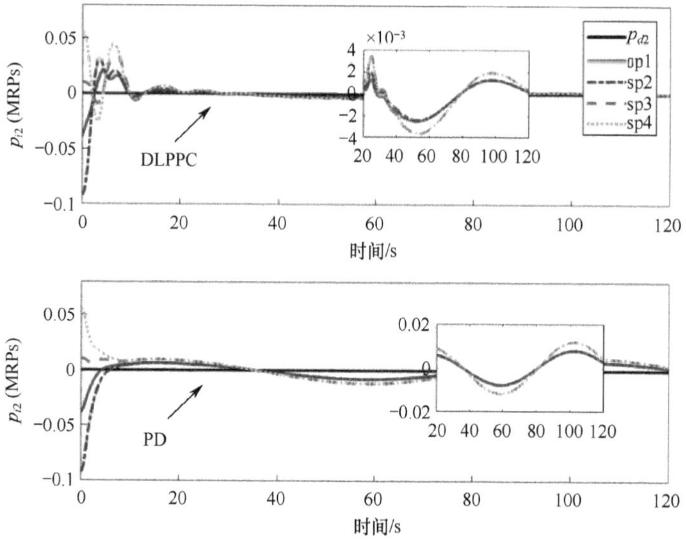

图 4-13　两种控制方法下的姿态 MRP p_{i2} 随时间变化曲线

（sp1～sp4 分别表示从航天器 1～4）

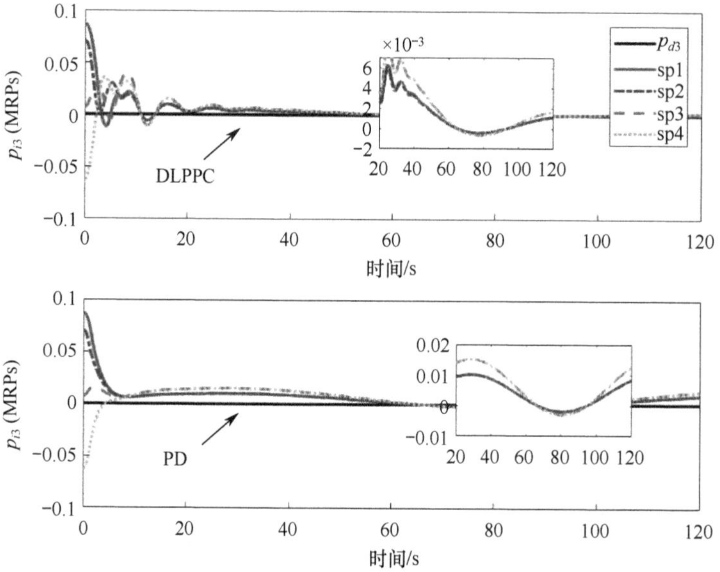

图 4-14　两种控制方法下的姿态 MRP p_{i3} 随时间变化曲线

（sp1～sp4 分别表示从航天器 1～4）

在分布式航天器姿态协同稳定控制的仿真算例中，当惯量矩阵信息不存在摄动的情况下，两种控制方法的仿真结果差别不是很大。为了进一步凸显数据驱动动态预设性能方法的优势，接下来进行分布式航天器姿态协同跟踪数据驱动预设性能控制仿真。

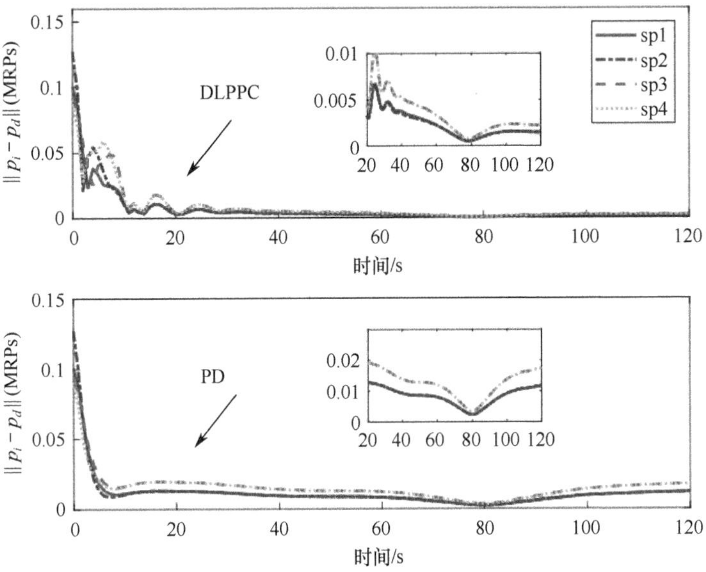

图 4-15　两种控制方法下的姿态角度误差范数随时间变化曲线

（sp1～sp4 分别表示从航天器 1～4）

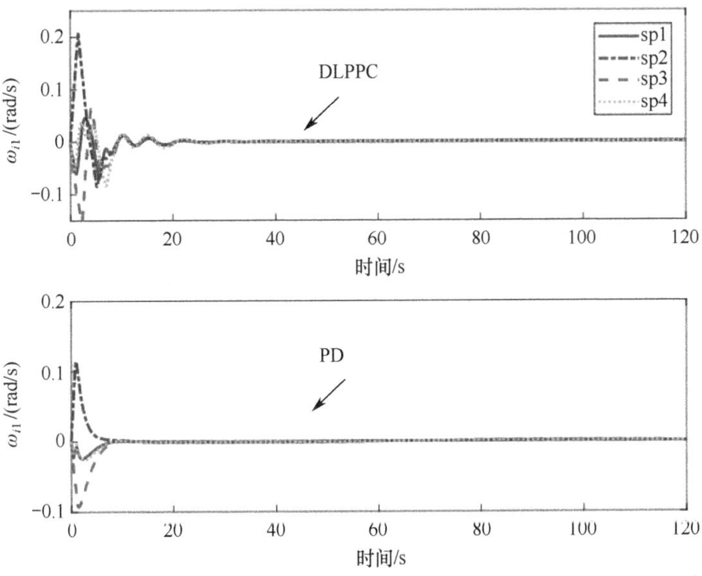

图 4-16　两种控制方法下角速度 ω_{i1} 随时间变化曲线

（sp1～sp4 分别表示从航天器 1～4）

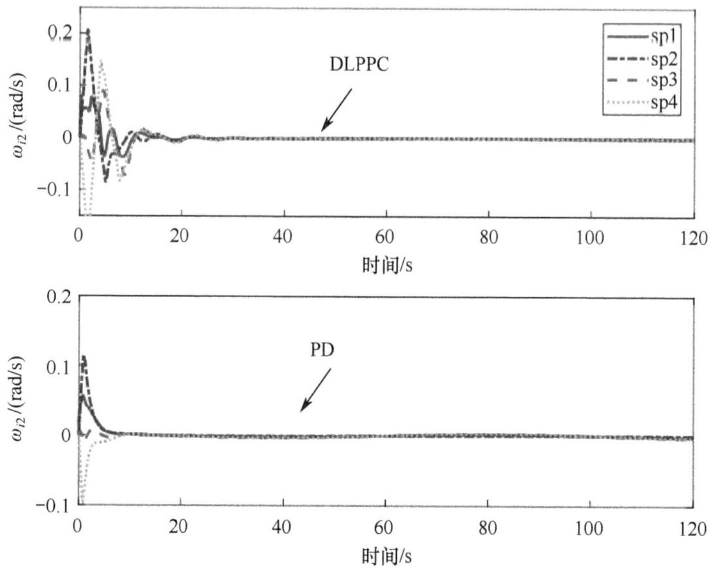

图 4-17　两种控制方法下角速度 ω_{i2} 随时间变化曲线

（sp1～sp4 分别表示从航天器 1～4）

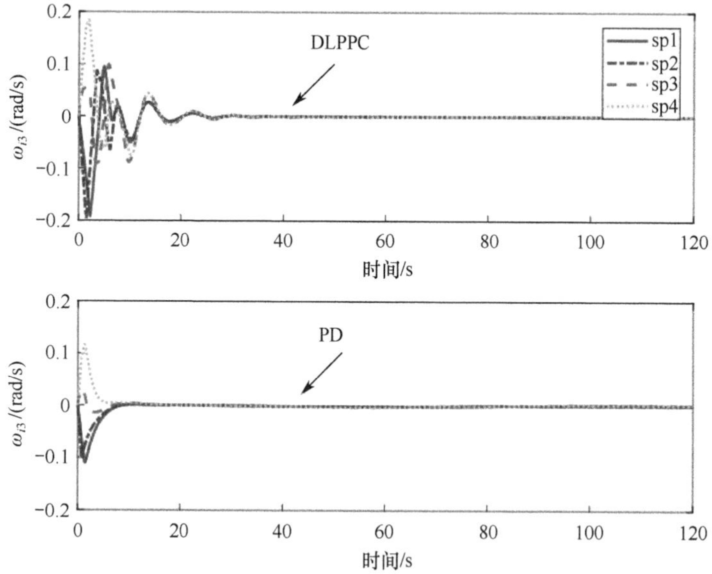

图 4-18　两种控制方法下角速度 ω_{i3} 随时间变化曲线

（sp1～sp4 分别表示从航天器 1～4）

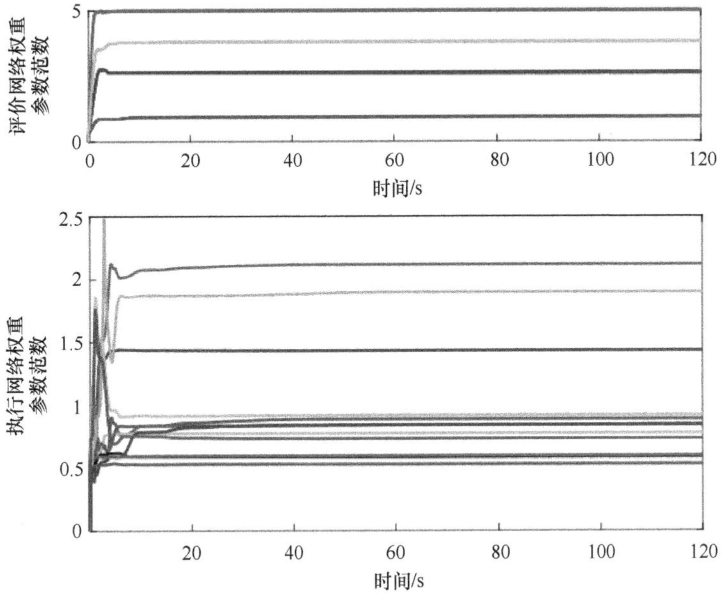

图 4-19　评价网络和执行网络权重范数随时间变化曲线

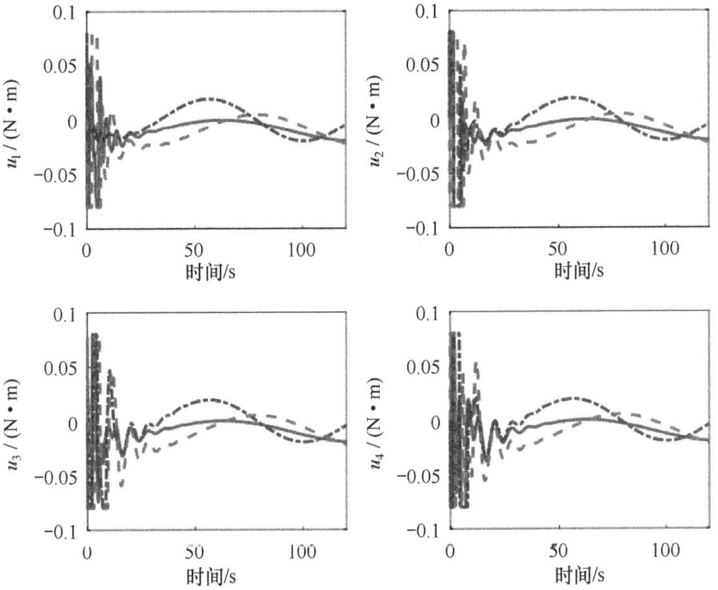

图 4-20　分布式数据驱动动态预设性能控制方法下四个从航天器控制力矩变化曲线

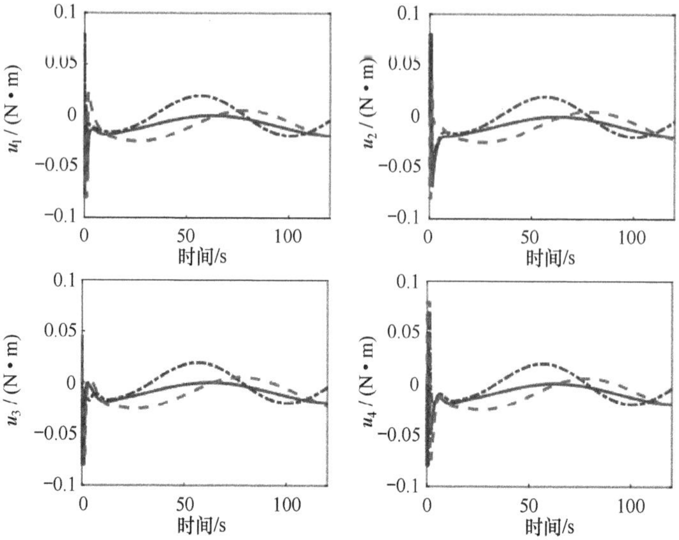

图 4-21　PD 控制方法下四个从航天器控制力矩变化曲线

2. 分布式航天器姿态协同跟踪控制仿真

为了进一步验证方法的鲁棒性，假设四个从航天器的惯量矩阵在上述姿态协同稳定控制仿真算例标称值的基础上有 10%～20%的随机扰动，且在测量噪声情况下执行器存在以下形式的故障 $\boldsymbol{u}_i = 0.3\boldsymbol{u}_i + 0.02 \bullet \text{rand}(3,1) + 0.01\sin(0.5t + i\pi/3)$，进行分布式航天器姿态协同跟踪的数据驱动预设性能控制仿真。在姿态协同跟踪仿真中，性能函数$\alpha_{1,i}$、$\alpha_{2,i}$中涉及的$\alpha_{1,i0}$、$\alpha_{2,i0}$、$\alpha_{1,i\infty}$、$\alpha_{2,i\infty}$、$\beta_{1,i}$、$\beta_{2,i}$的值选为 0.6、0.6、0.04、0.04、0.04、0.035，其他仿真参数取值与姿态稳定控制仿真算例相同。期望的主航天器姿态指令为$0.1[\sin(0.15t),\sin(0.15t),\sin(0.15t)]^{\mathrm{T}}$，相应的仿真结果如图 4-22～图 4-32 所示。

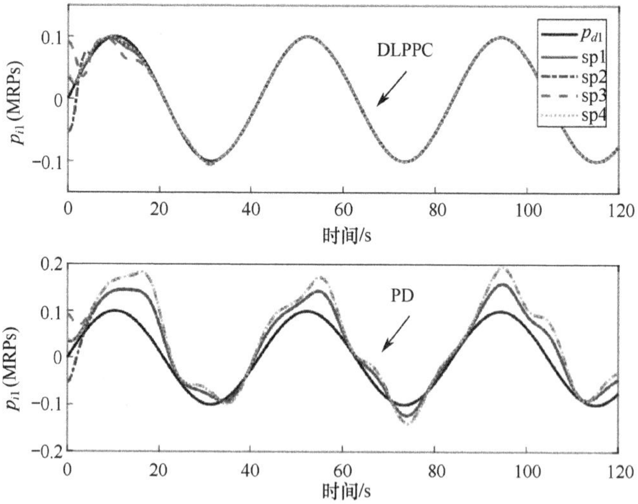

图 4-22　两种控制方法下的姿态 MRP p_{i1} 跟踪变化曲线（sp1～sp4 分别表示从航天器 1～4）

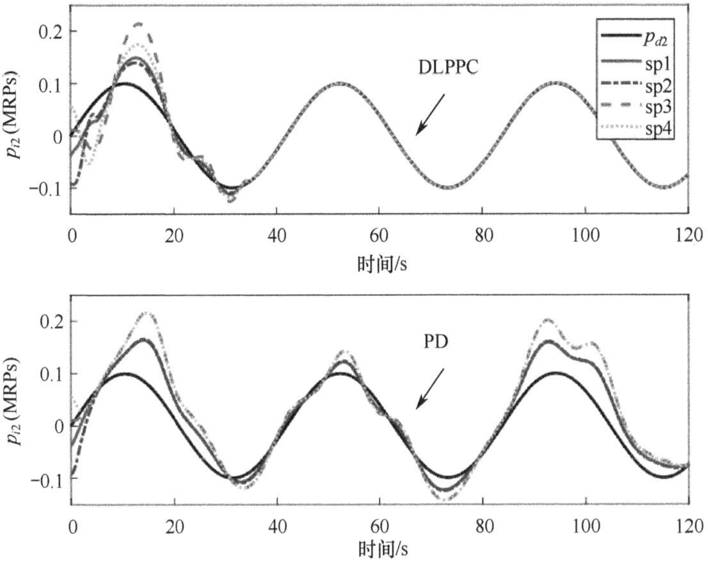

图 4-23　两种控制方法下的姿态 MRP p_{i2} 跟踪变化曲线

（sp1～sp4 分别表示从航天器 1～4）

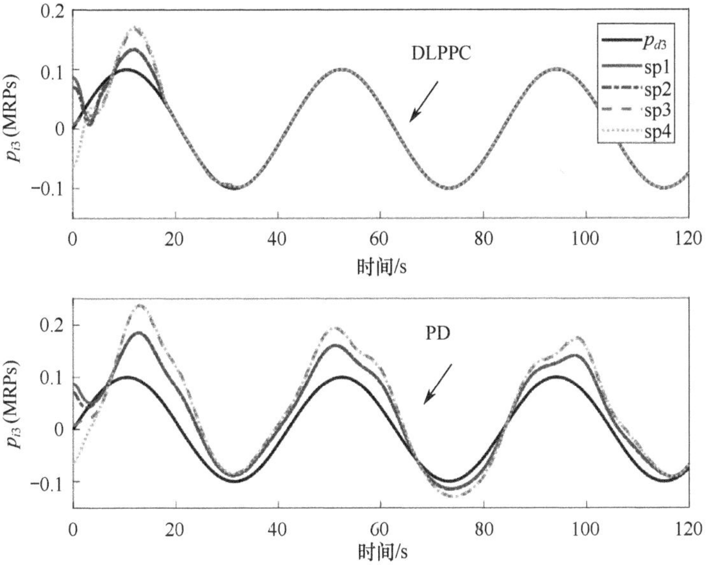

图 4-24　两种控制方法下的姿态 MRP p_{i3} 跟踪变化曲线

（sp1～sp4 分别表示从航天器 1～4）

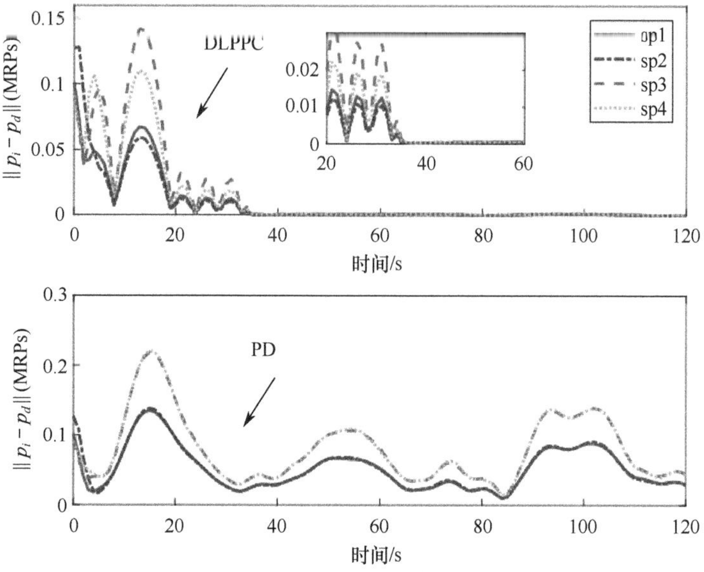

图 4-25　两种控制方法下的姿态 MRP 跟踪误差范数变化曲线

（sp1～sp4 分别表示从航天器 1～4）

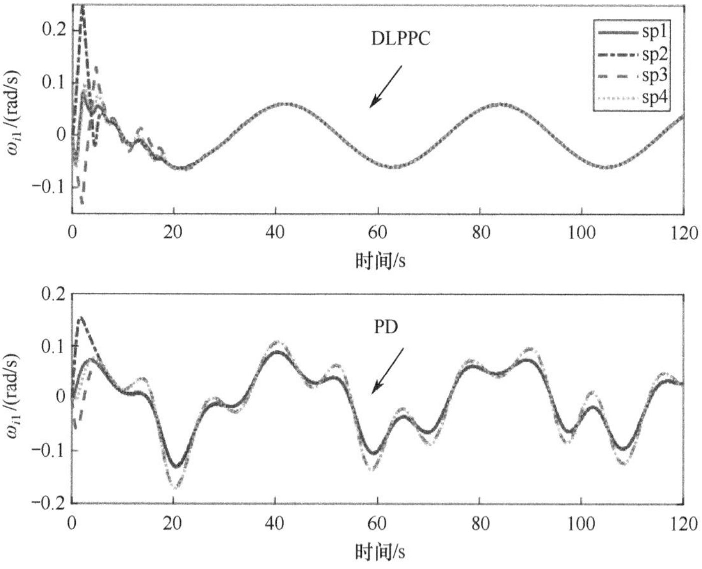

图 4-26　两种控制方法下角速度 ω_{i1} 变化曲线

（sp1～sp4 分别表示从航天器 1～4）

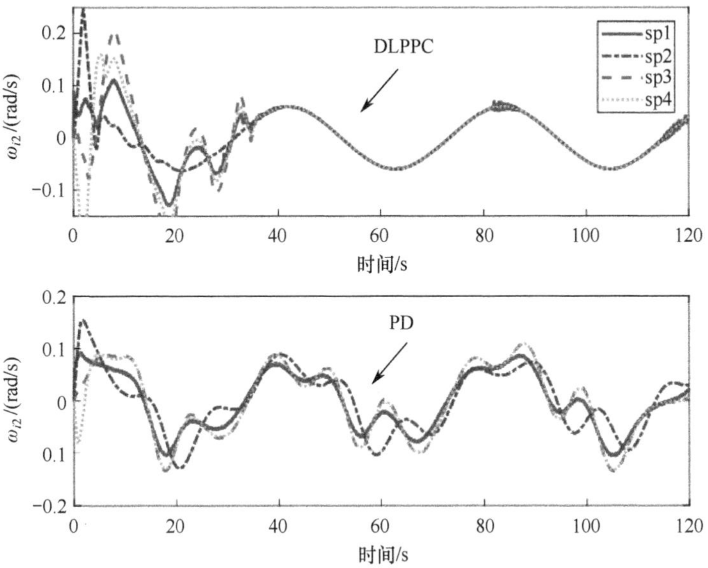

图 4-27　两种控制方法下角速度 ω_{i2} 变化曲线

（sp1～sp4 分别表示从航天器 1～4）

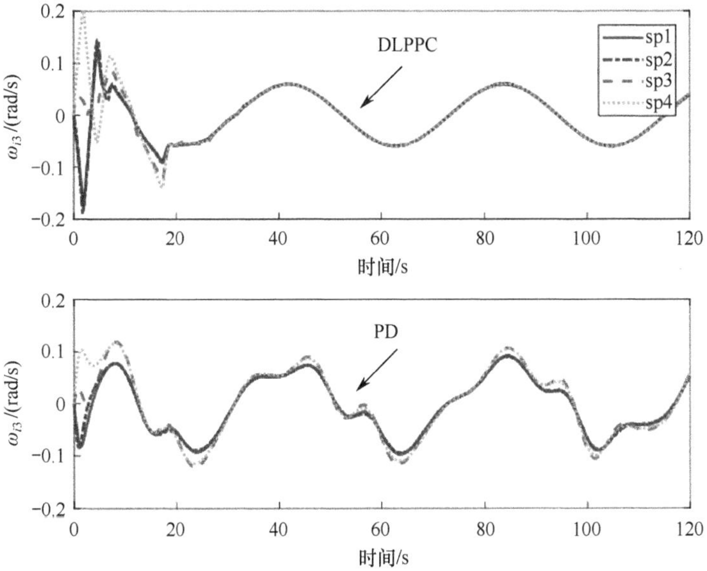

图 4-28　两种控制方法下角速度 ω_{i3} 变化曲线

（sp1～sp4 分别表示从航天器 1～4）

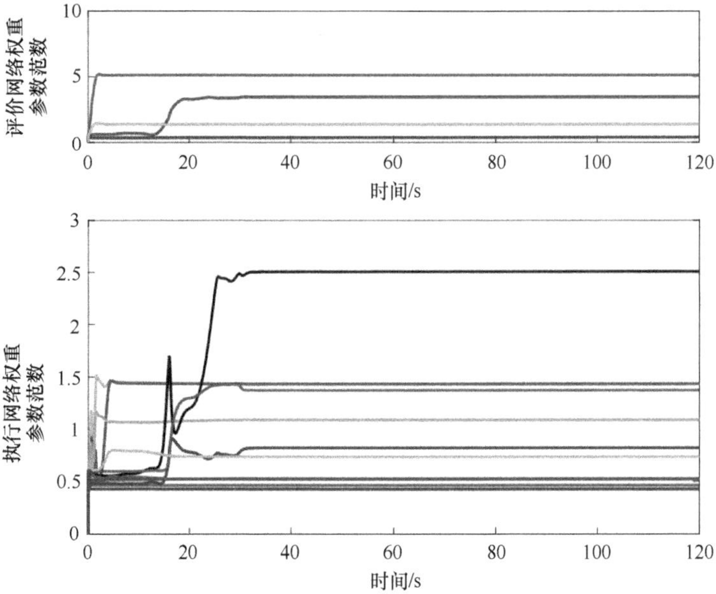

图 4-29 评价网络和执行网络权重参数范数随时间变化曲线

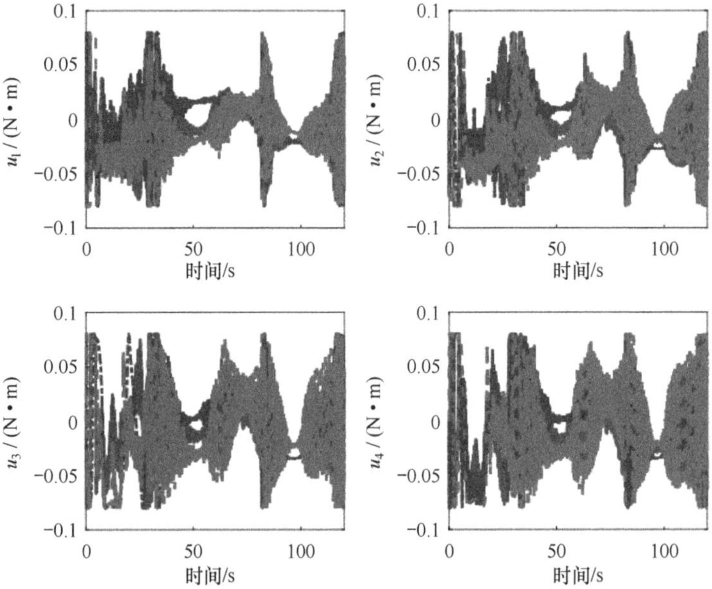

图 4-30 分布式数据驱动动态预设性能控制方法下四个从航天器控制力矩变化曲线

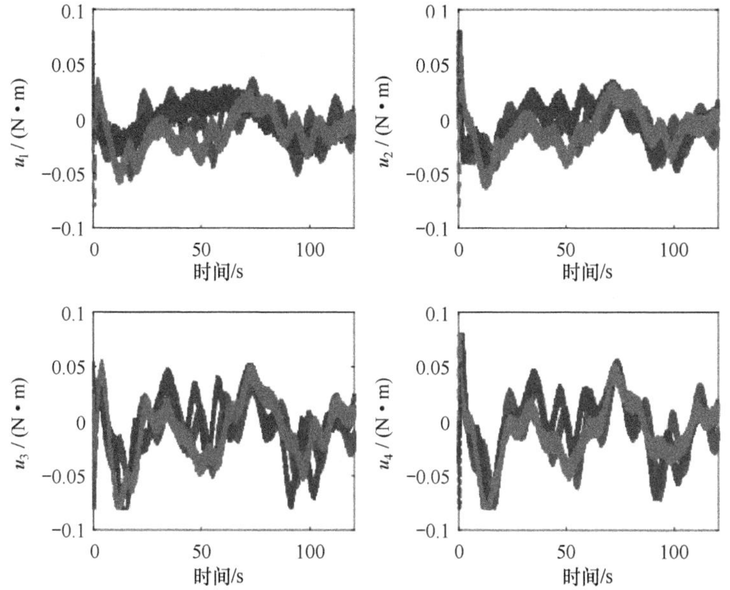

图 4-31 PD 控制方法下四个从航天器控制力矩变化曲线

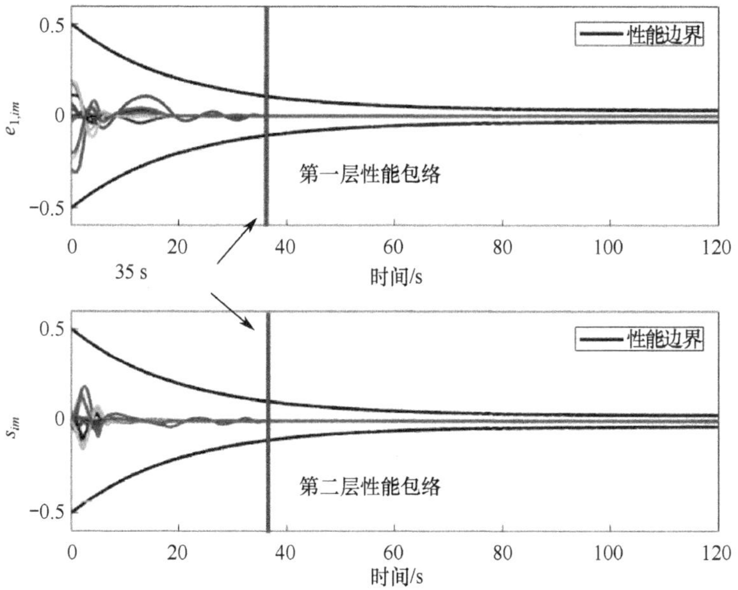

图 4-32 姿态误差 $e_{1,i}$ 和伴随状态 s_i 的双层预设性能包络变化曲线

从图 4-22～图 4-32 的仿真结果可知：在本节设计的分布式数据驱动预设性能控制器作用下，四个从航天器姿态在 35 s 左右能够完成姿态协同，相比 PD 控制方法，数据驱动动态预设性能控制方法的趋近速率至少提升 15 s（图 4-22～图 4-24）；图 4-25 的仿真结果表明，数据驱动动态预设性能控制方法相比 PD 控制，从航天器的姿态稳定精度提升了约 5 个数量级；图 4-26～图 4-28 给出了在两种控制方法下的姿态角速度时间响应曲线，从仿真结果可知在 PD 控制方法下，姿态角速度曲线抖振比较大，对应的跟踪偏差大；图 4-29 给出了评价网络和执行网络权重范数随时间变化的曲线图，由仿真结果可以发现利用自适应动态规划技术求解最优问题的过程是稳定的；图 4-30 和图 4-31 的仿真结果表明，两种控制方法下从航天器的执行器输出都在饱和力矩范围内，图 4-32 给出了姿态误差 $\boldsymbol{e}_{1,i}$ 和伴随状态 $\boldsymbol{s}_i$ 的双层预设性能包络包络图，这些仿真结果表明本节设计的分布式数据驱动预设性能控制器是有效的。

综合分布式航天器姿态协同稳定控制和姿态协同跟踪控制的仿真结果可知，本节研究的分布式数据驱动动态预设性能控制相比 PD 控制具有更强的鲁棒性和应对不确定性的自适应性，且在保障受控系统的瞬态与稳态性能方面，比 PD 控制具有明显的优势。与此同时，本节研究的分布式数据驱动动态预设性能控制不仅适用于分布式航天器姿态协同控制系统，也可以直接应用于其他分布式欧拉–拉格朗日系统中，具有很好的扩展性。

4.5 本章小结

本章研究了欧拉–拉格朗日系统的稳定控制问题，针对传统静态增益预设性能控制方法存在的控制增益固定不变、控制结果缺乏最优性的问题，在静态增益预设性能控制的基础上，采用基于数据驱动的自适应动态规划方法，构造了最优补偿控制器，并通过评价神经网络和执行神经网络进行迭代求解，进而形成了一种数据驱动动态预设性能控制方法。通过对刚性航天器姿态跟踪控制和分布式航天器姿态协同控制的仿真研究，验证了数据驱动动态预设性能控制方法的有效性及其相比于传统静态增益预设性能方法的优势。

相比于静态增益预设性能控制方法和传统的数据驱动补偿控制器，本章提出的数据驱动动态预设性能控制方法的优势主要体现在两个方面：①相比于静态增益预设性能控制方法，本章通过引入最优补偿控制器和迭代神经网络求解方法，极大提升了控制系统的瞬态性能，使得控制性能具有最优性。尤其是在控制参数设计不合理的工况下，能够基于数据学习对控制性能进行优化。②相比于传统的数据驱动补偿控制器，本章使用静态增益预设性能控制器替换 PID 控制器作为初始容许控制策略，并在理论上证明了该控制器的稳定性，进而保证了补偿控制器中神经网络权重系数的收敛性。

相比于本书的第 2 章和第 3 章，本章主要解决了静态增益预设性能控制方法的控制性能缺乏最优性的问题，提出了一种不仅保障预设性能，还能对控制性能进行在线优化的预设性能控制方法。本章提出的方法非常适合应用于系统参数变化剧烈、仿真结果与实际工况相差比较大的系统控制问题。

参考文献

[1] 侯忠生，许建新. 数据驱动控制理论及方法的回顾和展望[J]. 自动化学报，2009, 35(6): 650-667.

[2] Hou Z S, Wang Z. From model-based control to data-driven control: Survey, classification and perspective[J]. Information Sciences, 2013, 235: 3-35.

[3] Yin S, Li X, Gao H, et al. Data-based techniques focused on modern industry: An overview[J]. IEEE Transactions on Industrial Electronics, 2015, 62(1): 657-667.

[4] Bellman R E, Dreyfus S E. Applied dynamic programming[M]. Princeton University Press, 2015.

[5] Werbos P J. Foreword-ADP: The key direction for future research in intelligent control and understanding brain intelligence[J]. IEEE Transactions on Systems, Man, and Cybernetics, Part B (Cybernetics), 2008, 38(4): 898-900.

[6] 张化光，张欣，罗艳红，等. 自适应动态规划综述[J]. 自动化学报, 2013, 39(4): 303-311.

[7] Jiang Z P, Jiang Y. Robust adaptive dynamic programming for linear and nonlinear systems: An overview[J]. European Journal of Control, 2013, 19(5): 417-425.

[8] Lewis F L, Vamvoudakis K G. Reinforcement learning for partially observable dynamic processes: Adaptive dynamic programming using measured output data[J]. IEEE Transactions on Systems, Man, and Cybernetics, Part B (Cybernetics), 2011, 41(1): 14-25.

[9] Wei Q, Wang F Y, Liu D, et al. Finite-approximation-error-based discrete-time iterative adaptive dynamic programming[J]. IEEE Transactions on Cybernetics, 2014, 44(12): 2820-2833.

[10] Fantoni I, Lozano R. Control of nonlinear mechanical systems[J]. European Journal of Control, 2001, 7(2-3): 328-348.

[11] Wei C, Luo J, Dai H, et al. Adaptive model-free constrained control of postcapture flexible spacecraft: a Euler–Lagrange approach[J]. Journal of Vibration and Control, 2018, 24(20): 4885-4903.

[12] Sontag E D. Mathematical control theory: deterministic finite dimensional systems[M]. Springer Science & Business Media, 2013.

[13] Bechlioulis C P, Rovithakis G A. A low-complexity global approximation-free control scheme with prescribed performance for unknown pure feedback systems[J]. Automatica, 2014, 50(4): 1217-1226.

[14] Khan S G, Herrmann G, Lewis F L, et al. Reinforcement learning and optimal adaptive control: An overview and implementation examples[J]. Annual Reviews in Control, 2012, 36(1): 42-59.

[15] Guo W, Liu F, Si J, et al. Online supplementary ADP learning controller design and application to power system frequency control with large-scale wind energy integration[J]. IEEE Transactions on Neural Networks and Learning Systems, 2015, 27(8): 1748-1761.

[16] Sokolov Y, Kozma R, Werbos L D, et al. Complete stability analysis of a heuristic approximate dynamic programming control design[J]. Automatica, 2015, 59: 9-18.

[17] Shuster M D. A survey of attitude representations[J]. Navigation, 1993, 8(9): 439-517.

[18] Younes A B, Mortari D, Turner J D, et al. Attitude error kinematics[J]. Journal of Guidance, Control, and Dynamics, 2014, 37(1): 330-336.

[19] Zhao L, Jia Y. Finite-time attitude tracking control for a rigid spacecraft using time-varying terminal sliding mode techniques[J]. International Journal of Control, 2015, 88(6): 1150-1162.

[20] Chung S J, Ahsun U, Slotine J J E. Application of synchronization to formation flying spacecraft: Lagrangian approach[J]. Journal of Guidance, Control, and Dynamics, 2009, 32(2): 512-526.

[21] Wei C, Luo J, Dai H, et al. Learning-based adaptive attitude control of spacecraft formation with guaranteed prescribed performance[J]. IEEE Transactions on Cybernetics, 2018, 49(11): 4004-4016.

[22] Plemmons R J. M-matrix characterizations. I-nonsingular M-matrices[J]. Linear Algebra and its Applications, 1977, 18(2): 175-188.

[23] Bechlioulis C P, Rovithakis G A. Decentralized robust synchronization of unknown high order nonlinear multi-agent systems with prescribed transient and steady state performance[J]. IEEE Transactions on Automatic Control, 2016, 62(1): 123-134.

05 第5章 有限时间预设性能控制

5.1 引言

预设性能控制方法通过构造合理的性能函数来先验设计状态量的性能边界，进而通过控制器设计保证预设性能的实现。性能函数的设计直接决定了受控状态量的性能边界。现有的预设性能控制方法大多仍然采用 Bechlioulis 和 Rovithakis[1,2]在早期提出和设计的指数收敛型性能函数。该函数能够约束状态量以预设的指数收敛速度收敛到预设的稳定域内，具有重要的理论意义。然而，实际工程问题往往期望能够估计出系统状态收敛到稳定区域内的时间，并在期望时间内完成对系统状态性能的控制。根据指数收敛型预设性能函数的定义，其在理论上仅能保证系统状态在无穷时间处进入稳定域内，不能满足对时间响应有要求的工程任务。另一方面，预设性能函数一般不是直接施加在某个系统状态量上的，而是施加在一个线性流形上。当线性流形稳定后，真实系统状态量仍将需要一定时间收敛，这进一步影响了系统状态的收敛速度。因此，有必要研究在有限时间内保证系统收敛的预设性能控制方法。

有限时间控制方法能够保证系统状态在给定初值后的有限时间内完成收敛，其快速收敛特性更适合于工程实际问题的应用。传统的有限时间方法主要是基于滑模控制方法发展而来的，通过构造分数阶滑模面和分数阶控制器，能够加速传统线性滑模方法的收敛速度。针对传统有限时间滑模面存在的奇异性问题，文献[3]通过在适当的范围内将有限时间滑模面切换为普通的滑模面避免了奇异发生。此外，现有的一些理论和应用研究还重点解决了有限时间控制中存在的抖振问题（如文献[4,5]）和参数不确定性问题（如文献[6]）。然而，传统有限时间控制方法只具有加速系统收敛的作用，不具有预先设计系统瞬态性能和稳态性能的功能。因此，有必要研究一种既能预设系统的性能，又能在有限时间内完成收敛的控制方法，即有限时间预设性能控制方法。

本章从控制系统与实际工程任务对有限时间控制和预设性能控制的需求出发，通过对传统预设性能方法的改进及其与有限时间控制方法的结合，研究了一种有限时间预设性能控制方法。首先在传统预设性能方法的改进方面，通过构造有限时间可达的新型性能函数，保证流形在有限时间范围内完成收敛，加速系统的收敛进程；然后基于有限时间控制思想和方法，提出一种有限时间稳定非线性流形，保证流形收敛后所有的系统状态量均能在有限时间范围内收敛，进一步加速系统的收敛进程。本章的内容安排如下：首先，基于最常见的欧拉–拉格朗日型非线性系统，分别研究其有限时间性能函数设计、有限时间稳定流形设计，以及有限时间预设性能控制器设计；然后，证明上述控制框架能够保证系统在满足预设性能约束的前提下，在有限时间范围内实现系统状态收敛；最后，通过二阶机械系统的跟踪控制仿真验证本章所提出的有限时间预设性能控制方法的有效性。

5.2 有限时间预设性能控制方法

5.2.1 问题描述与基本假设

大多数实际工程系统都能建模为欧拉–拉格朗日型非线性系统的形式（如文献[7,8]）。因此，本章将基于欧拉–拉格朗日型非线性系统模型，阐述有限时间预设性能控制系统设计方法。

欧拉–拉格朗日型非线性系统模型为

$$\boldsymbol{M}(\boldsymbol{p})\ddot{\boldsymbol{p}}+\boldsymbol{C}(\boldsymbol{p},\dot{\boldsymbol{p}})\dot{\boldsymbol{p}}+\boldsymbol{G}(\boldsymbol{p})=\boldsymbol{u}+\boldsymbol{u}_d \tag{5-1}$$

其中：$\boldsymbol{p}=[p_1,p_2,\cdots,p_n]^{\mathrm{T}}\in\mathbb{R}^n$ 为被控系统的 n 维状态量；$\boldsymbol{M}(\boldsymbol{p})\in\mathbb{R}^{n\times n}$、$\boldsymbol{C}(\boldsymbol{p},\dot{\boldsymbol{p}})\in\mathbb{R}^{n\times n}$、$\boldsymbol{G}(\boldsymbol{p})\in\mathbb{R}^n$ 分别为非线性系统的广义惯量矩阵、科氏力和离心力矩阵和广义重力矢量，且三者的具体值无法被先验得知；$\boldsymbol{u}\in\mathbb{R}^n$ 和 $\boldsymbol{u}_d\in\mathbb{R}^n$ 分别为系统的控制输入变量和未知的外部扰动。假定被控系统的 n 维状态量 $\boldsymbol{p}$ 及其导数 $\dot{\boldsymbol{p}}$ 是可以被测量并直接应用于控制系统设计。此外，假定上述欧拉–拉格朗日型非线性系统模型满足如下性质：

性质 5-1 广义惯量矩阵 $\boldsymbol{M}(\boldsymbol{p})$ 为对称正定矩阵，关于状态量 $\boldsymbol{p}$ 连续，且存在未知常数 $\overline{m}>\underline{m}>0$ 使得 $\boldsymbol{M}(\boldsymbol{p})$ 满足：$0<\underline{m}\boldsymbol{I}_n\leqslant\boldsymbol{M}(\boldsymbol{p})\leqslant\overline{m}\boldsymbol{I}_n$。

性质 5-2 科氏力和离心力矩阵 $\boldsymbol{C}(\boldsymbol{p},\dot{\boldsymbol{p}})$ 关于状态量 $\boldsymbol{p}$ 及其导数 $\dot{\boldsymbol{p}}$ 连续，且存在未知常数 $\overline{c}>0$ 使得 $\boldsymbol{C}(\boldsymbol{p},\dot{\boldsymbol{p}})$ 满足 $\|\boldsymbol{C}(\boldsymbol{p},\dot{\boldsymbol{p}})\|\leqslant\overline{c}\|\dot{\boldsymbol{p}}\|$。

性质 5-3 广义重力矢量 $\boldsymbol{G}(\boldsymbol{p})$ 关于状态量 $\boldsymbol{p}$ 连续，且存在未知常数 $\overline{g}>0$ 使得 $\boldsymbol{G}(\boldsymbol{p})$ 满足 $\|\boldsymbol{G}(\boldsymbol{p})\|\leqslant\overline{g}$。

注 5-1 性质 5-1～性质 5-3 均是合理的，且适用于大多数欧拉–拉格朗日型非线性系统。很多工程系统可以建模为满足上述性质的欧拉–拉格朗日型系统，典型的如航天器姿态控制系统（如文献[9]）、水下航行器系统（如文献[10]）、部分机器人系统（如文献[11]）等。

此外，不失一般性，假设未知的外部扰动 $\boldsymbol{u}_d$ 满足如下假设：

假设 5-1 外部扰动 $\boldsymbol{u}_d$ 未知且满足 $\|\boldsymbol{u}_d\| \leqslant \bar{d}$，其中：$\bar{d}>0$ 为未知常数。

在本章中，要求系统状态变量 $\boldsymbol{p}$ 跟踪期望轨迹 $\boldsymbol{p}_d \in \mathbb{R}^n$。假设期望轨迹 $\boldsymbol{p}_d$ 满足如下假设：

假设 5-2 $\boldsymbol{p}_d$ 及其一阶和二阶导数均有界，且关于时间 t 连续。$\|\ddot{\boldsymbol{p}}_d\|$ 的上界标记为 $\ddot{\bar{p}}_d$，且其为未知量，无法用于控制器设计。

注 5-2 **假设 5-2** 同样是合理的。现有研究已经存在很多针对不同目标的平滑轨迹规划方法（如文献[12]和[13]），这些方法可以作为本章提出的有限时间预设性能控制方法的前置方法，为控制系统提供期望跟踪轨迹。

定义系统的跟踪误差为 $\boldsymbol{p}_e := \boldsymbol{p} - \boldsymbol{p}_d = [p_{e,1},\cdots,p_{e,n}]^{\mathrm{T}}$，则结合系统动力学模型（5-1）可以得到如下式所示的跟踪误差系统：

$$\ddot{\boldsymbol{p}}_e = \boldsymbol{M}^{-1}(\boldsymbol{p})\boldsymbol{f}(\boldsymbol{p},\dot{\boldsymbol{p}},\ddot{\boldsymbol{p}}_d) + \boldsymbol{M}^{-1}(\boldsymbol{p})\boldsymbol{u} + \boldsymbol{M}^{-1}(\boldsymbol{p})\boldsymbol{u}_d \tag{5-2}$$

其中：$\boldsymbol{f}(\boldsymbol{p},\dot{\boldsymbol{p}},\ddot{\boldsymbol{p}}_d) := -\boldsymbol{C}(\boldsymbol{p},\dot{\boldsymbol{p}})\dot{\boldsymbol{p}} - \boldsymbol{G}(\boldsymbol{p}) - \boldsymbol{M}(\boldsymbol{p})\ddot{\boldsymbol{p}}_d \in \mathbb{R}^n$。

基于**性质 5-1～性质 5-3** 和**假设 5-2**，很容易得到 $\boldsymbol{f}(\boldsymbol{p},\dot{\boldsymbol{p}},\ddot{\boldsymbol{p}}_d)$ 为连续函数且满足：

$$\|\boldsymbol{f}(\boldsymbol{p},\dot{\boldsymbol{p}},\ddot{\boldsymbol{p}}_d)\| \leqslant \bar{c}\|\dot{\boldsymbol{p}}\|^2 + \bar{g} + \bar{m}\cdot\ddot{\bar{p}}_d \tag{5-3}$$

基于上述性质和假设，本章的控制目标为：提出一种有限时间预设性能控制方法，该方法能够保证系统状态 $\boldsymbol{p}$ 在有限时间范围内和给定的误差范围内完成对期望轨迹 $\boldsymbol{p}_d$ 的跟踪，且在整个跟踪过程中始终满足预设的性能边界约束。

5.2.2 有限时间性能函数设计

预设性能控制方法的主要思想是对广义跟踪误差 $x(t)$ 先验施加性能函数约束 $\varrho(t)$，采用指数型预设性能函数的传统预设性能控制示意图如图 5-1 所示。指数收敛型预设性能控制方法中，性能函数 $\varrho(t)$ 通常选择为如下式所示的指数衰减的正值函数：

$$\varrho(t) = (\varrho_0 - \varrho_\infty)\exp(-\kappa t) + \varrho_\infty \tag{5-4}$$

其中：ϱ_0 为性能函数 $\varrho(t)$ 的初值，且应满足 $\varrho_0 > |x(0)|$；$\varrho_\infty \in (0,\varrho_0)$ 为性能函数 $\varrho(t)$ 的终值；κ 为指数收敛速度。值得一提的是，性能函数 $\varrho(t)$ 当且仅当时间 t 趋于无穷时间时，才能最终到达终值 ϱ_∞。

图 5-1 同时展示了初值不同时，性能函数施加的两种策略：①当 $x(0) \geqslant 0$ 时，如图 5-1（a）所示，广义跟踪误差 $x(t)$ 的性能边界设置为 $-\delta\varrho(t) < x(t) < \varrho(t)$，其中，$\delta$ 为 $(0,1)$ 区间的常数，其作用是限制系统的超调量；②当 $x(0) < 0$ 时，如图 5-1（b）所示，广义跟踪误差 $x(t)$ 的性能边界设置为 $-\varrho(t) < x(t) < \delta\varrho(t)$。上述两种情况下的性能边界可以集成为如下式所示的性能边界约束不等式：

$$\underline{b}_{\varrho}\varrho(t) < x(t) < \overline{b}_{\varrho}\varrho(t) \tag{5-5}$$

其中

$$\underline{b}_{\varrho} = \begin{cases} -\delta, & x(0) \geqslant 0 \\ -1, & x(0) < 0 \end{cases}, \quad \overline{b}_{\varrho} = \begin{cases} 1, & x(0) \geqslant 0 \\ \delta, & x(0) < 0 \end{cases} \tag{5-6}$$

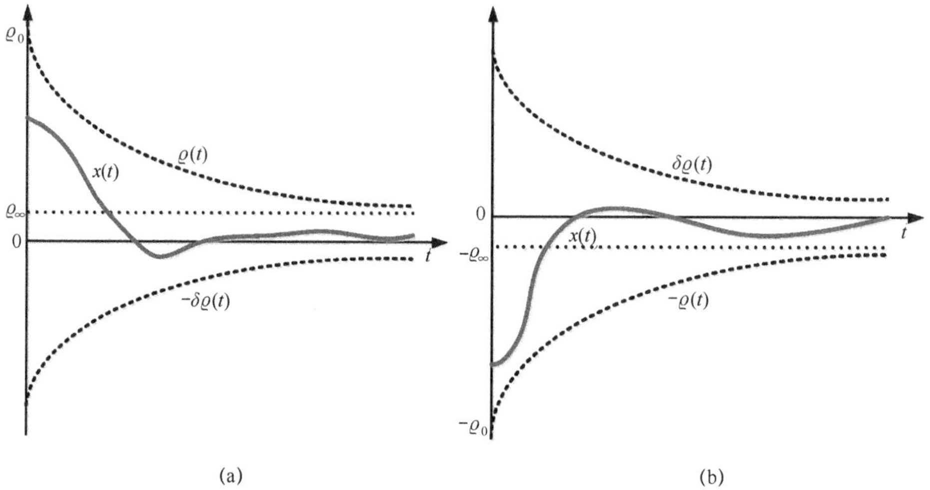

图 5-1 指数收敛型预设性能控制示意图

（a） $x(0) \geqslant 0$；（b） $x(0) < 0$。

然而，式（5-4）和式（5-5）中的性能函数 $\varrho(t)$ 存在两方面缺陷。首先，当且仅当时间 t 趋于无穷时间时，性能函数 $\varrho(t)$ 才能最终到达终值 ϱ_∞。这表明，用户无法先验地设计 $\varrho(t)$ 的收敛时间。其次，性能函数 $\varrho(t)$ 的收敛速度是通过设置指数收敛速度 κ 来进行调节的。由于指数收敛速度 κ 与系统实际收敛时间并不直接相关，因此，调节 κ 的过程繁琐复杂，在实际工程中不够实用。为了解决上述两方面缺陷，本章提出了一种新型的有限时间性能函数，其定义如下：

$$\begin{cases} \rho(0) = \rho_0 \\ \dot{\rho}(t) = -\mu\left|\rho(t) - \rho_\infty\right|^{\alpha} \operatorname{sign}(\rho(t) - \rho_\infty) \end{cases} \tag{5-7}$$

其中：$\mu = (\rho_0 - \rho_\infty)^{1-\alpha} / (1-\alpha) / T_1$，$T_1$ 为预设的收敛时间；α 为常数且 $\alpha \in (0,1)$；ρ_0 为性能函数 $\rho(t)$ 的初值且满足 $\rho_0 > |x(0)|$；ρ_∞ 为性能函数 $\rho(t)$ 的终值。

为了研究上述性能函数 $\rho(t)$ 的有限时间收敛特性，首先给出关于有限时间稳定性的定义和一个相关的引理。

定义 5-1 考虑如下式所示的非线性系统：

$$\dot{\tilde{\boldsymbol{x}}} = \tilde{\boldsymbol{f}}(\tilde{\boldsymbol{x}}, t),\ \tilde{\boldsymbol{x}}(0) = \tilde{\boldsymbol{x}}_0 \in \Omega_{\tilde{x}} \subset \mathbb{R}^n \tag{5-8}$$

若系统对于任何 $\tilde{\boldsymbol{x}}_0 \in \Omega_{\tilde{x}}$ 均存在一个稳定时间函数 $T(\tilde{\boldsymbol{x}}_0): \Omega_{\tilde{x}} / \{0\} \to (0, +\infty)$ 使得对于所有的 $t \geqslant T(\tilde{\boldsymbol{x}}_0)$ 均满足 $\tilde{\boldsymbol{x}}(t) = 0$，则系统（5-8）是**有限时间稳定**的。

引理 5-1（文献[5,14]）对于非线性系统（5-8），如果存在正定函数 $V(\tilde{\boldsymbol{x}}(t),t):\Omega_1\times\mathbb{R}^+\to\mathbb{R}^n$（其中 Ω_1 为 $\Omega_{\tilde{x}}$ 的子集）和常数 $\epsilon>0, 0<\beta<1$ 使得：

$$\dot{V}(\tilde{\boldsymbol{x}}(t))+\epsilon V^{\beta}(\tilde{\boldsymbol{x}}(t))\leqslant 0,\ \ \forall\tilde{\boldsymbol{x}}_0\in\Omega_1 \tag{5-9}$$

则非线性系统（5-8）是有限时间稳定的，且稳定时间函数 $T(\tilde{\boldsymbol{x}}_0)$ 满足：

$$T(\tilde{\boldsymbol{x}}_0)\leqslant\frac{1}{\epsilon(1-\beta)}V^{1-\beta}(\tilde{\boldsymbol{x}}_0) \tag{5-10}$$

式（5-7）中的有限时间性能函数 $\rho(t)$ 的有限时间收敛性可由如下的**定理 5-1** 进行描述。

定理 5-1 考虑式（5-7）给出的有限时间性能函数，若满足约束 $\rho_0>\rho_\infty>0$，则性能函数 $\rho(t)$ 满足：

$$\rho(t)=\rho_\infty,\ \forall t\geqslant T_1 \tag{5-11}$$

证明：定义关于状态 $(\rho(t)-\rho_\infty)$ 的 Lyapunov 函数为：$V_1:=(1/2)(\rho(t)-\rho_\infty)^2$，对其进行求导可以得到

$$\begin{aligned}\dot{V}_1 &= (\rho(t)-\rho_\infty)\dot{\rho}\\ &=-\mu\left|\rho(t)-\rho_\infty\right|^{\alpha+1}\\ &= -2^{\frac{\alpha+1}{2}}\mu V_1^{\frac{\alpha+1}{2}}\end{aligned} \tag{5-12}$$

由于 $(\alpha+1)/2\in(0,1)$，基于**引理 5-1** 可以得到，当时间 t 满足

$$t\geqslant\frac{(\rho_0-\rho_\infty)^{1-\alpha}}{\mu(1-\alpha)}=T_1 \tag{5-13}$$

时，状态 $(\rho(t)-\rho_\infty)$ 恒等于 0，换言之，性能函数 $\rho(t)$ 将在时间 T_1 之前收敛至其终值 ρ_∞，随后保持恒等于 ρ_∞。

定理 5-1 得证。 ■

为了进一步凸显本章提出的有限时间性能函数的优势，有限时间性能函数与传统性能函数的对比图如图 5-2 所示，图中设置传统性能函数 $\varrho(t)$ 和有限时间性能函数 $\rho(t)$ 的初值和终值相同，即 $\varrho_0=\rho_0$ 和 $\varrho_\infty=\rho_\infty$，并将二者收敛时间进行了对比。从图 5-2 可以明显地看出，有限时间性能函数 $\rho(t)$ 在时间 T_1 之前就收敛至终值，然而传统性能函数 $\varrho(t)$ 收敛很慢，在有限时间范围内无法到达终值。

此外，通过对有限时间性能函数 $\rho(t)$ 设置不同的收敛时间 T_1，可以得到不同的有限时间性能函数曲线，不同收敛时间的有限时间性能函数与传统性能函数的对比图如图 5-3 所示。从图 5-3 可以得到，$\rho(t)$ 的收敛时间可以由用户直接预设（在图 5-3 中，收敛时间 T_1 被分别设置为 3 s, 6 s 和 10 s），方便简捷，易懂实用。在实际工程中，收敛时间 T_1 的值可以依据具体任务的需求及对控制系统的性能要求进行先验设计和保障。

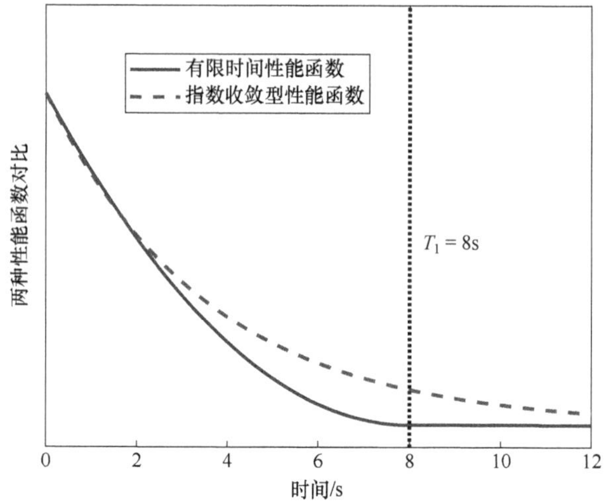

图 5-2 有限时间性能函数与传统性能函数的对比图

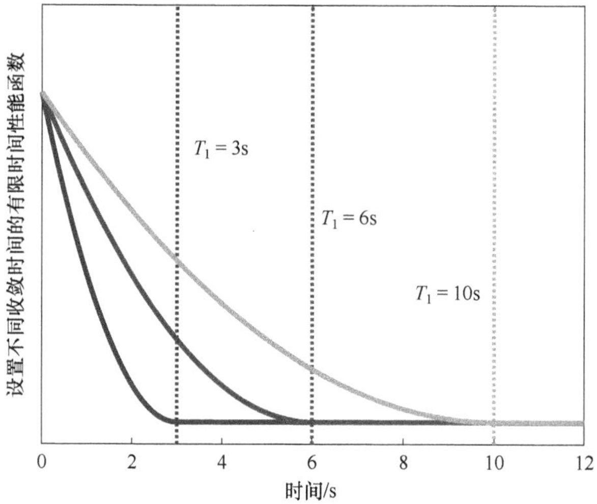

图 5-3 设置不同收敛时间时的有限时间性能函数

综上，本节提出的有限时间性能函数具有两方面的优势：①能够保障系统状态在有限时间范围内进入预设稳定域内，在工程实践中具有实用价值；②收敛时间可以由用户先验选择和直接设计，相对于传统性能函数中的指数收敛速度而言，更加易于实现。

注 5-3 式（5-7）中的有限时间性能函数 $\rho(t)$ 是以微分形式给出的。通过分部积分法，可以给出该函数的更一般形式为

$$\rho(t)=\begin{cases}[(T_1-t)/T_1]^{\frac{1}{1-\alpha}}(\rho_0-\rho_\infty)+\rho_\infty, & 0\leqslant t\leqslant T_1\\ \rho_\infty, & t>T_1\end{cases} \tag{5-14}$$

利用该一般形式表达式可以更加简便地使用有限时间性能函数。

5.2.3 有限时间稳定流形构造

为了实现控制目标，本节利用跟踪误差 $\boldsymbol{p}_e$ 及其导数 $\dot{\boldsymbol{p}}_e$，构造了如下式所示的有限时间稳定流形 $\boldsymbol{x}=[x_1,\cdots,x_n]^{\mathrm{T}}\in\mathbb{R}^n$：

$$\boldsymbol{x}=\dot{\boldsymbol{p}}_e+\boldsymbol{\eta}\boldsymbol{\Lambda}(\boldsymbol{p}_e) \tag{5-15}$$

其中：$\boldsymbol{\Lambda}(\boldsymbol{p}_e)=[\Lambda_1(p_{e,1}),\cdots,\Lambda_n(p_{e,n})]^{\mathrm{T}}\in\mathbb{R}^n$ 且满足

$$\Lambda_i(p_{e,i})=\begin{cases}\operatorname{sgn}^{\gamma}(p_{e,i}), & |p_{e,i}|>\Theta_i, x_i\neq 0, x_i=0\\ c_{1,i}p_{e,i}+c_{2,i}\operatorname{sgn}^2(p_{e,i}), & |p_{e,i}|\leqslant\Theta_i, x_i\neq 0\end{cases} \tag{5-16}$$

$\boldsymbol{\eta}=\operatorname{diag}(\eta_1,\eta_2,\cdots,\eta_n)\in\mathbb{R}^{n\times n}$ 且满足 $\eta_i>0\ (i=1,2,\cdots,n)$；$\gamma\in(0,1)$；$0<\Theta_i<(\rho_{\infty,i}/\eta_i)^{1/\gamma}$，$c_{1,i}=(2-\gamma)\Theta_i^{\gamma-1}$；$c_{2,i}=(\gamma-1)\Theta^{\gamma-2}$；$\operatorname{sgn}^{\gamma}(p_{e,i})$ 和 $\operatorname{sgn}^2(p_{e,i})$ 定义为

$$\begin{cases}\operatorname{sgn}^{\gamma}(p_{e,i})=|p_{e,i}|^{\gamma}\operatorname{sign}(p_{e,i}), \ i=1,2,\cdots,n\\ \operatorname{sgn}^2(p_{e,i})=|p_{e,i}|^2\operatorname{sign}(p_{e,i}), \ i=1,2,\cdots,n\end{cases} \tag{5-17}$$

对 $\Lambda_i(p_{e,i})$ 进行求导可以得到

$$\dot{\Lambda}_i(p_{e,i})=\begin{cases}\gamma|p_{e,i}|^{\gamma-1}\dot{p}_{e,i}, & |p_{e,i}|>\Theta_i, x_i\neq 0, x_i=0\\ c_{1,i}\dot{p}_{e,i}+2c_{2,i}|p_{e,i}|\dot{p}_{e,i}, & |p_{e,i}|\leqslant\Theta_i, x_i\neq 0\end{cases} \tag{5-18}$$

注 5-4 式（5-15）构造的有限时间稳定流形是非奇异的。$c_{1,i}$ 和 $c_{2,i}$ 的取值保证了 $\Lambda_i(p_{e,i})$ 及其导数 $\dot{\Lambda}_i(p_{e,i})$ 的连续性。此外，当 $p_{e,i}$ 和 $\dot{p}_{e,i}$ 均保持有界时，$\dot{\Lambda}_i(p_{e,i})$ 也是有界的。

与传统的预设性能控制框架相似，可以利用有限时间性能函数 $\rho(t)$ 构造流形 x_i $(i=1,2,\cdots,n)$的性能边界：

$$\underline{b}_i\rho_i(t)<x_i(t)<\overline{b}_i\rho_i(t) \tag{5-19}$$

其中：$\rho_i(t)$、$\underline{b}_i$ 和 $\overline{b}_i$ 分别定义为

$$\begin{cases}\rho_i(0)=\rho_{0,i}\\ \dot{\rho}_i(t)=-\mu_i|\rho_i(t)-\rho_{\infty,i}|^{\alpha}\operatorname{sign}(\rho_i(t)-\rho_{\infty,i})\end{cases} \tag{5-20}$$

其中：$\mu_i:=(\rho_{0,i}-\rho_{\infty,i})^{1-\alpha}/(1-\alpha)/T_1$，且 α、$\rho_{0,i}$、$\rho_{\infty,i}$ 和 T_1 的定义与式（5-7）中相同，

$$\underline{b}_i=\begin{cases}-\delta, \ x_i(0)\geqslant 0\\ -1, \ x_i(0)<0\end{cases}, \quad \overline{b}_i=\begin{cases}1, \ x_i(0)\geqslant 0\\ \delta, \ x_i(0)<0\end{cases} \tag{5-21}$$

为了分析有限时间稳定流形 $\boldsymbol{x}$ 的性质，首先给出如下的**实用有限时间稳定性**的定义。

定义 5-2 考虑式（5-8）中的非线性系统。若对于任何 $\tilde{\boldsymbol{x}}_0\in\Omega_{\tilde{x}}$，均存在 $\varepsilon>0$ 和稳定时间函数 $T(\varepsilon,\tilde{\boldsymbol{x}}_0):\mathbb{R}\times\Omega_{\tilde{x}}/\{0\}\to(0,+\infty)$ 使得对于任意的 $t\geqslant T(\varepsilon,\tilde{\boldsymbol{x}}_0)$ 均满足

$\|\tilde{\boldsymbol{x}}(t)\| \leqslant \varepsilon$，则系统（5-8）是**实用有限时间稳定**的。

基于**定义 5-2**，有限时间稳定流形 $\boldsymbol{x}$ 的性质可以由下面的**定理 5-2** 给出。

定理 5-2 若式(5-19)中的约束始终成立，即当 $t \geqslant T_1$ 时，$\underline{b}_i\rho_{\infty,i} < x_i(t) < \overline{b}_i\rho_{\infty,i}$，则存在有限时间 $T_2 > 0$，使得当 $t \geqslant T_1+T_2$ 时，$p_{e,i}$ 及其导数 $\dot{p}_{e,i}$ 分别收敛至稳定域 $(-(\rho_{\infty,i}/\eta_i)^{1/\gamma},(\rho_{\infty,i}/\eta_i)^{1/\gamma})$ 和 $(-2\rho_{\infty,i},2\rho_{\infty,i})$ 内。

证明： 根据流形 $x_i(t)$ 的定义式（5-15），分别讨论如下三种情况。

（1）当 $x_i = 0$ 时。

基于式（5-15）和式（5-16），可以得到

$$\dot{p}_{e,i} + \eta_i \operatorname{sgn}^{\gamma}(p_{e,i}) = 0 \tag{5-22}$$

则可以构建关于状态量 $p_{e,i}$ 的 Lyapunov 函数为：$V_2 := (1/2)p_{e,i}^2$，对其进行求导并代入式（5-22）可以得到

$$\begin{aligned}\dot{V}_2 &= -\eta_i p_{e,i} \operatorname{sgn}^{\gamma}(p_{e,i}) \\ &= -2^{\frac{\gamma+1}{2}} \eta_i V_2^{\frac{\gamma+1}{2}}\end{aligned} \tag{5-23}$$

由**引理 5-1** 可知，存在有限时间 $T_{2,1}$ 使得当 $t \geqslant T_1 + T_{2,1}$ 时，有

$$p_{e,i} = 0 \in (-(\rho_{\infty,i}/\eta_i)^{1/\gamma},(\rho_{\infty,i}/\eta_i)^{1/\gamma}) \tag{5-24}$$

（2）当 $x_i \in (\underline{b}_i\rho_{\infty,i},0) \cup (0,\overline{b}_i\rho_{\infty,i})$ 且 $|p_{e,i}| > \Theta_i$ 时。

由式（5-15）和式（5-16）可以得到

$$\dot{p}_{e,i} + \operatorname{sgn}^{\gamma}(p_{e,i}) = x_i \in (\underline{b}_i\rho_{\infty,i},\overline{b}_i\rho_{\infty,i}) \tag{5-25}$$

式（5-25）可以进一步简化得到

$$\dot{p}_{e,i} = -\left(\eta_i - \frac{x_i}{\operatorname{sgn}^{\gamma}(p_{e,i})}\right)\operatorname{sgn}^{\gamma}(p_{e,i}) \tag{5-26}$$

显然，式（5-26）与式（5-22）形式相同。由**引理 5-1** 可知，存在有限时间 $T_{2,2}$ 使得当 $t \geqslant T_1 + T_{2,2}$ 时，$p_{e,i}(t)$ 收敛至由不等式 $\eta_i - x_i/\operatorname{sgn}^{\gamma}(p_{e,i}) \leqslant 0$ 所定义的稳定域中。该稳定域可以化简为

$$|p_{e,i}| \leqslant \left(\frac{|x_i|}{\eta_i}\right)^{1/\gamma} < \left(\frac{\rho_{\infty,i}}{\eta_i}\right)^{1/\gamma} \tag{5-27}$$

（3）当 $x_i \in (\underline{b}_i\rho_{\infty,i},0) \cup (0,\overline{b}_i\rho_{\infty,i})$ 且 $|p_{e,i}| \leqslant \Theta_i$ 时。

由于 $\Theta_i \in (0,(\rho_{\infty,i}/\eta_i)^{1/\gamma})$，则此时 $p_{e,i}$ 已经处于稳定域 $(-(\rho_{\infty,i}/\eta_i)^{1/\gamma}, (\rho_{\infty,i}/\eta_i)^{1/\gamma})$ 内。

综合上述三种情况，我们可以得到，存在有限时间 $T_2 = \max\{T_{2,1},T_{2,2}\}$，使得当 $t \geqslant T_1+T_2$ 时，$p_{e,i}(t)$ 到达且始终处于稳定域 $(-(\rho_{\infty,i}/\eta_i)^{1/\gamma},(\rho_{\infty,i}/\eta_i)^{1/\gamma})$ 内。再者，当 $t \geqslant T_1+T_2$ 时我们可以进一步得到：

$$\left|\dot{p}_{e,i}\right| \leqslant \left|x_i\right| + \eta_i \left|\Lambda_i(p_{e,i})\right| \leqslant \left|x_i\right| + \left|x_i\right| < 2\rho_{\infty,i} \tag{5-28}$$

这表明 $\dot{p}_{e,i}(t)$ 在 $t \geqslant T_1+T_2$ 时也到达且始终处于稳定域 $(-2\rho_{\infty,i}, 2\rho_{\infty,i})$ 内。

定理 5-2 得证。 ■

5.2.4 有限时间预设性能控制器设计

基于 5.2.2 节中设计式（5-7）的有限时间性能函数和 5.2.3 节中式（5-15）设计的有限时间稳定流形，可以设计如下式所示的有限时间预设性能控制器：

$$\boldsymbol{u} = -k\mathrm{diag}^{-1}(\boldsymbol{\theta} - \underline{\boldsymbol{b}})\mathrm{diag}^{-1}(\overline{\boldsymbol{b}} - \boldsymbol{\theta})\boldsymbol{s} \tag{5-29}$$

其中：$k > 0$ 为控制增益；$\underline{\boldsymbol{b}} = [\underline{b}_1, \underline{b}_2, \cdots, \underline{b}_n]^{\mathrm{T}} \in \mathbb{R}^n$；$\overline{\boldsymbol{b}} = [\overline{b}_1, \overline{b}_2, \cdots, \overline{b}_n]^{\mathrm{T}} \in \mathbb{R}^n$；$\boldsymbol{\theta}(t) = [\theta_1(t), \theta_2(t), \cdots, \theta_n(t)]^{\mathrm{T}} \in \mathbb{R}^n$，其定义为：$\boldsymbol{\theta}(t) := \mathrm{diag}^{-1}(\boldsymbol{\rho}(t))\boldsymbol{x}(t)$，$\boldsymbol{\rho} = [\rho_1, \rho_2, \cdots, \rho_n]^{\mathrm{T}} \in \mathbb{R}^n$；$\boldsymbol{s} - [s_1, s_2, \cdots, s_n]^{\mathrm{T}} \in \mathbb{R}^n$ 的定义为

$$s_i := \ell_i(x_i / \rho_i) = \ln \frac{x_i / \rho_i - \underline{b}_i}{\overline{b}_i - x_i / \rho_i} \tag{5-30}$$

注 5-5 式（5-29）构造的有限时间预设性能控制器仅仅使用了系统状态量 $\boldsymbol{p}_e$ 及其导数 $\dot{\boldsymbol{p}}_e$，未使用非线性系统（5-1）中的其他状态矩阵，如 $\boldsymbol{M}(\boldsymbol{p})$、$\boldsymbol{C}(\boldsymbol{p}, \dot{\boldsymbol{p}})$、$\boldsymbol{G}(\boldsymbol{p})$ 等，其设计和计算过程不依赖模型具体参数；其次，该控制器不包含任何耗时大的计算过程，是一种低复杂度的、适合在线实现的控制器；最后，上述控制器始终保持连续，避免了传统有限时间控制方法的抖振问题。

5.2.5 稳定性分析

为了分析非线性系统（5-1）在式（5-29）控制器作用下的稳定性，首先给出关于状态量 $\boldsymbol{s} = [s_1, s_2, \cdots, s_n]^{\mathrm{T}}$ 的一个引理如下：

引理 5-2 状态量 s_i 定义为 $s_i = \ell_i(x_i / \rho_i) = \ell_i(\theta_i) = \ln \dfrac{\theta_i - \underline{b}_i}{\overline{b}_i - \theta_i}$，当 $\theta_i(t)$ 位于区间 $(\underline{b}_i, \overline{b}_i)$ 上时，定义函数 $\hbar_i(\theta_i)$ 为

$$\hbar_i(\theta_i) = \ell_i(\theta_i) / (\theta_i - m_i) = \frac{1}{\theta_i - m_i} \ln \frac{\theta_i - \underline{b}_i}{\overline{b}_i - \theta_i} \tag{5-31}$$

其中：$m_i = (\underline{b}_i + \overline{b}_i) / 2$。

当 $\theta_i(t) \in (\underline{b}_i, \overline{b}_i)$ 时，$\hbar_i(\theta_i) > 0$ 始终成立。

证明： 根据 $\ell_i(\theta_i)$ 的定义，容易得到：

$$\ell_i(\theta_i) \begin{cases} > 0, & m_i < \theta_i < \overline{b}_i \\ = 0, & \theta_i = m_i \\ < 0, & \underline{b}_i < \theta_i < m_i \end{cases} \tag{5-32}$$

因此，在区间 $\theta_i \in (\underline{b}_i, m_i) \cup (m_i, \overline{b}_i)$ 上，$\hbar_i(\theta_i) > 0$ 始终成立。当 $\theta_i = m_i$ 时，由 L'Hospital 法则可以得到

$$\hbar_i(m_i) = \frac{\mathrm{d}\ell_i(\theta_i)/\mathrm{d}\theta_i|_{\theta_i=m_i}}{1} = \frac{4}{\bar{b}_i - \underline{b}_i} - \frac{4}{1+\delta} > 0 \tag{5-33}$$

引理 5-2 得证。 ■

注 5-6 事实上，$\mathrm{d}\hbar_i(\theta_i)/\mathrm{d}\theta_i > 0$ 在 $m_i < \theta_i < \bar{b}$ 时恒成立，$\mathrm{d}\hbar_i(\theta_i)/\mathrm{d}\theta_i < 0$ 在 $\underline{b}_i < \theta_i < m_i$ 上恒成立，且 $\mathrm{d}\hbar_i(\theta_i)/\mathrm{d}\theta_i$ 在定义域 $(\underline{b}_i, \bar{b}_i)$ 上连续，这表明 $4/(1+\delta)$ 是函数 $\hbar_i(\theta_i)$ 在定义域 $(\underline{b}_i, \bar{b}_i)$ 上的最小值。

非线性系统（5-1）在式（5-29）的有限时间预设性能控制器作用下的稳定性，由下述**定理 5-3** 给出。

定理 5-3 在有限时间预设性能控制器（5-29）和有限时间性能函数（5-20）的作用下，流形 $x_i(t)$ $(i=1,\cdots,n)$ 始终保持在式（5-19）的性能约束以内，且会在 T_1 时间以内收敛并保持至稳定域 $(\underline{b}_i\rho_{\infty,i}, \bar{b}_i\rho_{\infty,i})$ 内。此外，非线性系统（5-1）的误差状态量 $p_{e,i}(t)$ 和 $\dot{p}_{e,i}(t)$ 会在有限时间以内分别收敛至稳定域 $(-(\rho_{\infty,i}/\eta_i)^{1/\gamma}, (\rho_{\infty,i}/\eta_i)^{1/\gamma})$ 和 $(-2\rho_{\infty,i}, 2\rho_{\infty,i})$ 以内。

证明： 将式（5-2）代入式（5-15）可以得到：

$$\dot{\boldsymbol{x}} = \boldsymbol{M}^{-1}(\boldsymbol{p})(\boldsymbol{f}(\boldsymbol{p}, \dot{\boldsymbol{p}}, \ddot{\boldsymbol{p}}_d) + \boldsymbol{u} + \boldsymbol{u}_d) + \boldsymbol{\eta}\dot{\boldsymbol{\Lambda}}(\boldsymbol{p}_e) \tag{5-34}$$

根据 5.2.4 节状态量 $\boldsymbol{\theta}(t)$ 的定义和式（5-34），可以求得 $\boldsymbol{\theta}(t)$ 的时间导数为

$$\dot{\boldsymbol{\theta}} = \mathrm{diag}^{-1}(\boldsymbol{\rho})[-\mathrm{diag}(\dot{\boldsymbol{\rho}})\boldsymbol{\theta} + \boldsymbol{\eta}\dot{\boldsymbol{\Lambda}}(\boldsymbol{p}_e) + \boldsymbol{M}^{-1}(\boldsymbol{p})(\boldsymbol{f}(\boldsymbol{p}, \dot{\boldsymbol{p}}, \ddot{\boldsymbol{p}}_d) + \boldsymbol{u} + \boldsymbol{u}_d)] \tag{5-35}$$

构造关于状态量 $\boldsymbol{\theta}(t)$ 的 Lyapunov 函数为：$V_3(\boldsymbol{\theta}) := (1/2)(\boldsymbol{\theta} - \boldsymbol{m})^{\mathrm{T}}(\boldsymbol{\theta} - \boldsymbol{m})$，其中，$\boldsymbol{m} = [m_1, m_2, \cdots, m_n]^{\mathrm{T}} := (\underline{\boldsymbol{b}} + \bar{\boldsymbol{b}})/2 \in \mathbb{R}^n$。对 $V_3(\boldsymbol{\theta})$ 进行求导可以得到

$$\dot{V}_3 = (\boldsymbol{\theta} - \boldsymbol{m})^{\mathrm{T}}\mathrm{diag}^{-1}(\boldsymbol{\rho})[-\mathrm{diag}(\dot{\boldsymbol{\rho}})\boldsymbol{\theta} + \boldsymbol{\eta}\dot{\boldsymbol{\Lambda}}(\boldsymbol{p}_e) + \boldsymbol{M}^{-1}(\boldsymbol{p})(\boldsymbol{f}(\boldsymbol{p}, \dot{\boldsymbol{p}}, \ddot{\boldsymbol{p}}_d) + \boldsymbol{u} + \boldsymbol{u}_d)] \tag{5-36}$$

将式（5-29）的控制器代入式（5-36）可以得到

$$\begin{aligned}\dot{V}_3 = {} & (\boldsymbol{\theta} - \boldsymbol{m})^{\mathrm{T}}\mathrm{diag}^{-1}(\boldsymbol{\rho})[-\mathrm{diag}(\dot{\boldsymbol{\rho}})\boldsymbol{\theta} + \boldsymbol{\eta}\dot{\boldsymbol{\Lambda}}(\boldsymbol{p}_e) + \boldsymbol{M}^{-1}(\boldsymbol{p})(\boldsymbol{f}(\boldsymbol{p}, \dot{\boldsymbol{p}}, \ddot{\boldsymbol{p}}_d) + \boldsymbol{u}_d) - \\ & k\boldsymbol{M}^{-1}(\boldsymbol{p})\mathrm{diag}^{-1}(\boldsymbol{\theta} - \underline{\boldsymbol{b}})\mathrm{diag}^{-1}(\bar{\boldsymbol{b}} - \boldsymbol{\theta})\boldsymbol{s}]\end{aligned} \tag{5-37}$$

基于式（5-20）的有限时间性能函数的定义，可以得到如下不等式：

$$1/\bar{\rho} \leqslant \|\mathrm{diag}^{-1}(\boldsymbol{\rho})\| \leqslant 1/\underline{\rho} \tag{5-38}$$

$$0 \leqslant \|\mathrm{diag}(\dot{\boldsymbol{\rho}})\| \leqslant \dot{\bar{\rho}} \tag{5-39}$$

其中：$\underline{\rho} := \min\limits_i \rho_{\infty,i}$；$\bar{\rho} := \max\limits_i \rho_{0,i}$；$\dot{\bar{\rho}} := \max\limits_i(\mu_i\rho_{0,i} - \mu_i\rho_{\infty,i})$ $(i=1,2,\cdots,n)$。

将式（5-3）、式（5-38）和式（5-39）代入式（5-37），可得

$$\dot{V}_3 \leqslant \underline{\rho}^{-1}\|\boldsymbol{\theta}-\boldsymbol{m}\|\left[\bar{\dot{\rho}}\|\boldsymbol{\theta}\|+\bar{\eta}\left\|\dot{\boldsymbol{\Lambda}}(\boldsymbol{p}_e)\right\|+\underline{m}^{-1}\left(\bar{c}\|\dot{\boldsymbol{p}}\|^2+\bar{g}+\bar{m}\cdot\bar{\ddot{p}}_d+\bar{d}\right)\right]- \\ k(\boldsymbol{\theta}-\boldsymbol{m})^{\mathrm{T}}\operatorname{diag}^{-1}(\boldsymbol{\rho})\boldsymbol{M}^{-1}(\boldsymbol{p})\operatorname{diag}^{-1}(\boldsymbol{\theta}-\underline{\boldsymbol{b}})\operatorname{diag}^{-1}(\bar{\boldsymbol{b}}-\boldsymbol{\theta})\boldsymbol{s} \tag{5-40}$$

其中：$\bar{\eta} := \max\limits_i \eta_i \ (i=1,2,\cdots,n)$。

值得注意的是，$\operatorname{diag}^{-1}(\boldsymbol{\rho})$、$\operatorname{diag}(\dot{\boldsymbol{\rho}})$、$\boldsymbol{M}^{-1}(\boldsymbol{p})$、$\dot{\boldsymbol{\Lambda}}(\boldsymbol{p}_e)$ 以及控制器（5-29）均为连续有界函数，因此，状态量$\boldsymbol{\theta}(t)$也是关于时间t的连续函数。此外，由于$\rho_{0,i}$在选取时满足$\rho_{0,i}>|x_i(0)|$，因此，$\theta_i(0)\in(\underline{b}_i,\bar{b}_i)$。由此可得，存在某个时间$t_1>0$使得对于任何$i=1,\cdots,n$和时间$t<t_1$，$\theta_i(t)$都处于区间$(\underline{b}_i,\bar{b}_i)$以内。很容易得到，在时间$t<t_1$时，$\|\boldsymbol{\theta}-\boldsymbol{m}\|$、$\|\boldsymbol{\theta}\|$、$\left\|\dot{\boldsymbol{\Lambda}}(\boldsymbol{p}_e)\right\|$和$\|\dot{\boldsymbol{p}}_e\|$均保持有界。定义

$$\Omega_1 := \underline{\rho}^{-1}\|\boldsymbol{\theta}-\boldsymbol{m}\|\left[\bar{\dot{\rho}}\|\boldsymbol{\theta}\|+\bar{\eta}\left\|\dot{\boldsymbol{\Lambda}}(\boldsymbol{p}_e)\right\|+\underline{m}^{-1}\left(\bar{c}\|\dot{\boldsymbol{p}}\|^2+\bar{g}+\bar{m}\bullet\bar{\ddot{p}}_d+\bar{d}\right)\right] \tag{5-41}$$

可以得到：在时间区间$[0,t_1)$上，$\Omega_1>0$且有界。

考虑状态量$\boldsymbol{s}(t)$的第i维分量$(i=1,2,\cdots,n)$，在时间区间$[0,t_1)$上，由**引理 5-2** 和**注 5-6** 可得，存在函数$\hbar_i(\theta_i):(\underline{b}_i,\bar{b}_i)\to(4/(1+\delta),+\infty)$使得$s_i(t)=\hbar_i(\theta_i)(\theta_i-m_i)$，因此，$\operatorname{diag}^{-1}(\boldsymbol{\theta}-\underline{\boldsymbol{b}})\operatorname{diag}^{-1}(\bar{\boldsymbol{b}}-\boldsymbol{\theta})\boldsymbol{s}$的第$i$维分量可以写为

$$\begin{aligned}\frac{s_i}{(\theta_i-\underline{b}_i)(\bar{b}_i-\theta_i)} &= \frac{\hbar_i(\theta_i)(\theta_i-m_i)}{\left(\theta_i-m_i+\dfrac{1+\delta}{2}\right)\left(\dfrac{1+\delta}{2}-\theta_i+m_i\right)} \\ &= \frac{\hbar_i(\theta_i)(\theta_i-m_i)}{\left(\dfrac{1+\delta}{2}\right)^2-(\theta_i-m_i)^2}\end{aligned} \tag{5-42}$$

将式（5-41）和式（5-42）代入式（5-40），可得

$$\dot{V}_3 \leqslant \Omega_1-\frac{4k}{\bar{\rho}\bullet\bar{m}(1+\delta)}\sum_{i=1}^{n}\frac{(\theta_i-m_i)^2}{\left(\dfrac{1+\delta}{2}\right)^2-(\theta_i-m_i)^2} \tag{5-43}$$

通过定义$\Omega_2 := 4k/[\bar{\rho}\bullet\bar{m}(1+\delta)]$，式（5-43）可以简化为

$$\begin{aligned}\dot{V}_3 &\leqslant \Omega_1-\Omega_2\sum_{i=1}^{n}\frac{(\theta_i-m_i)^2}{\left(\dfrac{1+\delta}{2}\right)^2-(\theta_i-m_i)^2} \\ &= (\Omega_1+\Omega_2)\sum_{i=1}^{n}\frac{\dfrac{\Omega_1}{\Omega_1+\Omega_2}\left(\dfrac{1+\delta}{2}\right)^2-(\theta_i-m_i)^2}{\left(\dfrac{1+\delta}{2}\right)^2-(\theta_i-m_i)^2}\end{aligned} \tag{5-44}$$

定义 Lyapunov 函数导数$\dot{V}_3$的第i部分为

$$\dot{V}_{3,i} := (\Omega_1+\Omega_2)\frac{\dfrac{\Omega_1}{\Omega_1+\Omega_2}\left(\dfrac{1+\delta}{2}\right)^2-(\theta_i-m_i)^2}{\left(\dfrac{1+\delta}{2}\right)^2-(\theta_i-m_i)^2} \tag{5-45}$$

由于$\dot{V}_3=\sum_{i=1}^{n}\dot{V}_{3,i}$，存在如下结论：

$$\begin{cases}\dot{V}_{3,i}\in[0,\Omega_1], & |\theta_i-m_i|\leqslant\sqrt{\dfrac{\Omega_1}{\Omega_1+\Omega_2}}\dfrac{1+\delta}{2}\\ \dot{V}_{3,i}\in(-\infty,0), & \sqrt{\dfrac{\Omega_1}{\Omega_1+\Omega_2}}\dfrac{1+\delta}{2}<|\theta_i-m_i|<\dfrac{1+\delta}{2}\end{cases} \tag{5-46}$$

值得注意的是，$|\theta_i-m_i|<(1+\delta)/2$ 是 $\theta_i\in(\underline{b}_i,\overline{b}_i)$ 的等价表述。因此可以得出，当任意一维 $\theta_i(t)$ 接近区间边界值 $\underline{b}_i$ 或 $\overline{b}_i$ 时，相应维度的 $\dot{V}_{3,i}$ 趋向于 $-\infty$。此时，由于其他维度的 $\dot{V}_{3,j}$ $(j=1,2,\cdots,n\ \&\ j\neq i)$ 均为负值或有界正值，因此 $\dot{V}_3$ 也会趋向于 $-\infty$，进而使得 $\theta_i(t)$ 维持在区间 $(\underline{b}_i,\overline{b}_i)$ 以内。

综上所述，在整个时间区间 $[0,+\infty)$ 上，$\theta_i(t)$ 会始终保持在区间 $(\underline{b}_i,\overline{b}_i)$ 以内。结合**定理 5-1** 中性能函数 $\rho_i(t)$ 的有限时间可达性可得，$x_i(t)$ $(i=1,2,\cdots,n)$ 在整个时间区间上始终满足边界约束 $\underline{b}_i\rho_i(t)<x_i(t)<\overline{b}_i\rho_i(t)$，且会在时间 T_1 内收敛并保持在稳定域 $(\underline{b}_i\rho_{\infty,i},\overline{b}_i\rho_{\infty,i})$ 内。

结合**定理 5-2** 可以进一步得到：存在有限时间 $T_2>0$，使得当 $t\geqslant T_1+T_2$ 时，$p_{e,i}(t)$ 及其导数 $\dot{p}_{e,i}(t)$ 分别收敛至稳定域 $(-(\rho_{\infty,i}/\eta_i)^{1/\gamma},(\rho_{\infty,i}/\eta_i)^{1/\gamma})$ 和 $(-2\rho_{\infty,i},2\rho_{\infty,i})$ 内。

定理 5-3 得证。 ■

注 5-7 传统的预设性能控制方法（如文献[1,15]）构造的线性流形缺乏实际物理意义和工程应用价值，其性质难以与工程中的实际问题和需求相结合。本节中构造的有限时间稳定流形 $x_i(t)$ 则与之不同。$x_i(t)$ 的收敛域 $(\underline{b}_i,\overline{b}_i)$ 是直接由参数 $\rho_{\infty,i}$ 定义的，同样地，实际系统的误差状态 $p_{e,i}(t)$ 和 $\dot{p}_{e,i}(t)$ 的收敛域也是由参数 $\rho_{\infty,i}$ 直接定义的，即 $(-(\rho_{\infty,i}/\eta_i)^{1/\gamma},(\rho_{\infty,i}/\eta_i)^{1/\gamma})$ 和 $(-2\rho_{\infty,i},2\rho_{\infty,i})$。换言之，用户可以通过调节 $\rho_{\infty,i}$ 的取值直接设计实际系统误差状态 $p_{e,i}(t)$ 和 $\dot{p}_{e,i}(t)$ 的收敛域，这十分有助于与实际工程任务对系统的控制精度要求进行直接结合，具有较强的工程意义和应用价值。

5.3 二阶机械系统的有限时间预设性能控制

为了验证 5.2 节中提出的有限时间预设性能控制方法的有效性，本节以二阶刚性机械臂系统的轨迹跟踪控制为例进行仿真验证。

5.3.1 二阶机械系统描述

二阶刚性机械臂系统的运动方程[16]可以建模为式（5-1）所示的欧拉–拉格朗日型非线性系统，且维数 $n=2$ 。具体的系统参数如下：

$$\boldsymbol{M}(\boldsymbol{p})=\begin{bmatrix} M_{11}(\boldsymbol{p}) & M_{12}(\boldsymbol{p}) \\ M_{12}(\boldsymbol{p}) & M_{22}(\boldsymbol{p}) \end{bmatrix} \tag{5-47}$$

$$\boldsymbol{C}(\boldsymbol{p},\dot{\boldsymbol{p}})=\begin{bmatrix} -c(p_2)\dot{p}_1 & -2c(p_2)\dot{p}_1 \\ 0 & c(p_2)\dot{p}_2 \end{bmatrix} \tag{5-48}$$

$$\boldsymbol{G}(\boldsymbol{p})=\begin{bmatrix} G_1(\boldsymbol{p})g \\ G_2(\boldsymbol{p})g \end{bmatrix} \tag{5-49}$$

其中： g 为重力加速度；

$$\begin{cases} M_{11}(\boldsymbol{p})=(m_1+m_2)r_1^2+m_2r_2^2+2m_2r_1r_2\cos(p_2)+J_1 \\ M_{12}(\boldsymbol{p})=m_2r_2^2+m_2r_1r_2\cos(p_2) \\ M_{22}(\boldsymbol{p})=m_2r_2^2+J_2 \\ c(p_2)=m_2r_1r_2\sin(p_2) \\ G_1(\boldsymbol{p})=(m_1+m_2)r_1\cos(p_2)+m_2r_2\cos(p_1+p_2) \\ G_2(\boldsymbol{p})=m_2r_2\cos(p_1+p_2) \end{cases} \tag{5-50}$$

m_i、J_i、r_i $(i=1,2)$ 分别为机械臂系统两个连杆的质量、惯量及长度。

为了仿真机械系统实际的运行工况，本节采用了 LuGre 关节摩擦模型[17,18]来考虑时变外部干扰 $\boldsymbol{u}_d$ ，并用下式表示：

$$\begin{cases} u_{d,i}=-\chi_{0,i}z_i-\chi_{1,i}\dot{z}_i-\chi_{2,i}\dot{p}_i \\ \dot{z}_i=\dot{p}_i-\chi_{0,i}|\dot{p}_i|z_i/g_i(\dot{p}_i) \qquad ,i=1,2 \\ g_i(\dot{p}_i)=F_{c,i}+(F_{s,i}-F_{c,i})\exp(-|\dot{p}_i|/\dot{p}_{s,i}) \end{cases} \tag{5-51}$$

其中： $\chi_{0,i}$、$\chi_{1,i}$、$\chi_{2,i}>0$ 分别为刚度系数、阻尼系数和黏滞摩擦系数； $F_{c,i}$ 为库伦摩擦系数； $F_{s,i}$ 为静摩擦项且满足 $F_{s,i}>F_{c,i}>0$ ； $\dot{p}_{s,i}>0$ 为关节的斯特里贝克（Stribeck）速度。仿真中将上述参数设置为

$$\begin{cases} \chi_{0,i}=280,\chi_{1,i}=1,\chi_{2,i}=0.017 \\ F_{c,i}=0.22,F_{s,i}=0.39,\dot{p}_{s,i}=0.1 \end{cases} \tag{5-52}$$

仿真中将系统状态 $\boldsymbol{p}$ 及其导数 $\dot{\boldsymbol{p}}$ 的初值分别为 $\boldsymbol{p}(0)=[3.0,2.5]^{\mathrm{T}}$ 和 $\dot{\boldsymbol{p}}(0)=[0,0]^{\mathrm{T}}$ ， $\boldsymbol{p}$ 的期望轨迹 $\boldsymbol{p}_d$ 设计为

$$\boldsymbol{p}_d=\begin{bmatrix} 1.25-(7/5)\exp(-t)+(7/20)\exp(-4t) \\ 1.25+\exp(-t)-(1/4)\exp(-4t) \end{bmatrix} \tag{5-53}$$

上述模型矩阵 $\boldsymbol{M}(\boldsymbol{p})$、$\boldsymbol{C}(\boldsymbol{p},\dot{\boldsymbol{p}})$、$\boldsymbol{G}(\boldsymbol{p})$ 满足欧拉–拉格朗日型非线性系统（5-1）

的**性质 5-1**～**性质 5-3**。外部干扰 $\boldsymbol{u}_d$ 和期望轨迹 $\boldsymbol{p}_d$ 分别满足**假设 5-1** 和**假设 5-2**。

5.3.2 有效性仿真验证

为验证所提出的有限时间预设性能控制方法的有效性，本小节选择合理的系统参数，设计控制参数进行数值仿真分析。其中，系统参数设置为：$m_1 = 0.5\,\mathrm{kg}$，$m_2 = 1.5\,\mathrm{kg}$，$r_1 = 1.0\,\mathrm{m}$，$r_2 = 0.8\,\mathrm{m}$，$J_1 = 5\,\mathrm{kg\cdot m}$，$J_1 = 5\,\mathrm{kg\cdot m}$。上述参数仅用来进行动力学仿真，对于控制系统和控制器设计来说是未知的。

依据 $\boldsymbol{p}$ 及其导数 $\dot{\boldsymbol{p}}$ 的初值，将有限时间性能函数（5-20）相关参数设计为：$\rho_{0,1} = 4$，$\rho_{0,2} = 2.5$，$\rho_{\infty,i} = 0.01\ (i = 1,2)$，$\alpha = 0.5$，$\delta = 0.5$，收敛时间 $T_1 = 5\,\mathrm{s}$。

有限时间预设性能控制器（5-29）的相关参数设计为：$k = 50$，$\eta_i = 0.8\ (i = 1,2)$，$\gamma = 0.8$。

有限时间收敛流形 $x_i(t)\ (i = 1,2)$ 在预设性能函数 $\rho_i(t)\ (i = 1,2)$ 约束下随时间变化的曲线如图 5-4 所示。从图 5-4 可以看出，$x_i(t)$ 在时域内始终处于预设性能边界以内，即该流形能够在用户预设的收敛时间 5s 内到达预设的稳定域内。此外，该流形在稳态时误差很小，为 10^{-3} 量级，显然始终保持在预设稳定域 $(\underline{b}_i\rho_{\infty,i}, \overline{b}_i\rho_{\infty,i}) = (-0.005, 0.01)$ 以内。实际上，根据控制任务需求可通过主动减小 $\rho_{\infty,i}$ 的取值，进一步缩小流形 $x_i(t)$ 的稳态误差，实现更高的跟踪精度。

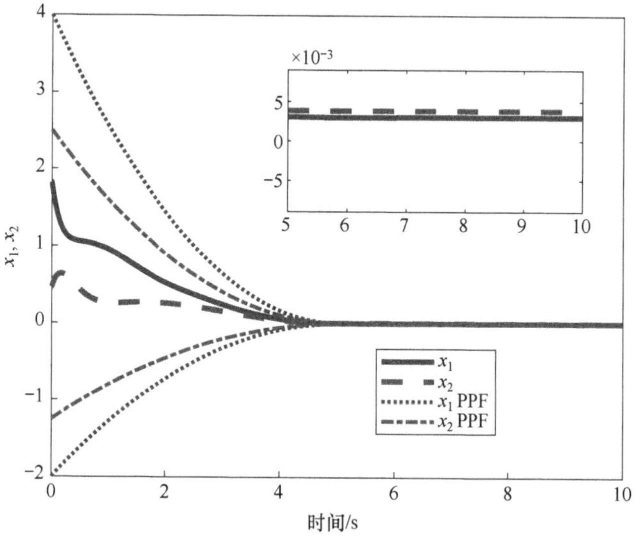

图 5-4 有限时间收敛流形 $x_i(t)$ 在预设性能函数(PPF)约束下的变化曲线

系统状态 $p_i(t)\ (i = 1,2)$ 跟踪其期望轨迹 $p_{d,i}(t)$ 的变化曲线如图 5-5 所示。从图 5-5 中可以看出，当流形 $x_i(t)$ 在 5s 前收敛后，其组成状态量 $p_i(t)$ 很快收敛到预设的稳定域以内，实现对期望轨迹 $p_{d,i}(t)$ 的高精度跟踪。

图 5-6 给出了跟踪控制过程中控制输入的变化曲线。从图中可以看出控制输入保持连续而稳定，在工程应用中易于实现。

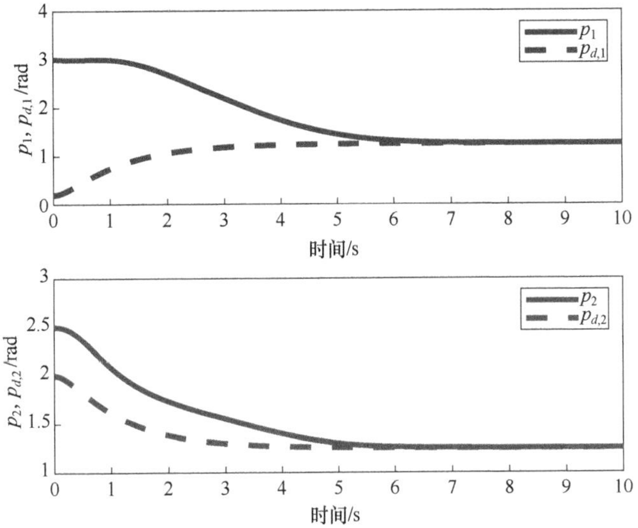

图 5-5　系统状态 $p_i(t)$ 跟踪期望轨迹 $p_{d,i}(t)$ 的变化曲线

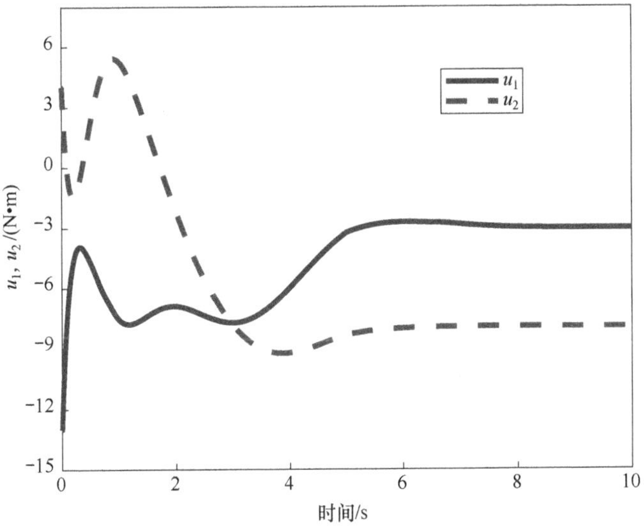

图 5-6　控制输入 $u_i(t)$ 的变化曲线

从上述仿真结果与分析可以得出：有限时间收敛流形 $x_i(t)$ 能够在用户给定的时间内完成收敛，系统状态量 $p_i(t)$ 也能够在有限时间内完成收敛，实现对期望轨迹 $p_{d,i}(t)$ 的高精度跟踪，控制输入连续稳定、易于实现。因此，本章提出的有限时间预设性能控制方法是有效的。

5.3.3 鲁棒性仿真验证

为了进一步验证本章所提出的有限时间预设性能控制方法的鲁棒性，在本小节中，将为非线性系统的动力学参数，即式（5-47）～式（5-49）中的参数施加额外的未知载荷。具体的操作为：将连杆 1 的质量 m_1 和惯量 J_1 分别增大 100%，将连杆 2 的质量 m_2 和惯量 J_2 分别增大 80%，且上述变化对于控制系统是未知的。有限时间性能函数（5-20）和有限时间预设性能控制器（5-29）的相关参数均保持与 5.3.2 节中一致。

图 5-7 给出了额外载荷作用下有限时间收敛流形 $x_i(t)$ 在预设性能函数(PPF)约束下随时间的变化曲线，从图 5-7 中可以看出，流形 $x_i(t)$ 的收敛情况几乎没有受到额外载荷的影响，$x_i(t)$ 仍然能够在 5s 时间内收敛到预设的稳定域 $(\underline{b}_i\rho_{\infty,i},\overline{b}_i\rho_{\infty,i})=(-0.005,0.01)$ 中，且稳态误差也始终保持在稳定域以内。

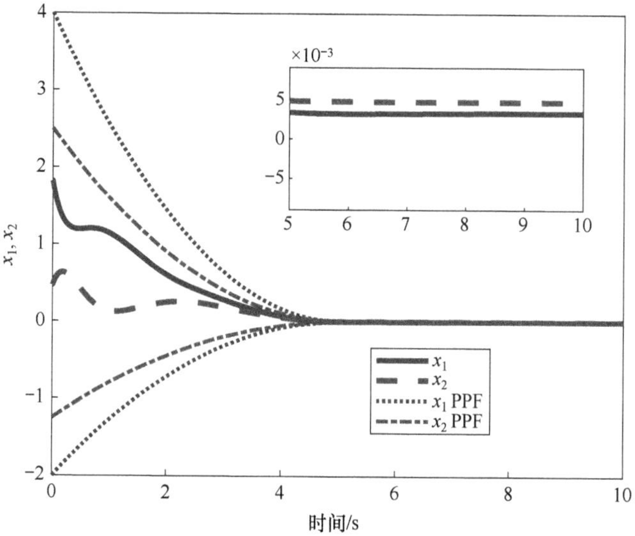

图 5-7 有限时间收敛流形 $x_i(t)$ 在预设性能函数(PPF)约束下的变化曲线（考虑额外载荷）

图 5-8 给出了额外载荷作用下系统状态 $p_i(t)$ 跟踪期望轨迹 $p_{d,i}(t)$ 的变化曲线。从图 5-8 可以看出，$p_i(t)$ 跟踪期望轨迹 $p_{d,i}(t)$ 的情况也几乎没有受到额外载荷的影响，当流形 $x_i(t)$ 收敛后，其组成状态量 $p_i(t)$ 很快收敛到预设的稳定域以内，实现了对期望轨迹 $p_{d,i}(t)$ 的高精度跟踪。

图 5-9 中给出了额外载荷作用下控制输入的变化曲线。从图中可以看出，为了抵消额外载荷的影响，控制输入相比于图 5-6 有所增大，但是其仍然保持连续稳定，在工程应用中易于实现。

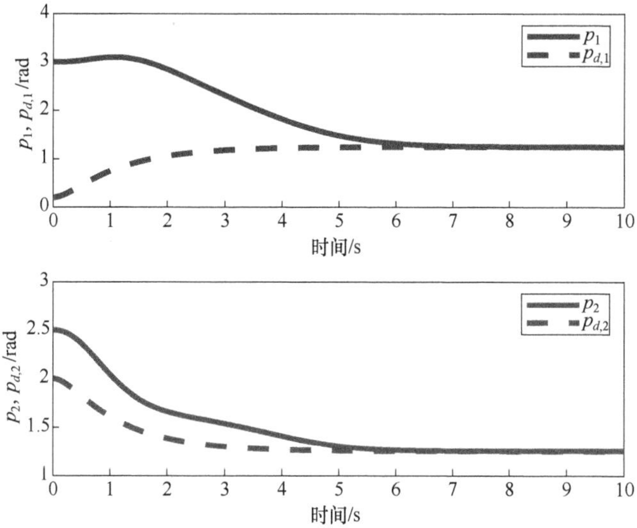

图 5-8 系统状态 $p_i(t)$ 跟踪期望轨迹 $p_{d,i}(t)$ 的变化曲线（考虑额外载荷）

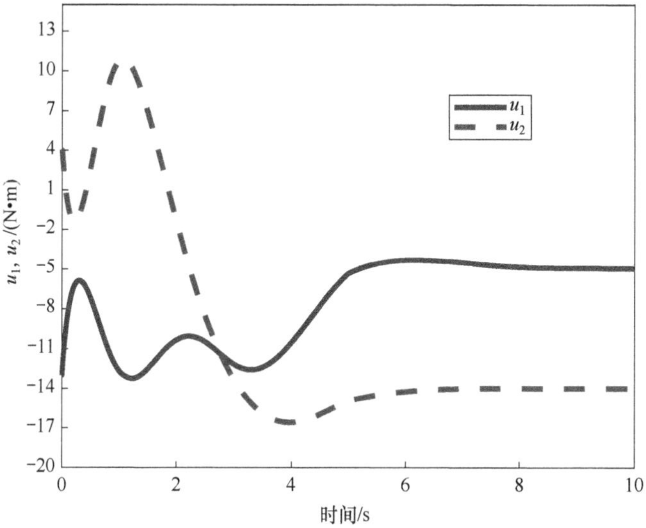

图 5-9 控制输入 $u_i(t)$ 的变化曲线（考虑额外载荷）

上述仿真结果与分析表明：本章提出的有限时间预设性能控制方法对于参数不确定性具有极强的鲁棒性，该方法没有耗时大的计算过程，在低复杂度的情况下、在系统参数发生剧烈变化时，仍然能够保证系统的有限时间稳定性和预设性能的实现。

5.3.4 对比仿真验证

为了进一步凸显本章所提出的有限时间预设性能控制方法的优势，在本小节中将本章方法与传统的指数收敛型预设性能控制方法进行了仿真和对比。

一方面，将有限时间性能函数 $\rho_i(t)(i=1,2)$ 替换为传统的指数收敛性能函数 $\varrho_i(t)$ $(i=1,2)$（详见式（5-4）），且性能函数参数初值和终值设置为与 $\rho_i(t)$ 相同，即 $\varrho_{0,1}=\rho_{0,1}=4$， $\varrho_{0,2}=\rho_{0,2}=2.5$， $\varrho_{\infty,i}=\rho_{\infty,i}=0.01(i=1,2)$ 。分别进行 5.3.2 节和 5.3.3 节中无额外载荷和存在额外载荷两种工况下的仿真实验。通过改变指数收敛性能函数 $\varrho_i(t)$ 中的指数收敛速度 κ，得到了一系列仿真数据。定义实际收敛时间 t_a 为 $x_i(t)$ $(i=1,2)$ 彻底进入预设稳定域 $(\underline{b}_i\varrho_{\infty,i},\overline{b}_i\varrho_{\infty,i})=(-0.005,0.01)$ 以内的时间，统计仿真结果的实际收敛时间 t_a 与指数收敛速度 κ 的关系并将其绘制在图 5-10 中。

图 5-10 给出了指数收敛性能函数作用下实际收敛时间 t_a 与指数收敛速度 κ 的关系，从图中可以看到，实际收敛时间 t_a 与指数收敛速度 κ 并非线性变化的。因此，当实际工况确定后，若采用传统的指数收敛型性能函数，用户将需要进行多组仿真，不断调节 κ 来获得期望的实际收敛时间，这显然是复杂而不实用的。此外，对于相同的初始状态，当系统参数发生变化时（如无额外载荷和存在额外载荷两种工况），尽管保持指数收敛速度 κ 不变，然而实际收敛时间 t_a 也会发生改变。这表明离线获得的实际收敛时间进行在线使用时并不一定可靠。因此，传统的指数收敛型性能函数存在收敛时间估计复杂、估计结果不可靠的缺点。

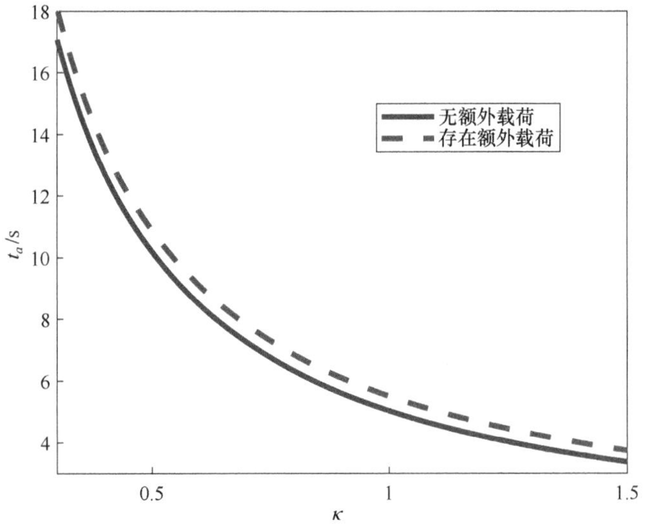

图 5-10　指数收敛性能函数作用下实际收敛时间 t_a 与指数收敛速度 κ 的关系

另一方面，若采用本章提出的有限时间性能函数 $\rho_i(t)(i=1,2)$，用户可以自主先验地设计收敛时间上界 T_1。为了清晰地展示该过程，本节采用 5.3.2 节中不考虑额外载荷的工况，保持控制参数不变，调节系统的收敛时间 T_1 分别为 5s、3s 和 2s，所得到的不同收敛时间下流形变化的仿真结果如图 5-11 所示。

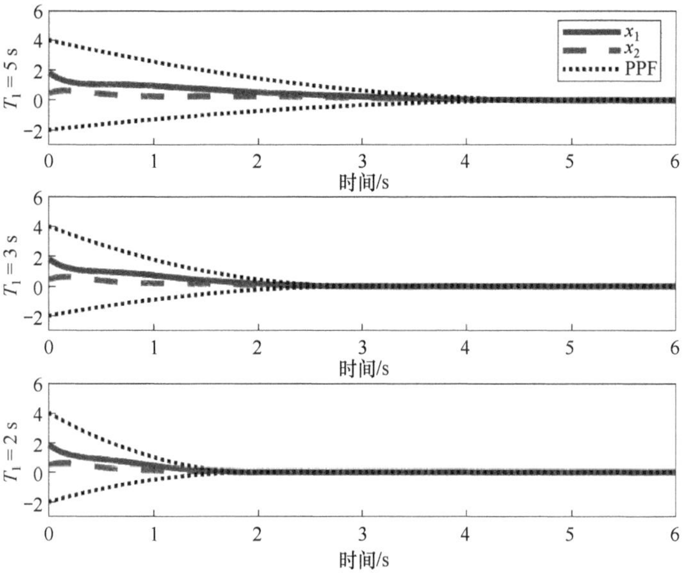

图 5-11 不同收敛时间 T_1 下流形 $x_i(t)$ 的变化图

从图 5-11 中可以看出，$x_i(t)$ 在预设收敛时间发生变化后，仍然始终处于预设的性能边界以内，且均能在预设收敛时间 T_1 内收敛到预设的稳定域中。当 T_1 较大时，$x_i(t)$ 收敛相对较慢；当 T_1 减小时，$x_i(t)$ 的收敛速度也相应加快。上述操作仅仅简单改变了预设收敛时间 T_1，并未进行其他额外复杂的操作。

从上述仿真结果与分析可以得出，调节本章提出的有限时间预设性能控制方法中预设收敛时间 T_1 来改变系统的收敛时间比调节传统指数型性能函数中的指数收敛速度 κ 更加快捷和高效，无需进行多次调参和仿真实验，所得到的仿真结果也更加可靠，对系统参数的未知变化也具有更强的鲁棒性。

5.4 本章小结

本章研究了广义动力学系统——欧拉-拉格朗日型非线性系统的跟踪控制问题，针对传统指数收敛型性能函数存在收敛速度慢、收敛时间难以估计的问题，结合有限时间控制方法中的相关思想和理论，构造了有限时间收敛性能函数和有限时间稳定非线性流形，进而基于此形成了一种有限时间预设性能控制方法。通过对二阶非线性机械系统的仿真分析，验证了有限时间预设性能控制方法的有效性、鲁棒性及其相比于传统预设性能控制方法的优势。

相比于传统的指数收敛型预设性能控制方法，本章提出的有限时间预设性能控制方法主要具有三方面的创新和优势：①设计的有限时间收敛性能函数是一种面向工程应用的性能函数，其收敛时间可以由用户先验设计，省去了复杂的调参和多次仿真检验过程；②设计了基于系统状态量的有限时间稳定非线性流形，相比传统的线性流形方法仅能保证系统状态量是指数收敛的，本章设计的有限时间稳定非线性流形可以保证所有的组成状态量均能在有限时间内到达预设的稳定域中；③构造了一种无辨识、无抖振、低复杂度的有限时间预设性能控制器，该控制器不仅不依赖非线性模型的具体参数信息，而且在满足预设性能要求的同时，对外部干扰和不确定性具有极强的鲁棒性。

相比于本书的第 2～4 章，本章主要解决了传统的指数收敛预设性能控制方法收敛速度慢的问题，提出了一种快速收敛的有限时间预设性能控制方法，非常适合解决对系统收敛速度和收敛时间有要求的系统控制问题，因此更适合于实际工程应用。

参考文献

[1] Bechlioulis C P, Rovithakis G A. Robust adaptive control of feedback linearizable MIMO nonlinear systems with prescribed performance[J]. IEEE Transactions on Automatic Control, 2008, 53(9): 2090-2099.

[2] Kostarigka A K, Rovithakis G A. Prescribed performance output feedback/observer-free robust adaptive control of uncertain systems using neural networks[J]. IEEE Transactions on Systems, Man, and Cybernetics, Part B (Cybernetics), 2011, 41(6): 1483-1494.

[3] Wang L, Chai T, Zhai L. Neural-network-based terminal sliding-mode control of robotic manipulators including actuator dynamics[J]. IEEE Transactions on Industrial Electronics, 2009, 56(9): 3296-3304.

[4] Bhat S P, Bernstein D S. Continuous finite-time stabilization of the translational and rotational double integrators[J]. IEEE Transactions on Automatic Control, 1998, 43(5): 678-682.

[5] Bhat S P, Bernstein D S. Finite-time stability of continuous autonomous systems[J]. SIAM Journal on Control and Optimization, 2000, 38(3): 751-766.

[6] Zhang J, Hu Q, Wang D. Bounded finite-time attitude tracking control for rigid spacecraft via output feedback[J]. Aerospace Science and Technology, 2017, 64: 75-84.

[7] Fantoni I, Lozano R. Control of nonlinear mechanical systems[J]. European Journal of Control, 2001, 7(2-3): 328-348.

[8] Wei C, Luo J, Dai H, et al. Adaptive model-free constrained control of postcapture flexible spacecraft: a Euler–Lagrange approach[J]. Journal of Vibration and Control, 2018, 24(20): 4885-4903.

[9] Meng Z, Ren W, You Z. Distributed finite-time attitude containment control for multiple rigid bodies[J]. Automatica, 2010, 46(12): 2092-2099.

[10] Salazar-Cruz S, Escareno J, Lara D, et al. Embedded control system for a four-rotor UAV[J].

International Journal of Adaptive Control and Signal Processing, 2007, 21(2-3): 189-204.

[11] Yu S, Yu X, Shirinzadeh B, et al. Continuous finite-time control for robotic manipulators with terminal sliding mode[J]. Automatica, 2005, 41(11): 1957-1964.

[12] Gasparetto A, Zanotto V. A new method for smooth trajectory planning of robot manipulators[J]. Mechanism and Machine Theory, 2007, 42(4): 455-471.

[13] Mattei M, Blasi L. Smooth flight trajectory planning in the presence of no-fly zones and obstacles[J]. Journal of Guidance, Control, and Dynamics, 2010, 33(2): 454-462.

[14] Hu Q, Shao X. Smooth finite-time fault-tolerant attitude tracking control for rigid spacecraft[J]. Aerospace Science and Technology, 2016, 55: 144-157.

[15] Theodorakopoulos A, Rovithakis G A. Low-complexity prescribed performance control of uncertain MIMO feedback linearizable systems[J]. IEEE Transactions on Automatic Control, 2015, 61(7): 1946-1952.

[16] Yang L, Yang J. Nonsingular fast terminal sliding mode control for nonlinear dynamical systems[J]. International Journal of Robust and Nonlinear Control, 2011, 21(16): 1865-1879.

[17] Panteley E, Ortega R, Gäfvert M. An adaptive friction compensator for global tracking in robot manipulators[J]. Systems & Control Letters, 1998, 33(5): 307-313.

[18] Marton L, Lantos B. Control of robotic systems with unknown friction and payload[J]. IEEE Transactions on Control Systems Technology, 2010, 19(6): 1534-1539.

06 第 6 章 约定时间预设性能控制

6.1 引言

本书第 5 章介绍了一种有限时间预设性能控制方法，该方法结合有限时间控制方法中的相关思想和理论，构造了有限时间收敛性能函数和有限时间稳定非线性流形，保证了系统状态量能够在有限时间内到达预设的稳定域内。该方法加快了系统状态量的收敛速度，对于需要快速响应的任务具有重要的理论和工程意义。然而，虽然该方法的收敛时间是有限的，其收敛时间的具体值仍是无法先验设计的。对于任务完成时间有严格要求的实际工程问题往往期望能够先验设计系统状态收敛到稳定区域内的收敛时间。若系统不能在给定时间内完成收敛，后续任务可能会被影响，甚至会造成整体任务的失败。因此，有必要研究一种能够先验设计系统收敛时间的预设性能控制方法。

有限时间控制方法（如文献[1-3]）和第 5 章提出的有限时间预设性能控制方法仅能保证系统的有限时间稳定性，其具体的收敛时间需要根据系统的初值和控制器参数进行估计。当系统初值和控制器参数改变时，系统的收敛时间也会发生变化。为了解决这个问题，有学者提出了固定时间控制方法（文献[4-8]）。通过构造固定时间终端滑模面，可以估计系统收敛时间的上界，且该上界与系统初值无关。然而，该控制方法也存在三个方面的局限性。第一，系统收敛时间上界的估计值是通过终端滑模面的参数计算得到的，无法直接预设；第二，该收敛时间上界具有很强的保守性，与真实收敛时间往往差别较大；第三，终端滑模面的构造和随之的控制器设计均需要用到系统状态的分数阶，而分数阶的计算对于实际工程系统而言，计算复杂度较高。

近年来，有学者在文献[9]中提出了“约定时间控制”的概念。该概念要求系统的收敛时间可以由用户根据实际工程任务的需求进行先验设计，且该时间是与系统的初值无关的。区别于固定时间控制方法，用户不需要去利用终端滑模面的状态量去估计系统的收敛时间上界，而是可以主动地预设系统的收敛时间。对于系统的广义跟踪误差 $e(t)$，有限时间控制、固定时间控制和约定时间控制等不同时间相关控制方法的区别和特性可以由表 6-1 进行对比说明。由于约定时间控制方法可以主动地预设系统的收敛时间，因此该方法是一种面向用户和任务的、具备很强的工程应用价值的控制方法。

值得一提的是，文献[9]中的约定时间控制方法存在三个方面的不足，仍有很大的提升空间。首先，该方法的实现方式主要基于具有约定时间收敛特性的轨迹规划，受控系统状态严格按照规划的轨迹进行收敛，因此可能具有很强的保守性；其次，该方法并没有考虑不确定性和外部干扰，当不确定性和外部干扰存在时，系统状态往往无法精确地跟踪规划的轨迹，因此规划的约定时间也并非是准确的收敛时间；最后，该方法仅仅针对结构简单的双积分系统进行了研究，难以拓展到更加复杂的实际工程系统。为了解决这些问题，本章将基于预设性能控制框架，借助约定时间控制的概念和特点，提出了一类约定时间预设性能控制方法。

表 6-1　时间相关控制方法的比较

控制方法及误差收敛时间	收敛时间特性
有限时间控制，$e(t)$ 受控于有限时间控制器且收敛时间为 T_1	$T_1 < +\infty$ T_1 依赖于系统的误差初值 $e(0)$ T_1 无法被先验估计或预设
固定时间控制，$e(t)$ 受控于固定时间控制器且收敛时间为 T_2	T_2 可以通过终端滑模面参数进行估计 T_2 不依赖于系统误差初值 $e(0)$
约定时间控制，$e(t)$ 受控于约定时间控制器且收敛时间为 T_3	T_3 由用户进行预先设计 T_3 不依赖于系统初值和控制参数

本章的内容安排如下：首先，基于最常见的欧拉–拉格朗日型非线性系统，提出了一种基于双层性能函数的约定时间预设性能控制框架，并设计了保证所有系统状态均能在约定时间稳定的预设性能控制器；然后，针对航天器的姿态跟踪控制问题，进一步提出了能够对姿态和角速度同时进行性能预设的约定时间控制方法；最后，针对一类高阶非线性系统，提出一种基于反步法的约定时间预设性能控制方法。

6.2 基于双层性能函数的约定时间预设性能控制方法

6.2.1 问题描述与基本假设

与第 5 章相同，本章将基于欧拉–拉格朗日型非线性系统模型，研究约定时间预设性能控制系统的设计方法。

欧拉–拉格朗日型非线性系统模型为[10,11]

$$\boldsymbol{M}(\boldsymbol{p})\ddot{\boldsymbol{p}}+\boldsymbol{C}(\boldsymbol{p},\dot{\boldsymbol{p}})\dot{\boldsymbol{p}}+\boldsymbol{G}(\boldsymbol{p})=\boldsymbol{B}(\boldsymbol{p})(\boldsymbol{u}+\boldsymbol{u}_{\mathrm{d}}) \tag{6-1}$$

其中：$\boldsymbol{p}=[p_1,p_2,\cdots,p_n]^{\mathrm{T}}\in\mathbb{R}^n$ 为被控系统的 n 维状态量；$\boldsymbol{M}(\boldsymbol{p})\in\mathbb{R}^{n\times n}$ 、$\boldsymbol{C}(\boldsymbol{p},\dot{\boldsymbol{p}})\in$

$\mathbb{R}^{n\times n}$ 和 $\boldsymbol{G}(\boldsymbol{p})\in\mathbb{R}^{n}$ 分别为非线性系统的广义惯量矩阵、科氏力和离心力矩阵以及广义重力矢量，且三者的具体值无法被先验得知；$\boldsymbol{B}(\boldsymbol{p})\in\mathbb{R}^{n\times n}$ 为已知正定增益矩阵；$\boldsymbol{u}\in\mathbb{R}^{n}$ 和 $\boldsymbol{u}_d\in\mathbb{R}^{n}$ 分别为系统的控制输入变量和未知的外部扰动。

假定被控系统的 n 维状态量 $\boldsymbol{p}$ 及其导数 $\dot{\boldsymbol{p}}$ 是可以被测量并直接应用于控制系统设计的。此外，假定上述欧拉–拉格朗日型非线性系统模型满足如下性质：

性质 6-1 系统参数矩阵满足反对称性，即对于任意 $\boldsymbol{q}\in\mathbb{R}^{n}$，下述不等式成立：$\boldsymbol{q}^{\mathrm{T}}(\dot{\mathbf{M}}(\mathbf{p})-2\boldsymbol{C}(\boldsymbol{p},\dot{\boldsymbol{p}}))\boldsymbol{q}=0$。

性质 6-2 广义惯量矩阵 $\boldsymbol{M}(\boldsymbol{p})$ 为对称正定矩阵，关于状态量 $\boldsymbol{p}$ 连续，且当 $\boldsymbol{p}$ 有界时，$\boldsymbol{M}(\boldsymbol{p})$ 及其逆矩阵 $\boldsymbol{M}^{-1}(\boldsymbol{p})$ 也为有界矩阵。换言之，当 $\|\boldsymbol{p}\|\leqslant C_p$ 时，其中 $C_p>0$ 为有界常数，存在 C_{m1} 和 C_{m2} 使得 $C_{m1}\leqslant\|\boldsymbol{M}(\boldsymbol{p})\|\leqslant C_{m2}$。

性质 6-3 科氏力和离心力矩阵 $\boldsymbol{C}(\boldsymbol{p},\dot{\boldsymbol{p}})$ 关于状态量 $\boldsymbol{p}$ 及其导数 $\dot{\boldsymbol{p}}$ 连续，当 $\boldsymbol{p}$ 和 $\dot{\boldsymbol{p}}$ 有界时，$\boldsymbol{C}(\boldsymbol{p},\dot{\boldsymbol{p}})$ 也为有界矩阵。换言之，当 $\|\boldsymbol{p}\|\leqslant C_p$ 且 $\|\dot{\boldsymbol{p}}\|\leqslant C_{\dot{p}}$ 时，其中 $C_p>0$ 和 $C_{\dot{p}}>0$ 均为有界常数，存在 $C_c>0$ 使得 $\|\boldsymbol{C}(\boldsymbol{p},\dot{\boldsymbol{p}})\|\leqslant C_c$。

性质 6-4 广义重力矢量 $\boldsymbol{G}(\boldsymbol{p})$ 关于状态量 $\boldsymbol{p}$ 连续，且存在未知常数 $C_g>0$ 使得 $\boldsymbol{G}(\boldsymbol{p})$ 满足 $\|\boldsymbol{G}(\boldsymbol{p})\|\leqslant C_g$。

此外，未知的外部扰动 $\boldsymbol{u}_d$ 满足**假设 6-1**。

假设 6-1 外部扰动 $\boldsymbol{u}_d$ 未知且满足 $\|\boldsymbol{u}_d\|\leqslant C_d$，其中 $C_d>0$ 为未知常数。

在本章中，要求系统状态变量 $\boldsymbol{p}$ 跟踪期望轨迹 $\boldsymbol{p}_d\in\mathbb{R}^{n}$。假设期望轨迹 $\boldsymbol{p}_d$ 满足**假设 6-2**。

假设 6-2 $\boldsymbol{p}_d$ 及其一阶和二阶导数均有界，且关于时间 t 连续。三者的上界分别标记为 $C_{\boldsymbol{p}_d}, C_{\dot{\boldsymbol{p}}_d}$ 和 $C_{\ddot{\boldsymbol{p}}_d}$，且均为未知量，无法用于控制器的设计。

基于上述性质和假设，本章的研究目标为：提出一种约定时间预设性能控制方法，该方法能够保证系统状态 $\boldsymbol{p}$ 在用户预设的约定时间范围内和给定的误差范围内完成对期望轨迹 $\boldsymbol{p}_d$ 的跟踪，且在整个跟踪过程中始终满足预设的性能边界约束。

6.2.2 双层约定时间预设性能控制框架及其性能函数设计

本书 5.2.1 节提出的有限时间性能函数形式如下：

$$\begin{cases}\alpha(0)=\alpha_0\\ \dot{\alpha}(t)=-\mu|\alpha(t)-\alpha_T|^{\gamma}\operatorname{sign}(\alpha(t)-\alpha_T)\end{cases}\tag{6-2}$$

其中：$\mu=(\alpha_0-\alpha_T)^{1-\gamma}/(1-\gamma)/T$，$T$ 为预设的收敛时间；γ 为常数且 $\gamma\in(0,1)$；α_0 为性能函数 $\alpha(t)$ 的初值；α_T 为性能函数 $\alpha(t)$ 的终值。

该函数的具体性质已由**定理 5-1** 给出。为方便本章的叙述，在这里重新给出：对于式（6-2）给出的性能函数，若满足 $\alpha_0>\alpha_T>0$，则性能函数 $\alpha(t)$ 满足

$$\alpha(t) = \alpha_T, \ \forall t \geqslant T \tag{6-3}$$

值得注意的是，该函数的收敛时间 T 是由用户主动预设的。换言之，该性能函数是一种约定时间可达的性能函数。因此，本章将继续基于该函数设计约定时间预设性能控制器。

为了更清晰地叙述本章的约定时间预设性能控制方法，本节首先分析和总结了传统的无穷时间预设性能控制方法和第 5 章的有限时间预设性能控制方法的控制框架，无穷时间预设性能控制方法和有限时间预设性能控制方法的控制框架分别如图 6-1 和图 6-2 所示。定义系统的跟踪误差为 $\boldsymbol{p}_e := \boldsymbol{p} - \boldsymbol{p}_d = [p_{e,1}, \cdots, p_{e,n}]^{\mathrm{T}}$，无穷时间预设性能控制方法（图 6-1）通过使用跟踪误差 $\boldsymbol{p}_e$ 及其导数项 $\dot{\boldsymbol{p}}_e$ 构造线性组合流形，然后对其施加传统的指数收敛型预设性能函数，进而通过无约束化映射和设计预设性能控制器，保证了组合状态量 $\boldsymbol{x} = \boldsymbol{\eta}\boldsymbol{p}_e + \dot{\boldsymbol{p}}_e$ 满足预设的指数收敛型性能指标，最终保证了 $\boldsymbol{p}_e$ 和 $\dot{\boldsymbol{p}}_e$ 均为有界稳定。

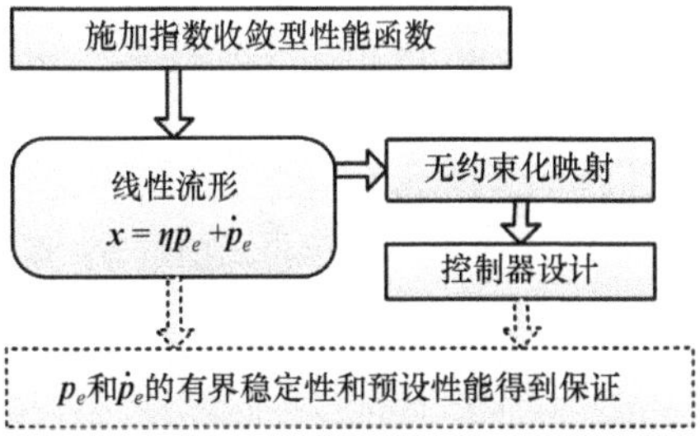

图 6-1　无穷时间预设性能控制方法框架

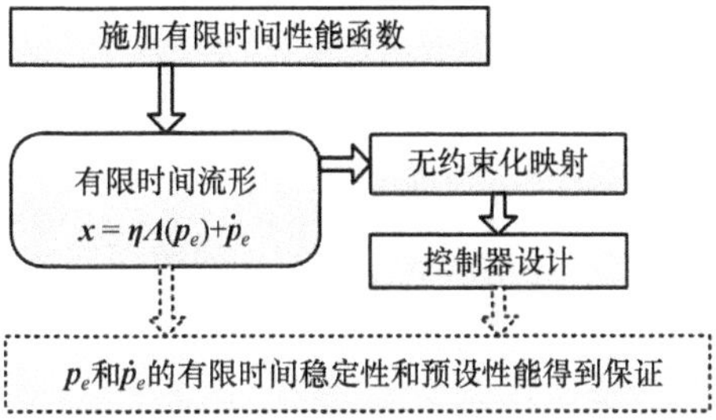

图 6-2　有限时间预设性能控制方法框架

第 5 章提出的有限时间预设性能控制方法沿用了无穷时间预设性能控制方法的框架，并针对其收敛时间长、理论上无穷时间收敛的问题，从两个方面对该框架进行了改进：①设计了有限时间收敛的性能函数，保证流形 $\boldsymbol{x}$ 的有限时间收敛性；②构造了有限时间流形 $\boldsymbol{x} = \boldsymbol{\eta}\boldsymbol{\Lambda}(\boldsymbol{p}_e) + \dot{\boldsymbol{p}}_e$，保证流形收敛后，$\boldsymbol{p}_e$ 和 $\dot{\boldsymbol{p}}_e$ 均能在有限时间内完成收敛。

在本章的约定时间预设性能控制方法研究中，为保证 $\boldsymbol{p}_e$ 和 $\dot{\boldsymbol{p}}_e$ 不仅是有限时间收敛的，更要满足在约定时间 T 内收敛到预设的稳定域以内，因此必须要提出新的控制框架。本章提出了一种基于双层性能函数的约定时间预设性能控制方法框架，如图 6-3 所示。该框架采用线性流形 $\boldsymbol{x}=\boldsymbol{\eta}\boldsymbol{p}_e+\dot{\boldsymbol{p}}_e$，保证了控制器设计过程不包含任何分数阶状态量。在给线性流形施加约定时间性能函数的同时，为状态量 $\boldsymbol{p}_e$ 也施加一层收敛时间相同的约定时间性能函数。这样，由于流形 $\boldsymbol{x}$ 和状态量 $\boldsymbol{p}_e$ 均在预设时间 T 内完成收敛，因此 $\dot{\boldsymbol{p}}_e$ 也将在预设时间 T 内完成收敛。然后，通过无约束化映射和控制器设计，使得 $\boldsymbol{x}$、$\boldsymbol{p}_e$ 和 $\dot{\boldsymbol{p}}_e$ 的约定时间稳定性和预设性能均能得到保证。下面将详细介绍约定时间预设性能控制方法框架及其性能函数设计。

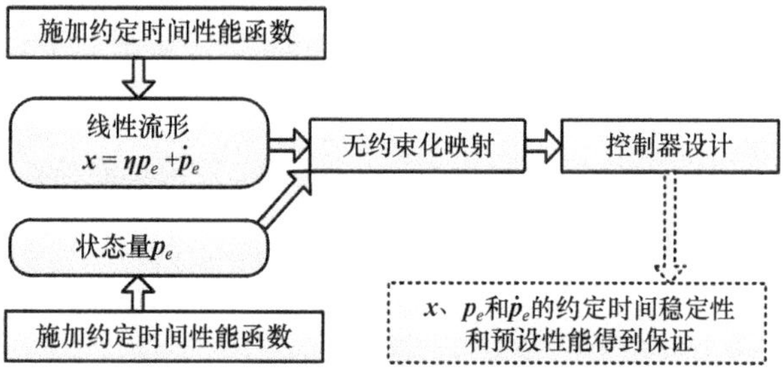

图 6-3 基于双层性能函数的约定时间预设性能控制方法框架

首先，利用系统误差状态量 $\boldsymbol{p}_e(t)$ 和 $\dot{\boldsymbol{p}}_e(t)$ 构造线性组合形式的流形 $\boldsymbol{x}(t)=[x_1(t),\cdots,x_n(t)]^{\mathrm{T}}\in\mathbb{R}^n$：

$$\boldsymbol{x}(t)=\boldsymbol{\eta}\boldsymbol{p}_e(t)+\dot{\boldsymbol{p}}_e(t) \tag{6-4}$$

其中：$\boldsymbol{\eta}=\mathrm{diag}(\eta_1,\eta_2,\cdots,\eta_n)\in\mathbb{R}^{n\times n}$ 且满足 $\eta_i>0\ (i=1,2,\cdots,n)$。

对系统误差状态量 $\boldsymbol{p}_e(t)$ 的每一维状态 $p_{e,i}(t)(i=1,2,\cdots,n)$ 施加式（6-2）所示的约定时间稳定性能函数，即有

$$\begin{cases}-\delta\alpha_{e,i}(t)<p_{e,i}(t)<\alpha_{e,i}(t), & p_{e,i}(0)\geqslant 0\\ -\alpha_{e,i}(t)<p_{e,i}(t)<\delta\alpha_{e,i}(t), & p_{e,i}(0)<0\end{cases} \tag{6-5}$$

其中：$\delta\in(0,1)$ 为可调参数，作用是抑制 $p_{e,i}(t)$ 的超调量；此外有

$$\begin{cases}\alpha_{e,i}(0)=\alpha_{e,i,0}\\ \dot{\alpha}_{e,i}(t)=-\mu_{e,i}\left|\alpha_{e,i}(t)-\alpha_{e,i,T}\right|^{\gamma}\mathrm{sign}(\alpha_{e,i}(t)-\alpha_{e,i,T})\end{cases} \tag{6-6}$$

其中：$\mu_{e,i}=(\alpha_{e,i,0}-\alpha_{e,i,T})^{1-\gamma}/(1-\gamma)/T$；$\gamma$ 为常数，$\gamma\in(0,1)$；$\alpha_{e,i,0}$ 为性能函数 $\alpha_{e,i}(t)$ 的初值；$\alpha_{e,i,T}$ 为性能函数 $\alpha_{e,i}(t)$ 的终值。

同时，也为流形 $\boldsymbol{x}(t)$ 的每一维状态 $x_i(t)(i=1,2,\cdots,n)$ 施加式（6-2）所示的约定时间稳定性能函数，则有

$$\begin{cases}-\delta\alpha_{x,i}(t)<x_i(t)<\alpha_{x,i}(t), & x_i(0)\geqslant 0\\ -\alpha_{x,i}(t)<x_i(t)<\delta\alpha_{x,i}(t), & x_i(0)<0\end{cases} \tag{6-7}$$

性能函数 $\alpha_{x,i}(t)$ 的定义如下：

$$\begin{cases}\alpha_{x,i}(0)=\alpha_{x,i,0}\\ \dot{\alpha}_{x,i}(t)=-\mu_{x,i}\left|\alpha_{x,i}(t)-\alpha_{x,i,T}\right|^{\gamma}\operatorname{sign}(\alpha_{x,i}(t)-\alpha_{x,i,T})\end{cases}\tag{6-8}$$

其中：$\mu_{x,i}=(\alpha_{x,i,0}-\alpha_{x,i,T})^{1-\gamma}/(1-\gamma)/T$；$\gamma$ 为常数，$\gamma\in(0,1)$；$\alpha_{x,i,0}$ 为性能函数 $\alpha_{x,i}(t)$ 的初值；$\alpha_{x,i,T}$ 为性能函数终值。

由**定理 5-1** 可知，性能函数 $\alpha_{e,i}(t)$ 和 $\alpha_{x,i}(t)$ 均能在预设时间 T 以内完成收敛。考虑到 $\dot{\boldsymbol{p}}_e=\boldsymbol{x}-\boldsymbol{\eta}\boldsymbol{p}_e$，当 $p_{e,i}(t)$ 和 $x_i(t)$ 始终处于性能函数以内时，$\dot{\boldsymbol{p}}_e(t)$ 的每一维状态 $\dot{p}_{e,i}(t)(i=1,2,\cdots,n)$ 满足

$$\begin{aligned}\left|\dot{p}_{e,i}(t)\right| &\leqslant \left|x_i(t)-\eta_i p_{e,i}(t)\right|\\ &\leqslant \left|x_i(t)\right|+\eta_i\left|p_{e,i}(t)\right|\\ &< \alpha_{x,i}(t)+\eta_i\alpha_{e,i}(t)\end{aligned}\tag{6-9}$$

因此，状态量 $\dot{p}_{e,i}(t)$ 的性质可由式（6-10）进行间接的性能预设：

$$-\alpha_{x,i}(t)-\eta_i\alpha_{e,i}(t)<\dot{p}_{e,i}(t)<\alpha_{x,i}(t)+\eta_i\alpha_{e,i}(t)\tag{6-10}$$

6.2.3 约定时间预设性能控制器设计

本节引入 Kostarigka 和 Rovithakis[12]提出的新型对数型映射函数进行无约束化映射。对于状态量，有

$$\begin{cases}\theta(t)\in(-\delta,1), & \theta(0)\geqslant 0\\ \theta(t)\in(-1,\delta), & \theta(0)<0\end{cases}\tag{6-11}$$

定义映射函数 $\hbar(\bullet):(-1,1)\to(-\infty,+\infty)$ 为

$$\hbar(\theta)=\begin{cases}\ln\dfrac{\delta+\theta}{\delta(1-\theta)}, & \theta(0)\geqslant 0\\ \ln\dfrac{\delta(1+\theta)}{\delta-\theta}, & \theta(0)<0\end{cases}\tag{6-12}$$

映射函数 $\hbar(\bullet)$ 满足**性质 6-5**。

性质 6-5 对于满足式（6-11）的状态量 $\theta(t)$，$\hbar(\theta)$ 满足如式（6-13）、式（6-14）和式（6-15）所示的三条性质：

$$\frac{\partial\hbar(\theta)}{\partial\theta}=\begin{cases}\dfrac{\delta+1}{(\delta+\theta)(1-\theta)}, & \theta(0)\geqslant 0\\ \dfrac{\delta+1}{(1+\theta)(\delta-\theta)}, & \theta(0)<0\end{cases}\tag{6-13}$$

$$\frac{\partial\hbar(\theta)}{\partial\theta}\in\left[\frac{4}{1+\delta},+\infty\right)\tag{6-14}$$

$$\ell(\theta):=\frac{\hbar(\theta)}{\theta}\in\left[\frac{4}{1+\delta},+\infty\right) \tag{6-15}$$

注 6-1 $\ell(\theta)$ 在其定义域（$\theta(t)$ 满足式（6-11））内始终连续。在奇异点 $\theta=0$ 处的连续性可由 L'Hospital 法则进行简单证明得到。

对于状态量 $p_{e,i}(t)$ 和流形 $x_i(t)$ 及其相应的性能函数 $\alpha_{e,i}(t)$ 和 $\alpha_{x,i}(t)$，定义状态量 $\theta_{e,i}(t)$ 和 $\theta_{x,i}(t)$ 分别为

$$\begin{cases}\theta_{e,i}(t)=p_{e,i}(t)/\alpha_{e,i}(t)\\ \theta_{x,i}(t)=x_i(t)/\alpha_{x,i}(t)\end{cases} \tag{6-16}$$

则利用无约束化映射函数 $\hbar(\bullet)$ 对其分别进行映射可以得到

$$\begin{cases}s_{e,i}(t)=\hbar(\theta_{e,i}(t))\\ s_{x,i}(t)=\hbar(\theta_{x,i}(t))\end{cases} \tag{6-17}$$

因此，只要设计控制器保证映射状态量 $s_{e,i}(t)$ 和 $s_{x,i}(t)$ 对于任意 $i=1,2,\cdots,n$ 和时间 t 始终保持有界，就能保证双层性能约束式（6-5）和式（6-7）始终成立。对映射状态量 $s_{e,i}(t)$ 和 $s_{x,i}(t)$ 分别进行求导，可以得到

$$\begin{cases}\dot{s}_{e,i}(t)=R_{e,i}[\dot{p}_{e,i}(t)+H_{e,i}p_{e,i}(t)]\\ \dot{s}_{x,i}(t)=R_{x,i}[\dot{x}_i(t)+H_{x,i}x_i(t)]\end{cases} \tag{6-18}$$

其中

$$\begin{aligned}R_{e,i}&=\frac{\partial\hbar(\theta_{e,i})}{\partial\theta_{e,i}}\frac{1}{\alpha_{e,i}}\in\left[\frac{4}{(1+\delta)\alpha_{e,i,0}},+\infty\right),\ H_{e,i}=-\frac{\dot{\alpha}_{e,i}}{\alpha_{e,i}}\geqslant 0\\ R_{x,i}&=\frac{\partial\hbar(\theta_{x,i})}{\partial\theta_{x,i}}\frac{1}{\alpha_{x,i}}\in\left[\frac{4}{(1+\delta)\alpha_{x,i,0}},+\infty\right),\ H_{x,i}=-\frac{\dot{\alpha}_{x,i}}{\alpha_{x,i}}\geqslant 0\end{aligned} \tag{6-19}$$

基于上述推导过程，设计的约定时间预设性能控制器为

$$\boldsymbol{u}=-\boldsymbol{B}^{-1}\boldsymbol{K}_e\boldsymbol{s}_e-\boldsymbol{B}^{-1}\boldsymbol{R}_e\boldsymbol{K}_e\boldsymbol{p}_e-\boldsymbol{B}^{-1}\boldsymbol{R}_x\boldsymbol{K}_x\boldsymbol{s}_x \tag{6-20}$$

其中：$\boldsymbol{K}_e=\mathrm{diag}(K_{e,1},\cdots,K_{e,n})\in\mathbb{R}^{n\times n}$ 和 $\boldsymbol{K}_x=\mathrm{diag}(K_{x,1},\cdots,K_{x,n})\in\mathbb{R}^{n\times n}$ 为正定控制增益矩阵；$\boldsymbol{s}_e=[s_{e,1},\cdots,s_{e,n}]^{\mathrm{T}}\in\mathbb{R}^n$；$\boldsymbol{s}_x=[s_{x,1},\cdots,s_{x,n}]^{\mathrm{T}}\in\mathbb{R}^n$；$\boldsymbol{R}_e=\mathrm{diag}(R_{e,1},\cdots,R_{e,n})\in\mathbb{R}^{n\times n}$；$\boldsymbol{R}_x=\mathrm{diag}(R_{x,1},\cdots,R_{x,n})\in\mathbb{R}^{n\times n}$。

6.2.4 稳定性分析

欧拉-拉格朗日型非线性系统（6-1）在约定时间预设性能控制器（6-20）下的稳定性将由**定理 6-1** 给出。

定理 6-1 考虑欧拉-拉格朗日型非线性系统（6-1）和约定时间预设性能控制器（6-20）。当性能函数 $\alpha_{e,i}(t)$ 和 $\alpha_{x,i}(t)$ $(i=1,2,\cdots,n)$ 的初值选取满足：$\alpha_{e,i,0}>|p_{e,i}(0)|$ 和 $\alpha_{x,i,0}>|x_i(0)|$，且参数矩阵 $\boldsymbol{\eta}$ 的每一维标量 η_i 的选取满足

$\eta_i > \max\limits_t \left|H_{e,i}(t)\right|$，则式（6-5）、式（6-7）和式（6-10）中的约束对于 $\forall t \geqslant 0$ 始终成立。具体而言，$x_i(t)$、$p_{e,i}(t)$ 和 $\dot{p}_{e,i}(t)$ 均会在预设收敛时间 T 内分别收敛至稳定域 $\Omega_{x,i}$、$\Omega_{e,i}$ 和 $\Omega_{\dot{e},i}$ 内，其中

$$\begin{cases} \Omega_{x,i} \coloneqq \begin{cases} (-\delta\alpha_{x,i,T}, \alpha_{x,i,T}), & x_i(0) \geqslant 0 \\ (-\alpha_{x,i,T}, \delta\alpha_{x,i,T}), & x_i(0) < 0 \end{cases} \\ \Omega_{\mathrm{e},i} \coloneqq \begin{cases} (-\delta\alpha_{\mathrm{e},i,T}, \alpha_{\mathrm{e},i,T}), & p_{\mathrm{e},i}(0) \geqslant 0 \\ (-\alpha_{\mathrm{e},i,T}, \delta\alpha_{\mathrm{e},i,T}), & p_{\mathrm{e},i}(0) < 0 \end{cases} \\ \Omega_{\dot{\mathrm{e}},i} \coloneqq (-\alpha_{x,i,T} - \eta_i\alpha_{\mathrm{e},i,T}, \alpha_{x,i,T} + \eta_i\alpha_{\mathrm{e},i,T}) \end{cases} \tag{6-21}$$

注 6-2 参数选取条件 $\eta_i > \max\limits_t \left|H_{e,i}(t)\right|$ 在实际操作中很容易满足。考虑到 $H_{e,i}(t)$ 的定义为 $H_{e,i}(t) = -\dot{\alpha}_{e,i}(t) / \alpha_{e,i}(t)$，其仅依赖性能函数 $\alpha_{e,i}(t)$ 及其导数。并考虑到 $\alpha_{e,i}(t)$ 是任务开始前由用户主动预设的，因此很容易提前选择 η_i 使之满足上述**定理 6-1** 的需求。

定理 6-1 的证明将通过如下三个步骤完成。

第一步：问题转化。

由映射状态量 $\boldsymbol{s}_e(t)$ 和 $\boldsymbol{s}_x(t)$ 的定义可以得知，当 $\boldsymbol{s}_e(t)$ 和 $\boldsymbol{s}_x(t)$ 均有界时，将 $\boldsymbol{s}_e(t)$ 和 $\boldsymbol{s}_x(t)$ 逆映射回原约束空间时，式（6-5）和式（6-7）的约束成立。反之亦然。因此，要证明式（6-5）和式（6-7）的约束始终成立，只需要证明对于所有的 $t \geqslant 0$，$\boldsymbol{s}_e(t)$ 和 $\boldsymbol{s}_x(t)$ 始终保持有界。

本节将以反证法对该命题进行证明。在 $t = 0$ 时，由于性能函数 $\alpha_{e,i}(t)$ 和 $\alpha_{x,i}(t)$ $(i = 1, 2, \cdots, n)$ 的初值选取满足：$\alpha_{e,i,0} > \left|p_{e,i}(0)\right|$ 和 $\alpha_{x,i,0} > \left|x_i(0)\right|$，因此 $\boldsymbol{s}_e(t)$ 和 $\boldsymbol{s}_x(t)$ 是有界的。假设存在时间 $t_v > 0$ 使得当 $t = t_v$ 时，式（6-5）和式（6-7）的约束中首次有约束被违反。换言之，当 $t = t_v$ 时，映射状态 $\boldsymbol{s}(t) = [\boldsymbol{s}_e^{\mathrm{T}}(t), \boldsymbol{s}_x^{\mathrm{T}}(t)]^{\mathrm{T}} \in \mathbb{R}^{2n}$ 是无界的，即 $\|\boldsymbol{s}(t)\|_\infty = +\infty$。

在后续两步中，将分别证明：当 $t = t_v$ 时，$\|\boldsymbol{s}_e(t)\|_\infty < +\infty$ 且 $\|\boldsymbol{s}_x(t)\|_\infty < +\infty$。

第二步：证明当 $t = t_v$ 时，$\|\boldsymbol{s}_e(t)\|_\infty < +\infty$。

由于当 $t = t_v$ 时，式（6-5）和式（6-7）的约束中首次有约束被违反，因此在 $t < t_v$ 时，两个约束都是始终成立的。所以在时间区间 $[0, t_v]$ 内，存在常数 $C_e > 0$ 和 $C_x > 0$，使得

$$\begin{cases} \|\boldsymbol{p}_e(t)\| \leqslant \max\limits_t \|\boldsymbol{\alpha}_e(t)\| = C_e \\ \|\boldsymbol{x}(t)\| \leqslant \max\limits_t \|\boldsymbol{\alpha}_x(t)\| = C_x \end{cases} \tag{6-22}$$

其中：$\boldsymbol{\alpha}_e(t) = [\alpha_{e,1}(t), \cdots, \alpha_{e,n}(t)]^{\mathrm{T}}$；$\boldsymbol{\alpha}_x(t) = [\alpha_{x,1}(t), \cdots, \alpha_{x,n}(t)]^{\mathrm{T}}$。

由式（6-4）和 $\boldsymbol{p}_e = \boldsymbol{p} - \boldsymbol{p}_d$，可以得到

$$M(p)\dot{x} = M(p)(\ddot{p} - \ddot{p}_d + \eta\dot{p}_e) \tag{6-23}$$

将系统方程式（6-1）代入式（6-23），可以得到

$$\begin{aligned} M(p)\dot{x} &= -C(p,\dot{p})\dot{p} - G(p) + B(p)(u + u_d) + M(p)(\eta\dot{p}_e - \ddot{p}_d) \\ &= -C(p,\dot{p})(x + \dot{p}_d - \eta p_e) + B(p)u - G(p) + B(p)u_d + \\ &\quad M(p)(\eta\dot{p}_e - \ddot{p}_d) \\ &= -C(p,\dot{p})x + B(p)u + C(p,\dot{p})(\eta p_e - \dot{p}_d) - G(p) + \\ &\quad B(p)u_d + M(p)(\eta\dot{p}_e - \ddot{p}_d) \end{aligned} \tag{6-24}$$

随后，对于映射状态量 $s_e(t)$ 和流形 $x(t)$，在时间区间 $[0,t_v]$ 内构造如下函数：

$$V_1 = \frac{1}{2}x^{\mathrm{T}}M(p)x + s_e^{\mathrm{T}}K_e p_e \tag{6-25}$$

由**性质 6-2** 可知，$M(p)$ 为正定矩阵。此外容易得知，$s_e(t)$ 和 $p_e(t)$ 的符号始终相同。因此，V_1 可以作为 Lyapunov 能量函数来表示映射状态量 $s_e(t)$ 和流形 $x(t)$ 的总能量。对其进行求导，可以得到

$$\dot{V}_1 = \frac{1}{2}x^{\mathrm{T}}\dot{M}(p)x + x^{\mathrm{T}}M(p)\dot{x} + s_e^{\mathrm{T}}K_e\dot{p}_e + p_e^{\mathrm{T}}K_e\dot{s}_e \tag{6-26}$$

将式（6-24）代入式（6-26），可以得到

$$\begin{aligned} \dot{V}_1 &= \frac{1}{2}x^{\mathrm{T}}\dot{M}(p)x - x^{\mathrm{T}}C(p,\dot{p})x + x^{\mathrm{T}}B(p)u + s_e^{\mathrm{T}}K_e\dot{p}_e + p_e^{\mathrm{T}}K_e\dot{s}_e + x^{\mathrm{T}}\Delta_1(p,\dot{p}) \\ &= \frac{1}{2}x^{\mathrm{T}}(\dot{M}(p) - 2C(p,\dot{p}))x + x^{\mathrm{T}}B(p)u + s_e^{\mathrm{T}}K_e\dot{p}_e + p_e^{\mathrm{T}}K_e\dot{s}_e + x^{\mathrm{T}}\Delta_1(p,\dot{p}) \end{aligned} \tag{6-27}$$

其中：$\Delta_1(p,\dot{p}) = C(p,\dot{p})(\eta p_e - \dot{p}_d) - G(p) + B(p)u_d + M(p)(\eta\dot{p}_e - \ddot{p}_d)$。

由**性质 6-1** 可以得到 $x^{\mathrm{T}}(\dot{M}(p) - 2C(p,\dot{p}))x = 0$，将其与式（6-20）、式（6-4）、和式（6-18）代入式（6-27）中，有

$$\begin{aligned} \dot{V}_1 &= -x^{\mathrm{T}}K_e s_e - x^{\mathrm{T}}R_e K_e p_e - x^{\mathrm{T}}R_x K_x s_x + s_e^{\mathrm{T}}K_e(x - \eta p_e) + \\ &\quad p_e^{\mathrm{T}}K_e R_e(x - \eta p_e + H_e p_e) + x^{\mathrm{T}}\Delta_1(p,\dot{p}) \\ &= -x^{\mathrm{T}}R_x K_x s_x - s_e^{\mathrm{T}}K_e\eta p_e - p_e^{\mathrm{T}}K_e R_e(\eta - H_e)p_e + x^{\mathrm{T}}\Delta_1(p,\dot{p}) \end{aligned} \tag{6-28}$$

其中：$H_e = \mathrm{diag}(H_{e,1},\cdots,H_{e,n})$。

由于参数矩阵 η 的每一维标量 η_i 的选取满足 $\eta_i > \max\limits_t \left|H_{e,i}(t)\right|$，且 R_e 和 K_e 为正定矩阵，因此，$p_e^{\mathrm{T}}K_e R_e(\eta - H_e)p_e \geqslant 0$。将其代入式（6-28）可得

$$\dot{V}_1 \leqslant -x^{\mathrm{T}}R_x K_x s_x - s_e^{\mathrm{T}}K_e\eta p_e + x^{\mathrm{T}}\Delta_1(p,\dot{p}) \tag{6-29}$$

由**性质 6-5** 可以得到

$$s_{x,i}(t)/\theta_{x,i}(t) = s_{x,i}(t)\alpha_{x,i}(t)/x_i(t) \in [4/(1+\delta),+\infty),\quad i = 1,2,\cdots,n \tag{6-30}$$

进而可以得到

$$s_{x,i}(t)/x_i(t) \geqslant 4/(1+\delta)/\alpha_{x,i}(t) \geqslant 4/(1+\delta)/\alpha_{x,i,0} \tag{6-31}$$

将式（6-31）代入式（6-29），可得

$$\dot{V}_1 \leqslant -C_{R_x}C_{K_x}C_{s_x}\boldsymbol{x}^{\mathrm{T}}\boldsymbol{x} - C_{\eta1}\boldsymbol{s}_e^{\mathrm{T}}\boldsymbol{K}_e\boldsymbol{p}_e + \boldsymbol{x}^{\mathrm{T}}\boldsymbol{\Delta}_1(\boldsymbol{p},\dot{\boldsymbol{p}}) \tag{6-32}$$

其中：$C_{R_x} = \min\limits_i R_{x,i}$; $C_{K_x} = \min\limits_i K_{x,i}$; $C_{s_x} = \min\limits_i\left\{4/(1+\delta)/\alpha_{x,i,0}\right\}$； $C_{\eta1} = \min\limits_i \eta_i$。

对于矢量 $\boldsymbol{\Delta}_1(\boldsymbol{p},\dot{\boldsymbol{p}})$，由于 $\boldsymbol{p}$ 和 $\dot{\boldsymbol{p}}$ 在时间区间 $[0,t_v]$ 显然是有界的，将**性质 6-2** 至**性质 6-4** 和**假设 6-1** 至**假设 6-2** 代入式（6-32）可以得出，在时间区间 $[0,t_v]$ 上，有

$$\|\boldsymbol{\Delta}_1(\boldsymbol{p},\dot{\boldsymbol{p}})\| \leqslant C_c(C_{\eta2}C_e + C_{\dot{p}_d}) + C_g + C_bC_d + C_{m2}[C_{\eta2}(C_x + C_{\eta2}C_e) + C_{\ddot{p}_d}] \coloneqq C_{\Delta1} \tag{6-33}$$

其中：$C_{\eta2} = \max\limits_i \eta_i\ (i=1,2,\cdots,n)$; $C_b = \max\limits_t\|\boldsymbol{B}(\boldsymbol{p})\|\ (t\in[0,t_v])$。

结合**性质 6-2** 将式（6-33）代入式（6-32），并借助 Young 不等式，可以得到

$$\begin{aligned}
\dot{V}_1 &\leqslant -C_{R_x}C_{K_x}C_{s_x}\boldsymbol{x}^{\mathrm{T}}\boldsymbol{x} - C_{\eta1}\boldsymbol{s}_e^{\mathrm{T}}\boldsymbol{K}_e\boldsymbol{p}_e + \frac{1}{2}C_{R_x}C_{K_x}C_{s_x}\boldsymbol{x}^{\mathrm{T}}\boldsymbol{x} + \frac{C_{\Delta1}^2}{2C_{R_x}C_{K_x}C_{s_x}} \\
&= -\frac{1}{2}C_{R_x}C_{K_x}C_{s_x}\frac{C_{m2}}{C_{m2}}\boldsymbol{x}^{\mathrm{T}}\boldsymbol{x} - C_{\eta1}\boldsymbol{s}_e^{\mathrm{T}}\boldsymbol{K}_e\boldsymbol{p}_e + \frac{C_{\Delta1}^2}{2C_{R_x}C_{K_x}C_{s_x}} \\
&\leqslant -\frac{1}{2}\frac{C_{R_x}C_{K_x}C_{s_x}}{C_{m2}}\boldsymbol{x}^{\mathrm{T}}\boldsymbol{M}(\boldsymbol{p})\boldsymbol{x} - C_{\eta1}\boldsymbol{s}_e^{\mathrm{T}}\boldsymbol{K}_e\boldsymbol{p}_e + \frac{C_{\Delta1}^2}{2C_{R_x}C_{K_x}C_{s_x}}
\end{aligned} \tag{6-34}$$

通过定义有界常数：$C_{1,1} \coloneqq \min\left\{C_{R_x}C_{K_x}C_{s_x}/C_{m2}, C_{\eta1}\right\}$ 和 $C_{1,2} \coloneqq C_{\Delta1}^2/(2C_{R_x}C_{K_x}C_{s_x})$，可以得出

$$\dot{V}_1 \leqslant -C_{1,1}V_1 + C_{1,2} \tag{6-35}$$

由文献[13]中的**引理 1.1** 可以得到：Lyapunov 函数 V_1 在时间区间 $[0,t_v]$ 上始终有界。换言之，当 $t\in[0,t_v]$ 时，$\|\boldsymbol{s}_e(t)\|_\infty < +\infty$ 始终成立。

第三步：证明当 $t=t_v$ 时，$\|\boldsymbol{s}_x(t)\|_\infty < +\infty$。

在时间区间 $[0,t_v]$ 上，构造如下关于 $\boldsymbol{s}_x(t)$ 的 Lyapunov 函数 V_2：

$$V_2 = \boldsymbol{s}_x^{\mathrm{T}}\boldsymbol{K}_x\boldsymbol{s}_x/2 \tag{6-36}$$

对式（6-36）求导数，并代入式（6-24）和 $\boldsymbol{\Delta}_1(\boldsymbol{p},\dot{\boldsymbol{p}})$ 的定义式，可得

$$\begin{aligned}
\dot{V}_2 &= \boldsymbol{s}_x^{\mathrm{T}}\boldsymbol{K}_x\dot{\boldsymbol{s}}_x = \boldsymbol{s}_x^{\mathrm{T}}\boldsymbol{K}_x\boldsymbol{R}_x(\dot{\boldsymbol{x}} + \boldsymbol{H}_x\boldsymbol{x}) \\
&= \boldsymbol{s}_x^{\mathrm{T}}\boldsymbol{K}_x\boldsymbol{R}_x\boldsymbol{M}^{-1}(\boldsymbol{p})(\boldsymbol{B}(\boldsymbol{p})\boldsymbol{u} - \boldsymbol{C}(\boldsymbol{p},\dot{\boldsymbol{p}})\boldsymbol{x} + \boldsymbol{\Delta}_1(\boldsymbol{p},\dot{\boldsymbol{p}}) + \boldsymbol{M}(\boldsymbol{p})\boldsymbol{H}_x\boldsymbol{x})
\end{aligned} \tag{6-37}$$

其中：$\boldsymbol{H}_x = \mathrm{diag}(H_{x,1},\cdots,H_{x,n})$。

将式（6-20）代入式（6-37），可得

$$\begin{aligned}
\dot{V}_2 &= \boldsymbol{s}_x^{\mathrm{T}}\boldsymbol{K}_x\boldsymbol{R}_x\boldsymbol{M}^{-1}(-\boldsymbol{R}_x\boldsymbol{K}_x\boldsymbol{s}_x + \boldsymbol{\Delta}_1(\boldsymbol{p},\dot{\boldsymbol{p}}) - \boldsymbol{K}_e\boldsymbol{s}_e - \boldsymbol{R}_e\boldsymbol{K}_e\boldsymbol{p}_e - \boldsymbol{C}(\boldsymbol{p},\dot{\boldsymbol{p}})\boldsymbol{x} + \boldsymbol{M}\boldsymbol{H}_x\boldsymbol{x}) \\
&= -\boldsymbol{s}_x^{\mathrm{T}}\boldsymbol{K}_x\boldsymbol{R}_x\boldsymbol{M}^{-1}\boldsymbol{R}_x\boldsymbol{K}_x\boldsymbol{s}_x + \boldsymbol{s}_x^{\mathrm{T}}\boldsymbol{K}_x\boldsymbol{R}_x\boldsymbol{M}^{-1}(\boldsymbol{\Delta}_1(\boldsymbol{p},\dot{\boldsymbol{p}}) + \boldsymbol{\Delta}_2(\boldsymbol{p},\dot{\boldsymbol{p}}))
\end{aligned} \tag{6-38}$$

其中：$\boldsymbol{\Delta}_2(\boldsymbol{p},\dot{\boldsymbol{p}}) := -\boldsymbol{K}_e\boldsymbol{s}_e - \boldsymbol{R}_e\boldsymbol{K}_e\boldsymbol{p}_e - \boldsymbol{C}(\boldsymbol{p},\dot{\boldsymbol{p}})\boldsymbol{x} + \boldsymbol{M}\boldsymbol{H}_x\boldsymbol{x}$。

由第二步的证明可知，$\boldsymbol{s}_e$ 和 $\boldsymbol{R}_e$ 在时间区间 $[0,t_v]$ 内是有界的，且 $\boldsymbol{\Delta}_2(\boldsymbol{p},\dot{\boldsymbol{p}})$ 中的其他项在时间区间内也均是有界的，因此存在有界常数 $C_{\Delta 2}>0$ 使得

$$\|\boldsymbol{\Delta}_2(\boldsymbol{p},\dot{\boldsymbol{p}})\| \leqslant C_{\Delta 2} \tag{6-39}$$

结合**性质 6-2**，将式（6-39）代入式（6-38），可得

$$\dot{V}_2 \leqslant -\frac{1}{C_{m2}}\|\boldsymbol{R}_x\boldsymbol{K}_x\boldsymbol{s}_x\|^2 + \frac{C_{\Delta 1}+C_{\Delta 2}}{C_{m1}}\|\boldsymbol{R}_x\boldsymbol{K}_x\boldsymbol{s}_x\| \tag{6-40}$$

由 Young 不等式可以得到

$$\begin{aligned}\dot{V}_2 &\leqslant -\frac{1}{2C_{m2}}\|\boldsymbol{R}_x\boldsymbol{K}_x\boldsymbol{s}_x\|^2 + \frac{C_{m2}(C_{\Delta 1}+C_{\Delta 2})^2}{2C_{m1}^2} \\ &\leqslant -\frac{C_{R_x}^2 C_{K_x}}{2C_{m2}}\boldsymbol{s}_x^{\mathrm{T}}\boldsymbol{K}_x\boldsymbol{s}_x + \frac{C_{m2}(C_{\Delta 1}+C_{\Delta 2})^2}{2C_{m1}^2}\end{aligned} \tag{6-41}$$

定义有界常数 $C_{2,1} := C_{R_x}^2 C_{K_x}/C_{m2}$ 和 $C_{2,2} := C_{m2}(C_{\Delta 1}+C_{\Delta 2})^2/(2C_{m1}^2)$，则有

$$\dot{V}_2 \leqslant -C_{2,1}V_2 + C_{2,2} \tag{6-42}$$

同理，由文献[13]中的**引理 1.1** 可以得到：Lyapunov 函数 V_2 在时间区间 $[0,t_v]$ 上始终有界。换言之，当 $t\in[0,t_v]$ 时，$\|\boldsymbol{s}_x(t)\|_\infty < +\infty$ 始终成立。

综合第二步和第三步可知：映射状态 $\boldsymbol{s}(t)=\left[\boldsymbol{s}_e^{\mathrm{T}}(t),\boldsymbol{s}_x^{\mathrm{T}}(t)\right]^{\mathrm{T}}$ 在时间区间 $[0,t_v]$ 内始终有界，与假设矛盾。因此，式（6-5）和式（6-7）的约束在整个时间区间 $[0,+\infty)$ 内始终成立。由式（6-9）的推导可知，式（6-10）的约束在整个时间区间 $[0,+\infty)$ 内也始终成立。换言之，$x_i(t)$、$p_{e,i}(t)$ 和 $\dot{p}_{e,i}(t)$ 均会在预设的收敛时间 T 内分别收敛至稳定域 $\Omega_{x,i}$、$\Omega_{e,i}$ 和 $\Omega_{\dot{e},i}$ 内。

定理 6-1 得证。 ■

注 6-3 约定时间预设性能控制方法不仅能够预设流形的收敛时间，还能预设非线性系统输出、微分量等所有状态的收敛时间，非常适合解决对任务的实际完成时间有明确要求和约束的系统控制和实际应用问题，因此有非常明确的工程应用价值。因此，该方法自提出以来，已成功应用于航天器[14,15]、多智能体[16,17]、高超声速飞行器[18,19]等对象的控制中。

6.3 航天器姿态约定时间预设性能控制

本节将针对航天器姿态跟踪控制系统，根据 6.2 节的基于双层性能函数的约定时间预设性能控制方法，形成一种基于双层性能函数的姿态约定时间预设性能控制方法，并设计仿真算例验证该方法的有效性和鲁棒性。本书将在 9.2 节中面向通用的欧拉–拉格朗日型非线性系统，对 6.2 节的基于双层性能函数的约定时间预设性

能控制方法的进行应用和仿真验证。

为了方便阅读，首先重新给出采用 MRP 定义的姿态误差 $\boldsymbol{\sigma}_e=[\sigma_{e1},\sigma_{e2},\sigma_{e3}]^{\mathrm{T}}\in\mathbb{R}^3$ 所表示的航天器姿态跟踪控制系统的运动方程[20]：

$$\begin{cases}\dot{\boldsymbol{\sigma}}_e=\boldsymbol{G}_\sigma(\boldsymbol{\sigma}_e)\boldsymbol{\omega}_e\\ \boldsymbol{J}\dot{\boldsymbol{\omega}}_e=-\boldsymbol{\omega}^{\times}\boldsymbol{J}\boldsymbol{\omega}-\boldsymbol{J}\boldsymbol{T}(\boldsymbol{\sigma}_e)\dot{\boldsymbol{\omega}}_d+\boldsymbol{J}\boldsymbol{\omega}_e^{\times}\boldsymbol{T}(\boldsymbol{\sigma}_e)\boldsymbol{\omega}_d+\boldsymbol{u}(t)+\boldsymbol{u}_d(t)\end{cases}\tag{6-43}$$

其中：$\boldsymbol{G}_\sigma(\boldsymbol{\sigma}_e)=((1-\boldsymbol{\sigma}_e^{\mathrm{T}}\boldsymbol{\sigma}_e)\boldsymbol{I}+2\boldsymbol{\sigma}_e\boldsymbol{\sigma}_e^{\mathrm{T}}+2\boldsymbol{\sigma}_e^{\times})/4\in\mathbb{R}^{3\times3}$；$\boldsymbol{\omega}_e=[\omega_{e1},\omega_{e2},\omega_{e3}]^{\mathrm{T}}\in\mathbb{R}^3$ 为角速度跟踪误差；$\boldsymbol{\omega}=[\omega_1,\omega_2,\omega_3]^{\mathrm{T}}\in\mathbb{R}^3$ 为姿态角速度且满足 $\boldsymbol{\omega}=\boldsymbol{\omega}_e+\boldsymbol{T}(\boldsymbol{\sigma}_e)\boldsymbol{\omega}_d$；$\boldsymbol{\omega}_d=[\omega_{d1},\omega_{d2},\omega_{d3}]^{\mathrm{T}}\in\mathbb{R}^3$ 为期望姿态角速度；$\boldsymbol{J}\in\mathbb{R}^{3\times3}$ 为航天器的正定对称惯量矩阵；$\boldsymbol{u}(t)=[u_1(t),u_2(t),u_3(t)]^{\mathrm{T}}\in\mathbb{R}^3$ 和 $\boldsymbol{u}_d(t)=[u_{d1}(t),u_{d2}(t),u_{d3}(t)]^{\mathrm{T}}\in\mathbb{R}^3$ 分别为航天器的姿态控制输入力矩和外部干扰力矩；$\boldsymbol{T}(\boldsymbol{\sigma}_e)\in\mathbb{R}^{3\times3}$ 为参考坐标系到本体坐标系的旋转矩阵，且定义为

$$\boldsymbol{T}(\boldsymbol{\sigma}_e)=\boldsymbol{I}-\frac{4(1-\boldsymbol{\sigma}_e^{\mathrm{T}}\boldsymbol{\sigma}_e)}{(1+\boldsymbol{\sigma}_e^{\mathrm{T}}\boldsymbol{\sigma}_e)^2}\boldsymbol{\sigma}_e^{\times}+\frac{8}{(1+\boldsymbol{\sigma}_e^{\mathrm{T}}\boldsymbol{\sigma}_e)^2}\boldsymbol{\sigma}_e^{\times\mathrm{T}}\boldsymbol{\sigma}_e^{\times}\tag{6-44}$$

式（6-43）中的矩阵 $\boldsymbol{G}_\sigma(\boldsymbol{\sigma}_e)$ 和 $\boldsymbol{T}(\boldsymbol{\sigma}_e)$ 满足**性质 6-6**。

性质 6-6 矩阵 $\boldsymbol{G}_\sigma(\boldsymbol{\sigma}_e)$ 和 $\boldsymbol{T}(\boldsymbol{\sigma}_e)$ 满足：

$$\begin{cases}\|\boldsymbol{T}(\boldsymbol{\sigma}_e)\|=1\\ \|\boldsymbol{G}_\sigma(\boldsymbol{\sigma}_e)\|=(1+\boldsymbol{\sigma}_e^{\mathrm{T}}\boldsymbol{\sigma}_e)/2\\ \boldsymbol{G}_e^{-1}(\boldsymbol{\sigma}_e)\boldsymbol{\sigma}_e=4\boldsymbol{\sigma}_e/(1+\boldsymbol{\sigma}_e^{\mathrm{T}}\boldsymbol{\sigma}_e)\end{cases}\tag{6-45}$$

与**假设 6-1** 至**假设 6-2** 相似，本节假定外部干扰力矩 $\boldsymbol{u}_d(t)$ 和期望姿态角速度 $\boldsymbol{\omega}_d(t)$ 满足如下假设：

假设 6-3 外部扰动 $\boldsymbol{u}_d$ 未知且满足 $\|\boldsymbol{u}_d\|\leqslant C_d$，其中 $C_d>0$ 为未知常数。

假设 6-4 期望姿态角速度 $\boldsymbol{\omega}_d(t)$ 及其导数 $\dot{\boldsymbol{\omega}}_d(t)$ 关于时间 t 连续且始终有界，即存在未知常数 C_{ω_d} 和 $C_{\dot{\omega}_d}$ 使得 $\|\boldsymbol{\omega}_d(t)\|\leqslant C_{\omega_d}$ 和 $\|\dot{\boldsymbol{\omega}}_d(t)\|\leqslant C_{\dot{\omega}_d}$ 始终成立。

对于式（6-43）所示的姿态跟踪控制模型，可以将该模型利用 4.3 节中的代数方法将其转化为欧拉–拉格朗日型非线性控制模型，然后利用 6.2 节中给出的约定时间预设性能控制方法设计控制器，保证系统在约定时间 T 内收敛至预设稳定域内。然而，对于姿态跟踪控制系统这一特定的系统，上述控制方法尚有进一步改进之处。若采用 6.2 节中的方法，将分别对姿态误差 $\boldsymbol{\sigma}_e(t)$ 及其导数 $\dot{\boldsymbol{\sigma}}_e(t)$ 直接或间接施加性能约束。然而值得注意的是，状态量 $\dot{\boldsymbol{\sigma}}_e(t)$ 对于实际物理系统并没有明确的物理意义。实际的工程控制中更期望对姿态角速度误差 $\boldsymbol{\omega}_e(t)$ 施加性能约束。为了解决这个问题，本节基于双层性能函数约束的思想，针对姿态跟踪控制问题提出了一种姿态约定时间预设性能控制方法。

6.3.1 基于姿态角和姿态角速度双层约束的控制器设计

相比于式（6-4）中的线性流形，本节针对姿态跟踪控制问题构造了如下所示的非线性流形 $\boldsymbol{x}(t)=[x_1(t),x_2(t),x_3(t)]^{\mathrm{T}}\in\mathbb{R}^3$：

$$\boldsymbol{x}(t)=\frac{4\eta}{1+\boldsymbol{\sigma}_e^{\mathrm{T}}(t)\boldsymbol{\sigma}_e(t)}\boldsymbol{\sigma}_e(t)+\boldsymbol{\omega}_e(t) \tag{6-46}$$

其中：$\eta>0$ 为可调参数。

与 6.2 节相似，分别针对状态 $\boldsymbol{\sigma}_e(t)$ 的每一维状态 $\sigma_{e,i}(t)$ 和 $\boldsymbol{x}(t)$ 的每一维状态 $x_i(t)$ $(i=1,2,3)$ 施加式（6-6）和式（6-8）中的性能函数 $\alpha_{e,i}(t)$ 和 $\alpha_{x,i}(t)$ 约束，即有

$$\begin{cases}-\delta\alpha_{e,i}(t)<\sigma_{e,i}(t)<\alpha_{e,i}(t), & \sigma_{e,i}(0)\geqslant 0\\ -\alpha_{e,i}(t)<\sigma_{e,i}(t)<\delta\alpha_{e,i}(t), & \sigma_{e,i}(0)<0\end{cases} \tag{6-47}$$

$$\begin{cases}-\delta\alpha_{x,i}(t)<x_i(t)<\alpha_{x,i}(t), & x_i(0)\geqslant 0\\ -\alpha_{x,i}(t)<x_i(t)<\delta\alpha_{x,i}(t), & x_i(0)<0\end{cases} \tag{6-48}$$

其中：$\alpha_{e,i}(t)$ 和 $\alpha_{x,i}(t)$ 中的参数定义与式（6-6）和式（6-8）中完全相同。

由式（6-46）可知

$$\begin{aligned}\|\boldsymbol{\omega}_e(t)\| &\leqslant \|\boldsymbol{x}(t)\|+\frac{4\eta}{1+\|\boldsymbol{\sigma}_e(t)\|^2}\|\boldsymbol{\sigma}_e(t)\|\\ &\leqslant \|\boldsymbol{x}(t)\|+4\eta\|\boldsymbol{\sigma}_e(t)\|\end{aligned} \tag{6-49}$$

因此可以得到，$\boldsymbol{\omega}_e(t)$ 的每一维状态 $\boldsymbol{\omega}_{e,i}(t)$ 的性能可由如下约束进行间接预设：

$$-\alpha_{x,i}(t)-4\eta\alpha_{e,i}(t)\leqslant\boldsymbol{\omega}_{e,i}(t)\leqslant\alpha_{x,i}(t)+4\eta\alpha_{e,i}(t),\quad i=1,2,3 \tag{6-50}$$

基于此，可以设计姿态跟踪控制系统的约定时间预设性能控制器为

$$\boldsymbol{u}=-\boldsymbol{G}_\sigma^{\mathrm{T}}(\boldsymbol{\sigma}_e)\boldsymbol{s}_e-\boldsymbol{G}_\sigma^{\mathrm{T}}(\boldsymbol{\sigma}_e)\boldsymbol{R}_e\boldsymbol{\sigma}_e-k\boldsymbol{R}_x\boldsymbol{s}_x \tag{6-51}$$

其中：$k>0$ 为可调控制增益；$\boldsymbol{s}_e=[s_{e,1},s_{e,2},s_{e,3}]^{\mathrm{T}}\in\mathbb{R}^3$；$\boldsymbol{s}_x=[s_{x,1},s_{x,2},s_{x,3}]^{\mathrm{T}}\in\mathbb{R}^3$；$\boldsymbol{R}_e=\mathrm{diag}(R_{e,1},R_{e,2},R_{e,3})\in\mathbb{R}^{3\times3}$ 和 $\boldsymbol{R}_x=\mathrm{diag}(R_{x,1},R_{x,2},R_{x,3})\in\mathbb{R}^{3\times3}$ 的定义与式（6-20）中的相同。

6.3.2 稳定性分析

姿态跟踪控制系统（6-43）在约定时间预设性能控制器（6-51）下的稳定性将由下述**定理 6-2** 给出。

定理 6-2 考虑姿态跟踪控制系统（6-43）和约定时间预设性能控制器（6-51）。当性能函数 $\alpha_{e,i}(t)$ 和 $\alpha_{x,i}(t)$ $(i=1,2,3)$ 的初值选取满足：$\alpha_{e,i,0}>|\sigma_{e,i}(0)|$ 和 $\alpha_{x,i,0}>|x_i(0)|$，且参数 η 的选取满足 $\eta>\max\limits_i\max\limits_t|H_{e,i}(t)|$，则式（6-47）、式（6-48）和式（6-50）中的约束对于 $\forall t\geqslant 0$ 始终成立。具体而言，$x_i(t)$, $\sigma_{e,i}(t)$ 和 $\omega_{e,i}(t)$ 均会

在预设收敛时间 T 内分别收敛至稳定域 $\Omega_{x,i}$、$\Omega_{\sigma,i}$ 和 $\Omega_{\omega,i}$ 内，其中

$$\begin{aligned}
\Omega_{x,i} &:= \begin{cases}(-\delta\alpha_{x,i,T},\alpha_{x,i,T}), & x_i(0)\geqslant 0\\ (-\alpha_{x,i,T},\delta\alpha_{x,i,T}), & x_i(0)<0\end{cases}\\
\Omega_{\sigma,i} &:= \begin{cases}(-\delta\alpha_{e,i,T},\alpha_{e,i,T}), & \sigma_{e,i}(0)\geqslant 0\\ (-\alpha_{e,i,T},\delta\alpha_{e,i,T}), & \sigma_{e,i}(0)<0\end{cases}\\
\Omega_{\omega,i} &:= (-\alpha_{x,i,T}-4\eta_i\alpha_{e,i,T},\alpha_{x,i,T}+4\eta_i\alpha_{e,i,T})
\end{aligned} \tag{6-52}$$

为了证明**定理 6-2**，首先给出并证明关于矩阵 $\boldsymbol{G}_\sigma(\boldsymbol{\sigma}_e)$ 的一个**引理 6-1**。

引理 6-1

$$\left\|\dot{\boldsymbol{G}}_\sigma^{-1}(\boldsymbol{\sigma}_e)\right\|\leqslant\frac{2(1+3\|\boldsymbol{\sigma}_e\|)\|\boldsymbol{\omega}_e\|}{1+\|\boldsymbol{\sigma}_e\|^2} \tag{6-53}$$

证明：由 $\boldsymbol{G}_\sigma(\boldsymbol{\sigma}_e)$ 的定义可以得到

$$\begin{aligned}
\left\|\dot{\boldsymbol{G}}_\sigma(\boldsymbol{\sigma}_e)\right\| &= \frac{1}{4}\left\|-2\boldsymbol{\sigma}_e^{\mathrm{T}}\dot{\boldsymbol{\sigma}}_e\boldsymbol{I}_3+2\dot{\boldsymbol{\sigma}}_e^{\times}+2\dot{\boldsymbol{\sigma}}_e\boldsymbol{\sigma}_e^{\mathrm{T}}+2\boldsymbol{\sigma}_e\dot{\boldsymbol{\sigma}}_e^{\mathrm{T}}\right\|\\
&\leqslant \frac{1}{4}\left(2\|\boldsymbol{\sigma}_e\|\|\dot{\boldsymbol{\sigma}}_e\|+2\|\dot{\boldsymbol{\sigma}}_e\|+4\|\dot{\boldsymbol{\sigma}}_e\|\|\boldsymbol{\sigma}_e\|\right)\\
&\leqslant \left(\frac{1+3\|\boldsymbol{\sigma}_e\|}{2}\right)\|\dot{\boldsymbol{\sigma}}_e\|
\end{aligned} \tag{6-54}$$

将**性质 6-6** 代入式（6-54），可得

$$\left\|\dot{\boldsymbol{G}}_\sigma(\boldsymbol{\sigma}_e)\right\|\leqslant\left(\frac{1+3\|\boldsymbol{\sigma}_e\|}{2}\right)\frac{1+\|\boldsymbol{\sigma}_e\|^2}{4}\|\boldsymbol{\omega}_e\| \tag{6-55}$$

则 $\dot{\boldsymbol{G}}_\sigma^{-1}(\boldsymbol{\sigma}_e)$ 的上界可以估计为

$$\begin{aligned}
\left\|\dot{\boldsymbol{G}}_\sigma^{-1}(\boldsymbol{\sigma}_e)\right\| &= \left\|-\boldsymbol{G}_\sigma^{-1}(\boldsymbol{\sigma}_e)\dot{\boldsymbol{G}}_\sigma(\boldsymbol{\sigma}_e)\boldsymbol{G}_\sigma^{-1}(\boldsymbol{\sigma}_e)\right\|\\
&\leqslant \frac{16}{\left(1+\|\boldsymbol{\sigma}_e\|^2\right)^2}\left(\frac{1+3\|\boldsymbol{\sigma}_e\|}{2}\right)\frac{1+\|\boldsymbol{\sigma}_e\|^2}{4}\|\boldsymbol{\omega}_e\|\\
&= \frac{2\left(1+3\|\boldsymbol{\sigma}_e\|\right)\|\boldsymbol{\omega}_e\|}{1+\|\boldsymbol{\sigma}_e\|^2}
\end{aligned} \tag{6-56}$$

引理 6-1 得证。 ■

定理 6-2 的证明将分为如下三步进行。

第一步：问题转化。

与 6.2.4 节相似，由映射状态量 $\boldsymbol{s}_e(t)$ 和 $\boldsymbol{s}_x(t)$ 的定义可以得知，当 $\boldsymbol{s}_e(t)$ 和 $\boldsymbol{s}_x(t)$ 均有界时，将 $\boldsymbol{s}_e(t)$ 和 $\boldsymbol{s}_x(t)$ 可逆映射回原约束空间，式（6-47）和式（6-48）的约束成立。反之亦然。因此，要证明式（6-47）和式（6-48）的约束始终成立，只需要证明对于所有的 $t\geqslant 0$，$\boldsymbol{s}_e(t)$ 和 $\boldsymbol{s}_x(t)$ 始终保持有界。以反证法对该命题进行证明。在

$t=0$ 时，由于性能函数 $\alpha_{e,i}(t)$ 和 $\alpha_{x,i}(t)$ $(i=1,2,3)$ 的初值选取满足：$\alpha_{e,i,0}>\left|\sigma_{e,i}(0)\right|$ 和 $\alpha_{x,i,0}>\left|x_i(0)\right|$，因此 $\boldsymbol{s}_e(0)$ 和 $\boldsymbol{s}_x(0)$ 是有界的。假设存在时间 $t_v>0$ 使得当 $t=t_v$ 时，式（6-47）和式（6-48）的约束中首次有约束被违反。换言之，当 $t=t_v$ 时，映射状态 $\boldsymbol{s}(t)=[\boldsymbol{s}_e^{\mathrm{T}}(t),\boldsymbol{s}_x^{\mathrm{T}}(t)]^{\mathrm{T}}\in\mathbb{R}^6$ 是无界的，即 $\|\boldsymbol{s}(t)\|_\infty=+\infty$。

在后续两步中，将分别证明：当 $t=t_v$ 时，$\|\boldsymbol{s}_e(t)\|_\infty<+\infty$ 且 $\|\boldsymbol{s}_x(t)\|_\infty<+\infty$。

第二步： 证明当 $t=t_v$ 时，$\|\boldsymbol{s}_e(t)\|_\infty<+\infty$。

对非线性流形 $\boldsymbol{x}(t)$ 进行求导数可以得到

$$\dot{\boldsymbol{x}}(t)=\eta\boldsymbol{\omega}_e(t)+\eta\dot{\boldsymbol{G}}_\sigma^{-1}(\boldsymbol{\sigma}_e)\boldsymbol{\sigma}_e(t)+\dot{\boldsymbol{\omega}}_e(t) \tag{6-57}$$

值得注意的是，式（6-43）中的姿态动力学方程可以转化为

$$\boldsymbol{J}\dot{\boldsymbol{\omega}}_e=\boldsymbol{\Delta}_1(\boldsymbol{\omega}_e,\boldsymbol{\omega}_d,\dot{\boldsymbol{\omega}}_d)+\boldsymbol{u} \tag{6-58}$$

其中：$\boldsymbol{\Delta}_1(\boldsymbol{\omega}_e,\boldsymbol{\omega}_d,\dot{\boldsymbol{\omega}}_d):=-\boldsymbol{\omega}^\times\boldsymbol{J}\boldsymbol{\omega}-\boldsymbol{J}\boldsymbol{T}(\boldsymbol{\sigma}_e)\dot{\boldsymbol{\omega}}_d+\boldsymbol{J}\boldsymbol{\omega}_e^\times\boldsymbol{T}(\boldsymbol{\sigma}_e)\boldsymbol{\omega}_d+\boldsymbol{u}_d$。

由性质 **6-6** 可知：

$$\begin{aligned}\|\boldsymbol{\Delta}_1(\boldsymbol{\omega}_e,\boldsymbol{\omega}_d,\dot{\boldsymbol{\omega}}_d)\| &= \left\|-\boldsymbol{\omega}^\times\boldsymbol{J}\boldsymbol{\omega}-\boldsymbol{J}\boldsymbol{T}(\boldsymbol{\sigma}_e)\dot{\boldsymbol{\omega}}_d+\boldsymbol{J}\boldsymbol{\omega}_e^\times\boldsymbol{T}(\boldsymbol{\sigma}_e)\boldsymbol{\omega}_d+\boldsymbol{u}_d\right\| \\ &\leqslant \left\|\boldsymbol{\omega}^\times\boldsymbol{J}\boldsymbol{\omega}\right\|+\left\|\boldsymbol{J}\boldsymbol{T}(\boldsymbol{\sigma}_e)\dot{\boldsymbol{\omega}}_d\right\|+\left\|\boldsymbol{J}\boldsymbol{\omega}_e^\times\boldsymbol{T}(\boldsymbol{\sigma}_e)\boldsymbol{\omega}_d\right\|+\|\boldsymbol{u}_d\| \\ &\leqslant \|\boldsymbol{J}\|\left(\|\boldsymbol{\omega}\|^2+\|\dot{\boldsymbol{\omega}}_d\|+\|\boldsymbol{\omega}_e\|\|\boldsymbol{\omega}_d\|\right)+\|\boldsymbol{u}_d\|\end{aligned} \tag{6-59}$$

注意：$\|\boldsymbol{\omega}_d(t)\|\leqslant C_{\omega_d}$，$\|\dot{\boldsymbol{\omega}}_d(t)\|\leqslant C_{\dot{\omega}_d}$ 和 $\|\boldsymbol{u}_d\|\leqslant C_d$，并定义惯量矩阵 $\boldsymbol{J}$ 的最大特征值为 C_{J2}，因此有

$$\begin{aligned}\|\boldsymbol{\Delta}_1(\boldsymbol{\omega}_e,\boldsymbol{\omega}_d,\dot{\boldsymbol{\omega}}_d)\| &\leqslant C_{J2}\left(\|\boldsymbol{\omega}_e\|^2+\|\boldsymbol{\omega}_d\|^2+3\|\boldsymbol{\omega}_e\|\|\boldsymbol{\omega}_d\|+C_{\dot{\omega}_d}\right)+C_d \\ &\leqslant C_{J2}\left(\|\boldsymbol{\omega}_e\|^2+C_{\omega_d}^2+3C_{\omega_d}\|\boldsymbol{\omega}_e\|+C_{\dot{\omega}_d}\right)+C_d \\ &= C_{\Delta 1}\end{aligned} \tag{6-60}$$

其中：$C_{\Delta 1}:=C_{J2}\left(\|\boldsymbol{\omega}_e\|^2+3C_{\omega_d}\|\boldsymbol{\omega}_e\|+C_{\omega_d}^2+C_{\dot{\omega}_d}\right)+C_d>0$。

将式（6-58）和式（6-51）代入式（6-57），可得

$$\boldsymbol{J}\dot{\boldsymbol{x}}=\boldsymbol{\Delta}_1(\boldsymbol{\omega}_e,\boldsymbol{\omega}_d,\dot{\boldsymbol{\omega}}_d)+\boldsymbol{\Delta}_2(\boldsymbol{\sigma}_e,\boldsymbol{\omega}_e)-\boldsymbol{G}_\sigma^{\mathrm{T}}(\boldsymbol{\sigma}_e)\boldsymbol{s}_e-\boldsymbol{G}_\sigma^{\mathrm{T}}(\boldsymbol{\sigma}_e)\boldsymbol{R}_e\boldsymbol{\sigma}_e-k\boldsymbol{R}_x\boldsymbol{s}_x \tag{6-61}$$

其中：$\boldsymbol{\Delta}_2(\boldsymbol{\sigma}_e,\boldsymbol{\omega}_e):=\eta\boldsymbol{J}\boldsymbol{\omega}_e+\eta\boldsymbol{J}\dot{\boldsymbol{G}}_\sigma^{-1}(\boldsymbol{\sigma}_e)\boldsymbol{\sigma}_e$。

由引理 **6-1** 可得

$$\|\boldsymbol{\Delta}_2(\boldsymbol{\sigma}_e,\boldsymbol{\omega}_e)\|\leqslant C_{\Delta 2} \tag{6-62}$$

其中：$C_{\Delta 2}:=\eta C_{J2}\|\boldsymbol{\omega}_e\|+\eta C_{J2}\dfrac{2\left(1+3\|\boldsymbol{\sigma}_e\|\right)\|\boldsymbol{\omega}_e\|\|\boldsymbol{\sigma}_e\|}{1+\|\boldsymbol{\sigma}_e\|^2}>0$。

在时间区间 $[0,t_v]$ 内，由于式（6-47）和式（6-48）的约束始终成立，因此，

$\boldsymbol{x}(t),\boldsymbol{\sigma}_e(t)$ 和 $\boldsymbol{\omega}_e(t)$ 在该时间区间内始终有界。由此可知，$C_{\Delta1}$ 和 $C_{\Delta2}$ 在区间 $[0,t_v]$ 内是有界的。构造关于映射状态量 $\boldsymbol{s}_e(t)$ 和流形 $\boldsymbol{x}(t)$ 和 Lyapunov 函数 V_3：

$$V_3=\frac{1}{2}\boldsymbol{x}^{\mathrm{T}}\boldsymbol{J}\boldsymbol{x}+\boldsymbol{s}_e^{\mathrm{T}}\boldsymbol{\sigma}_e \tag{6-63}$$

对其进行求导并代入式（6-61），可得

$$\begin{aligned}\dot{V}_3 &= \boldsymbol{x}^{\mathrm{T}}\boldsymbol{J}\dot{\boldsymbol{x}}+\boldsymbol{s}_{\mathrm{e}}^{\mathrm{T}}\dot{\boldsymbol{\sigma}}_e+\boldsymbol{\sigma}_e^{\mathrm{T}}\dot{\boldsymbol{s}}_e\\ &= \boldsymbol{x}^{\mathrm{T}}(\boldsymbol{\Delta}_1+\boldsymbol{\Delta}_2-\boldsymbol{G}_\sigma^{\mathrm{T}}(\boldsymbol{\sigma}_e)\boldsymbol{s}_e-\boldsymbol{G}_\sigma^{\mathrm{T}}(\boldsymbol{\sigma}_e)\boldsymbol{R}_e\boldsymbol{\sigma}_e-k\boldsymbol{R}_x\boldsymbol{s}_x)+\boldsymbol{s}_e^{\mathrm{T}}\dot{\boldsymbol{\sigma}}_e+\boldsymbol{\sigma}_e^{\mathrm{T}}\dot{\boldsymbol{s}}_e\end{aligned} \tag{6-64}$$

结合**性质 6-6** 和式（6-18）、式（6-43）和式（6-46），可得

$$\begin{aligned}\dot{V}_3 &= \boldsymbol{x}^{\mathrm{T}}(\boldsymbol{\Delta}_1+\boldsymbol{\Delta}_2-\boldsymbol{G}_\sigma^{\mathrm{T}}(\boldsymbol{\sigma}_e)\boldsymbol{s}_e-\boldsymbol{G}_\sigma^{\mathrm{T}}(\boldsymbol{\sigma}_e)\boldsymbol{R}_e\boldsymbol{\sigma}_e-k\boldsymbol{R}_x\boldsymbol{s}_x)+\\ &\quad \boldsymbol{s}_e^{\mathrm{T}}\boldsymbol{G}_\sigma(\boldsymbol{\sigma}_e)(\boldsymbol{x}-\eta\boldsymbol{G}_e^{-1}(\boldsymbol{\sigma}_e)\boldsymbol{\sigma}_e)+\boldsymbol{\sigma}_e^{\mathrm{T}}\boldsymbol{R}_e[\boldsymbol{G}_\sigma(\boldsymbol{\sigma}_e)(\boldsymbol{x}-\eta\boldsymbol{G}_e^{-1}(\boldsymbol{\sigma}_e)\boldsymbol{\sigma}_e)+\boldsymbol{H}_e\boldsymbol{\sigma}_e]\\ &= \boldsymbol{x}^{\mathrm{T}}(\boldsymbol{\Delta}_1+\boldsymbol{\Delta}_2)-k\boldsymbol{x}^{\mathrm{T}}\boldsymbol{R}_x\boldsymbol{s}_x-\eta\boldsymbol{s}_e^{\mathrm{T}}\boldsymbol{\sigma}_e-\boldsymbol{\sigma}_e^{\mathrm{T}}\boldsymbol{R}_e(\eta\boldsymbol{I}_3-\boldsymbol{H}_e)\boldsymbol{\sigma}_e\end{aligned} \tag{6-65}$$

由于参数 η 的选取满足 $\eta>\max\limits_i\max\limits_t\left|H_{e,i}(t)\right|$，因此有

$$\dot{V}_3 \leqslant \boldsymbol{x}^{\mathrm{T}}(\boldsymbol{\Delta}_1+\boldsymbol{\Delta}_2)-k\boldsymbol{x}^{\mathrm{T}}\boldsymbol{R}_x\boldsymbol{s}_x-\eta\boldsymbol{s}_e^{\mathrm{T}}\boldsymbol{\sigma}_e \tag{6-66}$$

由**性质 6-5** 有

$$\begin{aligned}-k\boldsymbol{x}^{\mathrm{T}}\boldsymbol{R}_x\boldsymbol{s}_x &\leqslant -k\left\|\boldsymbol{R}_x\right\|\boldsymbol{x}^{\mathrm{T}}\boldsymbol{s}_x\\ &\leqslant -\frac{4k}{(1+\delta)C_{\alpha x}}\boldsymbol{x}^{\mathrm{T}}\ell(\boldsymbol{\theta}_x)\boldsymbol{x}\\ &\leqslant -\frac{4k}{(1+\delta)C_{\alpha x}}\cdot\frac{4}{1+\delta}\boldsymbol{x}^{\mathrm{T}}\boldsymbol{x}\\ &\leqslant -\frac{16k}{C_{\alpha x}(1+\delta)^2}\boldsymbol{x}^{\mathrm{T}}\boldsymbol{x}\end{aligned} \tag{6-67}$$

其中：$C_{\alpha x}=\max\limits_i\max\limits_t\alpha_{x,i}(t)$；$\ell(\boldsymbol{\theta}_x)=\mathrm{diag}(\ell(\theta_{x1}),\ell(\theta_{x2}),\ell(\theta_{x3}))$；$\ell(\theta_{x,i})=\hbar(\theta_{x,i})/\theta_{x,i}$ 且 $\theta_{x,i}=x_i/\alpha_{x,i}$。

结合式（6-59）和式（6-62），并应用 Young 不等式，可得

$$\begin{aligned}\boldsymbol{x}^{\mathrm{T}}(\boldsymbol{\Delta}_1+\boldsymbol{\Delta}_2) &= \sqrt{\frac{16k}{C_{\alpha x}(1+\delta)^2}}\boldsymbol{x}^{\mathrm{T}}\cdot\sqrt{\frac{C_{\alpha x}(1+\delta)^2}{16k}}(\boldsymbol{\Delta}_1+\boldsymbol{\Delta}_2)\\ &\leqslant \frac{1}{2}\cdot\frac{16k}{C_{\alpha x}(1+\delta)^2}\boldsymbol{x}^{\mathrm{T}}\boldsymbol{x}+\frac{1}{2}\cdot\frac{C_{\alpha x}(1+\delta)^2}{16k}(C_{\Delta1}+C_{\Delta2})^2\end{aligned} \tag{6-68}$$

将式（6-67）和式（6-68）代入式（6-66），有

$$\dot{V}_3 \leqslant -\frac{16k}{C_{\alpha x}(1+\delta)^2}\cdot\frac{1}{2}\boldsymbol{x}^{\mathrm{T}}\boldsymbol{x}-\eta\boldsymbol{s}_e^{\mathrm{T}}\boldsymbol{\sigma}_e+\frac{C_{\alpha x}(1+\delta)^2(C_{\Delta1}+C_{\Delta2})^2}{32k} \tag{6-69}$$

定义 $C_{3,1}:=\min\left\{\dfrac{16k}{C_{\alpha x}(1+\delta)^2},\eta\right\}$，$C_{3,2}:=\dfrac{C_{\alpha x}(1+\delta)^2(C_{\Delta 1}+C_{\Delta 2})^2}{32k}$，显然 $C_{3,1}$ 和 $C_{3,2}$ 在时间区间 $[0,t_v]$ 内是有界的。

将 $C_{3,1}$ 和 $C_{3,2}$ 代入式（6-69）中，可得

$$\dot{V}_3 \leqslant -C_{3,1}V_3+C_{3,2},\quad t\in[0,t_v] \tag{6-70}$$

对式（6-70）进行积分可以得到

$$\begin{aligned} V_3(t) &\leqslant V_3(0)\exp(-C_{3,1}t)+\int_0^t C_{3,2}\exp(-C_{3,1}(t-\tau))\mathrm{d}\tau \\ &= V_3(0)\exp(-C_{3,1}t)+C_{3,2}/C_{3,1}[1-\exp(-C_{3,1}t)] \\ &\leqslant V_3(0)+C_{3,2}/C_{3,1},\quad t\in[0,t_v] \end{aligned} \tag{6-71}$$

因此，Lyapunov 函数 V_3 在时间区间 $[0,t_v]$ 上始终有界。换言之，当 $t\in[0,t_v]$ 时，$\|\boldsymbol{s}_e(t)\|_\infty<+\infty$ 始终成立。

第三步：证明当 $t=t_v$ 时，$\|\boldsymbol{s}_x(t)\|_\infty<+\infty$。

在时间区间 $[0,t_v]$ 内，构造如下关于 $\boldsymbol{s}_x(t)$ 的 Lyapunov 函数 V_4：

$$V_4=k\boldsymbol{s}_x^{\mathrm{T}}\boldsymbol{s}_x/2 \tag{6-72}$$

对其进行求导，并代入式（6-18）和式（6-61），可得

$$\begin{aligned} \dot{V}_4 &= k\boldsymbol{s}_x^{\mathrm{T}}\dot{\boldsymbol{s}}_x \\ &= k\boldsymbol{s}_x^{\mathrm{T}}\boldsymbol{R}_x(\dot{\boldsymbol{x}}+\boldsymbol{H}_x\boldsymbol{x}) \\ &= k\boldsymbol{s}_x^{\mathrm{T}}\boldsymbol{R}_x\boldsymbol{J}^{-1}(-k\boldsymbol{R}_x\boldsymbol{s}_x+\boldsymbol{\Delta}_1+\boldsymbol{\Delta}_2-\boldsymbol{G}_\sigma^{\mathrm{T}}(\boldsymbol{\sigma}_e)\boldsymbol{s}_e-\boldsymbol{G}_\sigma^{\mathrm{T}}(\boldsymbol{\sigma}_e)\boldsymbol{R}_e\boldsymbol{\sigma}_e+\boldsymbol{J}\boldsymbol{H}_x\boldsymbol{x}) \end{aligned} \tag{6-73}$$

定义 $\boldsymbol{\Delta}_3:=-\boldsymbol{G}_\sigma^{\mathrm{T}}(\boldsymbol{\sigma}_e)\boldsymbol{s}_e-\boldsymbol{G}_\sigma^{\mathrm{T}}(\boldsymbol{\sigma}_e)\boldsymbol{R}_e\boldsymbol{\sigma}_e+\boldsymbol{J}\boldsymbol{H}_x\boldsymbol{x}$，由于 $\boldsymbol{G}_\sigma(\boldsymbol{\sigma}_e)$、$\boldsymbol{\sigma}_e$、$\boldsymbol{J}$、$\boldsymbol{H}_x$、$\boldsymbol{x}$ 在时间区间 $[0,t_v]$ 内均是有界的，通过第二步的证明可知 $\boldsymbol{s}_e$ 和 $\boldsymbol{R}_e$ 在时间区间 $[0,t_v]$ 内也是有界的，因此存在有界常数 $C_{\Delta 3}$ 使得

$$\|\boldsymbol{\Delta}_3\|\leqslant C_{\Delta 3},\quad t\in[0,t_v] \tag{6-74}$$

结合**性质 6-5**，将式（6-74）代入式（6-73），并利用 Young 不等式，可得

$$\begin{aligned} \dot{V}_4 &= -k^2\boldsymbol{s}_x^{\mathrm{T}}\boldsymbol{R}_x\boldsymbol{J}^{-1}\boldsymbol{R}_x\boldsymbol{s}_x+k\boldsymbol{s}_x^{\mathrm{T}}\boldsymbol{R}_x\boldsymbol{J}^{-1}(\boldsymbol{\Delta}_1+\boldsymbol{\Delta}_2+\boldsymbol{\Delta}_3) \\ &\leqslant -\|k\boldsymbol{R}_x\boldsymbol{s}_x\|^2/C_{J2}+(k\boldsymbol{s}_x^{\mathrm{T}}\boldsymbol{R}_x)/\sqrt{C_{J2}}\cdot\sqrt{C_{J2}}\boldsymbol{J}^{-1}(\boldsymbol{\Delta}_1+\boldsymbol{\Delta}_2+\boldsymbol{\Delta}_3) \\ &\leqslant -\frac{1}{2C_{J2}}\|k\boldsymbol{R}_x\boldsymbol{s}_x\|^2+\frac{C_{J2}}{2}\|\boldsymbol{J}^{-1}\|^2\|\boldsymbol{\Delta}_1+\boldsymbol{\Delta}_2+\boldsymbol{\Delta}_3\|^2 \\ &\leqslant -\frac{16k}{(1+\delta)^2C_{J2}C_{\alpha x}^2}\cdot\frac{k}{2}\boldsymbol{s}_x^{\mathrm{T}}\boldsymbol{s}_x+\frac{C_{J2}}{2C_{J1}^2}(C_{\Delta 2}+C_{\Delta 2}+C_{\Delta 3})^2 \end{aligned} \tag{6-75}$$

定义 $C_{4,1}:=\dfrac{16k}{(1+\delta)^2C_{J2}C_{\alpha x}^2}$ 和 $C_{4,2}:=\dfrac{C_{J2}}{2C_{J1}^2}(C_{\Delta 2}+C_{\Delta 2}+C_{\Delta 3})^2$，显然 $C_{4,1}$ 和 $C_{4,2}$ 在时间区间 $[0,t_v]$ 内是有界的。

将 $C_{4,1}$ 和 $C_{4,2}$ 代入式（6-75）中，可得

$$\dot{V}_4 \leqslant -C_{4,1}V_4 + C_{4,2},\ t\in[0,t_v] \tag{6-76}$$

同理于第二步，Lyapunov 函数 V_4 在时间区间 $[0,t_v]$ 上始终有界。换言之，当 $t\in[0,t_v]$ 时，$\|\boldsymbol{s}_x(t)\|_\infty < +\infty$ 始终成立。

综合第二步和第三步可知，映射状态 $\boldsymbol{s}(t)=[\boldsymbol{s}_e^{\mathrm{T}}(t),\boldsymbol{s}_x^{\mathrm{T}}(t)]^{\mathrm{T}}$ 在时间区间 $[0,t_v]$ 内始终有界，与假设矛盾。因此，式（6-47）和式（6-48）的约束在整个时间区间 $[0,+\infty)$ 内始终成立。由式（6-49）的推导可知，式（6-50）的约束在整个时间区间 $[0,+\infty)$ 内也始终成立。换言之，$x_i(t)$、$\sigma_{e,i}(t)$ 和 $\dot{\omega}_{e,i}(t)$ 均会在预设的收敛时间 T 内分别收敛至稳定域 $\Omega_{x,i}$、$\Omega_{\sigma,i}$ 和 $\Omega_{\omega,i}$ 内。

定理 6-2 得证。 ■

6.3.3 仿真验证

本小节设计了三组仿真算例来分别验证本节的姿态跟踪约定时间预设性能控制器（6-51）的有效性、鲁棒性和约定时间稳定性。为了进行性能对比，前两组仿真同时与文献[21]中提出的基于观测器的姿态跟踪控制方法进行对比。选取该方法进行对比的原因有两个方面：一方面，两种方法的控制器计算复杂度都比较低，对比相对比较公平；另一方面，文献[21]中的方法通过引入观测器，对系统不确定性和外部干扰具有一定的鲁棒性，控制精度高，通过与其对比更能体现本章约定时间预设性能控制方法的性能和优越性。

本小节设置的仿真工况与文献[21]中相同。其中，航天器的先验惯量矩阵 $\boldsymbol{J}_0$（并不一定要求准确）为 $\boldsymbol{J}_0=\mathrm{diag}(40.0,42.5,50.2)\ \mathrm{kg\cdot m^2}$，且该矩阵仅供文献[21]中的方法使用，本章的约定时间预设性能控制方法是不依赖该参数的。期望姿态角速度轨迹 $\boldsymbol{\omega}_d(t)$ 设计为

$$\boldsymbol{\omega}_d(t) = 2\times10^{-4}\times\begin{bmatrix}0.03\sin(\pi t/200)\\0.03\sin(\pi t/300)\\0.03\sin(\pi t/250)\end{bmatrix}\ \mathrm{rad/s} \tag{6-77}$$

而且期望姿态角初值设计为 $\boldsymbol{\sigma}_d(0)=[0.02,-0.03,0.05]^{\mathrm{T}}$。初始 MRP 参数和姿态角速度分别设计为 $\boldsymbol{\sigma}(0)=[0.6,-0.5,0.3]^{\mathrm{T}}$ 和 $\boldsymbol{\omega}(0)=[-0.001,0.002,-0.0009]^{\mathrm{T}}\ \mathrm{rad/s}$。

1. 有效性仿真

在本小节中，外部干扰和参数不确定性的选取保持与文献[21]一致。其中，外部干扰 $\boldsymbol{u}_d(t)$ 设计为

$$\boldsymbol{u}_d(t) = 2\times10^{-4}\times[\sin(0.8t),\cos(0.5t),\cos(0.3t)]^{\mathrm{T}}\ \mathrm{N\cdot m} \tag{6-78}$$

真实惯量矩阵 $\boldsymbol{J}$ 定义为 $\boldsymbol{J}=\boldsymbol{J}_0+\Delta\boldsymbol{J}$，其中 $\Delta\boldsymbol{J}=20\%\boldsymbol{J}_0$ 为未知参数不确定性。

约定时间性能函数 $\alpha_{e,i}(t)$ 和 $\alpha_{x,i}(t)$ $(i=1,2,3)$ 的参数分别设计为：$T=25$ s，$\gamma=0.6$，$\delta=0.8$，$\alpha_{e,i,0}=1.5$，$\alpha_{e,i,T}=0.01$，$\alpha_{x,i,0}=1.5$，$\alpha_{x,i,T}=0.01$。控制器参数设计为：$k=2$ 和 $\eta=0.3$。

本节提出的姿态跟踪约定时间预设性能控制器（6-51）的仿真结果如图 6-4～图 6-7 所示。由图 6-4～图 6-6 可以看出，所有的系统状态，包括姿态 MRP 误差、姿态角速度误差和非线性流形均始终保持在预设的性能边界(ARPF)以内。换言之，所有的系统状态均能在预设收敛时间 T=25 s 内完成收敛。作为对比，文献[21]方法中，系统的收敛时间约为 50 s，是本节的姿态跟踪约定时间预设性能控制方法收敛时间的两倍（见文献[21]中的图 2 和图 3）。从图 6-4 中的子图可以得到，航天器跟踪期望轨迹的姿态指向精度约为 2×10^{-7}，相比于文献[21]中方法的结果（1×10^{-5}）精度提升了两个数量级。姿态角速度误差的稳态精度为 1×10^{-8} rad/s（图 6-5 的子图），显然也要比文献[21]方法的结果（2×10^{-4} rad/s）精度更高。图 6-7 给出了本节的姿态跟踪约定时间预设性能控制器（式（6-51））的控制输入变化曲线。从图 6-7 中可以看出，控制输入连续稳定，不存在抖振、突变等实际工程问题中难以实现的输入。然而，从文献[21]中的图 6-7 中可以明显地看出，该方法的控制输入在初始时有一个很高的脉冲式输入。考虑到实际系统存在输入饱和约束和执行器的响应延迟等问题，该方法的控制输入相比于本节的姿态跟踪约定时间预设性能控制方法难以实现。

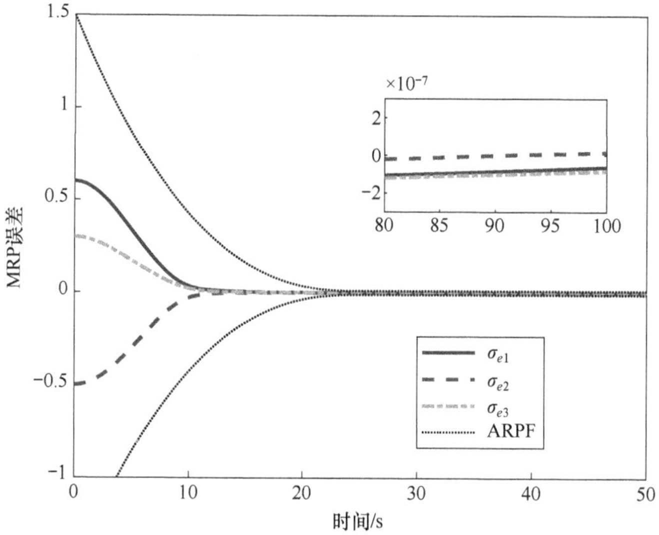

图 6-4 姿态 MRP 误差在性能函数下的变化曲线（有效性分析）

从上述仿真结果和分析可以得出，本节提出的姿态跟踪约定时间预设性能控制方法能够保证系统状态量在用户预设的时间范围内完成对期望轨迹的高精度跟踪，控制输入连续稳定、易于实现。因此，本节提出的姿态跟踪约定时间预设性能控制方法是有效的。

2. 鲁棒性仿真

为进一步验证本节提出的姿态跟踪约定时间预设性能控制方法对外部干扰和不确定性的鲁棒性，在本小节的仿真算例中考虑了更加严峻的工况。相比于有效性仿真中的外部干扰（6-78），本小节仿真中将其增大为原来的 1000 倍，即

$$\boldsymbol{u}_d(t) = 0.2\times[\sin(0.8t),\cos(0.5t),\cos(0.3t)]^{\mathrm{T}}\ \mathrm{N}\cdot\mathrm{m} \tag{6-79}$$

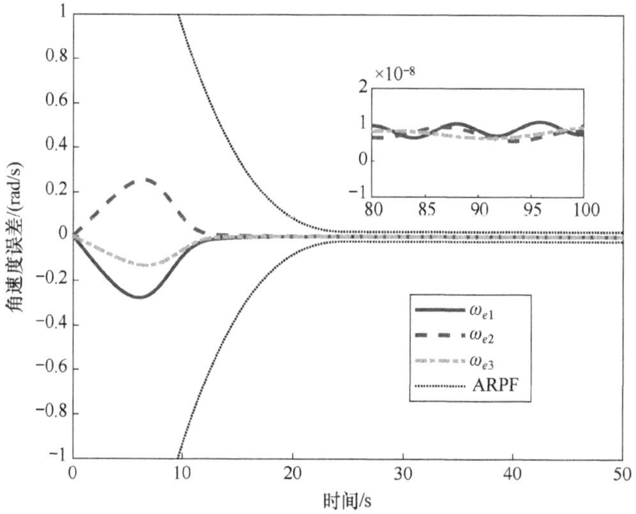

图 6-5　姿态角速度误差在性能函数下的变化曲线（有效性分析）

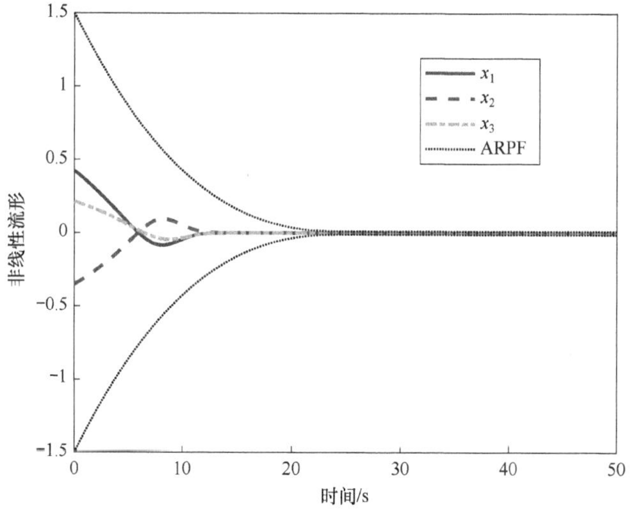

图 6-6　非线性流形在性能函数下的变化曲线（有效性分析）

此外，对于参数不确定性 $\Delta\boldsymbol{J}$，仿真中将其从原来的 $20\%\boldsymbol{J}_0$ 提升至 $100\%\boldsymbol{J}_0$ 来检验对于系统的实际参数缺乏准确先验估计的工况。同时将本节提出的姿态跟踪约定时

间预设性能控制器（6-51）和文献[21]的基于观测器的姿态跟踪控制器进行对比分析。

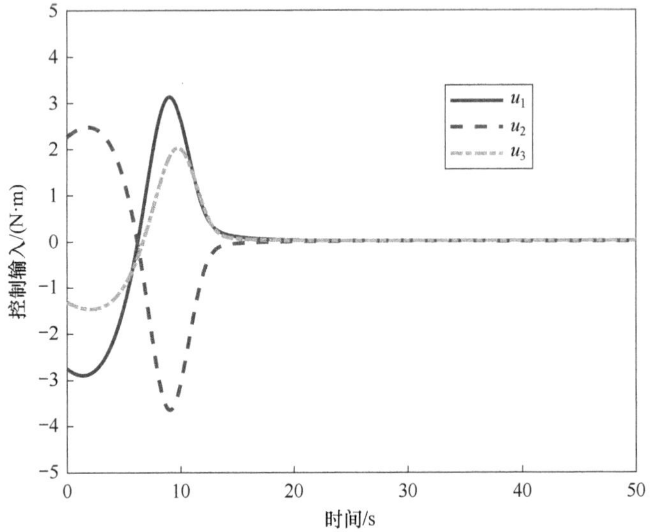

图 6-7　控制输入变化曲线（有效性分析）

本节提出的姿态跟踪约定时间预设性能控制器（6-51）的仿真结果如图 6-8 和图 6-9 所示。对于瞬态性能而言，尽管存在强外部干扰和参数不确定性的影响，在约定时间预设性能控制器作用下的姿态 MRP 误差仍然处于预设的收敛边界以内，能够在给定的 25 s 内完成收敛。而文献[21]的方法无法保证系统始终满足性能约束，收敛时间较慢。对于稳态性能而言，文献[21]方法作用下的姿态 MRP 误差为5×10^{-3}，是本节提出的姿态跟踪约定时间预设性能控制方法姿态 MRP 误差（3×10^{-6}）的 1000 多倍。

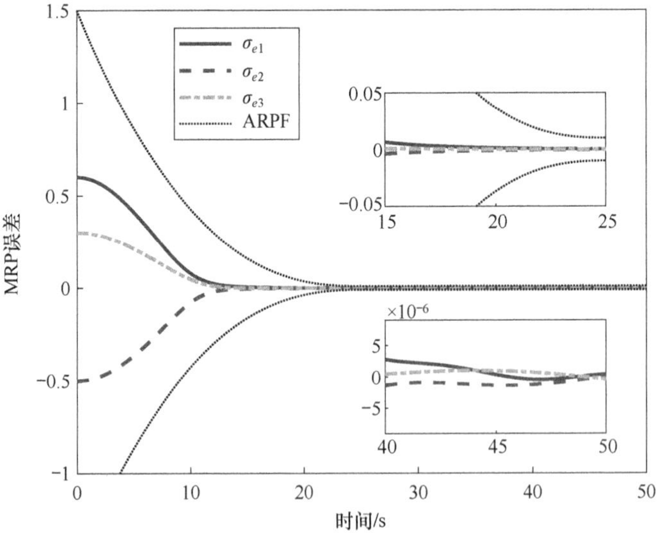

图 6-8　强干扰和不确定性下的姿态 MRP 误差变化曲线（本章方法）

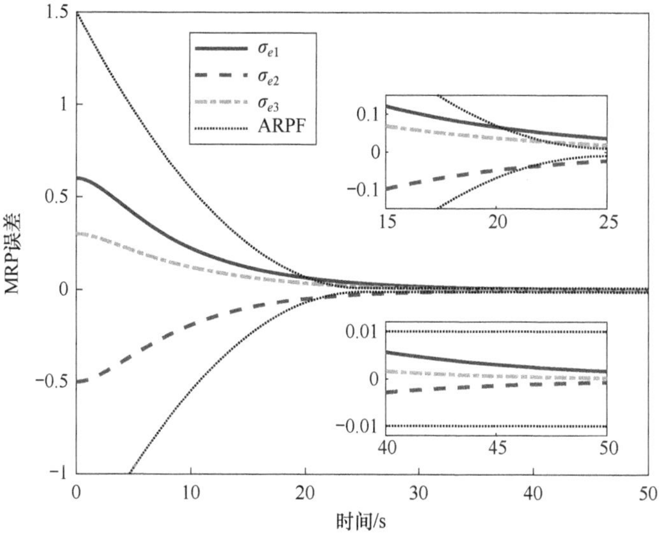

图 6-9　强干扰和不确定性下的姿态 MRP 误差变化曲线（文献[21]中的方法）

由上述仿真结果和对比分析可以得出，本节提出的姿态跟踪约定时间预设性能控制方法在存在强外部干扰和参数不确定性的严峻工况下，仍然能够保证预设性能约束的实现。因此，本节提出的姿态跟踪约定时间预设性能控制方法对于外部干扰和不确定性具有极强的鲁棒性。

3. 约定时间稳定性仿真

为进一步凸显本节提出的姿态跟踪约定时间预设性能控制方法的优势，在本小节通过设置不同的预设收敛时间 T 进行了多次仿真，而且仿真工况选择为与 6.3.2 小节的仿真一致。仿真中预设收敛时间 T 分别设置为 20s、50s 和 80s。

姿态 MRP 误差的仿真结果如图 6-10 所示。从图 6-10 中可以看出，姿态 MRP 误差在不同的预设收敛时间下，分别以相应的速度收敛到对应的稳定域中，且收敛轨迹始终处于预设的性能边界以内。显然，本章提出的约定时间预设性能控制方法允许用户通过控制任务的实际需求来主动调节收敛时间，保证实际任务的顺利完成，是一种面向用户、面向任务、面向工程的控制方法。

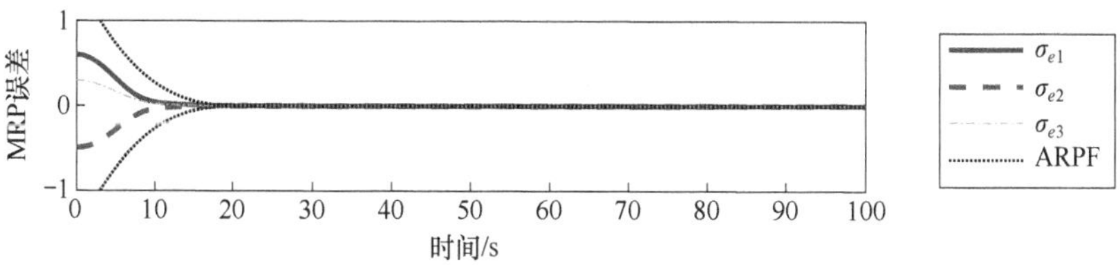

(a)

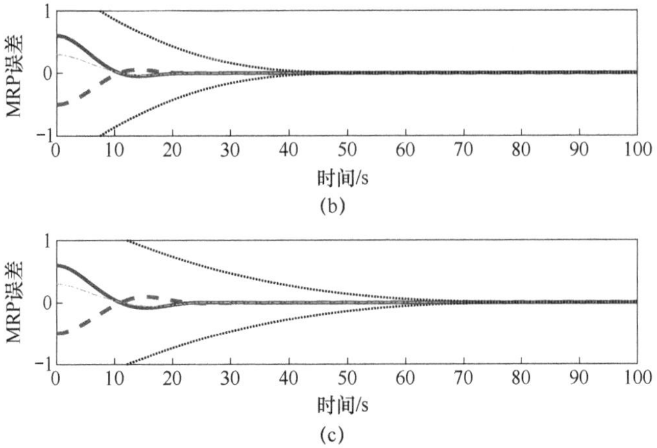

图 6-10　不同预设收敛时间下的姿态 MRP 误差变化曲线

（a）$T=20\text{s}$；（b）$T=50\text{s}$；（c）$T=80\text{s}$。

6.4 高阶非线性系统约定时间预设性能控制

本章6.2节和6.3节分别面向欧拉–拉格朗日型非线性系统和航天器姿态控制系统提出了约定时间预设性能控制方法，实现了在用户预设时间内的收敛。值得指出的是，上述两类典型系统均为二阶非线性系统，虽然可以囊括大多数实际物理系统，但非线性控制理论与方法的研究往往期望能够面向任意阶次的非线性系统，提出一种具有普适能力的控制方法。本节将面向一类高阶非线性系统，提出一种基于反步技术的约定时间预设性能控制方法。

6.4.1 问题描述与基本假设

本节考虑的高阶非线性系统[22]的形式如下：

$$\begin{cases}\dot{p}_1(t)=f_1(p_1(t))+g_1(p_1(t))p_2(t)+d_1(t)\\ \vdots\\ \dot{p}_i(t)=f_i(\overline{\boldsymbol{p}}_i(t))+g_i(\overline{\boldsymbol{p}}_i(t))p_{i+1}(t)+d_i(t),i=2,3,\cdots,n-1\\ \vdots\\ \dot{p}_n(t)=f_n(\overline{\boldsymbol{p}}_n(t))+g_n(\overline{\boldsymbol{p}}_n(t))u(t)+d_n(t)\\ y(t)=p_1(t)\end{cases}\tag{6-80}$$

其中：$n\geqslant 2$ 为系统阶次，当 $n=2$ 时系统为二阶，可转化为欧拉–拉格朗日型非线性系统的形式；$\overline{\boldsymbol{p}}_i(t)=[p_1(t),\cdots,p_i(t)]^{\mathrm{T}}\in\mathbb{R}^i$ 为系统状态量；$u(t)\in\mathbb{R}$ 和 $y(t)\in\mathbb{R}$ 分别为系统的输入量和输出量；$f_i(\overline{\boldsymbol{p}}_i(t))\in\mathbb{R}$ 和 $g_i(\overline{\boldsymbol{p}}_i(t))\in\mathbb{R}$ 为已知且连续的状态函数；$d_i(t)\in\mathbb{R}$ 为未知的外部干扰。高阶非线性系统（6-80）满足如下假设：

假设 6-5 状态函数 $f_i(\overline{\boldsymbol{p}}_i(t))$ 和 $g_i(\overline{\boldsymbol{p}}_i(t))$ 均为一阶可导函数，且 $g_i(\overline{\boldsymbol{p}}_i(t))$ 为严格正或严格负函数。

假设 6-6 输出信号 $y(t)$ 的期望轨迹 $y_d(t)$ 已知，且为 n 阶可导的连续有界函数。

6.4.2 约定时间稳定性能函数的高阶可导性

本节采用式（6-2）所示的约定时间稳定性能函数来预设系统的瞬态性能和稳态性能。约定时间稳定性能函数 $\alpha(t)$ 定义如下：

$$\begin{cases}\alpha(0)=\alpha_0,\\ \dot{\alpha}(t)=-\mu\left|\alpha(t)-\alpha_T\right|^{\gamma}\operatorname{sign}(\alpha(t)-\alpha_T)\end{cases}\tag{6-81}$$

其中：$\mu=(\alpha_0-\alpha_T)^{1-\gamma}/(1-\gamma)/T$，$T$ 为预设的收敛时间；γ 为常数，$\gamma\in(0,1)$；α_0 为性能函数 $\alpha(t)$ 的初值；α_T 为性能函数 $\alpha(t)$ 的终值。

由约定时间稳定性能函数 $\alpha(t)$ 的定义式（6-81）可知，$\alpha(t)$ 具备一阶可导性，能够处理 6.2 节和 6.3 节中二阶非线性系统的性能约束问题。若研究高阶非线性系统的性能约束问题，必须先分析性能函数 $\alpha(t)$ 的高阶可导性。

由于 $\alpha(t)-\alpha_T\geqslant 0$，式（6-81）可以转化为

$$\begin{aligned}\dot{\alpha}(t)&=-\mu\left|\alpha(t)-\alpha_T\right|^{\gamma}\operatorname{sign}(\alpha(t)-\alpha_T)\\&=\begin{cases}-\mu(\alpha(t)-\alpha_T)^{\gamma}, & t\leqslant T\\ 0, & t>T\end{cases}\end{aligned}\tag{6-82}$$

对式（6-82）求导数可得

$$\begin{aligned}\alpha^{(2)}(t)&=\begin{cases}-\mu\gamma(\alpha(t)-\alpha_T)^{\gamma-1}\dot{\alpha}(t), & t\leqslant T\\ 0, & t>T\end{cases}\\&=\begin{cases}\mu^2\gamma(\alpha(t)-\alpha_T)^{2\gamma-1}, & t\leqslant T\\ 0, & t>T\end{cases}\end{aligned}\tag{6-83}$$

$\alpha^{(2)}(t)$ 存在且连续的充要条件为

$$0<2\gamma-1<1\ \Leftrightarrow\ \frac{1}{2}<\gamma<1\tag{6-84}$$

对 $\alpha^{(2)}(t)$ 继续求导可得

$$\begin{aligned}\alpha^{(3)}(t)&=\begin{cases}\mu^2\gamma(2\gamma-1)(\alpha(t)-\alpha_T)^{2\gamma-2}\dot{\alpha}(t), & t\leqslant T\\ 0, & t>T\end{cases}\\&=\begin{cases}-\mu^3\gamma(2\gamma-1)(\alpha(t)-\alpha_T)^{3\gamma-2}, & t\leqslant T\\ 0, & t>T\end{cases}\end{aligned}\tag{6-85}$$

$\alpha^{(3)}(t)$ 存在且连续的充要条件为

$$0<3\gamma-2<1 \Leftrightarrow \frac{2}{3}<\gamma<1 \tag{6-86}$$

由上述求导结果的递归规律可以得到约定时间稳定性能函数 $\alpha(t)$ 的高阶可导性定理如下：

定理 6-3 式（6-81）所示约定时间稳定性能函数 $\alpha(t)$ 的 n 阶导数（$n\geqslant 2$）存在且连续的充要条件为

$$\frac{n-1}{n}<\gamma<1 \tag{6-87}$$

则

$$\alpha^{(n)}(t)=\begin{cases}(-1)^n\mu^n(\alpha(t)-\alpha_T)^{n\gamma-n+1}\prod_{i=2}^{n}[(i-1)\gamma-i+2], & t\leqslant T\\ 0, & t>T\end{cases} \tag{6-88}$$

6.4.3 基于反步法的约定时间预设性能控制器设计

定义高阶非线性系统（6-80）的跟踪误差为

$$e_1(t)=y(t)-y_d(t)=p_1(t)-y_d(t) \tag{6-89}$$

为实现对系统跟踪误差 $e_1(t)$ 的约定时间预设性能控制，为 $e_1(t)$ 施加约定时间稳定性能函数（6-81），即有

$$\begin{cases}-\delta\alpha(t)<e_1(t)<\alpha(t), & e_1(0)\geqslant 0\\ -\alpha(t)<e_1(t)<\delta\alpha(t), & e_1(0)<0\end{cases} \tag{6-90}$$

其中：$\delta\in(0,1)$ 为可调参数，作用是抑制 $e_1(t)$ 的超调量。

对于系统跟踪误差 $e_1(t)$ 及其性能函数 $\alpha(t)$，定义状态量为

$$\theta_1(t)=e_1(t)/\alpha(t) \tag{6-91}$$

利用式（6-12）中的无约束化映射函数 $\hbar(\bullet)$ 对其进行映射，可以得到

$$s_1(t)=\hbar(\theta_1(t)) \tag{6-92}$$

因此，只要设计控制器保证映射状态量 $s_1(t)$ 对于任意时间 t 始终保持有界，就能保证性能约束式（6-90）始终成立。对映射状态量 $s_1(t)$ 进行求导数，可以得到

$$\dot{s}_1(t)=R(t)[\dot{e}_1(t)+H(t)e_1(t)] \tag{6-93}$$

其中

$$\begin{cases}R(t)=\dfrac{\partial\hbar(\theta_1(t))}{\partial\theta_1(t)}\dfrac{1}{\alpha(t)}\in\left[\dfrac{4}{(1+\delta)\alpha_0},+\infty\right)\\ H(t)=-\dfrac{\dot{\alpha}(t)}{\alpha(t)}\geqslant 0\end{cases} \tag{6-94}$$

定义

$$e_i(t)=p_i(t)-y_d^{(i-1)}(t),\ i=2,3,\cdots,n \tag{6-95}$$

根据式（6-95），可以建立高阶非线性系统（6-80）的误差模型为

$$\begin{cases}\dot{e}_1(t)=\bar{f}_1(e_1(t))+\bar{g}_1(e_1(t))e_2(t)+d_1(t)\\ \vdots\\ \dot{e}_i(t)=\bar{f}_i(\bar{\boldsymbol{e}}_i(t))+\bar{g}_i(\bar{\boldsymbol{e}}_i(t))e_{i+1}(t)+d_i(t)\\ \vdots\\ \dot{e}_n(t)=\bar{f}_n(\bar{\boldsymbol{e}}_n(t))+\bar{g}_n(\bar{\boldsymbol{e}}_n(t))u(t)+d_n(t)\end{cases} \tag{6-96}$$

其中

$$\begin{cases}\bar{\boldsymbol{e}}_i(t)=[e_1(t),e_2(t),\cdots,e_i(t)]^{\mathrm{T}}\in\mathbb{R}^i\\ \bar{\boldsymbol{y}}_i(t)=[y_d(t),y_d^{(1)}(t),\cdots,y_d^{(i)}(t)]^{\mathrm{T}}\in\mathbb{R}^i\\ \bar{f}_i(\bar{\boldsymbol{e}}_i)=f_i(\bar{\boldsymbol{e}}_i(t)+\bar{\boldsymbol{y}}_i(t))+g_i(\bar{\boldsymbol{e}}_i(t)+\bar{\boldsymbol{y}}_i(t))y_d^{(i)}(t)-y_d^{(i)}(t)\\ \bar{g}_i(\bar{\boldsymbol{e}}_i)=g_i(\bar{\boldsymbol{e}}_i(t)+\bar{\boldsymbol{y}}_i(t))\\ i=2,\cdots,n\end{cases} \tag{6-97}$$

将映射后状态量 $s_1(t)$ 的导数式（6-93）代入式（6-96），可得

$$\begin{cases}\dot{s}_1(t)=R(t)[H(t)e_1(t)+\bar{f}_1(e_1(t))+\bar{g}_1(e_1(t))e_2(t)+d_1(t)]\\ \vdots\\ \dot{e}_i(t)=\bar{f}_i(\bar{\boldsymbol{e}}_i(t))+\bar{g}_i(\bar{\boldsymbol{e}}_i(t))e_{i+1}(t)+d_i(t)\\ \vdots\\ \dot{e}_n(t)=\bar{f}_n(\bar{\boldsymbol{e}}_n(t))+\bar{g}_n(\bar{\boldsymbol{e}}_n(t))u(t)+d_n(t)\end{cases} \tag{6-98}$$

为结合反步法进行高阶系统的控制器设计，定义虚拟状态变量 χ_i 和虚拟控制量 τ_i（$2\leqslant i\leqslant n$）并使其满足

$$\chi_i=e_i-\tau_{i-1} \tag{6-99}$$

将式（6-99）代入非线性系统式（6-98），并省略时间变量 t 可得

$$\begin{cases}\dot{s}_1=R(He_1+\bar{f}_1+\bar{g}_1\chi_2+\bar{g}_1\tau_1+d_1)\\ \vdots\\ \dot{\chi}_i=\bar{f}_i+\bar{g}_i\chi_{i+1}+\bar{g}_i\tau_i-\dot{\tau}_{i-1}+d_i\\ \vdots\\ \dot{\chi}_n=\bar{f}_n+\bar{g}_nu-\dot{\tau}_{n-1}+d_n\end{cases} \tag{6-100}$$

定义非线性误差系统式（6-100）的状态量 $\boldsymbol{\chi}=[\chi_2,\chi_3,\cdots,\chi_n]^{\mathrm{T}}$，外部干扰 $\boldsymbol{d}=[d_1,d_2,\cdots,d_n]^{\mathrm{T}}$。为实现系统的有界稳定控制，同时对外部干扰 $\boldsymbol{d}(t)$ 进行有效抑制，利用反步法和鲁棒控制方法进行非线性误差系统的控制器设计。下面给出系统内部稳定和鲁棒 H_∞ 干扰抑制性能的定义。

定义 6-1[22] 考虑式(6-100)，若存在 Lyapunov 函数 $\mathcal{V}(s_1,\boldsymbol{\chi})$ 和控制输入 $u(t)$ 使得从外部干扰 $\boldsymbol{d}(t)$ 到输出误差 $s_1(t)$ 的 L_2 增益小于给定正常数 ς，即

$$\dot{\mathcal{V}}(s_1,\boldsymbol{\chi}) \leqslant \varsigma^2 \|\boldsymbol{d}(t)\|^2 - s_1^2(t) \tag{6-101}$$

则式（6-100）是内部稳定的，且具有对外部干扰 $\boldsymbol{d}(t)$ 的鲁棒 H_∞ 干扰抑制性能。

（1）首先考虑式（6-100）的第 1 子系统，定义关于 $s_1(t)$ 的 Lyapunov 函数为

$$\mathcal{V}_1(s_1) = \frac{1}{2}s_1^2 \tag{6-102}$$

并定义

$$\mathcal{H}_1 = \dot{\mathcal{V}}_1(s_1) + \frac{1}{2}(s_1^2 - \varsigma^2 d_1^2) \tag{6-103}$$

对 $\mathcal{V}_1(s_1)$ 进行求导可得

$$\begin{aligned}
\mathcal{H}_1 &= \frac{1}{2}s_1^2 - \frac{\varsigma^2}{2}d_1^2 + \chi_1(He_1 + \bar{f}_1 + \bar{g}_1\chi_2 + \bar{g}_1\tau_1 + d_1) \\
&= \frac{1}{2}s_1^2 - \frac{\varsigma^2}{2}d_1^2 - \frac{R^2 s_1^2}{\varsigma^2} + \chi_1 d_1 + \frac{R^2 s_1^2}{\varsigma^2} + \chi_1(He_1 + \bar{f}_1 + \bar{g}_1\chi_2 + \bar{g}_1\tau_1) \\
&= -\left(\frac{\varsigma d_1}{2} - \frac{\chi_1}{\varsigma}\right)^2 - \frac{\varsigma^2}{4}d_1^2 + \chi_1(\varGamma s_1 + He_1 + \bar{f}_1 + \bar{g}_1\chi_2 + \bar{g}_1\tau_1)
\end{aligned} \tag{6-104}$$

其中

$$\chi_1 = Rs_1, \quad \varGamma = \frac{1}{2R} + \frac{R}{\varsigma^2} \tag{6-105}$$

为使第 1 子系统稳定，设计虚拟控制量为

$$\tau_1 = \frac{1}{\bar{g}_1}(-\varGamma s_1 - He_1 - \bar{f}_1 - k_1\chi_1) \tag{6-106}$$

其中：$k_1 > 0$ 为虚拟控制量 τ_1 的设计参数。

将式（6-106）代入式（6-104）可得

$$\mathcal{H}_1 = -\left(\frac{\varsigma d_1}{2} - \frac{\chi_1}{\varsigma}\right)^2 - \frac{\varsigma^2}{4}d_1^2 - k_1\chi_1^2 + \bar{g}_1\chi_1\chi_2 \tag{6-107}$$

（2）考虑式（6-100）的第 i 子系统（$2 \leqslant i \leqslant n-1$），定义关于 $\chi_i(t)$ 的 Lyapunov 函数 $\mathcal{V}_i(s_1,\boldsymbol{\chi})$ 可表示为

$$\mathcal{V}_i(s_1,\boldsymbol{\chi}) = \mathcal{V}_{i-1}(s_1,\boldsymbol{\chi}) + \frac{1}{2}\chi_i^2 \tag{6-108}$$

并定义

$$\mathcal{H}_i = \dot{\mathcal{V}}_i(s_1,\boldsymbol{\chi}) + \frac{1}{2}s_1^2 - \frac{\varsigma^2}{2}\sum_{j=1}^{i} d_j^2 \tag{6-109}$$

结合式（6-100）和式（6-108），可得

$$\mathcal{H}_i = \mathcal{H}_{i-1} - \frac{\varsigma^2}{2}d_i^2 + \chi_i(\bar{f}_i + \bar{g}_i\chi_{i+1} + \bar{g}_i\tau_i - \dot{\tau}_{i-1} + d_i) \tag{6-110}$$

为使第 i 子系统稳定，设计虚拟控制量为

$$\tau_i = \frac{1}{\bar{g}_i}\left(-\bar{g}_{i-1}\chi_{i-1} - \bar{f}_i + \dot{\tau}_{i-1} - k_i\chi_i - \frac{\chi_i}{\varsigma^2}\right) \tag{6-111}$$

其中：$k_i > 0$ 为虚拟控制量 τ_i 的设计参数。

将式（6-107）和式（6-111）代入式（6-110），可得

$$\mathcal{H}_i = -\sum_{j=1}^{i}\left[\left(\frac{\varsigma d_j}{2} - \frac{\chi_j}{\varsigma}\right)^2 + \frac{\varsigma^2}{4}d_j^2 + k_j\chi_j^2\right] + \bar{g}_i\chi_i\chi_{i+1} \tag{6-112}$$

（3）考虑式（6-100）的第 n 子系统，定义关于 $\chi_n(t)$ 的 Lyapunov 函数 $\mathcal{V}_n(s_1,\chi)$ 可表示为

$$\mathcal{V}_n(s_1,\chi) = \mathcal{V}_{n-1}(s_1,\chi) + \frac{1}{2}\chi_n^2 \tag{6-113}$$

并定义

$$\mathcal{H}_n = \dot{\mathcal{V}}_n(s_1,\chi) + \frac{1}{2}s_1^2 - \frac{\varsigma^2}{2}\sum_{i=1}^{n}d_i^2 \tag{6-114}$$

则结合式（6-100）和式（6-113），可得

$$\begin{aligned}\mathcal{H}_n &= \mathcal{H}_{n-1} - \frac{\varsigma^2}{2}d_n^2 + \chi_n(\bar{f}_n + \bar{g}_n u - \dot{\tau}_{n-1} + d_n) \\ &= -\sum_{i=1}^{n-1}\left[\left(\frac{\varsigma d_i}{2} - \frac{\chi_i}{\varsigma}\right)^2 + \frac{\varsigma^2}{4}d_i^2 + k_i\chi_i^2\right] + \bar{g}_{n-1}\chi_{n-1}\chi_n \\ &\quad - \frac{\varsigma^2}{2}d_n^2 + \chi_n(\bar{f}_n + \bar{g}_n u - \dot{\tau}_{n-1} + d_n)\end{aligned} \tag{6-115}$$

为使非线性误差系统稳定，设计控制输入为

$$u = \frac{1}{\bar{g}_n}\left(-\bar{g}_{n-1}\chi_{n-1} - \bar{f}_n + \dot{\tau}_{n-1} - k_n\chi_n - \frac{\chi_n}{\varsigma^2}\right) \tag{6-116}$$

其中：$k_n > 0$ 为控制输入 $u(t)$ 的设计参数。

将式（6-116）代入式（6-115），可得

$$\begin{aligned}\mathcal{H}_n &= -\sum_{i=1}^{n-1}\left[\left(\frac{\varsigma d_i}{2} - \frac{\chi_i}{\varsigma}\right)^2 + \frac{\varsigma^2}{4}d_i^2 + k_i\chi_i^2\right] - \frac{\varsigma^2}{2}d_n^2 - k_n\chi_n^2 - \frac{\chi_n^2}{\varsigma^2} + \chi_n d_n \\ &= -\sum_{i=1}^{n}\left[\left(\frac{\varsigma d_i}{2} - \frac{\chi_i}{\varsigma}\right)^2 + \frac{\varsigma^2}{4}d_i^2 + k_i\chi_i^2\right] < 0\end{aligned} \tag{6-117}$$

令式（6-100）的 Lyapunov 函数 $\mathcal{V}(s_1,\chi)$ 可表示为

$$\mathcal{V}(s_1,\chi)=2\mathcal{V}_n(s_1,\chi) \tag{6-118}$$

则

$$\begin{aligned}\dot{\mathcal{V}}(s_1,\chi)&=2\mathcal{H}_n-s_1^2(t)-\varsigma^2\sum_{i=1}^{n}d_i^2(t)\\&\leqslant\varsigma^2\|\boldsymbol{d}(t)\|^2-s_1^2(t)\end{aligned} \tag{6-119}$$

由定义 **6-1** 可得：非线性误差系统（6-100）是内部稳定的，且具有对外部干扰 $\boldsymbol{d}(t)$ 的鲁棒 H_∞ 干扰抑制性能。因此，系统踪误差信号 $s_1(t)$ 必然有界，性能约束（6-90）始终成立。换言之，系统输出 $y(t)=p_1(t)$ 能够在时间 T 内实现对期望信号 $y_d(t)$ 的跟踪，跟踪收敛域为 $(-\delta\alpha_T,\alpha_T)$ 或 $(-\alpha_T,\delta\alpha_T)$。

6.4.4 仿真验证

为验证本节提出的高阶非线性系统约定时间预设性能控制方法的有效性，考虑如下所示高阶非线性系统：

$$\begin{cases}\dot{p}_1(t)=2p_2(t)+d_1(t)\\\dot{p}_2(t)=p_2^2(t)+p_3(t)+d_2(t)\\\dot{p}_3(t)=-\sin(p_2(t))-2p_3(t)+u(t)+d_3(t)\\y(t)=p_1(t)\end{cases} \tag{6-120}$$

非线性系统初始状态为 $\bar{\boldsymbol{p}}(0)=[0.6,0.3,0]^{\mathrm{T}}$，外部干扰 $\boldsymbol{d}(t)=[d_1(t),d_2(t)\ d_3(t)]^{\mathrm{T}}$ 可定义为

$$\boldsymbol{d}(t)=\begin{bmatrix}d_1(t)\\d_2(t)\\d_3(t)\end{bmatrix}=\begin{bmatrix}0.01\sin(t)\\-0.02\sin(t)\\0.03\cos(t)\end{bmatrix} \tag{6-121}$$

期望输出信号为

$$y_d(t)=\sin(2t) \tag{6-122}$$

约定时间性能函数（ARPF）$\alpha(t)$ 的参数设计为 $\alpha_0=1$，$\alpha_T=0.01$，$\gamma=0.8$，$T=8\ \mathrm{s}$，$\delta=0.5$。控制参数设计为 $k_i=1(i=1,2,3)$，$\varsigma=2$。

仿真结果如图 6-11～图 6-13 所示。从图 6-11 中可以看出，约定时间性能函数在 $T=8\ \mathrm{s}$ 收敛至终值 α_T，系统跟踪误差 $e_1(t)=p_1(t)-y_d(t)$ 始终在性能函数形成的约束以内，换言之，$e_1(t)$ 在约定时间 $T=8\ \mathrm{s}$ 以内收敛至预设稳定域 $(-\delta\alpha_T,\alpha_T)=(-0.5,1)$ 以内，三阶非线性系统是约定时间稳定的。从图 6-12 中可以看出，系统输出 $y(t)=p_1(t)$ 能够快速跟踪期望输出信号 $y_d(t)$，并保持高精度的持续跟踪。图 6-13 给出的系统二阶和三阶状态量 $p_2(t)$ 和 $p_3(t)$ 连续而稳定。

从上述仿真结果和分析可以得出，本节提出的高阶非线性系统约定时间预设性能控制方法能够保证高阶系统状态量在用户预设的时间范围内完成对期望轨迹的

高精度跟踪，方法是有效的。

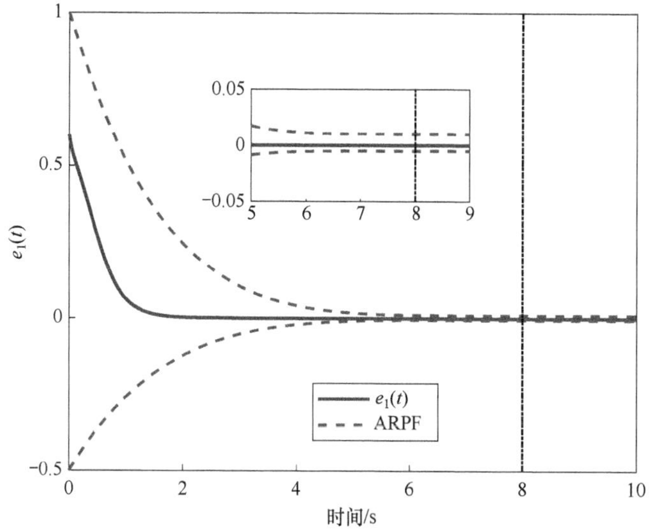

图 6-11　输出跟踪误差 $e_1(t)$ 随时间变化曲线

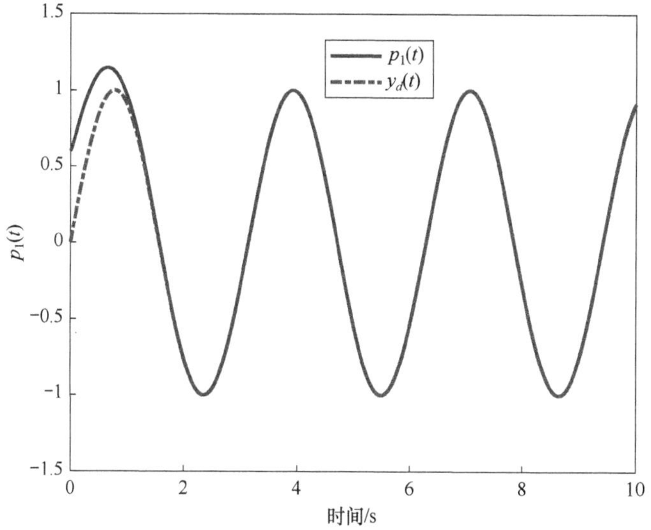

图 6-12　输出状态 $p_1(t)$ 跟踪期望输出 $y_d(t)$ 的变化曲线

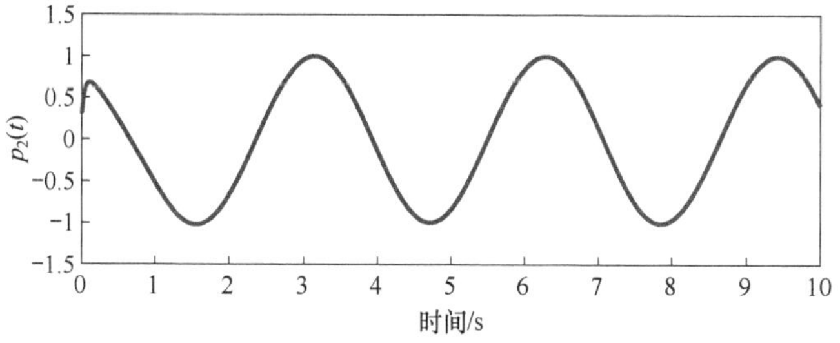

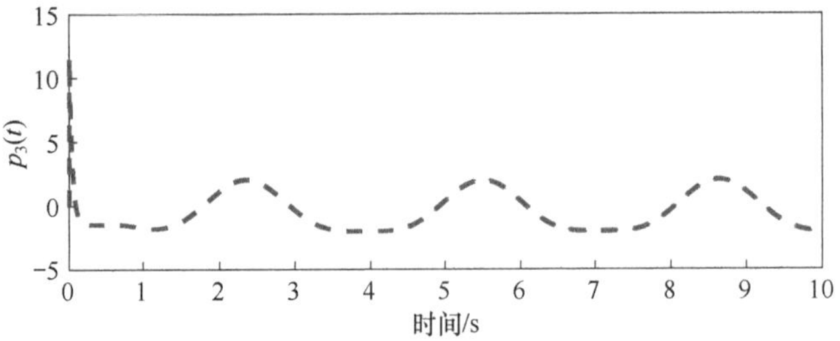

图 6-13 状态变量 $p_2(t)$ 和 $p_3(t)$ 随时间变化曲线

6.5 本章小结

本章首先研究了广义动力学系统——欧拉–拉格朗日型非线性系统的跟踪控制问题，针对有限时间预设性能控制方法存在的收敛时间无法预先估计和主动预设的不足，提出了一种基于双层性能函数的约定时间预设性能控制方法，并证明了其能够在用户预设的收敛时间内，同时保证预设性能的情况下完成收敛。然后，针对航天器姿态跟踪控制问题，进一步提出了能够对姿态角和姿态角速度同时进行性能预设的姿态约定时间控制方法，并通过不同情况下的仿真实验和对比分析，验证了该方法的有效性、鲁棒性及约定时间稳定性。最后，面向一类高阶非线性系统，提出一种基于反步技术的约定时间预设性能控制方法，实现了任意阶非线性系统的约定时间控制。

相比于传统的指数型预设性能控制方法和有限/固定时间控制方法，本章提出的约定时间预设性能控制方法主要有两点显著优势：①相比于传统指数型预设性能控制方法和有限时间预设性能控制方法，本章提出的约定时间预设性能控制方法能够保证所有的系统状态量均能在用户给定的时间范围内收敛到预设的稳定域中，能够有效地与任务要求的完成时间约束进行结合，保证任务的顺利实施和完成；②相比于传统有限/固定时间控制方法和有限时间预设性能控制方法，本章提出的方法在构造控制器的过程中没有使用状态量的分数阶量，避免了分数阶状态量容易出现奇异、抖振的问题，也彻底解决了分数阶量计算复杂度高的问题，是一种低复杂度、适合在线使用的控制方法。

相比于本书的第 2～第 5 章，本章主要解决了指数收敛预设性能控制方法和有限时间预设性能控制方法无法估计或主动预设收敛时间的问题，提出了一种与任务时间约束密切结合的约定时间预设性能控制方法，非常适合解决对任务的实际完成时间有明确要求和约束的系统控制和实际应用问题，因此更适合于工程应用。

参考文献

[1] Hu Q, Li B, Qi J. Disturbance observer based finite-time attitude control for rigid spacecraft under

input saturation[J]. Aerospace Science and Technology, 2014, 39: 13-21.

[2] Li B, Hu Q, Yang Y. Continuous finite-time extended state observer based fault tolerant control for attitude stabilization[J]. Aerospace Science and Technology, 2019, 84: 204-213.

[3] Li B, Qin K, Xiao B, et al. Finite-time Extended State Observer based fault tolerant output feedback control for attitude stabilization[J]. ISA Transactions, 2019, 91: 11-20.

[4] Gao J, Cai Y. Fixed-time control for spacecraft attitude tracking based on quaternion[J]. Acta Astronautica, 2015, 115: 303-313.

[5] Jiang B, Hu Q, Friswell M I. Fixed-time attitude control for rigid spacecraft with actuator saturation and faults[J]. IEEE Transactions on Control Systems Technology, 2016, 24(5): 1892-1898.

[6] Sun H, Hou L, Zong G, et al. Fixed-time attitude tracking control for spacecraft with input quantization[J]. IEEE Transactions on Aerospace and Electronic Systems, 2018, 55(1): 124-134.

[7] Chen Q, Xie S, Sun M, et al. Adaptive nonsingular fixed-time attitude stabilization of uncertain spacecraft[J]. IEEE Transactions on Aerospace and Electronic Systems, 2018, 54(6): 2937-2950.

[8] Huang B, Li A, Guo Y, et al. Fixed-time attitude tracking control for spacecraft without unwinding[J]. Acta Astronautica, 2018, 151: 818-827.

[9] Liu Y, Zhao Y, Ren W, et al. Appointed-time consensus: Accurate and practical designs[J]. Automatica, 2018, 89: 425-429.

[10] Fantoni I, Lozano R. Control of nonlinear mechanical systems[J]. European Journal of Control, 2001, 7(2-3): 328-348.

[11] Wei C, Luo J, Dai H, et al. Adaptive model-free constrained control of postcapture flexible spacecraft: a Euler–Lagrange approach[J]. Journal of Vibration and Control, 2018, 24(20): 4885-4903.

[12] Kostarigka A K, Rovithakis G A. Adaptive dynamic output feedback neural network control of uncertain MIMO nonlinear systems with prescribed performance[J]. IEEE Transactions on Neural Networks and Learning Systems, 2011, 23(1): 138-149.

[13] Bainov D D, Simeonov P S. Integral inequalities and applications[M]. Springer, 1992.

[14] Yin Z, Suleman A, Luo J, et al. Appointed-time prescribed performance attitude tracking control via double performance functions[J]. Aerospace Science and Technology, 2019, 93: 105337.

[15] Liu M, Shao X, Ma G. Appointed-time fault-tolerant attitude tracking control of spacecraft with double-level guaranteed performance bounds[J]. Aerospace Science and Technology, 2019, 92: 337-346.

[16] Wei C, Luo J, Yin Z, et al. Leader-following consensus of second-order multi-agent systems with arbitrarily appointed-time prescribed performance[J]. IET Control Theory & Applications, 2018, 12(16): 2276-2286.

[17] Wei C, Gui M, Zhang C, et al. Adaptive appointed-time consensus control of networked

Euler-Lagrange systems with connectivity preservation[J]. IEEE Transactions on Cybernetics, 2021, in press.

[18] Shao X, Shi Y, Zhang W. Fault-tolerant quantized control for flexible air-breathing hypersonic vehicles with appointed-time tracking performances[J]. IEEE Transactions on Aerospace and Electronic Systems, 2020, 57(2): 1261-1273.

[19] Shi Y, Shao X. Neural adaptive appointed-time control for flexible air-breathing hypersonic vehicles: an event-triggered case[J]. Neural Computing and Applications, 2021, in press.

[20] Shuster M D. A survey of attitude representations[J]. Navigation, 1993, 8(9): 439-517.

[21] Xiao B, Yin S, Wu L. A structure simple controller for satellite attitude tracking maneuver[J]. IEEE Transactions on Industrial Electronics, 2016, 64(2): 1436-1446.

[22] 陈明，张士勇. 基于 Backstepping 的非线性系统预设性能鲁棒控制器设计[J]. 控制与决策，2015, 30(5): 877-881.

07 第 7 章 事件驱动容错预设性能控制

7.1 引言

由于许多实际动力学系统（如刚性/柔性航天器姿轨系统，空间机械臂系统等）都可以用欧拉–拉格朗日模型描述，使得该类系统的跟踪控制获得了广泛关注。例如，Hu 等[1]利用滑模控制技术实现了欧拉–拉格朗日系统的有限时间跟踪控制，并成功运用到航天器姿态的跟踪控制中；Makkar 等[2]通过设计一个微分阻尼模型实现了欧拉–拉格朗日系统的半全局渐近收敛控制。这些针对欧拉–拉格朗日系统的控制方法虽然能够实现受控系统的稳定控制，但是都依赖于精确的动力学模型。因此，在不精确的或者未知的动力学模型情况下，这些基于模型的控制方法难以奏效。为了克服基于模型控制的缺点，基于神经网络逼近非线性模型的控制方法应运而生，解决了未知非线性欧拉–拉格朗日系统的自适应跟踪控制问题。文献[3]研究了基于神经网络的欧拉–拉格朗日系统控制方法。

在实际系统中，经常会遇到执行器故障问题，有的执行器故障会损坏控制系统性能（如降低甚至损坏控制系统的精度、趋近率等），有的甚至会威胁到受控系统的稳定性。因此，如何应对执行器故障是实现工业系统安全可靠控制的一大难题[4,5]。为了解决此难题，众多容错控制方法迅速发展起来[6,7]。总结现有的容错控制方法，大体分为主动容错和被动容错两类。其中，在主动容错中，首先对故障类型进行主动检测和辨识；然后根据故障的类型，重构控制系统[8]。但是，主动容错技术适合一类可检测或可识别的执行器故障，同时由于需要对发生的故障主动检测和辨识，需要增加额外的传感器，导致系统的设计复杂度和成本增加。为了克服主动容错控制技术的缺点，基于鲁棒控制技术的被动容错技术也越来越受到关注。在被动控制中，控制器的结构不变，通过采用自适应控制、鲁棒控制等控制技术使得系统对发生的执行器故障不敏感，从而保持系统的安全性和稳定性[9]。例如，Xiao 等[10]借助滑模控制实现了欧拉–拉格朗日系统的自适应容错控制。但是，对于不可观测的执行器故障，如何形成简单有效的容错控制仍是一个开放性的研究课题。

除了执行器故障以外，另外一个重要问题就是如何降低执行器更新的复杂度或者降低执行器的使用频率和系统通信的压力。传统的控制方法中，多采用时间驱动策略，即执行器的控制指令依赖采样时间和控制周期而不关心系统是否需要进行连续更新，这就造成了系统能量的大量消耗并加快了执行器物理器件的老化程度和故障概率，如飞行器舵偏的不断切换[11]，星载陀螺仪或飞轮频繁地切换和改变转速[12]等。在实际系统中，很多情况下，执行器以一定的恒速或者频率运行即可满足受控系统的需求。因此受控系统对执行器进行按需更新符合实际工程需要，也可以减少控制系统的能源消耗和故障概率，有利于增强受控系统的可靠性与安全性。基于这些状况和非周期间歇式更新控制优势的考量，事件驱动控制越来越受到控制领域的青睐[13,14]。在事件驱动控制策略中，控制器在保证系统稳定性前提下，依据预设的事件触发条件和边界函数（系统状态相关、时间相关和状态-时间混合相关）来设计指令的更新时刻，因此执行器的更新频率大大降低，简化了控制器的复杂度。基于此优势，Wu 等和本书作者分别针对刚性航天器和服务航天器抓捕后的组合体航天器设计了基于事件驱动的姿态控制器[15,16]。

虽然现有的基于事件驱动的控制器能够保证系统的稳定性并降低控制器的复杂度，但是并不能同时保证受控系统的瞬态性能与稳态性能。这主要是因为传统的事件驱动控制是 Lyapunov 意义下的控制器，因此受控系统的稳定性可以得到保证，但是难以实现受控系统的瞬态性能与稳态性能的预先设计。

本章针对不确定欧拉-拉格朗日系统，在预设性能控制框架下，研究事件驱动的预设性能控制方法。在理论上，区别于现有的时间驱动预设性能控制方法（包括第 2～6 章的预设性能方法），本章以广义动力学系统——欧拉-拉格朗日系统为控制对象，开展事件驱动的容错预设性能控制方法研究，并通过柔性航天器的姿态控制来验证事件驱动的容错预设性能控制方法的有效性。本章内容安排如下：首先，给出一类不确定欧拉-拉格朗日系统和控制问题描述；然后，在执行器故障问题下，设计基于事件驱动的容错预设性能控制器；最后，以柔性航天器姿态控制系统为应用对象，通过仿真验证事件驱动预设性能控制方法的有效性。

7.2 事件驱动容错预设性能控制方法

7.2.1 问题描述

本章考虑如式（7-1）所示的一类不确定欧拉-拉格朗日系统：

$$\mathcal{M}(\boldsymbol{q})\ddot{\boldsymbol{q}}+\mathcal{C}(\boldsymbol{q},\dot{\boldsymbol{q}})\dot{\boldsymbol{q}}+\mathcal{G}(\boldsymbol{q})=\mathcal{B}_0(\boldsymbol{u}+\boldsymbol{d}) \tag{7-1}$$

其中：$\boldsymbol{q},\dot{\boldsymbol{q}}\in\mathbb{R}^n$ 分别为广义上的位置和速度 $(n\in\mathbb{N}^+)$；$\mathcal{M}(\boldsymbol{q})\in\mathbb{R}^{n\times n}$、$\mathcal{C}(\boldsymbol{q},\dot{\boldsymbol{q}})\in\mathbb{R}^{n\times n}$、$\mathcal{G}(\boldsymbol{q})\in\mathbb{R}^n$ 分别为系统正定的惯量矩阵、科氏力和离心力矩以及重力矩，在

实际过程中，精确的$\mathcal{M}(\boldsymbol{q})$、$\mathcal{C}(\boldsymbol{q},\dot{\boldsymbol{q}})$、$\mathcal{G}(\boldsymbol{q})$难以获得，$\mathcal{B}_0 \in \mathbb{R}^{n\times n}$是已知的可逆对角矩阵；$\boldsymbol{u}$、$\boldsymbol{d} \in \mathbb{R}^n$分别为控制力和外界未知干扰。

式（7-1）的系统具有如下性质。

性质 7-1 不确定矩阵$\mathcal{M}(\boldsymbol{q})$是对称正定的，且满足$\lambda_{\min}(\mathcal{M}(\boldsymbol{q}))\|\boldsymbol{x}\|^2 \leqslant \boldsymbol{x}^{\mathrm{T}}\mathcal{M}(\boldsymbol{q})\boldsymbol{x} \leqslant \lambda_{\max}(\mathcal{M}(\boldsymbol{q}))\|\boldsymbol{x}\|^2, \forall \boldsymbol{x} \in \mathbb{R}^n$（$\lambda(\bullet)$表示非奇异矩阵的特征值）。

性质 7-2 矩阵$\dot{\mathcal{M}}(\boldsymbol{q}) - 2\mathcal{C}(\boldsymbol{q},\dot{\boldsymbol{q}})$是反对称的，即满足$\boldsymbol{x}^{\mathrm{T}}(\dot{\mathcal{M}}(\boldsymbol{q}) - 2\mathcal{C}(\boldsymbol{q},\dot{\boldsymbol{q}}))\boldsymbol{x} = 0, \forall \boldsymbol{x} \in \mathbb{R}^n$。

针对式（7-1）的不确定欧拉–拉格朗日系统，本章的研究目标是：在未知的动力学以及不可测的执行器故障下，设计容错预设性能控制器实现欧拉–拉格朗日系统的鲁棒跟踪控制。在事件驱动容错预设性能控制器设计中，首先，对欧拉–拉格朗日系统的执行器故障类型进行分析；然后，针对欧拉–拉格朗日系统中的未知非线性项利用径向基神经网络进行近似；最后，基于辨识的结果，在事件驱动策略下，设计基于事件驱动的预设性能控制器，实现对未知欧拉–拉格朗日系统的鲁棒控制。

7.2.2 执行器故障建模与基本假设

在实际工程中，会经常遭遇各种类型的执行器故障，例如执行器的卡死、执行器效率降低、执行器机构松浮等故障。除此之外，执行器输出饱和也可以作为执行器卡死故障的一种特例考虑。

本章考虑的执行器故障的表达式为

$$\boldsymbol{u}^{\mathrm{F}} = \ell(t)\mathrm{sat}(\boldsymbol{u}) + \Delta\boldsymbol{u} \tag{7-2}$$

其中：$\boldsymbol{u}^{\mathrm{F}}$是执行器故障后系统的实际控制输出；$\ell(t) = \mathrm{diag}(\ell_1, \ell_2, \cdots, \ell_n) \in \mathbb{R}^{n\times n}$，$\Delta\boldsymbol{u} \in \mathbb{R}^n$分别为执行器的损伤系数和不确定的故障偏差；$\mathrm{sat}(\boldsymbol{u}) := [\mathrm{sat}(u_1), \cdots, \mathrm{sat}(u_n)]^{\mathrm{T}} \in \mathbb{R}^n$为执行器饱和约束（故障）下的输出，其每一维$\mathrm{sat}(u_i)(i = 1,2\cdots,n)$可表示为

$$\mathrm{sat}(u_i(v_i)) = \begin{cases} u_{i,\max}, & v_i \geqslant u_{i,\max} \\ v_i, & u_{i,\min} < v_i < u_{i,\max} \\ u_{i,\min}, & v_i \leqslant u_{i,\min} \end{cases} \tag{7-3}$$

其中：v_i为第i个执行器u_i的输入；$u_{i,\max}, u_{i,\min}$分别为执行器饱和的上下界。

为了便于后续控制器设计，根据文献[17]中对饱和非线性的分析，式（7-3）可以近似为

$$\mathrm{sat}(u_i(v_i)) = \varsigma_i^*(v_i) + \Delta v_i = \bar{u}_i \times \mathrm{erf}\left(\frac{\sqrt{\pi}}{2\bar{u}_i}v_i\right) + \Delta v_i \tag{7-4}$$

其中：$\varsigma_i^*(v_i) := \bar{u}_i \times \mathrm{erf}(\sqrt{\pi}v_i / 2\bar{u}_i)$是第$i$维控制输入$u_i$的近似，幅值$\bar{u}_i$等于

$[(u_{i,\max}+u_{i,\min})/2+(u_{i,\max}-u_{i,\min})/2]\text{sign}(v_i)$；函数 $\text{erf}(x^*)$ 为一个光滑的高斯函数，具体形式为 $\text{erf}(x^*)=2/\sqrt{\pi}\int_0^{x^*}\exp(-t^2)\text{d}t,\forall x^*\in\mathbb{R}$；$\Delta v_i:=\text{sat}(u_i(v_i))-\varsigma_i^*(v_i)$ 为近似误差。

对式（7-4）运用中值定理，可得

$$\text{sat}(u_i(v_i))=b_iv_i+\varsigma_i^*(v_{i,0})-b_iv_{i,0}+\Delta v_i=b_iv_i+\Delta v_i^* \tag{7-5}$$

其中

$$b_i=\left.\frac{\partial\varsigma_i^*(v_i)}{\partial v_i}\right|_{v_i=v_{i,1}}=\exp\left(-\left(\frac{\sqrt{\pi}}{2\overline{u}_i}v_i\right)^2\right)\Bigg|_{v_i=v_{i,1}}$$

且具体参数为 $v_{i,1}=\iota_iv_i+(1-\iota_i)v_{i,0},\iota_i\in(0,1)$；$\Delta v_i^*:=\varsigma_i^*(v_{i,0})-b_iv_{i,0}+\Delta v_i$（$v_{i,0}$ 是 v_i 的初始值）。从式（7-5）中 b_i 的定义可以得到 $b_i\in[\underline{b}_i,\overline{b}_i]\subseteq(0,1)$（$\underline{b}_i,\overline{b}_i$ 是未知的正的参数）。

这样，式（7-2）可以写为

$$\boldsymbol{u}^{\text{F}}=\ell(t)\boldsymbol{bv}+\Delta\boldsymbol{u}^*=\overline{\ell}(t)\boldsymbol{v}+\Delta\boldsymbol{u}^* \tag{7-6}$$

其中：$\boldsymbol{b}=\text{diag}(b_1,\cdots,b_n)\in\mathbb{R}^{n\times n}$；$\Delta\boldsymbol{u}^*=[\Delta u_1^*,\cdots,\Delta u_n^*]^{\text{T}}\in\mathbb{R}^n$，$\Delta u_i^*:=\ell_i(t)\Delta v_i^*+\Delta u_i$；$\overline{\ell}(t)=\ell(t)\boldsymbol{b}$。

将式（7-6）代入式（7-1），可得考虑故障的非线性系统表达式为

$$\mathcal{M}(\boldsymbol{q})\ddot{\boldsymbol{q}}+\mathcal{C}(\boldsymbol{q},\dot{\boldsymbol{q}})\dot{\boldsymbol{q}}+\mathcal{G}(\boldsymbol{q})=\mathcal{B}_0(\boldsymbol{u}^{\text{F}}+\boldsymbol{d})=\mathcal{B}_0(\overline{\ell}(t)\boldsymbol{v}+\Delta\boldsymbol{u}^*+\boldsymbol{d})=\overline{\ell}(t)\mathcal{B}_0(\boldsymbol{v}+\boldsymbol{d}^{**}) \tag{7-7}$$

其中：$\boldsymbol{d}^{**}:=\overline{\ell}^{-1}(t)\boldsymbol{d}^*$ $(\boldsymbol{d}^*:=\boldsymbol{d}+\Delta\boldsymbol{u}^*)$ 是复合干扰。值得注意的是，矩阵 $\mathcal{B}_0$ 和 $\overline{\ell}(t)$ 都是对角矩阵。

针对式（7-7）考虑故障的非线性系统，在后续设计控制器时将用到如下几个假设。

假设 7-1 执行器故障的损伤参数和故障偏差满足以下条件：损伤系数 $\ell_i(t)\ (i=1,2,\cdots,n)$ 时变且满足 $0<\ell_i(t)\leqslant 1$；故障偏差 Δu_i 未知但有界。

假设 7-2 广义位置和广义速度状态量 $\boldsymbol{q}$、$\dot{\boldsymbol{q}}$ 是可测，期望参考跟踪信号 $\boldsymbol{q}_d$ 至少二阶可导且已知，外界干扰 $\boldsymbol{d}$ 未知但有界。

假设 7-3 针对式（7-1）和式（7-7），存在可行的实际控制输入 $\boldsymbol{v}$ 来实现 7.2.1 节所述的控制目标。

注 7-1 对于**假设 7-1**，当 $\ell_i(t)=0$，则系统的第 i 维将失控，变为欠驱动控制系统。本章的研究没有考虑额外的执行器来替代完全失效的控制器，因此损伤系数是不超过 1 的正参数。在**假设 7-2** 中，随着各种测量技术的飞速发展，系统的位置与速度信息可以实现在线的快速测量。在**假设 7-1** 与**假设 7-2** 中，故障偏

差和外界干扰都假定是有界的，符合实际情况。**假设 7-3** 意在说明，设计的实际输入 $\boldsymbol{v}$ 是有界的，这与实际情况是相符合的。因此在以上假设下，式（7-7）中的复合干扰 $\boldsymbol{d}^{**}$ 是未知有界的。

在式（7-1）和式（7-7）中，动力学参数 $\mathcal{M}(\boldsymbol{q})$、$\mathcal{C}(\boldsymbol{q},\dot{\boldsymbol{q}})$、$\mathcal{G}(\boldsymbol{q})$ 是未知的，为了方便后续控制器设计，本章将采用神经网络直接或间接地来逼近这些未知的非线性项。下面简要介绍径向基神经网络。

7.2.3 径向基神经网络近似

径向基神经网络由于其结构简单，在控制领域得到了广泛运用[17]。通常，针对一个未知的非线性函数 $\mathbb{Q}(\boldsymbol{X}):\mathbb{R}^N \to \mathbb{R}$，可以用径向基神经网络进行近似，其表达式为

$$\mathbb{Q}(\boldsymbol{X}) = \boldsymbol{\mathcal{W}}^{*\mathrm{T}}\boldsymbol{\phi}(\boldsymbol{X}) + \mathcal{O}(\boldsymbol{X}) \tag{7-8}$$

其中：$\boldsymbol{X}=[X_1,\cdots,X_N]^{\mathrm{T}} \in \mathbb{R}^N$ $(N\in\mathbb{N}^+)$ 为径向基神经网络的输入；$\mathcal{O}(\boldsymbol{X})$ 为近似误差；$\boldsymbol{\mathcal{W}}^*$ 为最优的网络权重；$\boldsymbol{\phi}(\boldsymbol{X})=[\phi_1(\boldsymbol{X}),\cdots,\phi_M(\boldsymbol{X})]^{\mathrm{T}} \in \mathbb{R}^M$ 为高斯核函数，其第 j 维参数 $\phi_j(\boldsymbol{X})$ $(j=1,2,\cdots,M,\ M\in\mathbb{N}^+)$ 的表示为

$$\phi_j(\boldsymbol{X}) = \exp\left(-\frac{\left\|\boldsymbol{X}-\boldsymbol{\gamma}_j\right\|^2}{\varepsilon_j^2}\right) \tag{7-9}$$

其中：$\boldsymbol{\gamma}_j=[\gamma_{1j},\cdots,\gamma_{Nj}]^{\mathrm{T}} \in \mathbb{R}^N$ 和 ε_j 分别为高斯函数的中心和带宽。

最优的网络权重 $\boldsymbol{\mathcal{W}}^*$ 可以通过优化以下函数获得，即

$$\boldsymbol{\mathcal{W}}^* = \arg\min_{\mathcal{W}\in\mathbb{R}^M}\left(\sup\left|\boldsymbol{\mathcal{W}}^{\mathrm{T}}\boldsymbol{\phi}(\boldsymbol{X}) - \mathbb{Q}(\boldsymbol{X})\right|\right) \tag{7-10}$$

值得说明的是，众多的实际应用表明当径向基神经网络的节点足够多的时候，非线性逼近的误差可以变得足够小，即逼近误差 $\mathcal{O}(\boldsymbol{X})$ 是有界的。

7.2.4 控制器设计

为了后续基于事件驱动的容错预设性能控制器设计，首先定义 $\boldsymbol{p}_1=\boldsymbol{q},\ \boldsymbol{p}_2=\dot{\boldsymbol{p}}_1$，则式（7-7）对应的严格负反馈系统形式为

$$\begin{cases}\dot{\boldsymbol{p}}_1 = \boldsymbol{p}_2 \\ \dot{\boldsymbol{p}}_2 = -\boldsymbol{\mathcal{M}}^{-1}(\boldsymbol{p}_1)[\mathcal{C}(\boldsymbol{p}_1,\boldsymbol{p}_2)\boldsymbol{p}_2 + \mathcal{G}(\boldsymbol{p}_1)] + \boldsymbol{\mathcal{M}}^{-1}(\boldsymbol{p}_1)\overline{\ell}(t)\mathcal{B}_0(\boldsymbol{v}+\boldsymbol{d}^{**})\end{cases} \tag{7-11}$$

为了实现对跟踪误差系统的瞬态性能与稳态性能的预设，针对跟踪误差 $\Delta\boldsymbol{p}=\boldsymbol{p}_1-\boldsymbol{q}_d$ 定义如下性能包络：

$$\begin{cases}-\kappa_i\eta_i < \Delta p_i < \eta_i,\ \Delta p_i(0)\geqslant 0 \\ -\eta_i < \Delta p_i < \kappa_i\eta_i,\ \Delta p_i(0)<0\end{cases} \tag{7-12}$$

其中：$\Delta p_i\ (i=1,2,\cdots,n)$ 为跟踪误差 $\Delta\boldsymbol{p}$ 的第 i 维分量；$\kappa_i \in (0,1]$ 为正的常量。性能函数定义为 $\eta_i=(\eta_{i,0}-\eta_{i,\infty})\exp(-\hbar_i t)+\eta_{i,\infty}$，且参数满足 $\eta_{i,0}>\eta_{i,\infty}>0, \hbar_i>0$。

根据式（7-11）和式（7-12），定义如下两个中间变量：

$$\underline{y}_i=\begin{cases}-\kappa_i\eta_i+q_{t,i}, & \Delta p_i(0)\geqslant 0\\ -\eta_i+q_{t,i}, & \Delta p_i(0)<0\end{cases},\quad \overline{y}_i=\begin{cases}\eta_i+q_{t,i}, & \Delta p_i(0)\geqslant 0\\ \kappa_i\eta_i+q_{t,i}, & \Delta p_i(0)<0\end{cases} \tag{7-13}$$

式（7-13）定义的两个中间变量实则是系统（7-11）跟踪系统的上、下界性能约束。

为了在控制器设计过程中避开这一约束，定义如下坐标转换[18]：

$$p_{1,i}=\frac{\overline{y}_i-\underline{y}_i}{\pi}\arctan(z_{1,i})+\frac{\overline{y}_i+\underline{y}_i}{2} \tag{7-14}$$

则转化后的变量为

$$z_{1,i}=\tan\left(\frac{\pi}{2}\cdot\frac{2p_{1,i}-\overline{y}_i-\underline{y}_i}{\overline{y}_i-\underline{y}_i}\right)=\tan\left(\frac{\pi}{2}\cdot\Lambda_i\right) \tag{7-15}$$

其中：$\Lambda_i=(2p_{1,i}-\overline{y}_i-\underline{y}_i)/(\overline{y}_i-\underline{y}_i)\in$ （−1，1）为归一化变量 $(i=1,2,\cdots,n)$。

定义 $\boldsymbol{z}_1=[z_{1,1},\cdots,z_{1,n}]^{\mathrm{T}}\in\mathbb{R}^n$ 为变换后的状态变量。根据式（7-15），很容易得到 $\lim\limits_{z_{1,i}\to-\infty}p_{1,i}=\underline{y}_i$，$\lim\limits_{z_{1,i}\to+\infty}p_{1,i}=\overline{y}_i$。且在新的映射空间下，新定义的状态变量满足 $z_{1,i}\in(-\infty,+\infty)$。因此，新坐标空间克服了式（7-13）给出的性能约束限制。

进一步定义 $z_{2,i}=\dot{z}_{1,i}$，则有

$$\begin{aligned}z_{2,i}=\dot{z}_{1,i}&=\frac{\pi}{2\cos^2\left(\frac{\pi}{2}\cdot\Lambda_i\right)}\left(\frac{\partial\Lambda_i}{\partial p_{1,i}}+\frac{\partial\Lambda_i}{\partial\overline{y}_i}+\frac{\partial\Lambda_i}{\partial\underline{y}_i}\right)\\ &=\frac{\pi}{2\cos^2\left(\frac{\pi}{2}\cdot\Lambda_i\right)}\left(\frac{2}{\overline{y}_i-\underline{y}_i}\dot{p}_{1,i}+\frac{\underline{y}_i-p_{1,i}}{\overline{y}_i-\underline{y}_i}\dot{\overline{y}}_i+\frac{p_{1,i}-\overline{y}_i}{\overline{y}_i-\underline{y}_i}\dot{\underline{y}}_i\right)\\ &=\frac{\pi}{(\overline{y}_i-\underline{y}_i)\cos^2\left(\frac{\pi}{2}\cdot\Lambda_i\right)}p_{2,i}+\frac{\pi}{2\cos^2\left(\frac{\pi}{2}\cdot\Lambda_i\right)}\left(\frac{\underline{y}_i-p_{1,i}}{\overline{y}_i-\underline{y}_i}\dot{\overline{y}}_i+\frac{p_{1,i}-\overline{y}_i}{\overline{y}_i-\underline{y}_i}\dot{\underline{y}}_i\right)\\ &=\vartheta_i p_{2,i}+\frac{1}{2}\vartheta_i\left[\left(\underline{y}_i-p_{1,i}\right)\dot{\overline{y}}_i+\left(p_{1,i}-\overline{y}_i\right)\dot{\underline{y}}_i\right]\end{aligned} \tag{7-16}$$

其中：$\vartheta_i=\pi\Big/\left((\overline{y}_i-\underline{y}_i)\cos^2\left(\frac{\pi}{2}\cdot\Lambda_i\right)\right)>0$ 在时域上恒成立。

根据式（7-16），对 $\boldsymbol{z}_2$ 求导可得

$$
\begin{aligned}
\dot{z}_2 &= \vartheta \dot{p}_2 + \dot{\vartheta}\left(p_2 + \frac{1}{2}\Xi\right) + \frac{1}{2}\vartheta\dot{\Xi} \\
&= \vartheta[-\mathcal{M}^{-1}(p_1)[\mathcal{C}(p_1,p_2)p_2 + \mathcal{G}(p_1)] + \mathcal{M}^{-1}(p_1)\overline{\ell}(t)\mathcal{B}_0(v+d^{**})] + \\
&\quad \dot{\vartheta}\left(p_2 + \frac{1}{2}\Xi\right) + \frac{1}{2}\vartheta\dot{\Xi}
\end{aligned} \tag{7-17}
$$

其中：参数 $\vartheta = \mathrm{diag}(\vartheta_1,\cdots,\vartheta_n) \in \mathbb{R}^{n\times n}$； $\Xi = [\Xi_1,\cdots,\Xi_n]^{\mathrm{T}} \in \mathbb{R}^n (\Xi_i = (\underline{y}_i - p_{1,i})\dot{\overline{y}}_i + (p_{1,i} - \overline{y}_i)$ $\dot{\underline{y}}_i$，$i = 1,2,\cdots,n)$ 。

综合式（7-11）和式（7-17），可得变换后的新状态空间系统，即有

$$
\begin{cases}
\dot{z}_1 = z_2 \\
\dot{z}_2 = \vartheta[-\mathcal{M}^{-1}(p_1)[\mathcal{C}(p_1,p_2)p_2 + \mathcal{G}(p_1)] + \mathcal{M}^{-1}(p_1)\overline{\ell}(t)\mathcal{B}_0(v+d^{**})] \\
\quad + \dot{\vartheta}\left(p_2 + \frac{1}{2}\Xi\right) + \frac{1}{2}\vartheta\dot{\Xi}
\end{cases} \tag{7-18}
$$

接下来，将基于式（7-18）设计相应的控制器。

为了便于控制器设计，首先定义如下伴随状态变量：

$$
s = \vartheta^{-1}(z_2 + \lambda z_1) \tag{7-19}
$$

其中：$s \in \mathbb{R}^n$ 为定义的伴随状态变量；$\lambda = \mathrm{diag}(\lambda_1,\lambda_2,\cdots,\lambda_n) \in \mathbb{R}^{n\times n}$ 是设计的对角正定矩阵。

对式（7-19）求导数可得

$$
\dot{s} = \vartheta^{-1}\dot{z}_2 + \vartheta^{-1}\lambda z_2 + \dot{\vartheta}^{-1}(z_2 + \lambda z_1) \tag{7-20}
$$

将式（7-18）代入式（7-20），可得

$$
\begin{aligned}
\dot{s} &= -\mathcal{M}^{-1}(p_1)[\mathcal{C}(p_1,p_2)p_2 + \mathcal{G}(p_1)] + \mathcal{M}^{-1}(p_1)\overline{\ell}(t)\mathcal{B}_0(v+d^{**}) + \\
&\quad \vartheta^{-1}\dot{\vartheta}\left(p_2 + \frac{1}{2}\Xi\right) + \frac{1}{2}\dot{\Xi} + \vartheta^{-1}\lambda z_2 + \dot{\vartheta}^{-1}(z_2 + \lambda z_1)
\end{aligned} \tag{7-21}
$$

对式（7-21）两边分别乘以 $\mathcal{M}(p_1)$，可得

$$
\begin{aligned}
\mathcal{M}(p_1)\dot{s} &= -[\mathcal{C}(p_1,p_2)p_2 + \mathcal{G}(p_1)] + \overline{\ell}(t)\mathcal{B}_0(v+d^{**}) + \\
&\quad \mathcal{M}(p_1)\left[\vartheta^{-1}\dot{\vartheta}\left(p_2 + \frac{1}{2}\Xi\right) + \frac{1}{2}\dot{\Xi} + \vartheta^{-1}\lambda z_2 + \dot{\vartheta}^{-1}(z_2 + \lambda z_1)\right]
\end{aligned} \tag{7-22}
$$

定义

$$
\mathcal{F}_1 = \lambda_{\min^{-1}}(\overline{\ell}(t)) \left(\mathcal{C}(p_1,p_2)(s - p_2) - \mathcal{G}(p_1) + \mathcal{M}(p_1)\left(\vartheta^{-1}\dot{\vartheta}\left(p_2 + \frac{1}{2}\Xi\right) + \frac{1}{2}\dot{\Xi} + \vartheta^{-1}\lambda z_2 + \dot{\vartheta}^{-1}(z_2 + \lambda z_1)\right)\right)
$$

可以将式（7-22）简写为

$$
\mathcal{M}(p_1)\dot{s} = -\mathcal{C}(p_1,p_2)s + \overline{\ell}(t)\mathcal{B}_0(v+d^{**}) + \lambda_{\min}(\overline{\ell}(t))\mathcal{F}_1 \tag{7-23}
$$

其中：$\lambda(\bullet)$ 为矩阵的特征值。

由于欧拉–拉格朗日系统的动力学参数未知，因此定义的非线性项 $\mathcal{F}_1$ 也是未知的。基于 7.2.3 节中的分析，可以运用径向基神经网络来逼近非线性项 $\mathcal{F}_1$，即有

$$\mathcal{F}_1 = \mathcal{W}^{\mathrm{T}}\boldsymbol{\phi}(\boldsymbol{X}) \tag{7-24}$$

其中：$\boldsymbol{X}=[\boldsymbol{p}_1^{\mathrm{T}},\boldsymbol{p}_2^{\mathrm{T}},\boldsymbol{s}^{\mathrm{T}},\underline{\boldsymbol{y}}^{\mathrm{T}},\overline{\boldsymbol{y}}^{\mathrm{T}}]^{\mathrm{T}}\in\mathbb{R}^{5n}$；$\mathcal{W}\in\mathbb{R}^{M\times n}$ 分别为径向基神经网络的输入和权重参数。

如果对未知的权重参数 $\mathcal{W}$ 直接估计，则有 $M\times n$ 个自适应参数需要在线调整，这直接增加了控制系统的复杂度。为了降低控制系统设计的复杂度，运用范数不等式技术，可得

$$\|\mathcal{F}_1\| = \|\mathcal{W}^{\mathrm{T}}\boldsymbol{\phi}(\boldsymbol{X})\| \leqslant \|\mathcal{W}\|\|\boldsymbol{\phi}(\boldsymbol{X})\| = \delta_1\varphi_1 \tag{7-25}$$

其中：$\delta_1=\|\mathcal{W}\|,\varphi_1=\|\boldsymbol{\phi}(\boldsymbol{X})\|$。

值得注意的是，在运用范数不等式技术之后，只有一个未知的参数 δ_1 需要在线估计，而 φ_1 是与系统状态相关的已知函数。

为了方便设计控制器，进一步定义复合参数 $\boldsymbol{d}^{\infty}=\boldsymbol{d}^{**}+\boldsymbol{\Gamma}\varsigma_0$（参数 $\boldsymbol{\Gamma}\varsigma_0$ 将在后面给出），则复合参数 $\boldsymbol{d}^{\infty}$ 满足

$$\begin{aligned}\|\boldsymbol{d}^{\infty}\| &= \left\|\bar{\ell}^{-1}(t)\boldsymbol{d}^{*}+\boldsymbol{\Gamma}\varsigma_0\right\| \leqslant \lambda_{\max}(\bar{\ell}^{-1}(t))\left\|\boldsymbol{d}^{*}+\ell(t)\boldsymbol{\Gamma}\varsigma_0\right\| \\ &= \lambda_{\max}\left(\bar{\ell}^{-1}(t)\right)\left\|\boldsymbol{d}+\Delta\boldsymbol{u}^{*}+\ell(t)\boldsymbol{\Gamma}\varsigma_0\right\| = \lambda_{\max}(\bar{\ell}^{-1}(t))\left\|\boldsymbol{d}+\ell(t)\Delta\boldsymbol{v}^{*}+\Delta\boldsymbol{u}+\ell(t)\boldsymbol{\Gamma}\varsigma_0\right\| \\ &\leqslant \lambda_{\max}\left(\bar{\ell}^{-1}(t)\right)\left(\|\boldsymbol{d}\|+\|\ell(t)\Delta\boldsymbol{v}^{*}\|+\|\Delta\boldsymbol{u}\|+\|\ell(t)\boldsymbol{\Gamma}\varsigma_0\|\right) \\ &= \lambda_{\min}\left(\bar{\ell}^{-1}(t)\right)\lambda_{\max}\left(\bar{\ell}^{-1}(t)\right)\frac{\|\boldsymbol{d}\|+\|\ell(t)\Delta\boldsymbol{v}^{*}\|+\|\Delta\boldsymbol{u}\|+\|\ell(t)\boldsymbol{\Gamma}\varsigma_0\|}{\lambda_{\min}(\bar{\ell}(t))}\end{aligned} \tag{7-26}$$

根据**假设 4-1** 和**假设 4-2** 以及式（7-5）可得，参数项 $\lambda_{\min}(\bar{\ell}(t))$、$\|\boldsymbol{d}\|$、$\|\ell(t)\Delta\boldsymbol{v}^{*}\|$、$\|\Delta\boldsymbol{u}\|$ 是未知但是有界的；其次，设计的参数 $\boldsymbol{\Gamma}\varsigma_0$ 是有界的。因此，式（7-26）可简化为

$$\begin{aligned}\|\boldsymbol{d}^{\infty}\| &\leqslant \lambda_{\min}(\bar{\ell}(t))\lambda_{\max}\left(\bar{\ell}^{-1}(t)\right)\frac{\|\boldsymbol{d}\|+\|\ell(t)\Delta\boldsymbol{v}^{*}\|+\|\Delta\boldsymbol{u}\|+\|\ell(t)\boldsymbol{\Gamma}\varsigma_0\|}{\lambda_{\min}(\bar{\ell}(t))} \\ &\leqslant \lambda_{\min}(\bar{\ell}(t))\lambda_{\max}\left(\bar{\ell}^{-1}(t)\right)\delta_2\end{aligned} \tag{7-27}$$

其中：δ_2 为式（7-26）中未知参数项的最小上界，需要在线估计。

基于以上分析，运用事件驱动策略，真实输入信号 $\boldsymbol{v}$ 在离散时间点 $t_0,t_1,t_2,\cdots,t_k,\cdots(k\in\mathbb{N}^{+})$ 进行更新，即

$$\begin{cases} \boldsymbol{v}(t)=\boldsymbol{v}(t_k)=\boldsymbol{U}(t_k), \forall t \in [t_k, t_{k+1}) \\ t_{k+1}=\min\left\{\inf\left\{t>t_k \left| |\xi_i(t)| \geqslant \xi_{T,i}, i=1,2,\cdots,n \right.\right\}\right\} \end{cases} \tag{7-28}$$

其中：$\boldsymbol{\xi}(t)=\boldsymbol{U}(t)-\boldsymbol{v}(t)=\boldsymbol{U}(t)-\boldsymbol{v}(t_k)\in\mathbb{R}^n$ 为测量偏差；$\xi_{T,i}$ 为第 i 维事件驱动阈值，$\boldsymbol{U}$ 定义为

$$\boldsymbol{U}(t)=-(1+\zeta)\boldsymbol{\mathcal{B}}_0^{-1}\left(\delta_0\tanh\left(\frac{\boldsymbol{s}}{\varepsilon_0}\right)+\frac{\hat{\delta}_1\varphi_1^2\boldsymbol{s}}{\varphi_1\|\boldsymbol{s}\|+\exp(-\mathcal{L}t)}+\frac{\hat{\delta}_2\|\boldsymbol{\mathcal{B}}_0\|\boldsymbol{s}}{\|\boldsymbol{s}\|+\exp(-\mathcal{L}t)}\right) \tag{7-29}$$

其中：$\delta_0\in\mathbb{R}$ 为正的控制增益；$\mathcal{L}\in\mathbb{R}$ 为正的常量；$\hat{\delta}_1$、$\hat{\delta}_2$ 为未知参数 δ_1、δ_2 的估计值。事件驱动阈值 $\xi_{T,i}$ 定义为

$$\xi_{T,i}=\zeta|v_i(t)|+\varsigma_0, i=1,2,\cdots,n \tag{7-30}$$

其中：$\zeta\in(0,1);\varsigma_0>0$ 为两个常量参数。

$\hat{\delta}_1,\hat{\delta}_2$ 的自适应律为

$$\dot{\hat{\delta}}_1=\Upsilon_1\frac{\varphi_1^2\boldsymbol{s}^{\mathrm{T}}\boldsymbol{s}}{\varphi_1\|\boldsymbol{s}\|+\exp(-\mathcal{L}t)},\quad \dot{\hat{\delta}}_2=\Upsilon_2\frac{\|\mathcal{B}_0\|\boldsymbol{s}^{\mathrm{T}}\boldsymbol{s}}{\|\boldsymbol{s}\|+\exp(-\mathcal{L}t)} \tag{7-31}$$

其中：Υ_1、$\Upsilon_2\in\mathbb{R}$ 为两个正的参量。

根据式（7-30）中的事件驱动阈值，可得存在两个未知的参量 $|\varpi_{1,i}(t)|\leqslant 1$，$|\varpi_{2,i}(t)|\leqslant 1$ 使得 $U_i(t)-v_i(t)=\varpi_{1,i}(t)\zeta v_i(t)+\varpi_{2,i}(t)\varsigma_0$。因此有

$$\boldsymbol{v}(t)=\boldsymbol{v}(t_k)=\boldsymbol{\Psi}\boldsymbol{U}(t)+\boldsymbol{\Gamma}\varsigma_0, t\in[t_k,t_{k+1}) \tag{7-32}$$

其中

$$\boldsymbol{\Psi}=\mathrm{diag}\left(\frac{1}{1+\zeta\varpi_{1,1}(t)},\cdots,\frac{1}{1+\zeta\varpi_{1,n}(t)}\right)\in\mathbb{R}^{n\times n}$$

$$\boldsymbol{\Gamma}=\left[-\frac{\omega_{2,1}(t)}{1+\zeta\omega_{1,1}(t)},\cdots,-\frac{\omega_{2,n}(t)}{1+\zeta\omega_{1,n}(t)}\right]^{\mathrm{T}}\in\mathbb{R}^n$$

第 i 维元素 $\dfrac{1}{1+\zeta\varpi_i(t)}$ 满足 $0<\dfrac{1}{1+\zeta}<\dfrac{1}{1+\zeta\varpi_i(t)}<\dfrac{1}{1-\zeta}$。同时考虑到 $|\varpi_{2,i}(t)|\leqslant 1$，则可以发现参数 $\boldsymbol{\Gamma}$ 是有界的，因此式（7-27）中变量有界的结论成立。

注 7-2 从式（7-28）可以看出，本章提出的事件驱动容错预设性能控制器的更新是由式（7-30）定义的事件阈值决定的，因此相比于传统的预设性能控制方法。本章提出的预设性能控制方法复杂度大大降低，且执行器的更新频率大大降低；同时值得指出的是，由于预设的系统性能仍然能在整个时域下实现，因此控制系统的整体性能（如系统的容错能力、执行器的执行效率等）是增强的；更进一步，从自适应律表达式（7-31）可以看到，在引入范数不等式技术后，仅仅有两个未知的参数需要在线辨识，这进一步降低了控制系统的复杂度。

7.2.5 稳定性分析

对于 7.2.4 节设计的事件驱动预设性能控制器，本章的一个重要结论将由**定理 7-1** 给出。

定理 7-1 不确定欧拉–拉格朗日动力学系统在设计的控制器（式（7-28））和自适应律式（7-30）下，能够稳定地跟踪上期望的指令。除此之外，预设的瞬态性能与稳态性能能够在整个时域上实现，且相邻两次执行器的更新时间间隔大于 0。

在给出**定理 7-1** 的证明之前，首先给出如下引理。

引理 7-1 对于 $\forall \boldsymbol{x}\in\mathbb{R}^n(n\in\mathbb{N}^+)$，存在一个任意正的参数 ε_0，使得不等式 $0\leqslant\|\boldsymbol{x}\|-\boldsymbol{x}^{\mathrm{T}}\tanh\left(\dfrac{\boldsymbol{x}}{\varepsilon_0}\right)=0.2785n\varepsilon_0$ 成立。

证明：引理 7-1 的证明如下：根据文献[19]中对双曲正弦函数性质的描述，可得 $0\leqslant|x_i|-x_i\tanh\left(\dfrac{x_i}{\varepsilon_0}\right)\leqslant 0.2785\varepsilon_0(\forall i=1,2,\cdots,n)$。另外，不等式 $\|\boldsymbol{x}\|=\sqrt{\boldsymbol{x}^{\mathrm{T}}\boldsymbol{x}}=\sqrt{[x_1,x_2,\cdots,x_n]^{\mathrm{T}}[x_1,x_2,\cdots,x_n]}\leqslant\sqrt{(|x_1|+\cdots+|x_n|)^2}\leqslant|x_1|+\cdots+|x_n|\leqslant\sum_{i=1}^{n}\left[x_i\tanh\left(\dfrac{x_i}{\varepsilon_0}\right)+0.2785\varepsilon_0\right]=\boldsymbol{x}^{\mathrm{T}}\tanh\left(\dfrac{\boldsymbol{x}}{\varepsilon_0}\right)+0.2785n\varepsilon_0$。因此**引理 7-1** 得证。 ■

基于**引理 7-1**，**定理 7-1** 的证明如下：首先，对于 $t\in[t_k,t_{k+1})(k\in\mathbb{N}^+)$，定义下式所示的 Lyapunov 函数：

$$\begin{cases}V_0=V_1+V_2\\ V_1=\dfrac{1}{2}\boldsymbol{s}^{\mathrm{T}}\boldsymbol{\mathcal{M}}(\boldsymbol{p}_1)\boldsymbol{s}\\ V_2=\dfrac{1}{2}\lambda_{\min}(\overline{\ell}(t))\displaystyle\sum_{j=1}^{2}\frac{1}{\varUpsilon_i}\tilde{\delta}_j^2\end{cases}\tag{7-33}$$

其中：$\tilde{\delta}_j=\delta_j-\hat{\delta}_j\ (j=1,2)$ 为对未知参数 δ_j 的估计误差。

对 V_1 求导数，可得

$$\dot{V}_1=\frac{1}{2}\boldsymbol{s}^{\mathrm{T}}\dot{\boldsymbol{\mathcal{M}}}(\boldsymbol{p}_1)\boldsymbol{s}+\boldsymbol{s}^{\mathrm{T}}\boldsymbol{\mathcal{M}}(p_1)\dot{\boldsymbol{s}}\tag{7-34}$$

将式（7-23）代入式（7-34），可得

$$\dot{V}_1=\frac{1}{2}\boldsymbol{s}^{\mathrm{T}}(\dot{\boldsymbol{\mathcal{M}}}(\boldsymbol{p}_1)-2\boldsymbol{\mathcal{C}}(\boldsymbol{p}_1,\boldsymbol{p}_2))\boldsymbol{s}+\boldsymbol{s}^{\mathrm{T}}[\overline{\ell}(t)\boldsymbol{\mathcal{B}}_0(\boldsymbol{v}+\boldsymbol{d}^{**})+\lambda_{\min}(\overline{\ell}(t))\boldsymbol{\mathcal{F}}_1]\tag{7-35}$$

根据**性质 7-2**，式（7-35）可以变换为

$$\dot{V}_1=\boldsymbol{s}^{\mathrm{T}}[\overline{\ell}(t)\boldsymbol{\mathcal{B}}_0(\boldsymbol{v}+\boldsymbol{d}^{**})+\lambda_{\min}(\overline{\ell}(t))\boldsymbol{\mathcal{F}}_1]\tag{7-36}$$

将式（7-28）、式（7-29）和式（7-32）代入式（7-36），可得

$$\begin{aligned}
\dot{V}_1 &= \boldsymbol{s}^{\mathrm{T}}[\bar{\ell}(t)\boldsymbol{\mathcal{B}}_0(\boldsymbol{\Psi}\boldsymbol{U}(t)+\boldsymbol{\Gamma}\varsigma_0+\boldsymbol{d}^{**})+\lambda_{\min}(\bar{\ell}(t))\boldsymbol{\mathcal{F}}_1] \\
&= \boldsymbol{s}^{\mathrm{T}}\bar{\ell}(t)\boldsymbol{\mathcal{B}}_0\boldsymbol{\Psi}\boldsymbol{U}(t)+\boldsymbol{s}^{\mathrm{T}}\bar{\ell}(t)\boldsymbol{\mathcal{B}}_0\boldsymbol{d}^{\propto}+\lambda_{\min}(\bar{\ell}(t))\boldsymbol{s}^{\mathrm{T}}\boldsymbol{\mathcal{F}}_1 \\
&\leqslant -\lambda_{\min}(\bar{\ell}(t)\boldsymbol{\Psi})(1+\zeta)\lambda_{\min}(\bar{\ell}(t))\left(\delta_0\tanh\left(\frac{\boldsymbol{s}}{\varepsilon_0}\right)+\frac{\hat{\delta}_1\varphi_1^2\boldsymbol{s}}{\varphi_1\|\boldsymbol{s}\|+\exp(-\mathcal{L}t)}+\frac{\hat{\delta}_2\|\boldsymbol{\mathcal{B}}_0\|\boldsymbol{s}}{\|\boldsymbol{s}\|+\exp(-\mathcal{L}t)}\right)+ \\
&\quad \boldsymbol{s}^{\mathrm{T}}\bar{\ell}(t)\boldsymbol{\mathcal{B}}_0\boldsymbol{d}^{\propto}+\lambda_{\min}(\bar{\ell}(t))\boldsymbol{s}^{\mathrm{T}}\boldsymbol{\mathcal{F}}_1 \\
&\leqslant -\lambda_{\min}(\bar{\ell}(t))\lambda_{\min}(\boldsymbol{\Psi})(1+\zeta)\boldsymbol{s}^{\mathrm{T}}\left(\delta_0\tanh\left(\frac{\boldsymbol{s}}{\varepsilon_0}\right)+\frac{\hat{\delta}_1\varphi_1^2\boldsymbol{s}}{\varphi_1\|\boldsymbol{s}\|+\exp(-\mathcal{L}t)}+\frac{\hat{\delta}_2\|\boldsymbol{\mathcal{B}}_0\|\boldsymbol{s}}{\|\boldsymbol{s}\|+\exp(-\mathcal{L}t)}\right)+ \\
&\quad \boldsymbol{s}^{\mathrm{T}}\bar{\ell}(t)\boldsymbol{\mathcal{B}}_0\boldsymbol{d}^{\propto}+\lambda_{\min}(\bar{\ell}(t))\boldsymbol{s}^{\mathrm{T}}\boldsymbol{\mathcal{F}}_1
\end{aligned} \tag{7-37}$$

其中：$\boldsymbol{\mathcal{B}}_0$、$\boldsymbol{\Psi}$、$\bar{\ell}(t)$为对角矩阵。

基于式（7-32）中定义的$\boldsymbol{\Psi}$，可得$\lambda_{\min}(\boldsymbol{\Psi})>1/(1+\zeta)$。因此，式（7-37）变为

$$\begin{aligned}
\dot{V}_1 &\leqslant \lambda_{\min}\bar{\ell}(t)\boldsymbol{s}^{\mathrm{T}}\left(\delta_0\tanh\left(\frac{\boldsymbol{s}}{\varepsilon_0}\right)+\frac{\hat{\delta}_1\varphi_1^2\boldsymbol{s}}{\varphi_1\|\boldsymbol{s}\|+\exp(-\mathcal{L}t)}+\frac{\hat{\delta}_2\|\boldsymbol{\mathcal{B}}_0\|\boldsymbol{s}}{\|\boldsymbol{s}\|+\exp(-\mathcal{L}t)}\right)+ \\
&\quad \boldsymbol{s}^{\mathrm{T}}\bar{\ell}(t)\boldsymbol{\mathcal{B}}_0\boldsymbol{d}^{\propto}+\lambda_{\min}(\bar{\ell}(t))\boldsymbol{s}^{\mathrm{T}}\boldsymbol{\mathcal{F}}_1 \\
&\leqslant -\delta_0\lambda_{\min}(\bar{\ell}(t))\boldsymbol{s}^{\mathrm{T}}\tanh\left(\frac{\boldsymbol{s}}{\varepsilon_0}\right)-\lambda_{\min}(\bar{\ell}(t))\left(\frac{\hat{\delta}_1\varphi_1^2\boldsymbol{s}^{\mathrm{T}}\boldsymbol{s}}{\varphi_1\|\boldsymbol{s}\|+\exp(-\mathcal{L}t)}+\frac{\hat{\delta}_2\|\boldsymbol{\mathcal{B}}_0\|\boldsymbol{s}^{\mathrm{T}}\boldsymbol{s}}{\|\boldsymbol{s}\|+\exp(-\mathcal{L}t)}\right)+ \\
&\quad \lambda_{\min}(\bar{\ell}(t))\|\boldsymbol{s}\|\|\boldsymbol{\mathcal{F}}_1\|+\lambda_{\max}(\bar{\ell}(t))\|\boldsymbol{s}\|\|\boldsymbol{\mathcal{B}}_0\|\|\boldsymbol{d}^{\propto}\|
\end{aligned} \tag{7-38}$$

把式（7-25）和式（7-26）代入式（7-38），可得

$$\begin{aligned}
\dot{V}_1 &\leqslant -\delta_0\lambda_{\min}(\bar{\ell}(t))\boldsymbol{s}^{\mathrm{T}}\tanh\left(\frac{\boldsymbol{s}}{\varepsilon_0}\right)-\lambda_{\min}(\bar{\ell}(t))\left(\frac{\hat{\delta}_1\varphi_1^2\boldsymbol{s}^{\mathrm{T}}\boldsymbol{s}}{\varphi_1\|\boldsymbol{s}\|+\exp(-\mathcal{L}t)}+\frac{\hat{\delta}_2\|\boldsymbol{\mathcal{B}}_0\|\boldsymbol{s}^{\mathrm{T}}\boldsymbol{s}}{\|\boldsymbol{s}\|+\exp(-\mathcal{L}t)}\right)+ \\
&\quad \lambda_{\max}(\bar{\ell}(t))\lambda_{\min}(\bar{\ell}(t))\lambda_{\max}(\bar{\ell}^{-1}(t))\delta_2\|\boldsymbol{\mathcal{B}}_0\|\|\boldsymbol{s}\|+\lambda_{\min}(\bar{\ell}(t))\delta_1\varphi_1\|\boldsymbol{s}\| \\
&= -\delta_0\lambda\boldsymbol{s}^{\mathrm{T}}\tanh\left(\frac{\boldsymbol{s}}{\varepsilon_0}\right)-\lambda_{\min}(\bar{\ell}(t))\left(\frac{\hat{\delta}_1\varphi_1^2\boldsymbol{s}^{\mathrm{T}}\boldsymbol{s}}{\varphi_1\|\boldsymbol{s}\|+\exp(-\mathcal{L}t)}+\frac{\hat{\delta}_2\|\boldsymbol{\mathcal{B}}_0\|\boldsymbol{s}^{\mathrm{T}}\boldsymbol{s}}{\|\boldsymbol{s}\|+\exp(-\mathcal{L}t)}\right)+ \\
&\quad \lambda_{\min}(\bar{\ell}(t))\delta_1\varphi_1\|\boldsymbol{s}\|+\lambda_{\min}(\bar{\ell}(t))\delta_2\|\boldsymbol{\mathcal{B}}_0\|\|\boldsymbol{s}\| \\
&= -\delta_0\lambda_{\min}(\bar{\ell}(t))\boldsymbol{s}^{\mathrm{T}}\tanh\left(\frac{\boldsymbol{s}}{\varepsilon_0}\right)-\lambda_{\min}(\bar{\ell}(t))\frac{(\delta_1-\hat{\delta}_1)\varphi_1^2\boldsymbol{s}^{\mathrm{T}}\boldsymbol{s}}{\varphi_1\|\boldsymbol{s}\|+\exp(-\mathcal{L}t)}-\lambda_{\min}(\bar{\ell}(t))\frac{(\delta_2-\hat{\delta}_2)\|\boldsymbol{\mathcal{B}}_0\|\boldsymbol{s}^{\mathrm{T}}\boldsymbol{s}}{\|\boldsymbol{s}\|+\exp(-\mathcal{L}t)}+ \\
&\quad \lambda_{\min}(\bar{\ell}(t))\frac{\delta_1\exp(-\mathcal{L}t)\varphi_1\|\boldsymbol{s}\|}{\varphi_1\|\boldsymbol{s}\|+\exp(-\mathcal{L}t)}+\lambda_{\min}(\bar{\ell}(t))\frac{\delta_2\|\boldsymbol{\mathcal{B}}_0\|\exp(-\mathcal{L}t)\|\boldsymbol{s}\|}{\|\boldsymbol{s}\|+\exp(-\mathcal{L}t)}
\end{aligned} \tag{7-39}$$

考虑到$\tilde{\delta}_i := \delta_i - \hat{\delta}_i (j=1,2)$以及$0 < \dfrac{\varphi_1\|\boldsymbol{s}\|}{\varphi_1\|\boldsymbol{s}\| + \exp(-\mathcal{L}t)} < 1, 0 < \dfrac{\|\boldsymbol{s}\|}{\|\boldsymbol{s}\| + \exp(-\mathcal{L}t)} < 1$，则式（7-39）可进一步简化为

$$\begin{aligned}\dot{V}_1 \leqslant& -\delta_0 \lambda_{\min}(\overline{\ell}(t))\boldsymbol{s}^{\mathrm{T}} \tanh\left(\frac{\boldsymbol{s}}{\varepsilon_0}\right) - \lambda_{\min}(\overline{\ell}(t)) \frac{\tilde{\delta}_1 \varphi_1^2 \boldsymbol{s}^{\mathrm{T}} \boldsymbol{s}}{\varphi_1\|\boldsymbol{s}\| + \exp(-\mathcal{L}t)} \\ &- \lambda_{\min}(\overline{\ell}(t)) \frac{\tilde{\delta}_2 \|\boldsymbol{\mathcal{B}}_0\| \boldsymbol{s}^{\mathrm{T}} \boldsymbol{s}}{\|\boldsymbol{s}\| + \exp(-\mathcal{L}t)} + \lambda_{\min}(\overline{\ell}(t))(\delta_1 + \delta_2\|\boldsymbol{\mathcal{B}}_0\|)\exp(-\mathcal{L}t)\end{aligned} \tag{7-40}$$

对式（7-33）中的V_2求导，可得

$$\dot{V}_2 = \lambda_{\min}(\overline{\ell}(t)) \sum_{j=1}^{2} \frac{1}{\Upsilon_i} \tilde{\delta}_j \dot{\tilde{\delta}}_j \tag{7-41}$$

由于$\dot{\tilde{\delta}}_j = \dot{\delta}_j - \dot{\hat{\delta}}_j = -\dot{\hat{\delta}}_j$，因此式（7-41）可以简化为

$$\dot{V}_2 = -\lambda_{\min}(\overline{\ell}(t)) \sum_{j=1}^{2} \frac{1}{\Upsilon_i} \tilde{\delta}_j \dot{\hat{\delta}}_j \tag{7-42}$$

将式（7-31）代入式（7-42），可得

$$\dot{V}_2 = -\lambda_{\min}(\overline{\ell}(t)) \left(\frac{\tilde{\delta}_1 \varphi_1^2 \boldsymbol{s}^{\mathrm{T}} \boldsymbol{s}}{\varphi_1\|\boldsymbol{s}\| + \exp(-\mathcal{L}t)} + \frac{\tilde{\delta}_2 \|\boldsymbol{\mathcal{B}}_0\| \boldsymbol{s}^{\mathrm{T}} \boldsymbol{s}}{\|\boldsymbol{s}\| + \exp(-\mathcal{L}t)} \right) \tag{7-43}$$

将式（7-39）和式（7-43）代入到式（7-33）中V_0的导数中，可得

$$\begin{aligned}\dot{V}_0 = \dot{V}_1 + \dot{V}_2 \leqslant& -\delta_0 \lambda_{\min}(\overline{\ell}(t))\boldsymbol{s}^{\mathrm{T}} \tanh\left(\frac{\boldsymbol{s}}{\varepsilon_0}\right) + \\ &\lambda_{\min}(\overline{\ell}(t))(\delta_1 + \delta_2\|\boldsymbol{\mathcal{B}}_0\|)\exp(-\mathcal{L}t)\end{aligned} \tag{7-44}$$

基于**引理 7-1** 和式（7-44），可得

$$\dot{V}_0 \leqslant \delta_0 \lambda_{\min}(\overline{\ell}(t))(-\|\boldsymbol{s}\| + 0.2785 n\varepsilon_0) + \lambda_{\min}(\overline{\ell}(t))(\delta_1 + \delta_2\|\boldsymbol{\mathcal{B}}_0\|)\exp(-\mathcal{L}t) \tag{7-45}$$

当$\dot{V}_0 \leqslant 0$，$\|\boldsymbol{s}\|$收敛到以下紧集：

$$\|\boldsymbol{s}\| \leqslant \frac{(\delta_1 + \delta_2\|\boldsymbol{\mathcal{B}}_0\|)\exp(-\mathcal{L}t) + 0.2785 n\delta_0\varepsilon_0}{\delta_0} \tag{7-46}$$

当$t_k \to \infty, \forall t \in [t_k, t_{k+1})$，$\|\boldsymbol{s}\|$最终收敛的区域为

$$\lim_{t \in [t_k, t_{k+1}),\, t_k \to \infty} \|\boldsymbol{s}\| \leqslant 0.2785 n\varepsilon_0 \tag{7-47}$$

从式（7-47）可以得到，当参数ε_0设置得足够小的时候，则$\|\boldsymbol{s}\|$可以收敛到原点的极小邻域内。基于式（7-19），可以得到变换状态z_1, z_2将同样地趋向原点的极小邻域内。根据式（7-14）和式（7-15），则欧拉–拉格朗日系统的原始状态$\boldsymbol{p}_1$（或$\boldsymbol{q}$）将趋向期望的参考轨迹$\boldsymbol{q}_d$，即预设的跟踪误差瞬态性能与稳态性能可以在整个时域实现。

系统的稳定性已经得到了证明，接下来我们将重点分析执行器更新的次数是

有限的，即相邻的两次执行器更新时间间隔是大于 0 的。具体的表现为，存在一个正的时间间隔t^*使得$(t_{k+1}-t_k)=t^*>0(k\in\mathbb{N}^+)$。基于式（7-39），执行器更新的测量误差为$\boldsymbol{\xi}(t)=\boldsymbol{U}(t)-\boldsymbol{v}(t)=\boldsymbol{U}(t)-\boldsymbol{v}(t_k)$。对于在间隔$[t_k,t_{k+1})$中的任意时间$t$，对于第$i$维测量误差$\xi_i\ (i=1,2,\cdots,6)$，有

$$\frac{\mathrm{d}}{\mathrm{d}t}|\xi_i|=\frac{\mathrm{d}}{\mathrm{d}t}(\xi_i^2)^{\frac{1}{2}}=\frac{\xi_i\dot{\xi}_i}{|\xi_i|}\leqslant\frac{|\xi_i||\dot{\xi}_i|}{|\xi_i|}=|\dot{\xi}_i|=|\dot{U}_i(t)| \tag{7-48}$$

基于式（7-29），式（7-48）中的控制$U_i(t)$是关于伴随变量$\boldsymbol{s}$的函数。式（7-47）中已经给出伴随变量$\boldsymbol{s}$将趋近于原点附近的小邻域内。因此当$t_k<\infty$，存在一个正的常量$\mathcal{U}_{i,0}$使得$|\dot{U}_i(t)|\leqslant\mathcal{U}_{i,0}$。因此，$\forall t\in[t_k,t_{k+1})$，下面的不等式成立，即

$$|\xi_i|\leqslant\int_{t_k}^{t}|\dot{U}_i(t)|\mathrm{d}\tau\leqslant(t-t_k)\mathcal{U}_{i,0} \tag{7-49}$$

基于式（7-39）中的事件驱动时间，当$t\to t_{k+1},|\xi_i|=\zeta|v_i(t)|+\varsigma_0$，有$\lim\limits_{t\to t_{k+1}}(t-t_k)=t^*\geqslant\dfrac{\zeta|v_i|+\varsigma_0}{\mathcal{U}_{i,0}}$。由于参数$\varsigma_0$是正的，所以$\lim\limits_{t\to t_{k+1}}(t-t_k)=t^*>0$恒成立。因此，可以得到相邻两次执行器更新时间间隔是大于 0，即执行器更新次数是有限的。

定理 7-1 得证。 ■

注 7-3 从**定理 7-1** 的证明过程可知，伴随状态变量$\boldsymbol{s}$将趋向于原点的一个很小邻域。当$\boldsymbol{s}$非常小的时候，式（7-31）中$\hat{\delta}_1$、$\hat{\delta}_2$的自适应律变化得非常小，为了降低$\hat{\delta}_1$、$\hat{\delta}_2$对较小$\boldsymbol{s}$的敏感度，参考文献[18]中自适应律有限次更新的方法，对$\hat{\delta}_1$、$\hat{\delta}_2$的自适应律引入人工死区算子，即

$$\begin{aligned}\dot{\hat{\delta}}_1&=\begin{cases}\varUpsilon_1\dfrac{\varphi_1^2\boldsymbol{s}^{\mathrm{T}}\boldsymbol{s}}{\varphi_1\|\boldsymbol{s}\|+\exp(-\mathcal{L}t)}, & \|\boldsymbol{s}\|>\varOmega_0\\ 0, & \|\boldsymbol{s}\|\leqslant\varOmega_0\end{cases}\\ \dot{\hat{\delta}}_2&=\begin{cases}\varUpsilon_2\dfrac{\|\boldsymbol{\mathcal{B}}_0\|\boldsymbol{s}^{\mathrm{T}}\boldsymbol{s}}{\|\boldsymbol{s}\|+\exp(-\mathcal{L}t)}, & \|\boldsymbol{s}\|>\varOmega_0\\ 0, & \|\boldsymbol{s}\|\leqslant\varOmega_0\end{cases}\end{aligned} \tag{7-50}$$

其中：$\varOmega_0$为一个小的常量。可以根据式（7-47）将$\varOmega_0$选为$0.2785n\varepsilon_0$。

至此，完成了事件驱动容错预设性能控制器的设计与分析。

对比本章提出的事件驱动容错预设性能控制方法与前面章节的时间驱动预设性能控制方法，最大区别在于：控制律是按照预先设计的触发条件而非固定的采样周期进行更新，即其更新时刻是间歇的。因此，本章提出的基于事件驱动的预设性能控制方法更容易被实际执行系统响应，从而也实现了将时间驱动预设性能

控制推广到事件驱动预设性能控制。

为了验证事件驱动容错预设性能控制方法的有效性，下面将针对柔性航天器的姿态控制系统，进行姿态镇定和姿态跟踪控制两组仿真应用。

7.3 柔性航天器姿态事件驱动预设性能控制

7.3.1 柔性航天器姿态运动模型

基于 MRP 参数的柔性航天器的运动学方程可写为

$$\begin{cases}\dot{\boldsymbol{\sigma}}=\boldsymbol{G}(\boldsymbol{\sigma})\boldsymbol{\omega}\\ \boldsymbol{G}(\boldsymbol{\sigma})=\dfrac{1}{4}((1-\boldsymbol{\sigma}^{\mathrm{T}}\boldsymbol{\sigma})\boldsymbol{I}_3+2\boldsymbol{\sigma}^{\times}+2\boldsymbol{\sigma}\boldsymbol{\sigma}^{\mathrm{T}})\end{cases} \tag{7-51}$$

其中：$\boldsymbol{\sigma}=[\sigma_1,\sigma_2,\sigma_3]^{\mathrm{T}}$和$\boldsymbol{\omega}=[\omega_1,\omega_2,\omega_3]^{\mathrm{T}}\in\mathbb{R}^3$分别为柔性航天器本体在惯性坐标系下的姿态 MRP 和角速度。

柔性航天器的动力学和弹性模态方程为

$$\begin{cases}\boldsymbol{J}\dot{\boldsymbol{\omega}}+\boldsymbol{\omega}^{\times}\boldsymbol{J}\boldsymbol{\omega}=\boldsymbol{u}_0+\boldsymbol{u}_d-\boldsymbol{\beta}^{\mathrm{T}}\ddot{\boldsymbol{\chi}}\\ \ddot{\boldsymbol{\chi}}+\mathcal{K}_1\dot{\boldsymbol{\chi}}+\mathcal{K}_2\boldsymbol{\chi}=-\boldsymbol{\beta}\dot{\boldsymbol{\omega}}\end{cases} \tag{7-52}$$

其中：$\boldsymbol{J}$ 为不确定的对称惯量矩阵；$\boldsymbol{\chi}\in\mathbb{R}^{\mathcal{N}}$ $(\mathcal{N}\in\mathbb{N}^{+})$ 为柔性附件的弹性模态向量；$\mathcal{K}_1=\mathrm{diag}(2\iota_1\varpi_1,\cdots,2\iota_{\mathcal{N}}\varpi_{\mathcal{N}})$；$\mathcal{K}_2=\mathrm{diag}(\varpi_1^2,\varpi_2^2,\cdots,\varpi_{\mathcal{N}}^2)$分别为阻尼和刚性系数矩阵；$\iota_i$、$\varpi_i$ 分别为阻尼系数和自然频率$(i=1,\cdots,\mathcal{N})$；$\boldsymbol{\beta}\in\mathbb{R}^{\mathcal{N}\times 3}$为刚性本体与柔性附件之间耦合的矩阵；$\boldsymbol{u}_0,\boldsymbol{u}_d\in\mathbb{R}^3$分别为控制力矩和外界干扰力矩。

通过定义$\boldsymbol{q}=\boldsymbol{\sigma}$，则上述柔性航天器的运动学和动力学方程可以写成与式（7-1）相同的形式，且有：$\mathcal{M}(\boldsymbol{\sigma})=\boldsymbol{G}^{-\mathrm{T}}(\boldsymbol{\sigma})\boldsymbol{J}\boldsymbol{G}^{-1}(\boldsymbol{\sigma})$，$\mathcal{C}(\boldsymbol{\sigma},\dot{\boldsymbol{\sigma}})=-\mathcal{M}(\boldsymbol{\sigma})\dot{\boldsymbol{G}}(\boldsymbol{\sigma})\boldsymbol{G}^{-1}(\boldsymbol{\sigma})-\boldsymbol{G}^{-\mathrm{T}}(\boldsymbol{\sigma})(\boldsymbol{J}\boldsymbol{\omega})^{\times}\boldsymbol{G}^{-1}(\boldsymbol{\sigma})$，$\mathcal{G}(\boldsymbol{\sigma})=0$，$\boldsymbol{u}=\boldsymbol{G}^{-\mathrm{T}}(\boldsymbol{\sigma})\boldsymbol{u}_0$，$\boldsymbol{d}=\boldsymbol{G}^{-\mathrm{T}}(\boldsymbol{\sigma})(\boldsymbol{u}_d-\boldsymbol{\beta}^{\mathrm{T}}\ddot{\boldsymbol{\chi}})$，$\mathcal{B}_0=\boldsymbol{I}$。

注 7-4 文献[10]对航天器姿态系统设计了鲁棒姿态控制器，根据文献[10]中对姿态转化矩阵$\boldsymbol{G}(\boldsymbol{\sigma})$的分析，可得$\left\|\boldsymbol{G}^{-1}(\boldsymbol{\sigma})\right\|\leqslant 8$。对于柔性弹性模态$\boldsymbol{\chi}$（包括其一阶、二阶导数）在实际过程中是有界的，这是因为：首先，柔性附件本身的阻尼效应会不断削弱弹性振动；其次，相比航天器本身的大范围姿态机动，柔性附件的弹性振动非常小，因此可以认为其是有界的。综上分析可得，复合的干扰$\boldsymbol{d}=\boldsymbol{G}^{-\mathrm{T}}(\boldsymbol{\sigma})(\boldsymbol{u}_d-\boldsymbol{\beta}^{\mathrm{T}}\ddot{\boldsymbol{\chi}})$是有界的。根据文献[20]，柔性航天器的运动学和动力学方程（欧拉–拉格朗日形式）满足**性质 7-1** 和**性质 7-2**。因此，7.2.4 节设计的事件驱动预设性能控制器可以直接运用到柔性航天器的姿态控制中。

7.3.2 姿态控制器设计

根据式（7-29）和式（7-52），将柔性航天器姿态控制器设计为

$$\boldsymbol{U}(t)=-(1+\zeta)\boldsymbol{G}^{\mathrm{T}}(\boldsymbol{\sigma})\boldsymbol{\mathcal{B}}_0^{-1}\left(\delta_0\tanh\left(\frac{\boldsymbol{s}}{\varepsilon_0}\right)+\frac{\hat{\delta}_1\varphi_1^2\boldsymbol{s}}{\varphi_1\|\boldsymbol{s}\|+\exp(-\mathcal{L}t)}+\frac{\hat{\delta}_2\|\boldsymbol{\mathcal{B}}_0\|\boldsymbol{s}}{\|\boldsymbol{s}\|+\exp(-\mathcal{L}t)}\right) \tag{7-53}$$

执行器的更新策略采用式（7-28）。结合 7.2 节相关介绍，柔性航天器的事件驱动预设性能控制框图如图 7-1 所示。

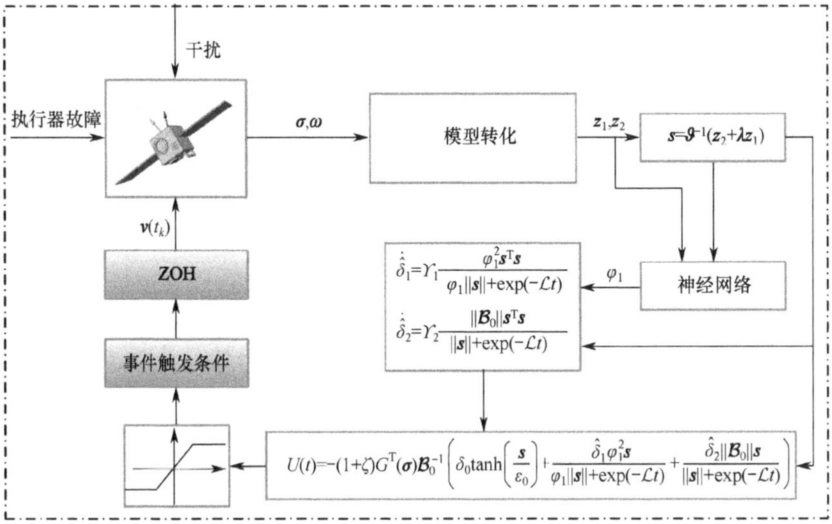

图 7-1 事件驱动的柔性航天器姿态预设性能控制框图（ZOH 表示零阶保持器）

7.3.3 姿态镇定仿真验证

为了验证所提出的事件驱动预设性能控制方法的有效性，本小节对理想和非理想两种工况下的柔性航天器姿态镇定进行仿真研究。

为了凸显所设计的事件驱动预设性能控制器的优势，将 PD 控制器作为对比。采用的 PD 控制器 $\boldsymbol{u}_{\mathrm{PD}}$ 具体形式为

$$\boldsymbol{u}_{\mathrm{PD}}=-\boldsymbol{K}_P\Delta\boldsymbol{q}-\boldsymbol{K}_D\Delta\dot{\boldsymbol{q}} \tag{7-54}$$

其中：$\Delta\boldsymbol{q}$、$\Delta\dot{\boldsymbol{q}}$ 分别为姿态和角速度跟踪误差；$\boldsymbol{K}_P$、$\boldsymbol{K}_D\in\mathbb{R}^{3\times3}$ 分别为对应的控制增益。除此之外，我们将时间驱动控制器作用下的仿真结果也纳入到仿真对比中。

不失一般性，假设有 4 个柔性附件的模态，即 $\mathcal{N}=4$。文献[20]针对多个柔性航天器开展分布式姿态控制研究，参照文献[20]中柔性航天器的相关参数分析，相应的惯量矩阵和刚柔耦合模态参数为

$$\boldsymbol{J}=\begin{bmatrix}20 & 0 & 0.9\\ 0 & 17 & 0\\ 0.9 & 0 & 15\end{bmatrix}\text{kg.m}^2,\ \boldsymbol{\beta}=\begin{bmatrix}1.3523 & 1.2784 & 2.153\\ -1.1519 & 1.0176 & -1.2724\\ 2.2167 & 1.5891 & -0.8324\\ 1.23637 & -1.6537 & -0.2251\end{bmatrix}\text{kg}^{1/2}\cdot\text{m}/\text{s}^2 \tag{7-55}$$

式（7-52）中涉及的模态参数选为：$\iota_1=0.0056, \iota_2=0.0086, \iota_3=0.08, \iota_4=0.025$，$\varpi_1=1.0973\ \text{rad/s}, \varpi_2=1.2761\ \text{rad/s}, \varpi_3=1.6538\ \text{rad/s}, \varpi_4=2.2893\ \text{rad/s}$。

1. 工况 1——理想工况，即没有执行器故障、不确定参数和外界干扰

在工况 1 的仿真中，仿真参数设置如下：$\gamma_j=-5+10\text{rand}(t), \varepsilon_j=1000\text{rand}(t)$ $(j=1,\cdots,M, M=30)$，$\kappa_i=0.3, \eta_{i,0}=1, \eta_{i,\infty}=0.01, \hbar_i=0.08\ (i=1,2,3)$，$\lambda=\text{diag}(2,2,2)$，$\delta_0=10, \hat{\delta}_1(0)=\hat{\delta}_2(0)=0.1$，$\varepsilon_0=\mathcal{L}=0.001$，$\zeta=0.004, \varsigma_0=0.003$，$\Upsilon_1=\Upsilon_2=0.1$，$\boldsymbol{K}_P=\text{diag}(10,10,10)$，$\boldsymbol{K}_D=\text{diag}(20,20,20)$。仿真的初始状态为：$\boldsymbol{\sigma}=[0.3,-0.3,0.3]^{\text{T}}, \boldsymbol{\omega}=[0,0,0]^{\text{T}}\ \text{rad/s}$，$\boldsymbol{\chi}=[0.001,0.001,0.001,0.001]^{\text{T}}$，$\dot{\boldsymbol{\chi}}=[0.0005,0.0005,0.0005,0.0005]^{\text{T}}$，饱和控制输入幅值为$1\ \text{N}\cdot\text{m}$，在镇定控制中，期望的姿态指令为$\boldsymbol{q}_d=[0,0,0]^{\text{T}}$。本节所有仿真结果是在 Windows 10 系统下，采用主频 1.6 GHz 的 i5-4200U CPU，以及使用 Matlab 2013b 仿真软件取得的。仿真总时间是 300 s，采样步长是 0.01 s。

相关的仿真结果如表 7-1 和图 7-2～图 7-9 所示，其中图例中的“TDC、EDC、PD”分别表示时间驱动控制器、事件驱动控制器和 PD 控制器。

表 7-1 三种控制器性能对比（理想工况下的姿态镇定控制）

控制器类型	系统收敛时间/s	执行器更新次数	100 s后系统最大误差/（MRP）
TDC	50	30000	6.3×10^{-3}
EDC	50	25382	6.3×10^{-3}
PD	25	30000	3.9×10^{-5}

从表 7-1 和图 7-2~图 7-9 的仿真结果，可以得出以下结论。

（1）在没有执行器故障、不确定参数以及外界干扰的理想工况下，三种控制方法都能够使得柔性航天器的姿态快速收敛到原点附近（图 7-2~图 7-5）。而且 PD 控制器的收敛速度和最终的稳态误差都要优于本章提出的时间驱动和事件驱动控制器（表 7-1 显示系统在 PD 控制器下的收敛时间缩短 25 s，稳态精度提升两个数量级）。这从另外一个角度反映出 PD 控制器的参数设置是合理的。

（2）相比于时间驱动控制（包括 PD 控制），本章提出的基于事件驱动的预设性能控制方法在执行器更新次数上约减少了 5000 次（减少约 17%），且相邻两次

更新间隔最大可达 11.5 s（表 7-1 和图 7-9）。因此，本章提出的事件驱动预设性能控制方法有利于减少执行器更新次数，简化控制系统的复杂度。

（3）图 7-6 和图 7-8 给出了三种控制方法的控制力矩输入曲线以及两个自适应参数的变化曲线图。从仿真结果可以看出，控制输入都在饱和约束范围内，且自适应参数都在 80 s 后趋向最优值。因此三种控制方法都是有效的。

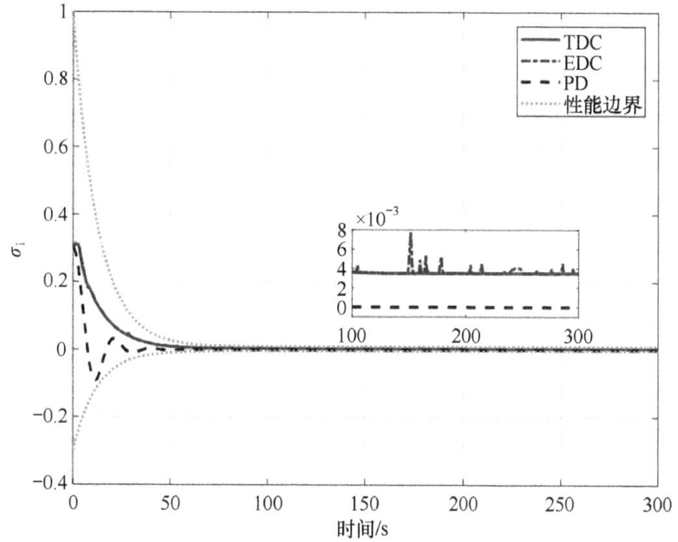

图 7-2 姿态 MRP σ_1 响应曲线（工况 1）

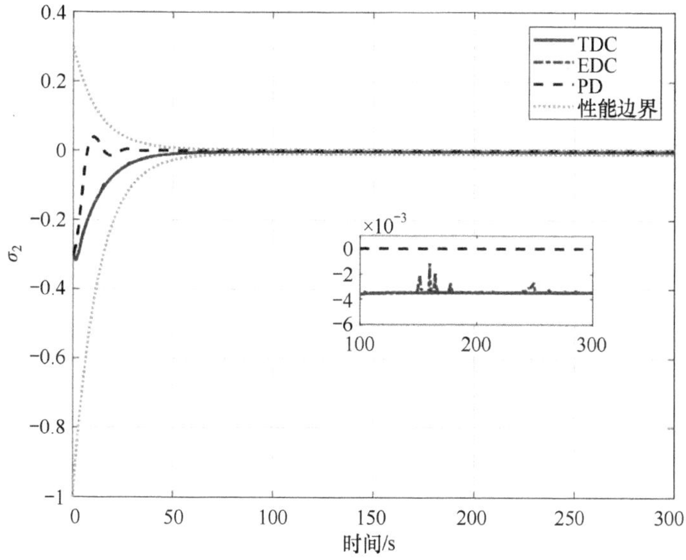

图 7-3 姿态 MRP σ_2 响应曲线（工况 1）

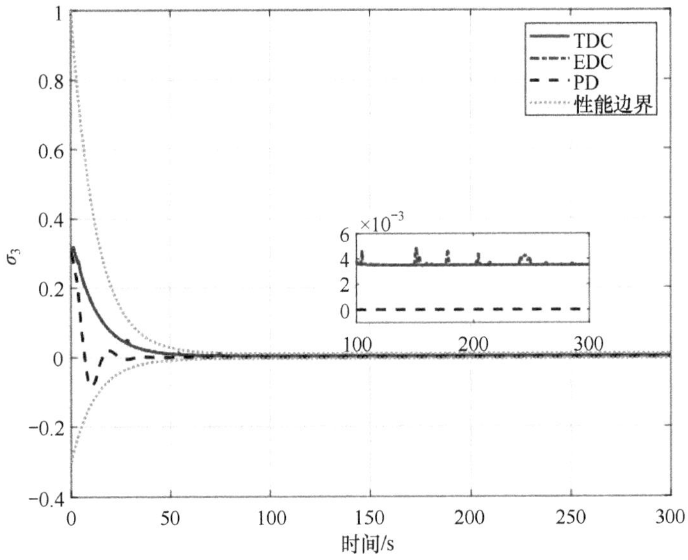

图 7-4　姿态 MRP $\boldsymbol{\sigma}_3$ 响应曲线（工况 1）

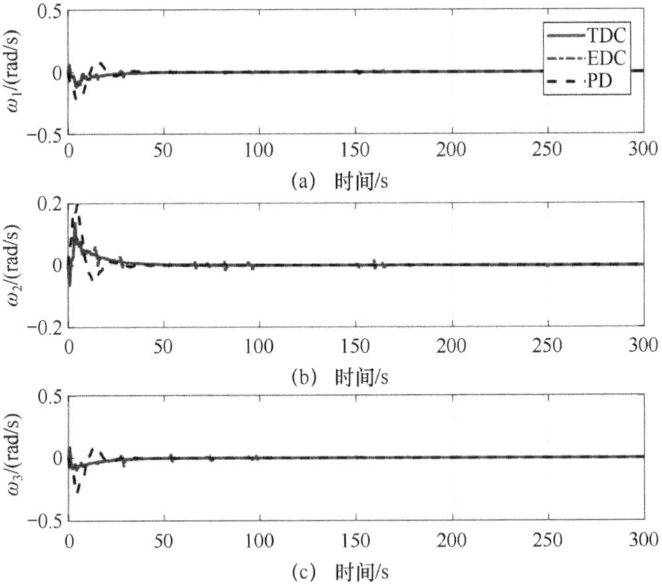

图 7-5　姿态角速度响应曲线（工况 1）

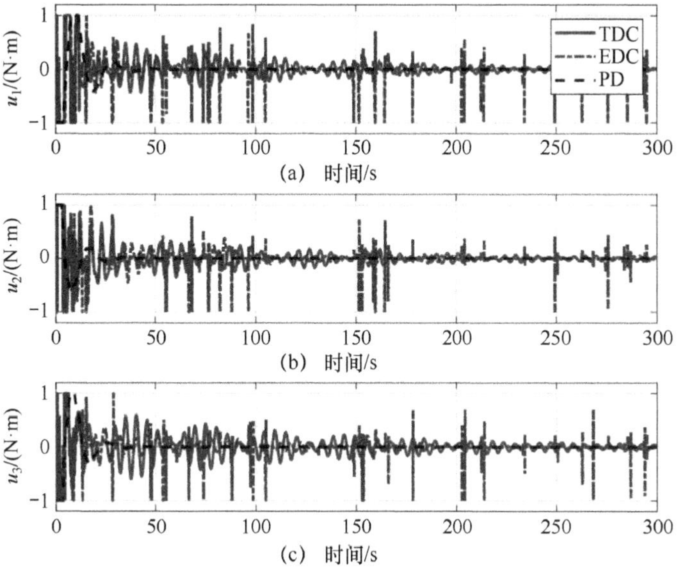

图 7-6 控制力矩输入曲线（工况 1）

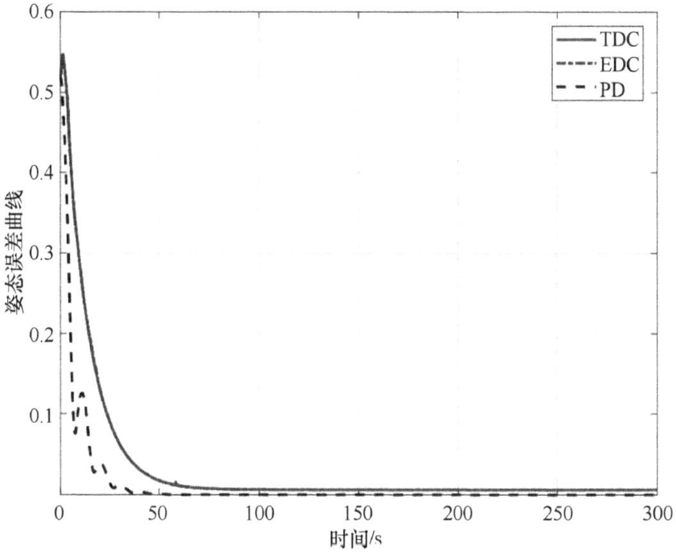

图 7-7 姿态跟踪误差范数变化曲线（工况 1）

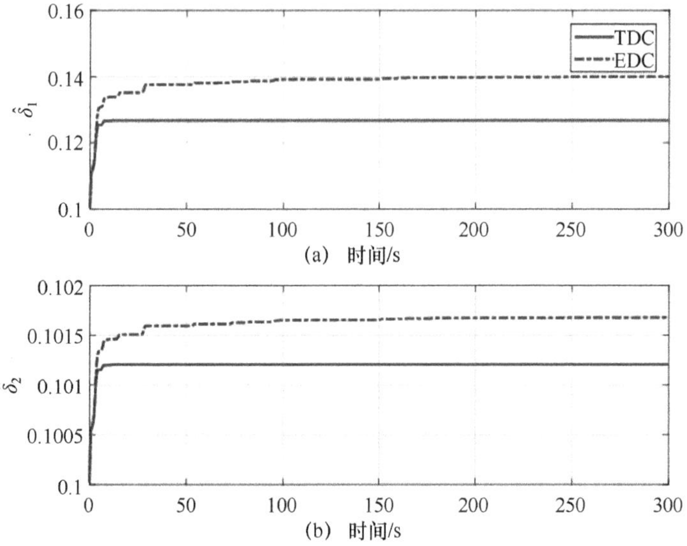

图 7-8 自适应参数 $\hat{\delta}_1$、$\hat{\delta}_2$ 响应曲线（工况 1）

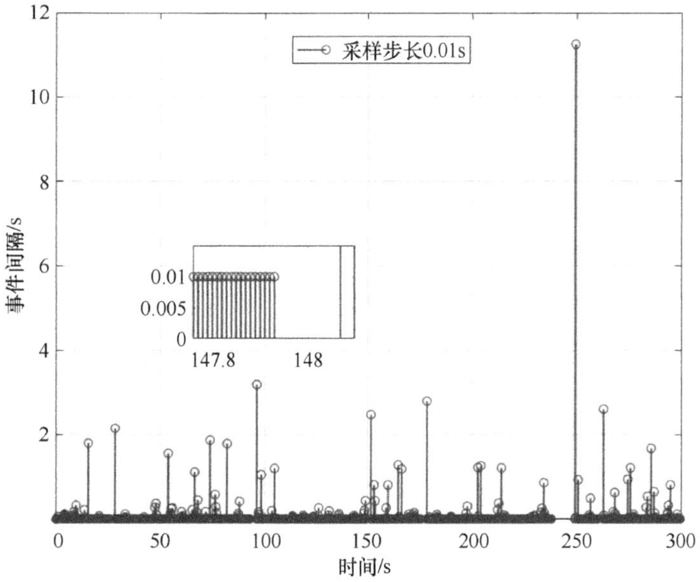

图 7-9 TDC 更新间隔分布图（工况 1）

2．工况 2——非理想工况，即存在执行器故障、不确定参数和外界干扰

为了验证三种方法的自适应和鲁棒性能，在工况 2 仿真中，加入执行器故

障、不确定参数和外界干扰。其中，不失一般性，执行器故障设置为

$$\ell(t)=\begin{cases}\mathrm{diag}(1,1,1), & t\leqslant 10\\ \mathrm{diag}(0.2,0.5,0.6), & t>10\end{cases}$$
$$\Delta\boldsymbol{u}(t)=\begin{cases}[0,0,0]^{\mathrm{T}}, & t\leqslant 10\\ -[0.02,0.03,0.04]^{\mathrm{T}}, & t>10\end{cases} \tag{7-56}$$

外界干扰为[21]

$$\boldsymbol{d}=\begin{bmatrix}0.01+0.01\sin(0.05t)\\ 0.01\sin(0.08t)+0.01\cos(0.06t)\\ 0.01+0.015\sin(0.06t)\end{bmatrix}\mathrm{N\cdot m} \tag{7-57}$$

不确定惯性模型为

$$\Delta\boldsymbol{J}=\begin{bmatrix}5+5\sin(t) & -0.5 & 0.6\\ 0.5 & 5+5\cos(t) & 0\\ 0.6 & 0 & 5\end{bmatrix}\mathrm{kg\cdot m^2} \tag{7-58}$$

其中：$\Delta\boldsymbol{J}$ 为惯量矩阵 $\boldsymbol{J}$ 的不确定部分。

相关的仿真结果如表 7-2 和图 7-10~图 7-17 所示。

表 7-2　三种控制器性能对比（非理想工况下的姿态镇定控制）

控制器类型	系统收敛时间/s	执行器更新次数	100 s后系统最大误差/（MRP）
TDC	50	30000	6.3×10^{-3}
EDC	50	24045	6.3×10^{-3}
PD	200	30000	7.48×10^{-2}

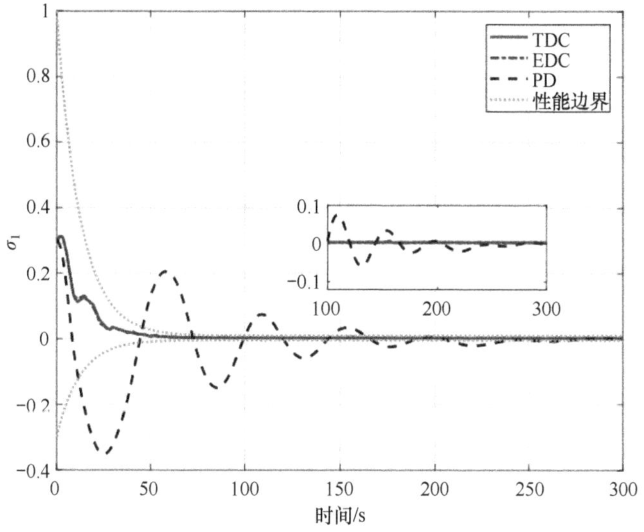

图 7-10　姿态 MRP σ_1 响应曲线（工况 2）

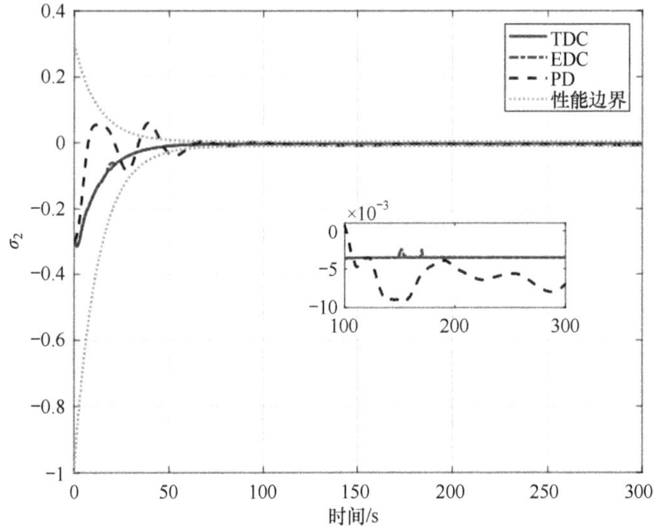

图 7-11 姿态 MRP σ_2 响应曲线（工况 2）

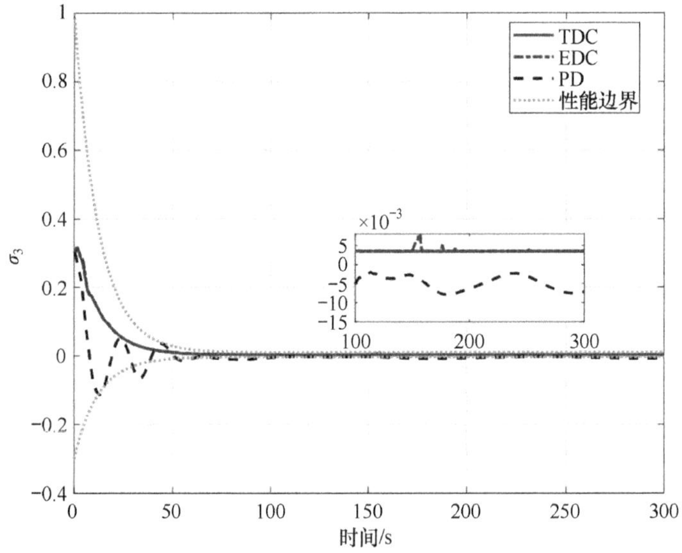

图 7-12 姿态 MRP σ_3 响应曲线（工况 2）

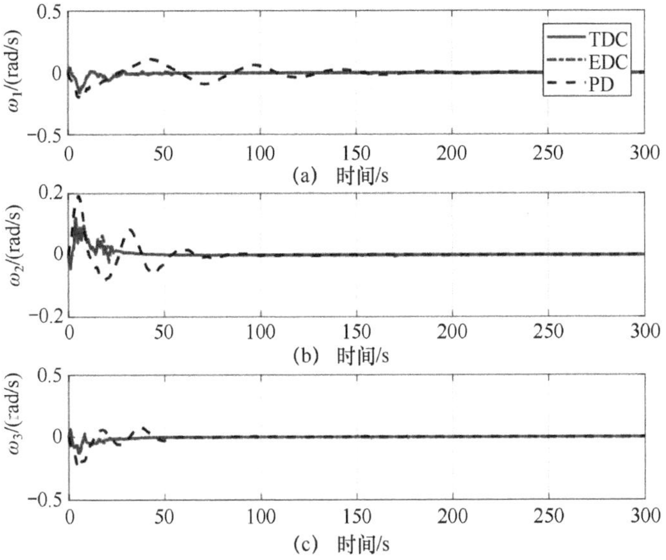

图 7-13 姿态角速度响应曲线（工况 2）

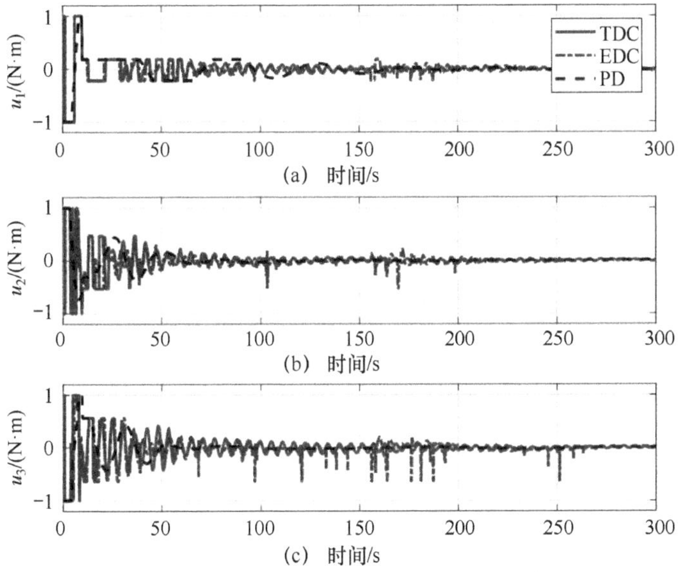

图 7-14 控制力矩输入曲线（工况 2）

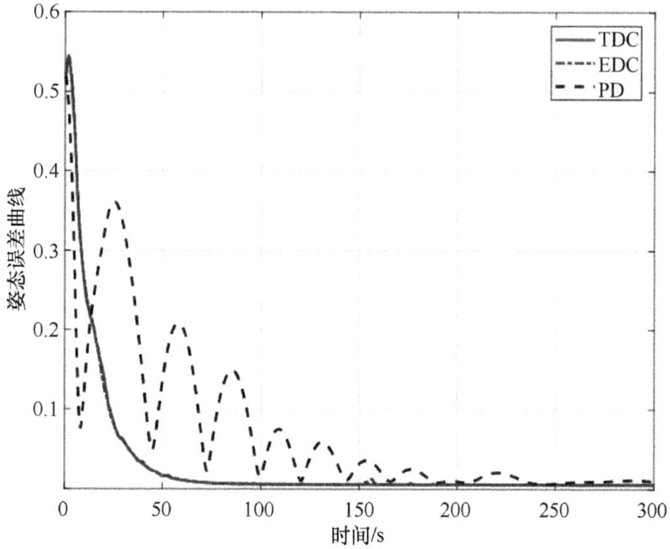

图 7-15 姿态跟踪误差范数变化曲线（工况 2）

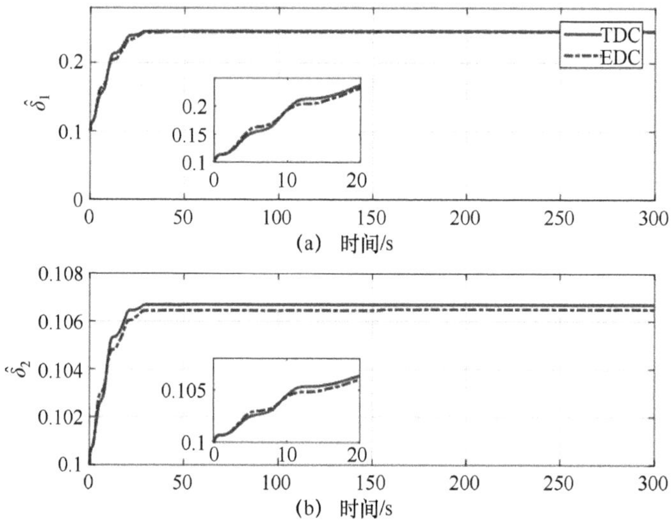

图 7-16 自适应参数 $\hat{\delta}_1$、$\hat{\delta}_2$ 响应曲线（工况 2）

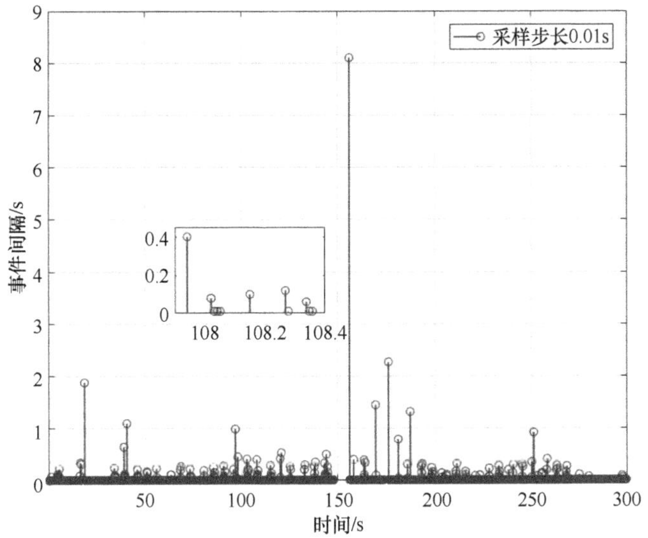

图 7-17　TDC 更新间隔分布图（工况 2）

从表 7-2 和图 7-10~图 7-17 的仿真结果，可以得出以下结论。

（1）在非理想工况下，本章设计的时间驱动预设性能控制器和事件驱动预设性能控制器对执行器故障、系统不确定参数以及外界干扰不敏感，鲁棒性很强。其中，相比 PD 控制器，柔性航天器在预设性能控制器作用下，姿态的收敛时间快 150 s，稳态精度提升一个数量级（表 7-2、图 7-10~图 7-13 和图 7-15）。

（2）类似工况 1，事件驱动控制器能够减少约 20%的执行器更新频率，且控制器的输入满足饱和约束，自适应参数能够在 50 s 之后收敛到最优值（图 7-16 和图 7-17）。

因此，本章设计的时间/事件驱动预设性能控制器具有良好的自适应性和鲁棒性。

7.3.4　姿态跟踪控制仿真验证

为了进一步验证所提出的事件驱动预设性能控制方法的有效性，本节对柔性航天器的姿态跟踪控制进行仿真研究。仿真中的时变姿态参考轨迹为

$$\boldsymbol{q}_d = \begin{bmatrix} 0.15\sin(0.02\pi t) \\ 0.1\cos(0.04\pi) \\ 0.2\sin(0.03\pi t) + 0.1\cos(0.01\pi t) \end{bmatrix} \tag{7-59}$$

此外，假设（7-56）中的执行器故障出现在 15 s 之后，其他仿真参数与姿态镇定仿真算例中的工况 2 相同。相应的仿真结果如表 7-3 和图 7-18～图 7-25 所示。

表 7-3 三种控制器性能对比（姿态跟踪控制）

控制器类型	系统收敛时间/s	执行器更新次数	100 s后系统最大误差/（MRP）
TDC	45	30000	6.51×10^{-2}
EDC	45	25247	4.51×10^{-2}
PD	300	30000	0.1376

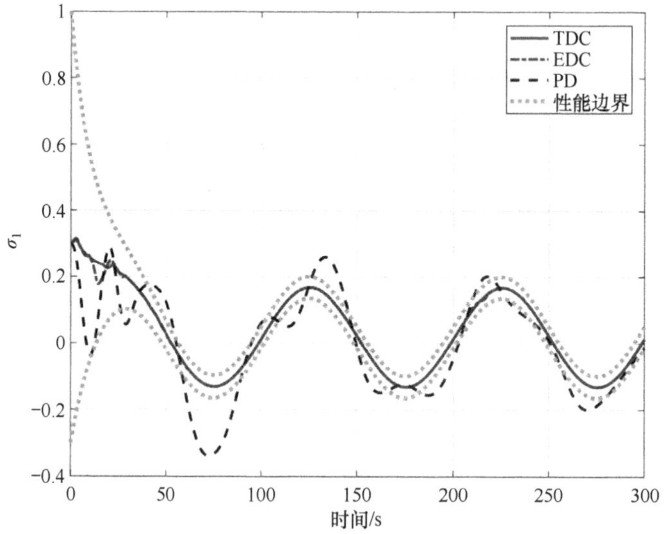

图 7-18 姿态 MRP σ_1 响应曲线（姿态跟踪控制）

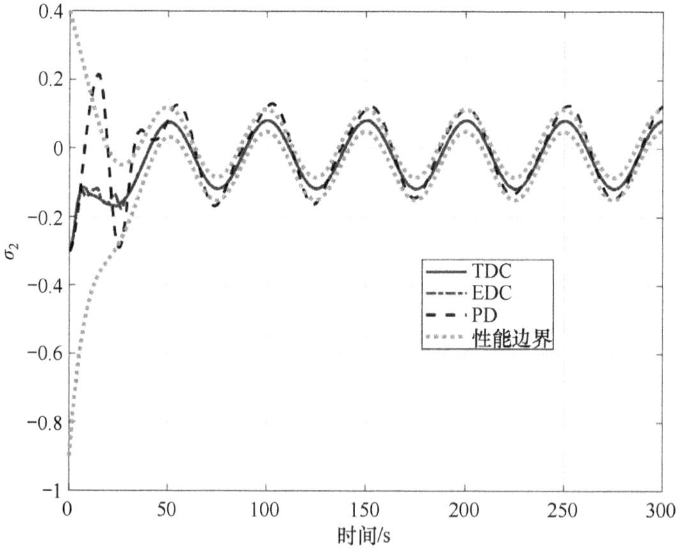

图 7-19 姿态 MRP σ_2 响应曲线（姿态跟踪控制）

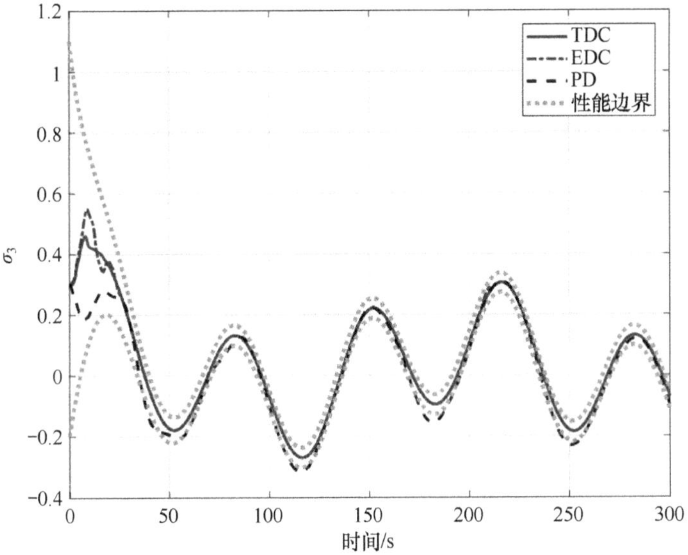

图 7-20　姿态 MRP σ_3 响应曲线（姿态跟踪控制）

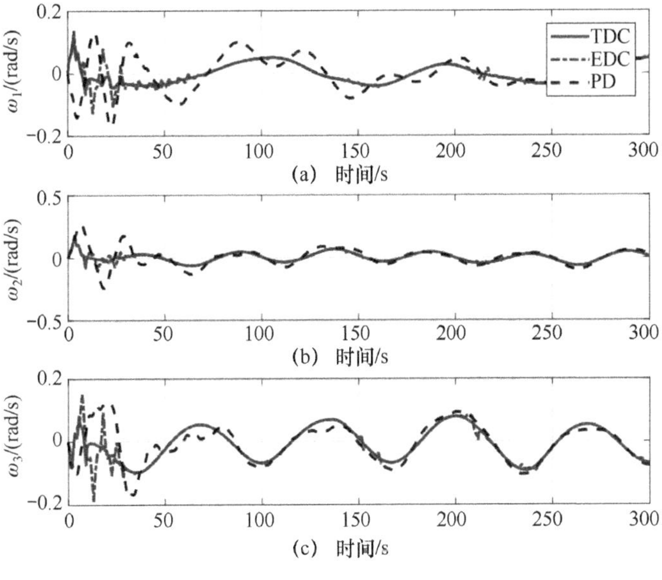

图 7-21　姿态角速度响应曲线（姿态跟踪控制）

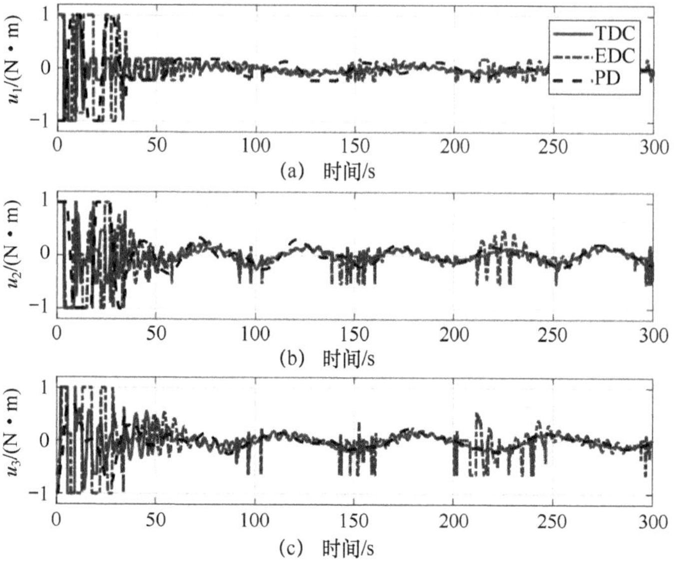

图 7-22　控制力矩输入曲线（姿态跟踪控制）

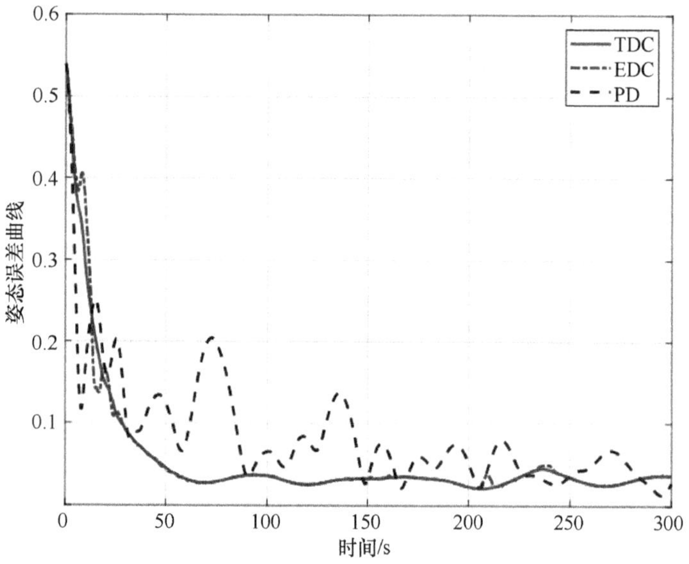

图 7-23　姿态跟踪误差范数变化曲线（姿态跟踪控制）

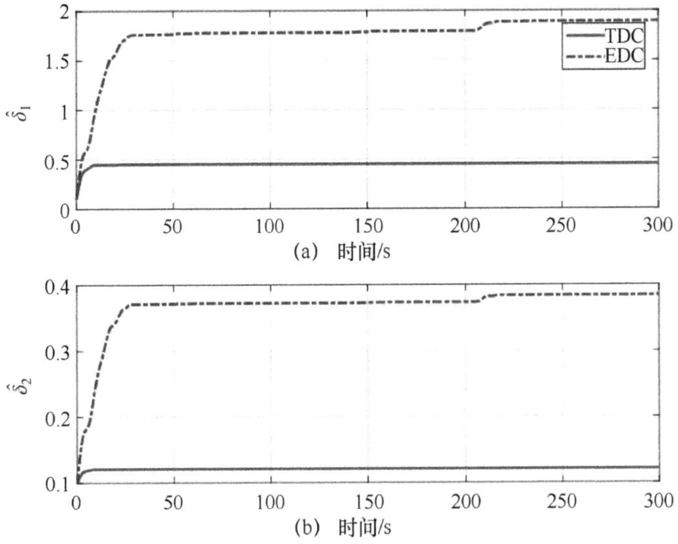

图 7-24 自适应参数 $\hat{\delta}_1$、$\hat{\delta}_2$ 响应曲线（姿态跟踪控制）

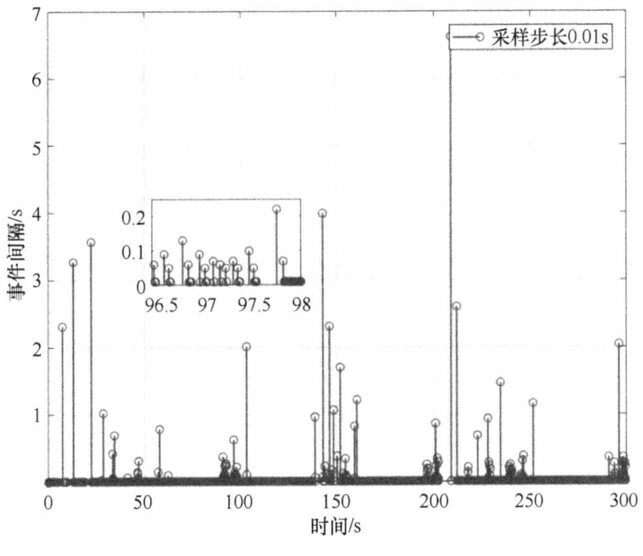

图 7-25 TDC 更新间隔分布图（姿态跟踪控制）

从表 7-3 和图 7-18~图 7-25 的仿真结果，可以得出以下结论。

（1）在非理想工况下（存在执行器故障、系统不确定参数以及外界干扰），柔性航天器在时间/事件驱动预设性能控制器下能够在 45s 左右跟踪上期望的参考指令（图 7-18 和图 7-21）。但是，在 PD 控制器下，系统有很大的姿态跟踪误差（在表 7-3 和图 7-23 中，PD 控制器在 100s 后的姿态误差最大值为 0.1376）。

（2）类似于姿态镇定，在事件驱动的预设性能控制器下，执行器的更新频率下降了约 17%。且执行器相邻两次更新最大间隔约为 6.8s（图 7-25）。

（3）图 7-22 和图 7-24 分别给出了执行器的输入力矩和自适应参数的响应，从仿真结果可以得到三种姿态跟踪控制方法都满足力矩约束条件，同时设计的自适应律也是有效的。

综合分析 7.3.3 节和 7.3.4 节的仿真研究，可以得出两点结论：①在应对执行器故障、系统不确定参数以及外界干扰方面，本章设计的时间/事件驱动预设性能控制器在柔性航天器的姿态镇定和跟踪上具有良好的自适应性和鲁棒性；②所设计的事件驱动控制器能够在保证姿态预设瞬态与稳态性能的前提下，减少执行器的更新频率，有效地提高了执行器的使用效率，提升了整体系统的可靠性和安全性。因此，本章所提出的事件驱动容错预设性能控制方法是正确和有效的。

7.4 本章小结

本章针对一类不确定欧拉–拉格朗日系统，在不可测执行器故障以及不确定动力学条件下，将时间驱动预设性能控制器设计发展到事件驱动预设性能控制器设计，形成了一种事件驱动的容错预设性能控制方法。该方法不仅保证了系统预设的瞬态与稳态性能，同时也在减少了执行器更新的频率，提升了系统的可靠性与安全性。通过柔性航天器姿态系统的镇定与跟踪控制的仿真研究，验证了所提出方法的强自适应性和鲁棒性，以及在减少执行器使用频次上的优势。

通过本章事件驱动预设性能控制器设计方法的演绎，可以看到本章提出的控制方法适用于一类欧拉–拉格朗日系统。因此，本章提出的事件驱动预设性能控制方法具有普适性，可以直接扩展并用于解决许多实际系统的跟踪控制问题，如航天器的姿轨耦合系统控制、机械臂的抓捕控制等。

参考文献

[1] Hu Q, Xiao B, Shi P. Tracking control of uncertain Euler-Lagrange systems with finite-time convergence[J]. International Journal of Robust and Nonlinear Control, 2015, 25(17): 3299-3315.

[2] Makkar C, Hu G, Sawyer W G, et al. Lyapunov-based tracking control in the presence of uncertain nonlinear parameterizable friction[J]. IEEE Transactions on Automatic Control, 2007, 52(10): 1988-1994.

[3] Tatlicioglu E, Cobanoglu N, Zergeroglu E. Neural network based repetitive learning control of Euler-Lagrange systems: an output feedback approach[J]. IEEE Control Systems Letters, 2017,

2(1): 13-18.

[4] Gao Z, Cecati C, Ding S X. A survey of fault diagnosis and fault-tolerant Techniques-Part I: fault diagnosis with model-based and signal-based approaches[J]. IEEE Transactions on Industrial Electronics, 2015, 62(6): 3757-3767.

[5] Wei C, Luo J, Dai H, et al. Low-complexity differentiator-based decentralized fault-tolerant control of uncertain large-scale nonlinear systems with unknown dead zone[J]. Nonlinear Dynamics, 2017, 89(4): 2573-2592.

[6] Amin A A, Hasan K M. A review of fault tolerant control systems: advancements and applications[J]. Measurement, 2019, 143: 58-68.

[7] Yoo S J. Decentralised fault compensation of time-delayed interactions and dead-zone actuators for a class of large-scale non-linear systems[J]. IET Control Theory & Applications, 2015, 9(9): 1461-1471.

[8] Paoli A, Sartini M, Lafortune S. Active fault tolerant control of discrete event systems using online diagnostics[J]. Automatica, 2011, 47(4): 639-649.

[9] Tong S, Huo B, Li Y. Observer-based adaptive decentralized fuzzy fault-tolerant control of nonlinear large-scale systems with actuator failures[J]. IEEE Transactions on Fuzzy Systems, 2014, 22(1): 1-15.

[10] Xiao B, Yin S. Velocity-free fault-tolerant and uncertainty attenuation control for a class of nonlinear systems[J]. IEEE Transactions on Industrial Electronics, 2016, 63(7): 4400-4411.

[11] Shao S, Chen M, Hou J, et al. Event-triggered-based discrete-time neural control for a quadrotor UAV using disturbance observer[J]. IEEE/ASME Transactions on Mechatronics, 2021, 26(2): 689-699.

[12] Wang C, Guo L, Wen C, et al. Event-triggered adaptive attitude tracking control for spacecraft with unknown actuator faults[J]. IEEE Transactions on Industrial Electronics, 2019, 67(3): 2241-2250.

[13] Zhang X M, Han Q L, Zhang B L. An overview and deep investigation on sampled-data-based event-triggered control and filtering for networked systems[J]. IEEE Transactions on Industrial Informatics, 2016, 13(1): 4-16.

[14] Wu Z G, Xu Y, Pan Y J, et al. Event-triggered pinning control for consensus of multiagent systems with quantized information[J]. IEEE Transactions on Systems, Man, and Cybernetics: Systems, 2017, 48(11): 1929-1938.

[15] Wu B, Shen Q, Cao X. Event-triggered attitude control of spacecraft[J]. Advances in Space Research, 2018, 61(3): 927-934.

[16] Wei C, Luo J, Ma C, et al. Event-triggered neuroadaptive control for postcapture spacecraft with ultralow-frequency actuator updates[J]. Neurocomputing, 2018, 315: 310-321.

[17] Hu D, Ma J, Ge S, et al. Adaptive NN control of a class of nonlinear systems with asymmetric

saturation actuators[J]. IEEE Transactions on Neural Networks & Learning Systems, 2015, 26(7): 1532-1538.

[18] Meng W, Yang Q, Si J, et al. Consensus control of nonlinear multiagent systems with time-varying state constraints[J]. IEEE Transactions on Cybernetics, 2017, 47(8): 2110-2120.

[19] Polycarpou, M. M. Stable adaptive neural control scheme for nonlinear systems[J]. IEEE Transactions on Automatic Control, 1996, 41(3): 447-451.

[20] Huang D, Wang Q, Duan Z. Distributed attitude control for multiple flexible spacecraft under actuator failures and saturation[J]. Nonlinear Dynamics, 2017, 88(1): 529-546.

[21] Shen Q, Wang D, Zhu S, et al. Robust control allocation for spacecraft attitude tracking under actuator faults[J]. IEEE Transactions on Control Systems Technology, 2017, 25(3): 1068-1075.

08 第8章 部分状态反馈预设性能控制

8.1 引言

现有预设性能控制方法研究多集中在控制器设计层面，忽略了受控系统传感器元器件缺失或者故障对形成控制方法及其控制系统的影响。如文献[1-4]分别针对多输入多输出系统（包括欧拉–拉格朗日系统和抓捕目标后的组合体姿态系统）和单输入单输出切换系统开展了全状态反馈的预设性能控制方法研究，虽然能够实现对相应非线性系统的鲁棒控制，但是在部分状态信息缺失情况下形成的控制方法就难以奏效[5]。为了提高预设性能控制方法的适应性，有必要开展部分状态反馈的预设性能控制方法研究。

针对部分状态信息缺失或者不可测的非线性系统，近年来基于状态观测器的控制受到了广泛关注。例如，文献[6]针对非线性网络系统存在不可测状态的情况，设计了模糊观测器并基于估计的状态形成了相应的鲁棒控制算法，实现了对非线性网络系统的抗干扰控制。文献[7]针对刚性航天器姿态系统设计了一个有限时间观测器，实现了对未知角速度的观测和航天器的姿态控制。为了提升观测系统的效率，近年来有限时间状态观测器由于其在快速观测上的优势得到了广泛关注[8,9]。现有的有限时间状态观测技术多采用状态分数阶和符号函数技术，通过巧妙的构造，实现了有限时间内对未知状态的估计。这些处理技术虽然有效，但是状态分数阶的引入增加了在线计算的复杂度，而符号函数的使用会导致系统的非连续特性。

随着自抗扰技术的发展与应用，微分观测器也被用来估计不可测的状态量[10]。微分观测器的优势在于可以独立于系统动力学，不采取状态分数阶和符号函数，实现有限时间内对不可测信息的在线估计。因此，其观测过程可靠且估计精度更容易得到保证。

考虑到微分观测器的上述优势，本章将设计并采用微分观测器来在线实时估计未知信息；同时，基于预设性能框架，设计低复杂度预设性能控制器，提出一种部分状态反馈预设性能控制方法，实现在部分信息反馈下的受控系统鲁棒控制。本章的内容安排如下：首先，给出通用二阶非线性系统和控制问题描述；其次，基于二阶非线性系统的广义位置信息，设计有限时间微分观测器来实现对广义速度信息的估计；然后，基于微分观测器的输出设计形式简单的预设性能控制器，实现在部分状态反馈下的受控非线性系统控制；最后，通过组合体航天器姿态稳定控制的应用仿真验证基于微分观测器的预设性能控制方法的有效性。

8.2 基于观测器的预设性能控制方法

8.2.1 问题描述与基本假设

本章以一种通用二阶非线性系统为控制对象，研究基于观测器的预设性能控制方法。通用二阶非线性系统的模型为

$$\begin{cases} \dot{\boldsymbol{\sigma}} = \boldsymbol{\chi} \\ \dot{\boldsymbol{\chi}} = \boldsymbol{F}(\boldsymbol{v}) + \boldsymbol{G}(\boldsymbol{v})\boldsymbol{u}_c + \boldsymbol{d} \\ \boldsymbol{y} = \boldsymbol{\sigma} \end{cases} \tag{8-1}$$

其中：$\boldsymbol{\sigma},\boldsymbol{\chi} \in \mathbb{R}^n$ 分别为广义位置和速度；$\boldsymbol{v} = [\boldsymbol{\sigma}^{\mathrm{T}},\boldsymbol{\chi}^{\mathrm{T}}]^{\mathrm{T}}$；$\boldsymbol{y} \in \mathbb{R}^n$ 为系统输出；$\boldsymbol{u}_c$ 为系统输入；$\boldsymbol{d}$ 为外界干扰；$\boldsymbol{F}(\boldsymbol{v}) \in \mathbb{R}^n$和 $\boldsymbol{G}(\boldsymbol{v}) \in \mathbb{R}^{n\times n}$ 为未知非线性项。

为了便于后续控制器的设计，有如下几个合理假设。

假设 8-1 广义位置信息$\boldsymbol{\sigma}$是可测的，广义速度信息 $\boldsymbol{\chi}$ 是未知的。

假设 8-2 非线性项 $\boldsymbol{F}(\boldsymbol{v})$和$\boldsymbol{G}(\boldsymbol{v})$ 满足 Lipschitz 连续条件，且$\boldsymbol{G}(\boldsymbol{v})$ 的符号确定，并假定为正。

假设 8-3 外界干扰$\boldsymbol{d}$是有界的。

注 8-1 在实际系统中，广义位置信息通过传感器比较容易获取，但是出于成本考虑速度信息往往难以获得，因此**假设 8-1** 是合理的；对于**假设 8-2**，很多实际系统如航天器姿态系统的状态变化率是有界的，满足 Lipschitz 连续条件。假设 $\boldsymbol{G}(\boldsymbol{v})$ 的符号确定是现有许多研究常见的假设（如文献[11,12]），这个假设是为了简化后续控制系统设计流程，因此**假设 8-2** 是合理的；对于**假设 8-3**，如果外界干扰$\boldsymbol{d}$是无界的话，在有限的控制输入下难以实现对受控系统的稳定控制，因此**假设 8-3** 是合理的。

基于以上假设，本章的研究目标为：针对式（8-1）中的二阶非线性系统，在考虑未知速度信息以及系统不确定情况下，采用有限时间微分观测器对未知广义速度信息进行在线估计，并设计部分状态反馈预设性能控制器，实现对受控系统的预设性能控制。

8.2.2 有限时间微分观测器设计

在设计有限时间微分观测器进行速度观测前，首先给出有限时间稳定的定义。

定义 8-1 考虑如下形式的定常自治系统：

$$\dot{\boldsymbol{x}} = \hbar^*(\boldsymbol{x}), \hbar^*(\boldsymbol{0}) = \boldsymbol{0}, \boldsymbol{x} = [x_1, \cdots, x_n]^{\mathrm{T}} \in \mathbb{R}^n \tag{8-2}$$

其中：$\boldsymbol{0}=[0,\cdots,0]^{\mathrm{T}} \in \mathbb{R}^n$ 为零向量，即式（8-2）中的自治系统的原点；$\hbar^*: \mathcal{X} \to \mathbb{R}^n$ 为定义在原点附近一个开邻域 $\mathcal{X}_0$ 上的连续函数。当且仅当如下的两个条件满足时，式（8-2）中的自治系统是有限时间稳定的。

（1）式（8-2）中的自治系统在 $\mathcal{X}_0$ 的一个开邻域 $\mathcal{X}$ 上是渐近稳定的；

（2）式（8-2）中的自治系统的任何一个非零初始状态 $\boldsymbol{x}(0) \in \mathcal{X} \setminus \{\boldsymbol{0}\}$，存在时间 $T_{\mathrm{s}} > 0$，使得 $\lim\limits_{t \to T_{\mathrm{s}}} \boldsymbol{x}(t) = \boldsymbol{0}$，且 $\boldsymbol{x}(t) = \boldsymbol{0}, \forall\, t \in [T_{\mathrm{s}}, +\infty)$。

当式（8-2）中的自治系统的定义域是全部实域空间，如果满足以上条件，则是全局有限时间稳定的。针对式（8-2）中的自治系统，有如下引理。

引理 8-1 对于式（8-2）中的自治系统，假设存在一个定义在 $\mathcal{X}$ 上的函数 V，一个正的函数 $\mathcal{G}(t)$，一个连续函数 $\varpi(\boldsymbol{x}(t))$ 和函数 $\Im \in C[\mathbb{R}^+, \mathbb{R}^+]$（$\Im$ 是连续函数的集合），使得

$$\begin{cases} V(\boldsymbol{x}(t)) > 0 \\ V(\boldsymbol{x}(t)) \leqslant \Im(V(\boldsymbol{x}(t_0))), t \geqslant t_0 \\ \dot{V}(\boldsymbol{x}(t)) \leqslant \mathcal{G}(V)\varpi(\boldsymbol{x}(t)) \\ \displaystyle\int_0^{\bar{\vartheta}} \frac{\mathrm{d}s}{\mathcal{G}(s)} + \int_{t_0}^{\bar{t}} \max_{x \in \mathcal{X}} \varpi(x(q))\mathrm{d}q < 0 \end{cases} \tag{8-3}$$

其中：$\mathcal{X} = \{x \,|\, V(x(t)) \leqslant \Im(V(x(t_0))), \boldsymbol{x} \neq \boldsymbol{0}\}$；$\bar{\vartheta} > 0$；时间 $\bar{t}$ 满足 $t_0 \leqslant \bar{t} < +\infty$。则式（8-2）中的自治系统的收敛时间上界 T_s 满足

$$T_s \leqslant t^*, t^* = \min\{\bar{t} \,|\, 式(8\text{-}3)\} \tag{8-4}$$

引理 8-1 的证明如下：文献[13]给出了一般非线性系统有限时间稳定的充分条件，基于文献[13]中有限时间稳定分析以及式（8-3）的第一个子式可得，存在一个正的单调递增函数 $\alpha(\|\boldsymbol{x}\|)$ $(\alpha(0)=0)$ 使得

$$\alpha(\|\boldsymbol{x}(t)\|) \leqslant V(\boldsymbol{x}(t)),\ t \in [t_0, \bar{t}] \tag{8-5}$$

基于式（8-3）的第二个子式，存在 $\vartheta > 0$，使得

$$\alpha(\|\boldsymbol{x}(t)\|) \leqslant \varpi(V(\boldsymbol{x}(t_0))) \leqslant \alpha(\vartheta) \tag{8-6}$$

因此有 $\|\boldsymbol{x}(t)\| \leqslant \vartheta, \forall t \in [t_0, \bar{t}]$。

所以式（8-2）中的自治系统在 Lyapunov 意义下是稳定的。

接下来进一步证明存在$t^* \in [t_0, \bar{t}]$使得$\boldsymbol{x}(t)=\boldsymbol{0}, \forall t \in [t_0, \bar{t}]$。运用反证法证明，即假设$\boldsymbol{x}(t) \neq \boldsymbol{0}, \forall t \in [t_0, \bar{t}]$。基于式（8-3）的第三个子式，有$\dot{V}(\boldsymbol{x}(t))/\mathcal{G}(V(\boldsymbol{x}(t))) \leqslant \varpi(\boldsymbol{x}(t))$。式（8-5）和式（8-6）已经给出了式（8-2）中自治系统的 Lyapunov 稳定性证明，因此对于任何初值$\boldsymbol{x}(t_0) \in \mathcal{X}$，得益于$\Im(\bullet)$的正定性质，存在一个正的常量$\bar{\vartheta}$使得$V(\boldsymbol{x}(t)) \leqslant V(\boldsymbol{x}(t_0)) \leqslant \bar{\vartheta}$。在时间区间$[t_0, \bar{t}]$上，对$\dot{V}(\boldsymbol{x}(t))/\mathcal{G}(V(\boldsymbol{x}(t))) \leqslant \varpi(\boldsymbol{x}(t))$两边分别积分，可得

$$\int_{t_0}^{\bar{t}} \frac{\dot{V}(\boldsymbol{x}(q))}{\mathcal{G}(V(\boldsymbol{x}(q)))} \mathrm{d}q \leqslant \int_{t_0}^{\bar{t}} \varpi(\boldsymbol{x}(q)) \mathrm{d}q \tag{8-7}$$

通过变量变换$s=V(\boldsymbol{x}(q))$，式（8-7）可变换为

$$\int_{V(\boldsymbol{x}(t_0))}^{V(\boldsymbol{x}(\bar{t}))} \frac{\mathrm{d}s}{\mathcal{G}(s)} = \int_{t_0}^{\bar{t}} \frac{\dot{V}(\boldsymbol{x}(q))}{\mathcal{G}(V(\boldsymbol{x}(q)))} \mathrm{d}q \leqslant \int_{t_0}^{\bar{t}} \varpi(\boldsymbol{x}(q)) \mathrm{d}q \tag{8-8}$$

由于$V(\boldsymbol{x}(t_0)) \leqslant \bar{\vartheta}, V(\boldsymbol{x}(\bar{t})) \leqslant \bar{\vartheta}, \mathcal{G}>0$，基于式（8-8），可得

$$\begin{aligned} \int_0^{\bar{\vartheta}} \frac{\mathrm{d}s}{\mathcal{G}(s)} + \int_{t_0}^{\bar{t}} \max_{x \in \mathcal{X}} \varpi(\boldsymbol{x}(q)) \mathrm{d}q &\geqslant -\int_{V(\boldsymbol{x}(t_0))}^{V(\boldsymbol{x}(\bar{t}))} \frac{\mathrm{d}s}{\mathcal{G}(s)} + \int_{t_0}^{\bar{t}} \varpi(\boldsymbol{x}(q)) \mathrm{d}q \\ &= \int_{V(\boldsymbol{x}(\bar{t}))}^{V(\boldsymbol{x}(t_0))} \frac{\mathrm{d}s}{\mathcal{G}(s)} + \int_{t_0}^{\bar{t}} \varpi(\boldsymbol{x}(q)) \mathrm{d}q \geqslant 0 \end{aligned} \tag{8-9}$$

式（8-9）的结果显然与式（8-3）的第四个子式不符合，与上述假设相矛盾，所以假设是不成立的，故存在$t^* \in [t_0, \bar{t}], \boldsymbol{x}(t^*)=\boldsymbol{0}$，且式（8-2）中的自治系统的收敛时间上界如式（8-4）所示，因此**引理 8-1** 得证。 ■

基于**引理 8-1**，首先针对式(8-1)中的二阶非线性系统，基于广义位置信息构造如下形式的微分系统：

$$\begin{cases} \dot{\sigma}_i = \chi_i \\ \dot{\chi}_i = \hbar(\sigma_i, \chi_i) = -\lambda_{i,1}\phi(\ell_{i,1}\sigma_i) - \lambda_{i,2}\phi(\ell_{i,2}\chi_i) \end{cases} \tag{8-10}$$

其中：$\lambda_{i,j}$、$\ell_{i,j}\ (i=1,2,3,\ j=1,2)$为正的常量参数；$\phi(\bullet)=\dfrac{2}{1+\exp(-2\bullet)}-1$为双曲正切$S$型传递函数，且其是定义在实域$\mathbb{R}$上，值域为$(-1,1)$的连续函数。

针对式（8-10）中构造的二阶系统，有如下定理。

定理 8-1 对于函数$\phi(\bullet)$，当 Lyapunov 函数选为如下形式时，有

$$V_i = \int_0^{\sigma_i} \lambda_{i,1}\phi(\ell_{i,1}q)\mathrm{d}q + \frac{1}{2}\chi_i^2 \tag{8-11}$$

其中：$\sigma_i \neq 0$或者$\chi_i \neq 0\ (i=1,2,3)$。

则式（8-10）中的二阶系统是有限时间稳定的，且收敛时间$T_{i,s}$与式（8-4）相同。

定理 8-1 的证明如下：根据函数$\phi(\bullet)$的性质，可以得到式（8-11）中定义的 Lyapunov 函数$V_i>0$。当$\sigma_i \neq 0$或者$\chi_i \neq 0$，有

$$\dot{V}_i = \lambda_{i,1}\phi(\ell_{i,1}\sigma_i)\dot{\sigma}_i + \chi_i\dot{\chi}_i = \lambda_{i,1}\phi(\ell_{i,1}\sigma_i)\chi_i + \chi_i[-\lambda_{i,1}\phi(\ell_{i,1}\sigma_i) - \lambda_{i,2}\phi(\ell_{i,2}\chi_i)] \\ = -\lambda_{i,2}\phi(\ell_{i,2}\chi_i)\chi_i < 0 \tag{8-12}$$

基于式（8-11）和式（8-12）可得，式（8-10）中的系统在 Lyapunov 意义下是稳定的。当$\mathcal{G} = \lambda_{i,2} > 0, \varpi(\sigma_i(t), \chi_i(t)) = \phi(\ell_{i,2}\chi_i)\chi_i$，根据**引理 8-1**，进一步可得系统是有限时间稳定的，且其收敛时间为式（8-4）。

定理 8-1 得证。 ■

对于式（8-10）中的二阶系统，有以下推论。

推论 8-1 光滑函数$\hbar(x)$满足以下不等式：

$$\left|\hbar(\tilde{\sigma}_i, \tilde{\chi}_i) - \hbar(\bar{\sigma}_i, \bar{\chi}_i)\right| \leqslant \iota_{i,1}\left(\left|\tilde{\sigma}_i - \bar{\sigma}_i\right|^{\varsigma} + \left|\tilde{\chi}_i - \bar{\chi}_i\right|^{\varsigma}\right), \iota_{i,1} > 0, \varsigma \in (0,1] \tag{8-13}$$

其中：$\iota_{i,1}$、ς 为常量参数。

式（8-11）中的V_i是 Lipschitz 连续的。

推论 8-1 的证明如下：首先对函数$\phi(q)$对q求导数可得

$$\frac{\mathrm{d}\phi(\ell_{i,j}q)}{\mathrm{d}q} = \frac{\mathrm{d}}{\mathrm{d}q}\left(\frac{2}{1+\mathrm{e}^{-2\ell_{i,j}q}} - 1\right) = \frac{4\ell_{i,j}\mathrm{e}^{-2\ell_{i,j}q}}{(1+\mathrm{e}^{-2\ell_{i,j}q})^2} \leqslant \ell_{i,j}\frac{(1+\mathrm{e}^{-2\ell_{i,j}q})^2}{(1+\mathrm{e}^{-2\ell_{i,j}q})^2} = \ell_{i,j} \tag{8-14}$$

其中：$q \in [q_{\min}, q_{\max}], q_{\min} = \min\{\sigma_{\min}, \chi_{\min}\}, q_{\max} = \max\{\sigma_{\max}, \chi_{\max}\}(i=1,2,3, j=1,2)$。

基于式（8-14），进一步可得光滑函数$\hbar(x)$满足

$$\left|\hbar(\tilde{\sigma}_i, \tilde{\chi}_i) - \hbar(\bar{\sigma}_i, \bar{\chi}_i)\right| = \left|-\lambda_{i,1}[\phi(\ell_{i,2}\tilde{\sigma}_i) - \phi(\ell_{i,1}\bar{\sigma}_i)] - \lambda_{i,2}[\phi(\ell_{i,2}\tilde{\chi}_i) - \phi(\ell_{i,2}\bar{\chi}_i)]\right| \\ \leqslant \lambda_{i,1}\left|\phi(\ell_{i,1}\tilde{\sigma}_i) - \phi(\ell_{i,1}\bar{\sigma}_i)\right| + \lambda_{i,2}\left|\phi(\ell_{i,2}\tilde{\chi}_i) - \phi(\ell_{i,1}\bar{\chi}_i)\right| \tag{8-15}$$

考虑到$\phi(\bullet) \in (-1,1)$，进一步可得$\left|\hbar(\tilde{\sigma}_i, \tilde{\chi}_i) - \hbar(\bar{\sigma}_i, \bar{\chi}_i)\right| \leqslant \lambda_{i,1}\ell_{i,1}\left|\tilde{\sigma}_i - \bar{\sigma}_i\right| + \lambda_{i,2}\ell_{i,2}$ $\left|\tilde{\chi}_i - \bar{\chi}_i\right|$。当$\iota_{i,1} = \max\{\lambda_{i,1}\ell_{i,1}, \lambda_{i,2}\ell_{i,2}\}, \varsigma = 1$，式（8-13）成立。因此$V_i$是 Lipschitz 连续的。

推论 8-1 得证。 ■

基于**定理 8-1** 和**推论 8-1**，则有限时间收敛的微分观测器在**推论 8-2** 中给出。

推论 8-2 基于**定理 8-1** 和**推论 8-1**，以下微分观测器是有限时间稳定的，即

$$\begin{cases} \dot{\zeta}_{i,1} = \zeta_{i,2} \\ \dot{\zeta}_{i,2} = \pi_i^2[-\lambda_{i,1}\phi(\ell_{i,1}(\zeta_{i,1} - \sigma_i)) - \lambda_{i,2}\phi(\ell_{i,2}\zeta_{i,2}/\pi_i)] \end{cases} \tag{8-16}$$

且对于式（8-16）中的微分观测器，存在正的常量参数$\wp_i > 0, \iota_{i,2}\wp_i > 2$，使得

$$\begin{cases} \zeta_{i,1} - \sigma_i = O((1/\pi_i)^{\iota_{i,2}\wp_i}), \zeta_{i,2} - \chi_i = O((1/\pi_i)^{\iota_{i,2}\wp_i - 1}) \\ \wp_i = \dfrac{1-\iota_{i,3}}{\iota_{i,3}}, \iota_{i,3} \in (0, \iota_{i,3}^{\#}), \iota_{i,3}^{\#} = \min\left\{\dfrac{\iota_{i,2}}{\iota_{i,2}+2}, \dfrac{1}{2}\right\} \end{cases} \tag{8-17}$$

其中：$\pi_i > 0$为观测器的增益参数；其他参数类同**定理 8-1**；$O(\bullet)$为高阶近似误差。

推论 8-2 的证明可以采用**定理 8-1** 和文献[14]中的定理 1 直接获得，这里不再赘述。

注 8-2 从式（8-17）可以得到，当$\pi_i \gg 1$，则$O(\bullet) \to 0$，即式（8-1）中二阶系统的速度观测量的精度更高。基于**推论 8-2** 给出的有限时间微分观测器，接下来的工作是基于观测的速度信息设计部分状态反馈预设性能控制器。

8.2.3 控制器设计

在进行预设性能控制器设计之前，给出如下假设。

假设 8-1 系统期望指令$\boldsymbol{\sigma}_d$及其一、二阶微分量存在且有界。

为了方便后续控制器设计，基于**引理 8-2** 中有限时间微分器观测的速度信息，定义如下滤波误差变量：

$$\boldsymbol{\varepsilon} = (\boldsymbol{\zeta}_2 - \dot{\boldsymbol{\sigma}}_d) + \boldsymbol{\beta}(\boldsymbol{\sigma} - \boldsymbol{\sigma}_d) \tag{8-18}$$

其中：$\boldsymbol{\varepsilon} = [\varepsilon_1, \varepsilon_2, \varepsilon_3]^{\mathrm{T}}$和$\boldsymbol{\zeta}_2 = [\zeta_{1,2}, \zeta_{2,2}, \zeta_{3,2}]^{\mathrm{T}}$为对应的滤波误差向量和速度观测量；$\boldsymbol{\beta} = \mathrm{diag}(\beta_1, \beta_2, \beta_3)$为待设计的正定对角矩阵。

基于**假设 8-1** 和式（8-18），对姿态滤波误差定义如下性能，即

$$-\delta_{i,1}\mu_i(t) < \varepsilon_i(t) < \delta_{i,2}\mu_i(t) \tag{8-19}$$

其中：$\delta_{i,1} > 0$、$\delta_{i,2} > 0$、$\mu_i(t)$分别是正的常量参数和性能函数。

性能函数$\mu_i(t)$的性质决定了姿态滤波误差$\varepsilon_i(t)(i = 1,2,3)$的性质。选取性能函数为

$$\mu_i(t) = (\mu_{0,i} - \mu_{\infty,i})\exp(-\kappa_i t) + \mu_{\infty,i} \tag{8-20}$$

其中：$\mu_{0,i} > \mu_{\infty,i} > 0, \kappa_i > 0$为待设计的参数。

式（8-19）给出的性能实际是施加在姿态误差系统上的约束，因此增加了后续控制器设计的复杂度。为了克服此性能约束，给出如下无约束转化函数。

首先定义$\varepsilon_i(t) = \mu_i(t)P(z_i)$，其中$z_i$是转化后误差变量。将函数$P(z_i)$选取为

$$P(z_i) = \frac{\delta_{i,2}\exp(z_i) - \delta_{i,1}\exp(z_i)}{\exp(z_i) + \exp(z_i)} \tag{8-21}$$

从式（8-21）可以得到，$\lim\limits_{z_i \to +\infty} P(z_i) = \delta_{i,2}$，$\lim\limits_{z_i \to -\infty} P(z_i) = -\delta_{i,1}$。同时，函数$P(z_i)$是严格单调递增的，且满足$P(0) \neq 0$。基于式（8-21），可得转化后误差变量$z_i$为

$$z_i = \frac{1}{2}\ln\left(\frac{\delta_{i,1} + \Lambda_i}{\delta_{i,2} - \Lambda_i}\right), \Lambda_i = \frac{\varepsilon_i}{\mu_i} \tag{8-22}$$

其中：Λ_i为归一化误差变量。

对z_i求导数，可得

$$\dot{z}_i = \frac{\partial z_i}{\partial \Lambda_i} \bullet \frac{\mathrm{d}\Lambda_i}{\mathrm{d}t} = \xi_i(\dot{\varepsilon}_i - \Lambda_i\dot{\mu}_i) = \xi_i(\dot{\chi}_i - \ddot{\sigma}_{r,i} + \beta_i(\chi_i - \dot{\sigma}_{r,i}) + \tilde{\varepsilon}_i) \tag{8-23}$$

其中：$\xi_i = \dfrac{1}{2\mu_i}\dfrac{\delta_{i,1}+\delta_{i,2}}{(\delta_{i,1}+\Lambda_i)(\delta_{i,2}-\Lambda_i)}$；$\tilde{\varepsilon}_i$ 为观测角速度量 $\zeta_{i,2}$ 和真实角速度 χ_i 微分的误差，在实际系统中是有界的。

根据式（8-1）中给出的二阶系统，式（8-23）进一步转化为

$$\dot{\boldsymbol{z}} = \boldsymbol{\xi}(\dot{\boldsymbol{\chi}} - \ddot{\boldsymbol{\sigma}}_d + \boldsymbol{\beta}(\boldsymbol{\chi} - \dot{\boldsymbol{\sigma}}_d) + \tilde{\boldsymbol{\varepsilon}}) = \boldsymbol{\xi}(\boldsymbol{F}(\boldsymbol{v}) + \boldsymbol{G}(\boldsymbol{v})\boldsymbol{u}_c - \ddot{\boldsymbol{\sigma}}_d + \boldsymbol{\beta}(\boldsymbol{\zeta}_2 - \dot{\boldsymbol{\sigma}}_d) + \boldsymbol{d}^*) \tag{8-24}$$

其中：$\boldsymbol{z} = [z_1, z_2, z_3]^{\mathrm{T}}$ 为转化后的系统误差向量；$\boldsymbol{\mu} = [\mu_1, \mu_2, \mu_3]^{\mathrm{T}}$；$\boldsymbol{\xi} = \mathrm{diag}(\xi_1, \xi_2, \xi_3)$；$\boldsymbol{\Lambda} = \mathrm{diag}(\Lambda_1, \Lambda_2, \Lambda_3)$；$\boldsymbol{d}^* = \boldsymbol{d} + \tilde{\boldsymbol{\varepsilon}} + \boldsymbol{\beta}(\boldsymbol{\chi} - \boldsymbol{\zeta}_2)$ 为复合干扰。

基于式（8-24）给出的跟踪系统误差模型，设计如下式所示的不依赖系统参数的预设性能控制器，即

$$\boldsymbol{u}_c = -\frac{\boldsymbol{k}\boldsymbol{\xi}\boldsymbol{\eta}\boldsymbol{z}}{1 - \boldsymbol{z}^{\mathrm{T}}\boldsymbol{\eta}\boldsymbol{z}} \tag{8-25}$$

其中：$\boldsymbol{u}_c = [u_{c,1}, u_{c,2}, u_{c,3}]^{\mathrm{T}}$ 为三维控制输入；$\boldsymbol{k} = \mathrm{diag}(k_1, k_2, k_3)$ 为待设计的正定对角控制增益矩阵。

待设计的参数 $\boldsymbol{\eta} = \mathrm{diag}(\eta_1, \eta_2, \eta_3)$ 需要满足：

$$\eta_1[z_1(0)]^2 + \eta_2[z_2(0)]^2 + \eta_3[z_3(0)]^2 < 1 \tag{8-26}$$

式（8-25）给出的控制器仅依赖于转化后的误差变量 $\boldsymbol{z}$，与受控系统的参数没有关系，因此省去了对未知系统参数的直接与间接的在线辨识，大大降低了控制器的复杂度。

在实际工程中，受控系统的控制输入是有界的，因此可得系统的实际输入为

$$u_{c,i}^* = \mathrm{sat}(u_{c,i}) = \mathrm{sign}(u_{c,i})\min\left\{u_{c,i0}(t), \left|u_{c,i}\right|\right\} \tag{8-27}$$

其中：$u_{c,i0}(t)$ 为第 i 个控制输入的饱和上界。

式（8-27）只是为了方便后续控制器稳定性的理论分析，在控制器设计与应用中并不计算控制输入饱和上界的具体值。

8.2.4 稳定性分析

基于式（8-25）设计的控制器，有如下重要结论。

定理 8-2 在式（8-25）设计的控制器作用下，受控系统能够跟踪上期望的参考指令，且式（8-19）中预设的姿态误差系统的瞬态性能与稳态性能能够全程实现。同时受控跟踪误差系统所有状态是一致最终有界的。

定理 8-2 的证明过程分两步。

第一步：证明归一化误差变量 Λ_i 在局部时间域 $[0, t_{\max})$ $(0 < t_{\max} < \infty)$ 存在极大值。基于式（8-22），对 Λ_i 求导可得

$$\dot{\Lambda}_i = \frac{1}{\mu_i}(\dot{\chi}_i - \ddot{\sigma}_{d,i} + \beta_i(\chi_i - \dot{\sigma}_{d,i}) + \tilde{\varepsilon}_i) \tag{8-28}$$

式（8-28）中的微分方程是定义在非空集合 $\mho_{\Lambda_i} = (-\delta_{i,1}, \delta_{i,2})$ 上的函数。在**假设**

8-1 下，初始角度跟踪误差满足$\varepsilon_i(0)\in(-\delta_{i,1}\mu_i(0),\delta_{i,2}\mu_i(0))$，进一步可得归一化误差变量的初始值在$\mu_i(t)>0,\forall t\in[0,t_{\max})$条件下，满足$\Lambda_i(0)=\varepsilon_i(0)/\mu_i(0)\in\mho_{\Lambda_i}$。在**假设 8-2** 和**假设 8-3** 下，得益于函数μ、$\dot{\mu}$、χ_i、$\boldsymbol{F}(\bullet)$、$\boldsymbol{G}(\bullet)$的 Lipschitz 连续特性以及外界干扰$\boldsymbol{d}$的有界性，基于第 2 章中的**引理 2-1**，可知归一化误差变量在局部时间域$[0,t_{\max})$上存在一个极大值$\Lambda_{i,\max}\in\mho_{\Lambda_i}$。因此第一步结论得证。

第二步：证明转化误差变量$\boldsymbol{z}$在局部时间域$[0,t_{\max})$是收敛的。首先定义如下 Lyapunov 函数：

$$V_\rho=\frac{1}{4}\rho^2 \tag{8-29}$$

其中：$\rho=\boldsymbol{z}^{\mathrm{T}}\boldsymbol{\eta}\boldsymbol{z}$。

显然式（8-29）中定义的V_ρ是非负的，当且仅当$\boldsymbol{z}=\boldsymbol{0}$时，$V_\rho=0$。对定义的标量参数$\rho$求导，可得

$$\dot{\rho}=2\boldsymbol{z}^{\mathrm{T}}\boldsymbol{\eta}\boldsymbol{\xi}(\boldsymbol{F}(\boldsymbol{v})+\boldsymbol{G}(\boldsymbol{v})\boldsymbol{u}_c-\ddot{\boldsymbol{\sigma}}_d+\boldsymbol{\beta}(\boldsymbol{\zeta}_2-\dot{\boldsymbol{\sigma}}_d)+\boldsymbol{d}^*) \tag{8-30}$$

将式（8-25）和式（8-28）代入到式（8-30），可得

$$\dot{\rho}=2\boldsymbol{z}^{\mathrm{T}}\boldsymbol{\eta}\boldsymbol{\xi}\left(\boldsymbol{G}(\boldsymbol{v})\frac{\boldsymbol{k}\boldsymbol{\xi}\boldsymbol{\eta}\boldsymbol{z}}{1-\boldsymbol{z}^{\mathrm{T}}\boldsymbol{\eta}\boldsymbol{\xi}}+\boldsymbol{F}(\boldsymbol{v})-\ddot{\boldsymbol{\sigma}}_d+\boldsymbol{\beta}(\boldsymbol{\zeta}_2-\dot{\boldsymbol{\sigma}}_d)+\boldsymbol{d}^*+\boldsymbol{d}_1\right) \tag{8-31}$$

其中：$\boldsymbol{d}_1=[d_{11},d_{21},d_{31}]^{\mathrm{T}},d_{i1}=\sum_{j=1}^{3}g_{i,j}(\mathrm{sat}(u_{c,j})-u_{c,j})(\boldsymbol{G}=[g_{i,j}]_{3\times3})$。

根据第一步的证明，可知在局部时间域$[0,t_{\max})$上，归一化误差变量Λ_i的有界性导致参数$\boldsymbol{z}$、$\boldsymbol{\xi}$、$\boldsymbol{F}$、$\boldsymbol{G}$、$\boldsymbol{\zeta}_2$、$\boldsymbol{d}^*$在此时间域上也是有界的。考虑到式（8-1）中定义的$\boldsymbol{G}$是正定的，因此存在一个常量参数$k_0=\eta_{\max}k_{\max}\bullet\lambda_{\max}(\boldsymbol{G})\bullet\lambda_{\max}^2(\xi)$（其中：$\eta_{\max}=\max\{\eta_1,\eta_2,\eta_3\},k_{\max}=\max\{k_1,k_2,k_3\}$；$\lambda(\bullet)$表示一个可逆矩阵的特征值）使得不等式

$$\boldsymbol{z}^{\mathrm{T}}\boldsymbol{\eta}\boldsymbol{\xi}\left(\boldsymbol{G}(\boldsymbol{v})\frac{\boldsymbol{k}\boldsymbol{\xi}\boldsymbol{\eta}\boldsymbol{z}}{1-\boldsymbol{z}^{\mathrm{T}}\boldsymbol{\eta}\boldsymbol{z}}\right)\leqslant k_0\boldsymbol{z}^{\mathrm{T}}\boldsymbol{\eta}\boldsymbol{z}=k_0\rho/(1-\rho)$$

成立。基于式（8-31），V_ρ的导数满足

$$\begin{aligned}\dot{V}_\rho&\leqslant\rho\left(\left\|\boldsymbol{z}^{\mathrm{T}}\boldsymbol{\eta}\boldsymbol{\xi}\right\|\bullet\left\|\boldsymbol{F}(\boldsymbol{v})-\ddot{\boldsymbol{\sigma}}_d+\boldsymbol{\beta}(\boldsymbol{\zeta}_2-\dot{\boldsymbol{\sigma}}_d)+\boldsymbol{d}^*+\boldsymbol{d}_1\right\|+\frac{k_0\rho}{1-\rho}\right)\\&\leqslant\rho\left(\left\|\boldsymbol{z}^{\mathrm{T}}\boldsymbol{\eta}\boldsymbol{\xi}\right\|\bullet\left(\left\|\boldsymbol{F}(\boldsymbol{v})\right\|+\left\|\ddot{\boldsymbol{\sigma}}_d\right\|+\left\|\boldsymbol{\beta}(\boldsymbol{\zeta}_2-\dot{\boldsymbol{\sigma}}_d)\right\|+\left\|\boldsymbol{d}^*\right\|+\left\|\boldsymbol{d}_1\right\|\right)+\frac{k_0\rho}{1-\rho}\right)\\&\leqslant\rho\left(\varUpsilon_1+\frac{k_0\rho}{1-\rho}\right)\\&\leqslant\rho\frac{\varUpsilon_1-(\varUpsilon_1+k_0)\rho}{1-\rho}\end{aligned} \tag{8-32}$$

其中：在$[0,t_{\max})$上，$\Upsilon_1=\max\left\{\left\|\boldsymbol{z}^{\mathrm{T}}\boldsymbol{\eta}\boldsymbol{\xi}\right\|\cdot\left(\left\|\boldsymbol{F}(\boldsymbol{v})\right\|+\left\|\ddot{\boldsymbol{\sigma}}_d\right\|+\left\|\boldsymbol{\beta}(\boldsymbol{\zeta}_2-\dot{\boldsymbol{\sigma}}_d)\right\|+\left\|\boldsymbol{d}^*\right\|+\left\|\boldsymbol{d}_1\right\|\right)\right\}$。

对式（8-32），当$\rho\geqslant\rho^{\#}:=\Upsilon_1/(\Upsilon_1+k_0)$，有$\dot{V}_\rho\leqslant 0$且$\rho(t)$满足

$$0\leqslant\rho(t)\leqslant\max\{\rho(0),\rho^{\#}\}<1,\forall t\in[0,t_{\max}) \tag{8-33}$$

基于式（8-33）的结论，则转化误差z_i收敛到一个紧集合，即

$$\left|z_i(t)\right|<\eta_{\min}^{-1/2}\sqrt{\rho^*},\ \forall t\in[0,t_{\max}),\rho^*=\max\{\rho(0),\rho^{\#}\} \tag{8-34}$$

式（8-34）表明在局部时间域$[0,t_{\max})$上，转化误差z_i收敛到一个紧集合$[0,\rho^*]\subseteq[0,1)\subseteq\mathbb{R}$。根据式（8-22）可得归一化误差$\varLambda_i$也将收敛到一个相应的紧集合上，即误差$\varepsilon_i$收敛到原点的一个小邻域上。同样地，在式（8-19）中对姿态误差系统预设的瞬态性能与稳态性能能够在局部时间域上实现。

接下来证明：当$t_{\max}\to+\infty$，式（8-19）中预设的瞬态性能与稳态性能仍然可以保持。该结论可以借用反证法证明。首先假设，当$t_{\max}\to+\infty$，式（8-19）中预设的瞬态性能与稳态性能不能够得到保证。在此假设下，存在$t^*\in[0,t_{\max})$，使得$\varLambda_i(t^*)\notin\mho_{\varLambda_i}$。这显然与第一步和第二步证明的结论相违背。因此假设不成立，即当$t_{\max}\to+\infty$，式（8-19）中预设的瞬态性能与稳态性能仍然可以保持。

根据式（8-18），在时域上有

$$\begin{aligned}\left|\sigma_i(t)-\sigma_{r,i}(t)\right|\leqslant&\left|\sigma_i(0)-\sigma_{r,i}(0)\right|\exp(-\beta_i t)+\int_0^t\exp(-\beta_i(t-q))\left|\varepsilon_i(q)\right|\mathrm{d}q+\\&\int_0^t\exp(-\beta_i(t-q))\left|O(\bullet)\right|\mathrm{d}q\end{aligned} \tag{8-35}$$

其中：$O(\bullet)$为式（8-17）中定义的估计误差。

考虑到函数$P(\bullet)$的单调性，将式（8-34）代入到式（8-35），可得

$$\begin{aligned}&\left|\sigma_i(t)-\sigma_{d,i}(t)\right|\\\leqslant&\left|\sigma_i(0)-\sigma_{d,i}(0)\right|\exp(-\beta_i t)+\mu_{i,0}\int_0^t\exp(-\beta_i(t-q))\left|P(z_i(q))\right|\mathrm{d}q+\\&\int_0^t\exp(-\beta_i(t-q))\left|O(\bullet)\right|\mathrm{d}q\\<&\left|\sigma_i(0)-\sigma_{d,i}(0)\right|\exp(-\beta_i t)+\mu_{i,0}\mathcal{P}_{\max}\int_0^t\exp(-\beta_i(t-q))\mathrm{d}q+\\&\int_0^t\exp(-\beta_i(t-q))\left|O(\bullet)\right|\mathrm{d}q\\=&\left|\sigma_i(0)-\sigma_{d,i}(0)\right|\exp(-\beta_i t)+\frac{\mu_{i,0}\mathcal{P}_{\max}+O_0}{\beta_i}(1-\exp(-\beta_i t))\\=&\tilde{\sigma}_i^{\#}\exp(-\beta_i t)+\frac{\mu_{i,0}\mathcal{P}_{\max}+O_0}{\beta_i}\end{aligned} \tag{8-36}$$

其中：未知常量 O_0 为估计误差 $|O(\bullet)|$ 的上界；$\tilde{\sigma}_i^{\#} := |\sigma_i(0)-\sigma_{d,i}(0)| - \mu_{i,0}\mathcal{P}_{\max}/\beta_i$ $\left(\mathcal{P}_{\max} = \max\left\{P\left(-\eta_{\min}^{-1/2}\sqrt{\rho^*}\right), P\left(\eta_{\min}^{-1/2}\sqrt{\rho^*}\right)\right\}\right)$。

当 $t \to +\infty$，式（8-36）转变为

$$\lim_{t\to+\infty}|\tilde{\sigma}_i(t)| := \lim_{t\to+\infty}|\sigma_i(t)-\sigma_{d,i}(t)| < \frac{\mu_{i,0}\mathcal{P}_{\max}+O_0}{\beta_i} \tag{8-37}$$

类似以上证明，在频域内，角速度的跟踪误差为

$$\chi_{i,2} - \dot{\sigma}_{r,i} = \mathcal{L}^{-1}\left(\left(1-\frac{\beta_i}{\mathcal{L}+\beta_i}\right)\varepsilon_i^*(\mathcal{L})\right) \tag{8-38}$$

其中：$\mathcal{L}$ 为 Laplace 算子；$\varepsilon_i^* = \varepsilon_i - O(\bullet)$。

根据式（8-38），在时域内，速度跟踪误差满足

$$|\chi_{i,2}(t)-\dot{\sigma}_{d,i}(t)| \leqslant |\varepsilon_i(t)| + \beta_i|\sigma_i - \sigma_{d,i}| + |O(\bullet)| < \tilde{\sigma}_i^{\#}\beta_i\exp(-\beta_i t) + 2\mu_{i,0}\mathcal{P}_{\max} + O_0 \tag{8-39}$$

进一步，有

$$\begin{aligned}\lim_{t\to+\infty}\tilde{\zeta}_{i,2}(t) &:= \lim_{t\to+\infty}|\zeta_{i,2}(t)-\dot{\sigma}_{d,i}(t)| \\ &= \lim_{t\to+\infty}|\chi_{i,2}(t)+O(\bullet)-\dot{\sigma}_{d,i}(t)| < 2\mu_{i,0}\mathcal{P}_{\max}+2O_0\end{aligned} \tag{8-40}$$

基于式（8-37）与式（8-40）中的结论，可以得到在整个时间域内，在未知的系统参数以及未知速度条件下，受控系统的位置和速度跟踪误差是一致最终有界的。

定理 8-2 得证。 ■

8.3 组合体航天器部分状态反馈姿态预设性能控制

8.3.1 组合体航天器姿态运动模型

为了验证 8.2 节提出的部分状态反馈预设性能控制方法的有效性，本节以空间机器人抓捕非合作目标后形成的组合体航天器的姿态稳定控制作为算例进行仿真验证。

本章研究的空间机器人抓捕目标后形成的组合体系统如图 8-1 所示，包括：刚性服务航天器、刚性故障航天器（空间目标）以及两个空间机械臂。为了方便后续仿真和分析，做如下假设[16,17]。

（1）空间机械臂在抓捕空间目标后，其各个关节锁死且保持构型不变；

（2）空间目标没有姿轨控制能力，且其惯性信息服务航天器难以获得；

（3）组合体的控制由服务航天器提供，具体由服务航天器上四个反作用飞轮提供。

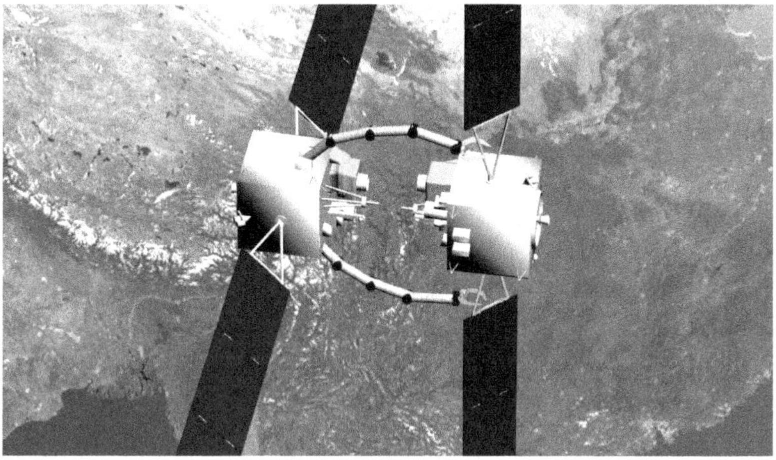

图 8-1　空间机器人抓捕目标后的组合体示意图

为了简化叙述，定义 $\mathcal{F}_s$、$\mathcal{F}_{ic}$ 分别为服务航天器坐标系和组合体的惯性坐标系。在坐标系 $\mathcal{F}_{ic}$ 下，运用 MRP 来描述组合体的姿态系统，而且有如下组合体姿态的运动学与动力学方程[18,19]，即

$$\begin{cases}\dot{\boldsymbol{\sigma}} = \boldsymbol{\Gamma}(\boldsymbol{\sigma})\boldsymbol{\omega} \\ \dot{\boldsymbol{\omega}} = -(\boldsymbol{J} - \boldsymbol{C}\boldsymbol{H}_{\mathrm{w}}\boldsymbol{C}^{\mathrm{T}})^{-1}[\boldsymbol{\omega}^{\times}(\boldsymbol{J}\boldsymbol{\omega} + \boldsymbol{C}\boldsymbol{H}_{\mathrm{w}}\boldsymbol{\Omega}) + \boldsymbol{C}\boldsymbol{u}_{\mathrm{w}} - \boldsymbol{\tau}_{\mathrm{ext}}] \\ \dot{\boldsymbol{\Omega}} = \boldsymbol{H}_{\mathrm{w}}^{-1}\boldsymbol{u}_{\mathrm{w}} - \boldsymbol{C}^{\mathrm{T}}\dot{\boldsymbol{\omega}}\end{cases} \tag{8-41}$$

其中：$\boldsymbol{\sigma} = [\sigma_1, \sigma_2, \sigma_3]^{\mathrm{T}} \in \mathbb{R}^3$和$\boldsymbol{\omega} \in \mathbb{R}^3$分别为用 MRP 表示的姿态角度和定义在组合体惯性参考系 $\mathcal{F}_{ic}$ 下的角速度；$\boldsymbol{J} \in \mathbb{R}^{3\times3}$ 为组合体的惯量矩阵（未知且正定对称）；$\boldsymbol{H}_{\mathrm{w}} = \mathrm{diag}(J_{\mathrm{w}1}, J_{\mathrm{w}2}, J_{\mathrm{w}3}, J_{\mathrm{w}4})$和$\boldsymbol{\Omega} = [\Omega_1, \Omega_2, \Omega_3, \Omega_4]^{\mathrm{T}}$ 分别为四个反作用飞轮的惯量矩阵和转速；矩阵 $\boldsymbol{C} \in \mathbb{R}^{3\times4}$ 为四个反作用飞轮的安装位置；$\boldsymbol{\tau}_{\mathrm{ext}} \in \mathbb{R}^3$ 为外界环境摄动；$\boldsymbol{\Gamma}(\boldsymbol{\sigma}) = 1/4[(1 - \boldsymbol{\sigma}^{\mathrm{T}}\boldsymbol{\sigma})\boldsymbol{I}_3 + 2\boldsymbol{\sigma}^{\times} + 2\boldsymbol{\sigma}\boldsymbol{\sigma}^{\mathrm{T}}]$。

为了方便后续控制系统设计，定义 $\boldsymbol{\chi} = \boldsymbol{\Gamma}(\boldsymbol{\sigma})\boldsymbol{\omega}$，则式（8-41）中组合体的运动学与动力学方程可以写成式（8-1）所示的二阶系统形式，即有

$$\begin{cases}\dot{\boldsymbol{\sigma}} = \boldsymbol{\chi} \\ \dot{\boldsymbol{\chi}} = \boldsymbol{F}(\boldsymbol{v}) + \boldsymbol{G}(\boldsymbol{v})\boldsymbol{u}_c + \boldsymbol{d} \\ \boldsymbol{y} = \boldsymbol{\sigma}\end{cases} \tag{8-42}$$

其中：$\boldsymbol{v} = [\boldsymbol{\sigma}^{\mathrm{T}}, \boldsymbol{\chi}^{\mathrm{T}}]^{\mathrm{T}} \in \mathbb{R}^6$；$\boldsymbol{F}(\boldsymbol{v}) = \boldsymbol{\Gamma}(\boldsymbol{\sigma})\boldsymbol{f}(\boldsymbol{\omega}) + \dot{\boldsymbol{\Gamma}}(\boldsymbol{\sigma})\boldsymbol{\omega}$, $\boldsymbol{f}(\boldsymbol{\omega}) = -(\boldsymbol{J} - \boldsymbol{C}\boldsymbol{H}_{\mathrm{w}}\boldsymbol{C}^{\mathrm{T}})^{-1}\boldsymbol{\omega}^{\times}(\boldsymbol{J}\boldsymbol{\omega} + \boldsymbol{C}\boldsymbol{H}_{\mathrm{w}}\boldsymbol{\Omega})$; $\boldsymbol{G}(\boldsymbol{v}) = \boldsymbol{\Gamma}(\boldsymbol{\sigma})\boldsymbol{g}\boldsymbol{\Gamma}(\boldsymbol{\sigma})^{\mathrm{T}}$，$\boldsymbol{g} = (\boldsymbol{J} - \boldsymbol{C}\boldsymbol{H}_{\mathrm{w}}\boldsymbol{C}^{\mathrm{T}})^{-1}$；$\boldsymbol{u}_c = -\boldsymbol{\Gamma}(\boldsymbol{\sigma})^{-\mathrm{T}}\boldsymbol{C}\boldsymbol{u}_{\mathrm{w}}$；$\boldsymbol{d} = \boldsymbol{\Gamma}(\boldsymbol{\sigma})\bar{\boldsymbol{\tau}}$，$\bar{\boldsymbol{\tau}} = (\boldsymbol{J} - \boldsymbol{C}\boldsymbol{H}_{\mathrm{w}}\boldsymbol{C}^{\mathrm{T}})^{-1}\boldsymbol{\tau}_{\mathrm{ext}}$。

在实际工程中，空间环境摄动 $\boldsymbol{d}$ 是有界的。对照式（8-42），则式（8-1）中

的广义位置和速度分别对应组合体航天器姿态系统的姿态和角速度。

注 8-2 状态变量$\boldsymbol{\sigma}$、$\boldsymbol{\omega}$是控制器设计的有效信息，但是在实际工程中，由于星载传感器的限制以及复杂的空间测量环境，航天器的角速度信息$\boldsymbol{\omega}$往往难以精确测量或者观测，这就给相应控制器的设计带来了挑战。因为$\boldsymbol{\chi}=\boldsymbol{\Gamma}(\boldsymbol{\sigma})\boldsymbol{\omega}$，所以新定义的$\boldsymbol{\chi}$也是未知的。同时，从实际工程角度看，系统（8-42）中的姿态运动学与动力学方程的变化率是有界的，因此非线性项$\boldsymbol{F}$、$\boldsymbol{G}$至少是局部 Lipschitz 的。除此之外，系统（8-42）中定义的参数项$\boldsymbol{G}(\boldsymbol{v})$是正定的。

由**注 8-2** 的分析可见，8.2 节设计的控制方法可以直接扩展应用到组合体航天器姿态系统上。对于抓捕目标后的组合体航天器，为了实现对其稳定控制，还需要考虑抓捕后实际执行器位置变化对系统的影响。因此有必要对设计的控制输入在星载执行器上进行鲁棒分配研究。

8.3.2 控制器设计与鲁棒分配

对于抓捕后的组合体，其惯性参数以及服务航天器的反作用飞轮的位置都发生了剧烈变化。其中对于反作用飞轮（RW1，RW2，RW3，RW4），图 8-2 和图 8-3 分别给出了在服务航天器和组合体下的位置构型。由于反作用飞轮的构型发生了变化，因此要在抓捕后组合体坐标系下对式（8-25）设计的控制力矩进行重分配。

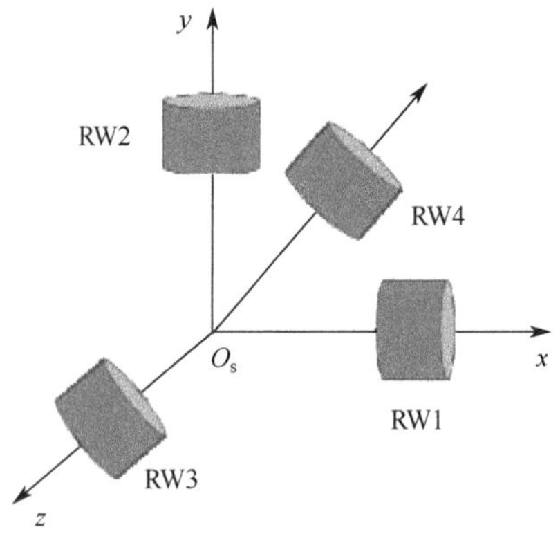

图 8-2 服务航天器坐标系下反作用飞轮构型

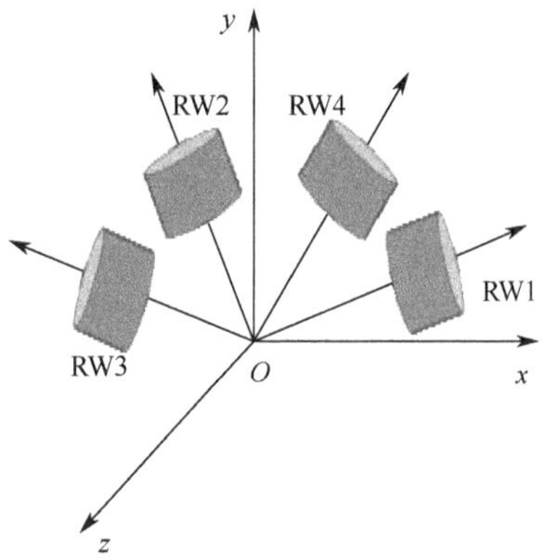

图 8-3 组合体坐标系下反作用飞轮构型图

在控制力矩重分配过程中，需要考虑反作用飞轮的幅值和转速等物理约束。在本章研究中，假设服务航天器的四个反作用飞轮的物理约束都一致，即

$$u_{\min} \leqslant u_{\mathrm{w},i} \leqslant u_{\max}, \ \left|\dot{u}_{\mathrm{w},i}\right| \leqslant \gamma_{\max} \ (i=1,2,3,4) \tag{8-43}$$

其中：$u_{\min}$、$u_{\max}$、$\gamma_{\max} \in \mathbb{R}$ 分别为最小和最大幅值约束，以及转速的上界。

考虑到实际航天器配有数字计算机来执行指令，因此转速约束可以变成幅值约束，即

$$\boldsymbol{\theta}_{\min} \leqslant \boldsymbol{u}_{\mathrm{w}} \leqslant \boldsymbol{\theta}_{\max} \tag{8-44}$$

其中：复合幅值约束的上、下界分别表示为 $\boldsymbol{\theta}_{\min}=[\theta_{l,1},\theta_{l,2},\theta_{l,3},\theta_{l,4}]^{\mathrm{T}}\in\mathbb{R}^4$ 和 $\boldsymbol{\theta}_{\max}=[\theta_{m,1},\theta_{m,2},\theta_{m,3},\theta_{m,4}]^{\mathrm{T}}\in\mathbb{R}^4$ 且有 $\theta_{l,i}=\max\{u_{\min},u_{\mathrm{w},i}(t-\Delta t)-\Delta t\gamma_{\max}\}$；$\theta_{m,i}=\min\{u_{\max},u_{\mathrm{w},i}(t-\Delta t)+\Delta t\gamma_{\max}\}(i=1,2,3,4)$ （Δt 是计算机的采样步长）。在抓捕过程中，反作用飞轮存在安装误差以及一些不确定性，因此式（8-25）设计的控制力矩 $\boldsymbol{u}_c$ 与四个反作用飞轮 $\boldsymbol{u}_{\mathrm{w}}$ 之间的关系如下：

$$\bar{\boldsymbol{u}}_c=\boldsymbol{\Gamma}^{\mathrm{T}}(\boldsymbol{\sigma})\boldsymbol{u}_c=-\boldsymbol{C}\boldsymbol{u}_{\mathrm{w}}=-(\boldsymbol{C}_0+\Delta\boldsymbol{C}_0)\boldsymbol{u}_{\mathrm{w}} \tag{8-45}$$

其中：$\boldsymbol{C}_0$、$\Delta\boldsymbol{C}_0\in\mathbb{R}^{3\times4}$ 分别为反作用飞轮的标称和不确定位置构型矩阵。

不确定的位置构型矩阵满足 $\|\Delta\boldsymbol{C}\boldsymbol{u}_{\mathrm{w}}\|\leqslant\|\Delta\boldsymbol{C}\|\|\boldsymbol{u}_{\mathrm{w}}\|\leqslant\|\Delta\boldsymbol{C}\|\max\{\|\boldsymbol{\theta}_{\min}\|,\|\boldsymbol{\theta}_{\max}\|\}=\hbar^{**}(\boldsymbol{u}_{\mathrm{w}})$。

在式（8-43）的物理约束下，对应的鲁棒控制分配通过如下优化过程获得，即

$$\boldsymbol{u}_{\mathrm{w}}=\arg\min_{\boldsymbol{\theta}_{\min}\leqslant\boldsymbol{u}_{\mathrm{w}}\leqslant\boldsymbol{\theta}_{\max}}\max_{\|\Delta\boldsymbol{C}\boldsymbol{u}_{\mathrm{w}}\|\leqslant c^{\#}}\left\{\|\boldsymbol{u}_{\mathrm{w}}\|_{\boldsymbol{Q}}^2+\varphi_1\left\|-(\boldsymbol{C}_0+\Delta\boldsymbol{C}_0)\boldsymbol{u}_{\mathrm{w}}-\bar{\boldsymbol{u}}_c\right\|^2\right\} \tag{8-46}$$

其中：$\varphi_1>0$、$\boldsymbol{Q}$ 分别为对应的拉格朗日乘子和正定对称矩阵。

为了简便叙述，定义 $\boldsymbol{b}_1=-\boldsymbol{u}_c,\boldsymbol{b}_2=\Delta\boldsymbol{C}_0\boldsymbol{u}_{\mathrm{w}}$。在此定义下，式（8-46）变为

$$\boldsymbol{u}_{\mathrm{w}}=\arg\min_{\boldsymbol{\theta}_{\min}\leqslant\boldsymbol{u}_{\mathrm{w}}\leqslant\boldsymbol{\theta}_{\max}}\max_{\|\boldsymbol{b}_2\|\leqslant\hbar^{**}(\boldsymbol{u}_{\mathrm{w}})}\left\{\|\boldsymbol{u}_{\mathrm{w}}\|_{\boldsymbol{Q}}^2+\varphi_1\|C_0\boldsymbol{u}_{\mathrm{w}}-\boldsymbol{b}_1+\boldsymbol{b}_2\|^2\right\} \tag{8-47}$$

针对式（8-47）的求解，分反作用飞轮是否饱和两种不同情况进行考虑。

1．不饱和情况

在此情况下，式（8-46）变为

$$\boldsymbol{u}_{\mathrm{w}}=\arg\min\max_{\|\boldsymbol{b}_2\|\leqslant\hbar^{**}(\boldsymbol{u}_{\mathrm{w}})}\left\{\|\boldsymbol{u}_{\mathrm{w}}\|_{\boldsymbol{Q}}^2+\varphi_1\|\boldsymbol{C}_0\boldsymbol{u}_{\mathrm{w}}-\boldsymbol{b}_1+\boldsymbol{b}_2\|^2\right\} \tag{8-48}$$

对于式（8-48），首先求解内层最大值，然后再求解外层最小值。

定义外层优化性能函数 $V_{p1}:=\max\limits_{\|\boldsymbol{b}_2\|\leqslant\hbar^{**}(\boldsymbol{u}_{\mathrm{w}})}\varphi_1\|\boldsymbol{C}_0\boldsymbol{u}_{\mathrm{w}}-\boldsymbol{b}_1+\boldsymbol{b}_2\|^2$。在不等式 $\|\boldsymbol{b}_2\|\leqslant\hbar^{**}(\boldsymbol{u}_{\mathrm{w}})$ 下，V_{p1} 的拉格朗日函数为

$$V_{p1}=\max\left\{\varphi_1\|\boldsymbol{C}_0\boldsymbol{u}_{\mathrm{w}}-\boldsymbol{b}_1+\boldsymbol{b}_2\|^2-\varphi_2\left(\|\boldsymbol{b}_2\|^2-\hbar^{**2}(\boldsymbol{u}_{\mathrm{w}})\right)\right\} \tag{8-49}$$

其中：$\varphi_2>0$ 是拉格朗日乘子。

对 V_{p1} 求导，则 $\boldsymbol{b}_2$、φ_2 最优的参量由求解以下等式获得，即

$$\begin{cases}\dfrac{\partial V_{p1}}{\partial\boldsymbol{b}_2^*}=\varphi_1(\boldsymbol{C}_0\boldsymbol{u}_{\mathrm{w}}-\boldsymbol{b}_1+\boldsymbol{b}_2^*)-\varphi_2^*\boldsymbol{b}_2=0\\[2ex]\dfrac{\partial V_{p1}}{\partial\varphi_2^*}=\|\boldsymbol{b}_2^*\|-\hbar^{**}(\boldsymbol{u}_{\mathrm{w}})=0\end{cases} \tag{8-50}$$

其中：$\boldsymbol{b}_2^*$ 和 φ_2^* 为对应的最优参量。

进一步可得

$$\boldsymbol{b}_2^* = \frac{\varphi_1}{\varphi_2^* - \varphi_1}(\boldsymbol{C}_0\boldsymbol{u}_{\mathrm{w}} - \boldsymbol{b}_1) \tag{8-51}$$

因此，可得性能函数 V_{p1} 的最大值为

$$V_{p1}^* = \frac{\varphi_1\varphi_2^*}{\varphi_2^* - \varphi_1}\left\|\boldsymbol{C}_0\boldsymbol{u}_{\mathrm{w}} - \boldsymbol{b}_1\right\|^2 + \varphi_2^*\hbar^{**2}(\boldsymbol{u}_{\mathrm{w}}) \tag{8-52}$$

对于外层的优化，将式（8-52）代入式（8-46），可得

$$\boldsymbol{u}_{\mathrm{w}} = \arg\min_{\boldsymbol{u}_{\mathrm{w}}}\left\{\left\|\boldsymbol{u}_{\mathrm{w}}\right\|_{\boldsymbol{Q}}^2 + \frac{\varphi_1\varphi_2^*}{\varphi_2^* - \varphi_1}\left\|\boldsymbol{C}_0\boldsymbol{u}_{\mathrm{w}} - \boldsymbol{b}_1\right\|^2 + \varphi_2^*\hbar^{**2}(\boldsymbol{u}_{\mathrm{w}})\right\} \tag{8-53}$$

则式（8-52）中求解最优 $\boldsymbol{u}_{\mathrm{w}}$ 的关键在于是获取最优的 φ_2^*（在 $\varphi_2 > \varphi_1$ 条件下，通过优化 $V_{p2} := \left\|\boldsymbol{u}_{\mathrm{w}}\right\|_{\boldsymbol{Q}}^2 + \varphi_c\left\|\boldsymbol{C}_0\boldsymbol{u}_{\mathrm{w}} - \boldsymbol{b}_1\right\|^2 + \varphi_2\hbar^{**2}(\boldsymbol{u}_{\mathrm{w}})$ $(\varphi_c = \varphi_1\varphi_2/(\varphi_2 - \varphi_1))$）。因此最优的 $\boldsymbol{u}_{\mathrm{w}}$ 的表达式为

$$\boldsymbol{u}_{\mathrm{w}} = \arg\min_{\varphi_2>\varphi_1}\min_{\boldsymbol{u}_{\mathrm{w}}} V_{p2} \tag{8-54}$$

在最优 $\boldsymbol{u}_{\mathrm{w}}$ 条件下，对 V_{p2} 求导可得

$$\frac{\partial V_{p2}}{\partial \boldsymbol{u}_{\mathrm{w}}} = 2\boldsymbol{Q}\boldsymbol{u}_{\mathrm{w}} + 2\varphi_c\boldsymbol{C}_0^{\mathrm{T}}(\boldsymbol{C}_0\boldsymbol{u}_{\mathrm{w}} - \boldsymbol{b}_1) + 2\varphi_2[\hbar^{**}(\boldsymbol{u}_{\mathrm{w}})]^2\boldsymbol{u}_{\mathrm{w}} = 0 \tag{8-55}$$

进一步可得最优的 $\boldsymbol{u}_{\mathrm{w}}$ 可表示为

$$\boldsymbol{u}_{\mathrm{w}} = \boldsymbol{Q}_c^{-1}\varphi_2\boldsymbol{C}_0^{\mathrm{T}}\boldsymbol{b}_1 = (\boldsymbol{Q} + \varphi_c\boldsymbol{C}_0^{\mathrm{T}}\boldsymbol{C}_0 + \varphi_2[\hbar^{**}(\boldsymbol{u}_{\mathrm{w}})]^2\boldsymbol{I})^{-1}\varphi_2\boldsymbol{C}_0^{\mathrm{T}}\boldsymbol{b}_1 \tag{8-56}$$

值得注意的是，在式（8-56）中，矩阵 $\boldsymbol{Q}_c = \boldsymbol{Q} + \varphi_c\boldsymbol{C}_0^{\mathrm{T}}\boldsymbol{C}_0 + \varphi_2[\hbar^{**}(\boldsymbol{u}_{\mathrm{w}})]\boldsymbol{I}$ 在 $\boldsymbol{Q} > 0, \varphi_2 > \varphi_1 > 0$ 下是正定的。此外，最优的 $\boldsymbol{u}_{\mathrm{w}}$ 依赖最优的拉格朗日乘子 φ_2^*，其中最优的拉格朗日乘子 φ_2^* 可以利用线性搜索法来获得，即

$$\varphi_2^* = \arg\min_{\varphi_2>\varphi_1}(\boldsymbol{Q} + \varphi_c\boldsymbol{C}_0^{\mathrm{T}}\boldsymbol{C}_0 + \varphi_2[\hbar^{**}(\boldsymbol{u}_{\mathrm{w}})]^2\boldsymbol{I})^{-1}\varphi_2\boldsymbol{C}_0^{\mathrm{T}}\boldsymbol{b}_1 \tag{8-57}$$

利用线性搜索法获取最优的拉格朗日乘子 φ_2^*，把式（8-57）代入式（8-56）即可获得最优的 $\boldsymbol{u}_{\mathrm{w}}$。

2. 饱和情况

在饱和情况下，可以借用很多有效的最优求解算法，如二阶锥规划、受限二次规划等算法对式（8-47）进行求解。详细的算法步骤可以参见文献[12]，此处不再赘述。

至此，完成了部分状态反馈预设性能控制器的设计与分析。本章区别于第 2～7 章的全状态反馈的预设性能控制方法，在部分测量信息缺失的情况下，基

于微分观测将全状态反馈控制器设计推广到部分状态反馈的控制器设计，形成了部分状态反馈的预设性能控制方法。

下面将该方法用于实现对抓捕后组合体航天器的鲁棒控制。图 8-4 以姿态稳定为例，给出了部分状态反馈的组合体航天器控制框图。

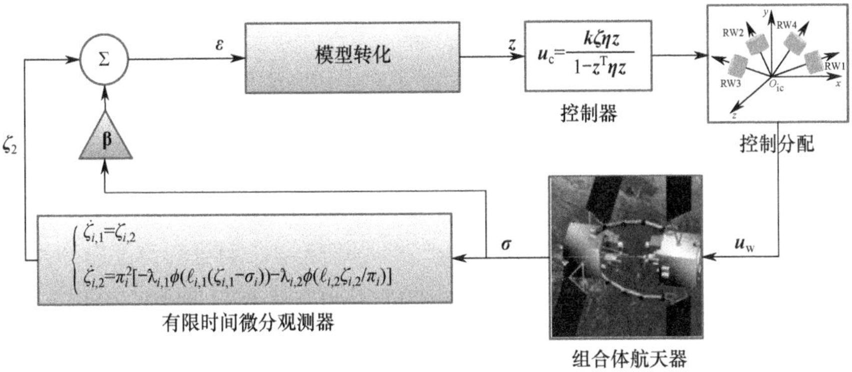

图 8-4 部分状态反馈的组合体航天器控制框图

8.3.3 仿真验证

文献[18]基于状态里卡提方程（MSDRE）方法开展了组合体航天器姿态控制研究，MSDRE 方法的具体设计步骤见文献[18]，本章不再赘述。为了验证第 8.2 节和 8.3.2 节提出的控制器设计方法与鲁棒分配方法的有效性，本节组织了三组仿真算例。其中，为了凸显本章所提出的基于有限时间微分观测器的部分状态反馈预设性能控制方法的优势，将文献[18]中 MSDRE 方法和比例-微分控制器（PD）作用下的仿真结果作为对比。

服务航天器的两个机械臂关节在抓捕空间目标后在 $[10°,35°,-45°]^T$ 和 $[-10°,-35°,45°]^T$ 分别锁死。组合体的标称惯量矩阵 $\boldsymbol{J}$ 以及反作用飞轮的标称安装位置矩阵 $\boldsymbol{C}_0$ 分别表示为

$$\begin{cases}\boldsymbol{J}=\mathrm{diag}(672.9,4002.5,4238.9)\\ \boldsymbol{C}_0=\begin{bmatrix}-0.9992 & -0.0300 & -0.0256 & -0.6086\\ -0.0394 & 0.7455 & 0.6653 & 0.7913\\ 0.0009 & -0.6658 & 0.7461 & 0.0469\end{bmatrix}\end{cases} \tag{8-58}$$

每个反作用飞轮的转动惯量为 $0.338\,\mathrm{kg\cdot m^2}$，最大的输出力矩是 $1\,\mathrm{N\cdot m}$，最大的转速是每分钟 500 转，最大的角动量是 $17.8\,\mathrm{N\cdot m\cdot s}$。PD 控制器的形式为

$$\boldsymbol{u}_{\mathrm{PD}}=-\boldsymbol{K}_P\boldsymbol{\sigma}-\boldsymbol{K}_D\boldsymbol{\zeta}_2 \tag{8-59}$$

其中：$\boldsymbol{K}_P$、$\boldsymbol{K}_D\in\mathbb{R}^{3\times3}$ 为正定控制增益矩阵。

详细的 MSDRE 控制器形式见文献[18]，姿态跟踪过程中的累计误差定义为[20]

$$S=\int_0^{CT} t\left\|[\boldsymbol{\sigma}^{T},\boldsymbol{\zeta}_2^{T}]^{T}\right\|dt \tag{8-60}$$

其中：CT 为总的仿真时间。

1. 仿真算例 1——三种控制方法下组合体姿态控制性能对比

仿真算例 1 涉及的仿真参数如下：$\delta_{i,1}=\delta_{i,2}=1, \mu_{i,0}=1, \mu_{i,\infty}=0.05, \kappa_i=0.04, \pi_i=8$，$\lambda_{i,1}=\lambda_{i,2}=1$，$\ell_{i,1}=\ell_{i,2}=2(i=1,2,3)$，$\boldsymbol{\beta}=\mathrm{diag}(1,0.5,0.5)$，$\boldsymbol{k}=\mathrm{diag}(800,1200,1200)$，$\eta_1=0.3,\eta_2=0.2,\eta_3=0.2$，$\boldsymbol{Q}=\boldsymbol{I},\varphi_1=200$，$\boldsymbol{K}_P=\mathrm{diag}(40,100,60)$，$\boldsymbol{K}_D=\mathrm{diag}(300,2000,400)$。MSDRE 控制器的参数见文献[18]。组合体的初始姿态角度为 $[9^\circ,-9^\circ,2^\circ]^{T}$，角速度为 0。反作用飞轮的安装位置不确定性矩阵设置为 $\Delta\boldsymbol{C}=5\%\boldsymbol{C}_0$，并假定组合体的惯性参数具有 20%～30%的不确定性。期望的角度指令为 0，复合外界干扰设置为[12]

$$\boldsymbol{d}(t)=\begin{bmatrix}0.01+0.01\sin(0.05t)\\0.01\sin(0.08t)+0.01\cos(0.06t)\\0.01+0.015\sin(0.06t)\end{bmatrix}\mathrm{N\cdot m} \tag{8-61}$$

由于 MSDRE 和 PD 控制方法对外界干扰非常敏感，因此在仿真过程中，MSDRE 和 PD 控制器的干扰幅值放缩至式（8-61）的 0.002 倍。三种控制方法下组合体姿态控制的仿真结果如图 8-5～图 8-10 和表 8-1 所示（其中 IFPPC 代表本章提出的惯性参量无关的部分状态反馈预设性能控制器）。

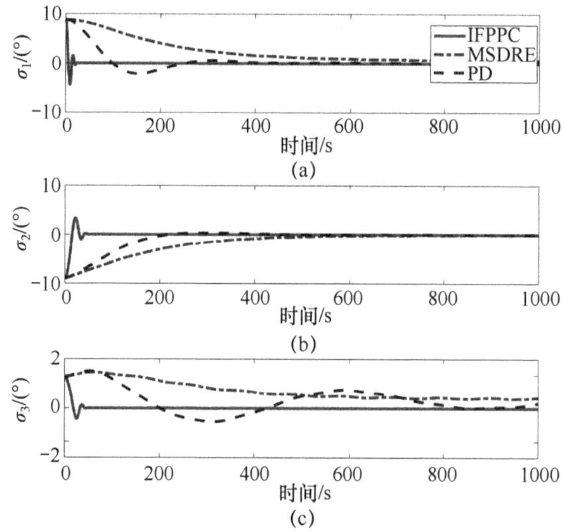

图 8-5　三种控制方法下的姿态响应曲线

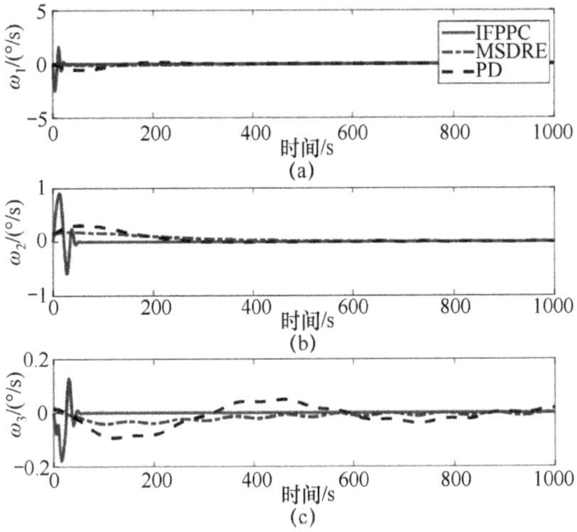

图 8-6 三种控制方法下的角速度响应曲线

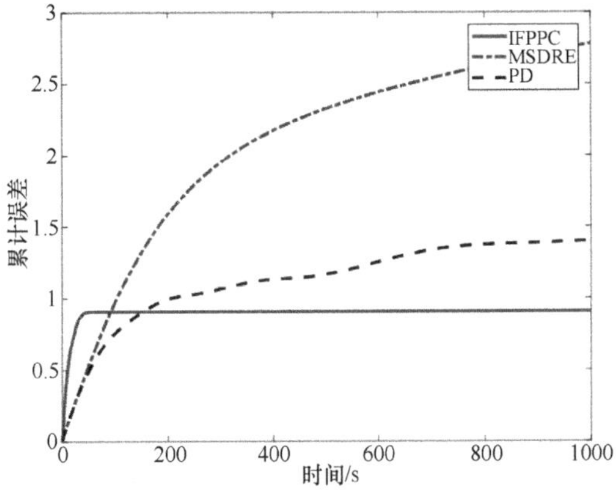

图 8-7 三种控制方法下的累计误差曲线

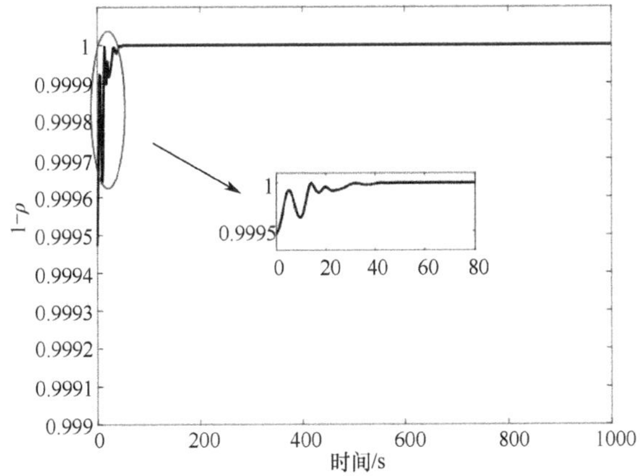

图 8-8 $1-\rho=1-z^{\mathrm{T}}\boldsymbol{\eta}z$ 的曲线

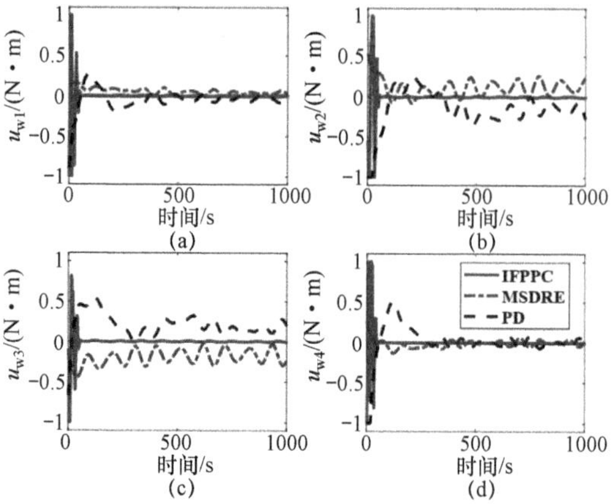

图 8-9　三种控制方法下的反作用飞轮力矩

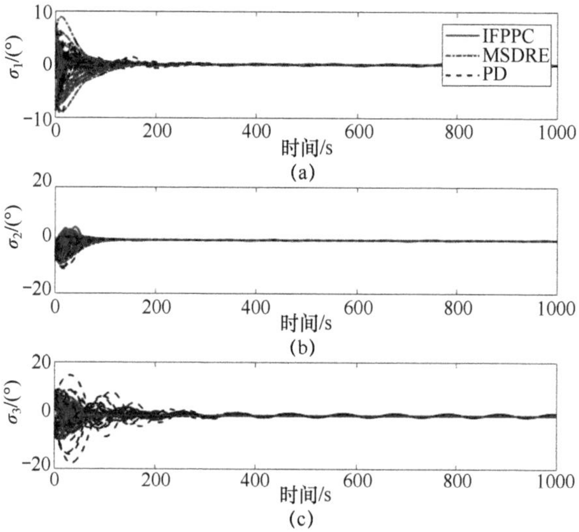

图 8-10　组合体姿态蒙特卡罗打靶图

表 8-1　三种控制方法性能对比

控制器	迭代步数	单步计算时间/s	累计误差	收敛时间/s
IFPPC	5000	2.67×10^{-4}	0.9072	50
MSDRE	5000	3.88×10^{-4}	2.7823	600
PD	5000	4.37×10^{-4}	1.4018	800

注：计算时间是在 Windows 7 系统，奔腾 CPU@2.90 GHz，Matlab 2013 平台下获得的。

从图 8-5～图 8-10 和表 8-1 中的仿真结果，可以得到

（1）在所提出的 IFPPC 控制器作用下，组合体姿态在 50s 后趋向于原点，在收敛时间上，比 MSDRE 和 PD 控制器至少快 10 倍。这主要得益于本章所提出的部分状态反馈预设性能控制方法能够先验地根据组合体执行器的控制能力，预先预设相应的瞬态性能（图 8-5、图 8-6 和表 8-1）。

（2）图 8-7 给出了三种控制方法下的组合体姿态跟踪误差，从图中可以看出，在本章所提出的部分状态反馈预设性能控制方法作用下，组合体的累计误差是最小的，因此其瞬态性能在三种控制方法中是最优的。图 8-8 的结果验证了 8.2 节中控制方法稳定性证明的正确性。

（3）图 8-9 表明 8.3.2 节鲁棒控制分配算法在反作用飞轮存在物理约束以及不确定性条件下能够获得最优的反作用飞轮输出力矩。

（4）从表 8-1 中可以看到，本章提出的部分状态反馈预设性能方法与 PD 控制方法在时间复杂度上是相当的，因此具有很好的在线应用潜力。

2. 仿真算例 2——Monte Carlo 打靶下的三种控制方法性能对比

为了进一步验证提出的部分状态反馈预设性能控制方法在预设姿态系统瞬态性能与稳态性能方面的优势，仿真算例 2 通过 30 组蒙特卡罗打靶，给出了三种控制方法下的组合体姿态收敛分布结果。仿真中组合体初始的角度和角速度分别在区间 $[-10°, 10°]$ 和 $[-0.01, 0.01]\,\mathrm{rad/s}$ 上随机选取。外界干扰取幅值为 0.01 的随机干扰，且假设有 20%的惯性参数不确定性，其他参数设置同仿真算例 1。三种控制方法蒙特卡罗打靶仿真结果如图 8-11～图 8-15 所示。

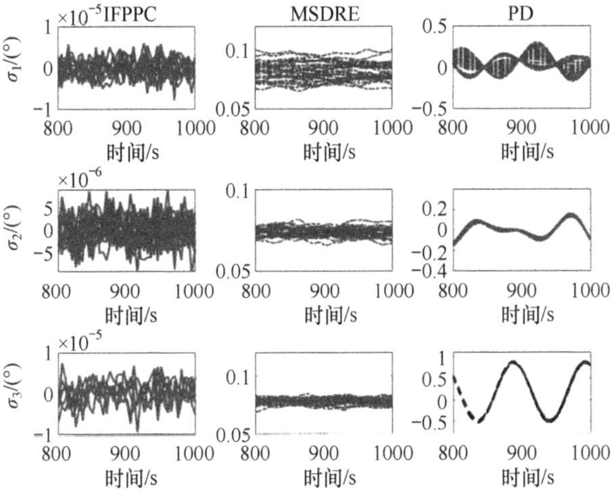

图 8-11　组合体姿态局部打靶图

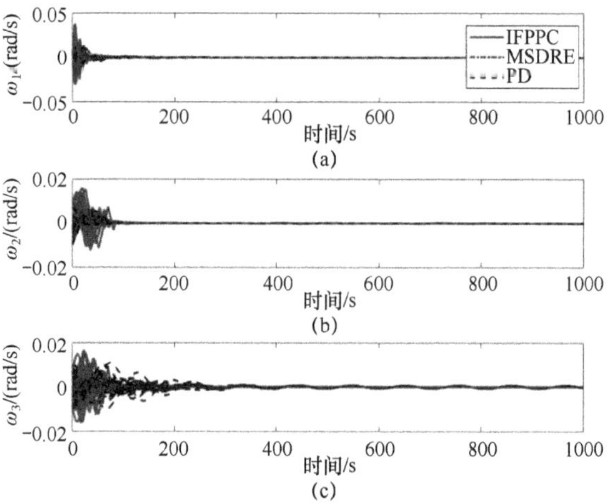

图 8-12 组合体角速度蒙特卡罗打靶图

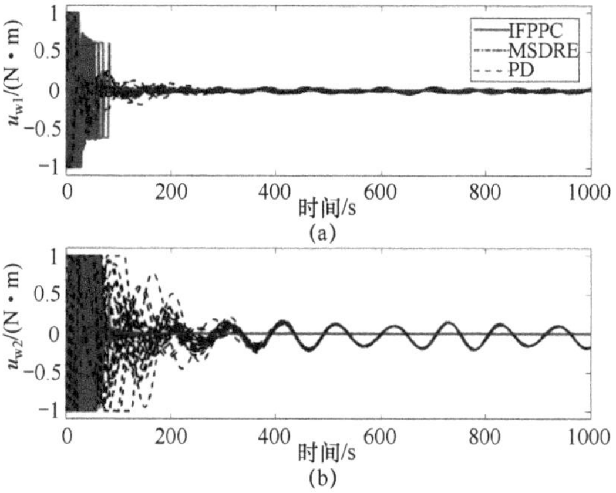

图 8-13 组合体反作用飞轮 1 和 2 力矩输出图

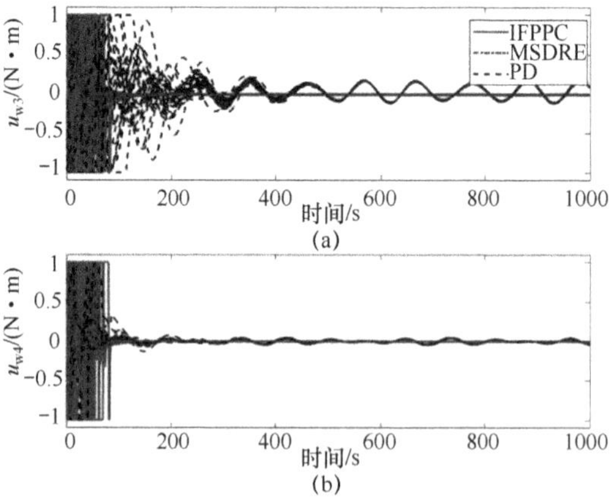

图 8-14 组合体反作用飞轮 3 和 4 力矩输出图

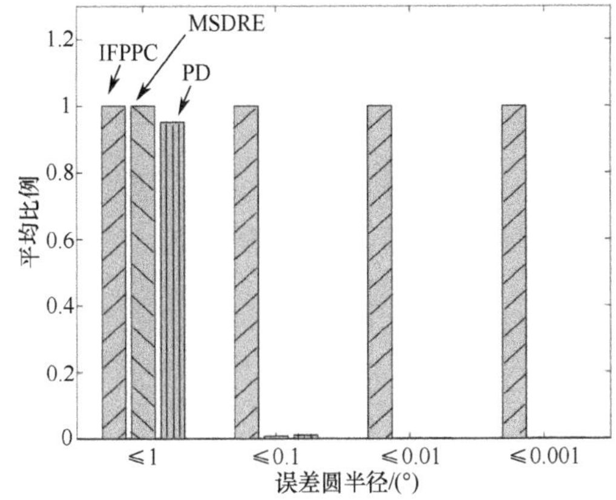

图 8-15　组合体 500 s 后姿态平均误差的分布统计图（平均比例指的是 30 次打靶实验的姿态平均误差落在对应误差半径圆内的比例）

从图 8-11～图 8-15 中的仿真结果，可以得如下结论。

（1）图 8-11 和图 8-12 的结果表明在本章提出的部分状态反馈预设性能方法作用下，组合体的姿态误差精度控制在10^{-5}(°)水平，相比 MSDRE 和 PD 控制器，控制精度提升了约 3 个数量级。同时，图 8-11 也给出了 500 s 后三种控制方法的姿态误差分布范围，从图中可以清晰地看出，在所提出的部分状态反馈预设性能控制方法作用下，组合体的姿态跟踪系统的控制精度更高。

（2）图 8-12 和图 8-15 的打靶仿真结果也表明在所提出的部分状态反馈预设性能控制方法作用下，姿态的收敛速度更快。除此之外，图 8-13 和图 8-14 的仿真结果表明设计的控制力矩在 8.3.1 节的控制分配算法下得到了有效分配。

由综合仿真算例 1 和仿真算例 2 可以得到：对于抓捕后的组合体，在未知惯性参数以及未知角速度下，设计的惯性参数无关的预设性能控制器能够很好地预设组合体姿态误差系统的瞬态性能与稳态性能。同时，所设计的控制器在时间复杂度上与 PD 控制器相当，因此具有潜在的在线应用价值。

3. 仿真算例 3——三种不同微分观测器性能对比

在仿真算例 1 和仿真算例 2 中，式（8-25）中的控制器是依赖 8.2.2 节中设计的有限时间微分观测器进行设计的。为了进一步验证 8.2.2 节中微分观测器的有效性，在仿真算例 3 中，加入了基于二阶滑模微分器（SMD）以及连续有限时间微分器（CFTD）的仿真进行对比，并分为考虑和不考虑测量噪声两种工况进行仿真研究。

SMD 与 CFTD 的具体形式如下

$$\begin{cases}\dot{\zeta}_{11}(t)=-m_{11}\left|\zeta_{11}(t)-\alpha_0(t)\right|^{1/2}\operatorname{sign}(\zeta_{11}(t)-\alpha_0(t))+\zeta_{12}(t)\\ \dot{\zeta}_{12}(t)=-m_{12}\operatorname{sign}(\zeta_{12}(t)-\alpha_0(t))\end{cases}\tag{8-62}$$

$$\begin{cases}\dot{\zeta}_{21}(t)=\zeta_{22}(t)-m_{21}\left|\zeta_{21}(t)-\alpha_0(t)\right|^{(m_{30}+1)/2}\operatorname{sign}(\zeta_{21}(t)-\alpha_0(t))\\ \dot{\zeta}_{22}(t)=-m_{22}\left|\xi_{21}(t)-\alpha_0(t)\right|^{m_{30}}\operatorname{sign}(\zeta_{21}(t)-\alpha_0(t))\end{cases} \tag{8-63}$$

其中：m_{11}、m_{12}、m_{21}、m_{22}、m_{30} 为正的待设计参数；α_0 为输入信号。

在仿真中，输入信号假设由如下微分系统产生：

$$\begin{cases}\dot{x}_{d1}(t)=x_{d2}(t)\\ \dot{x}_{d2}(t)=-\dfrac{1}{2}\sin(t)-3\sin(3t)\\ \alpha_0=x_{d1}\end{cases} \tag{8-64}$$

其中：x_{d1}、x_{d2} 为状态变量。

（1）工况 1——无测量噪声。

在此工况下，不考虑测量噪声的影响，三种微分器的参数设置如下：$\pi=11, \lambda_1=\lambda_2=3, \ell_1=1, \ell_2=0.15, m_{11}=10, m_{12}=20, m_{21}=10, m_{22}=25, m_{30}=0.5$。无测量噪声工况下的仿真结果如图 8-16～图 8-19 所示，图中的 HFTCD 是本章提出的有限时间微分观测器。

从图 8-16～图 8-19 可以看出，在无测量噪声工况下，本章提出的 HFTCD 对输入信号及其导数的跟踪效果与式（8-63）中的 CFTD 观测器相当，即在 2 s 内可以实现对输入信号及其一阶导数的跟踪。

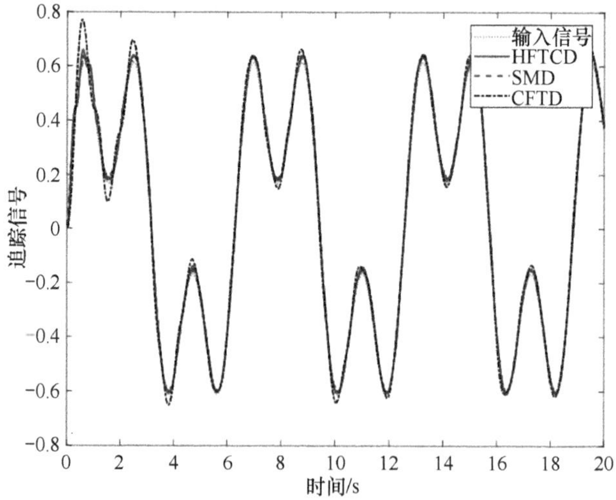

图 8-16　三种微分观测器跟踪输出图（无测量噪声）

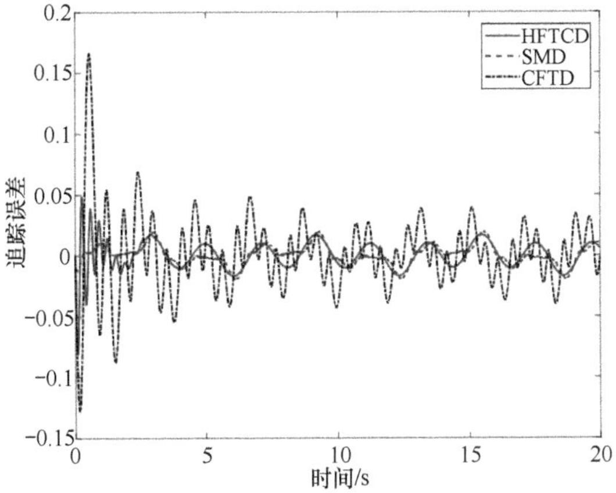

图 8-17　三种微分观测器跟踪误差输出图（无测量噪声）

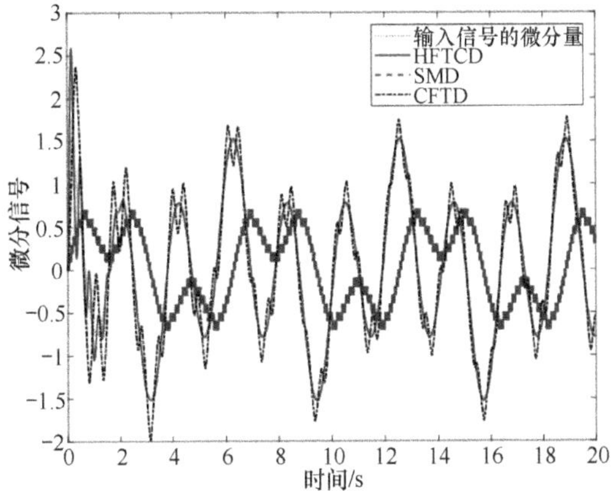

图 8-18　三种微分观测器微分跟踪输出图（无测量噪声）

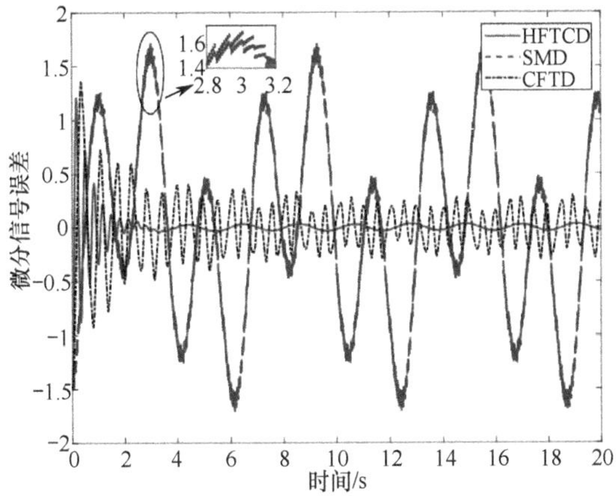

图 8-19　三种微分观测器微分跟踪误差输出图（无测量噪声）

（2）工况 2——有测量噪声。

为了进一步验证微分观测器的鲁棒性，在工况 2 中，在输入信号 α_0 中加入如下形式的噪声：

$$d_t=0.006\left(1+\sin\left(\frac{3.14t}{125}\right)+\sin\left(\frac{3.14t}{200}\right)\right)+0.006\text{wgn}(1) \tag{8-65}$$

其中： wgn(1) 为强度为 5dB 的随机高斯噪声。

在此测量噪声下，仿真结果如图 8-20～图 8-23 所示。从这些仿真结果可以很容易发现，本章提出的 HFTCD 微分观测器具有较强的鲁棒性，即在 3 s 左右，有噪声环境下的输入信号及其一阶微分量可以被很好地跟踪上，而 SMD 微分器的观测效果最差。

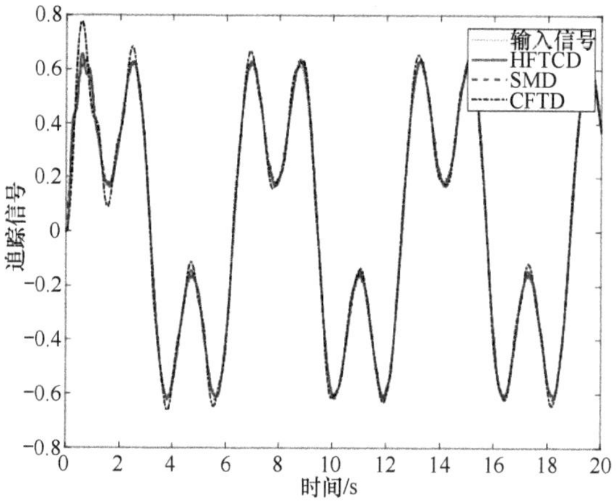

图 8-20　三种微分观测器跟踪输出图（有测量噪声）

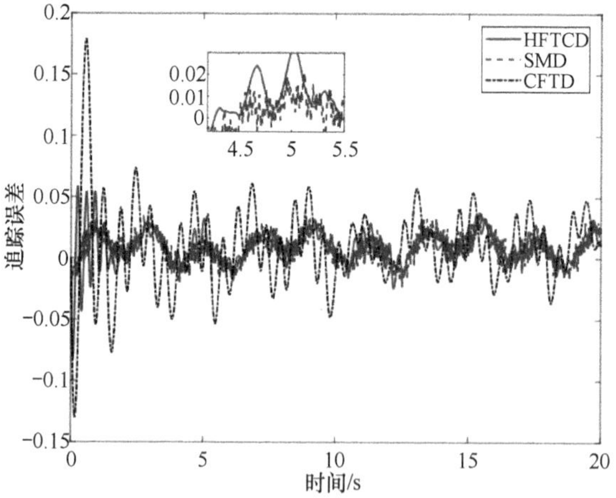

图 8-21　三种微分观测器跟踪误差输出图（有测量噪声）

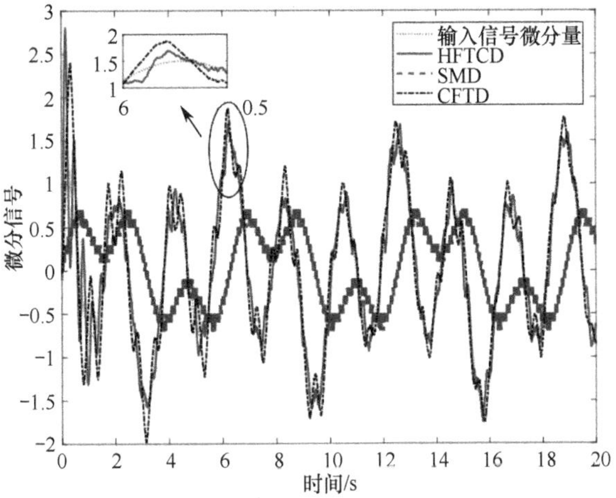

图 8-22　三种微分观测器微分跟踪输出图（有测量噪声）

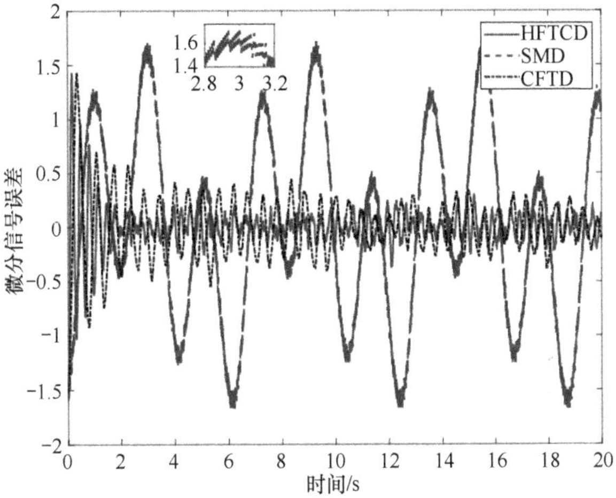

图 8-23　三种微分观测器微分跟踪误差输出图（有测量噪声）

综合分析工况 1 与工况 2 的仿真结果，可以得出本章提出的有限时间微分观测器在跟踪精度和鲁棒性上都具有很好的优势。除此之外，对比式（8-16）与式（8-62）和式（8-63）中微分器的形式，可以看出，本章提出的微分器不包含符号函数以及分数阶参量，因此本章设计的微分观测器形式更简单，更易于在线实现。

8.4 本章小结

本章针对通用二阶非线性系统的控制问题，在未知系统非线性参数和速度测量信息的情况下，基于有限时间微分观测器将全状态反馈预设性能控制器设计推广到部分状态反馈预设性能控制器设计，形成了基于有限时间微分观测器的部分状态反馈的预设性能控制方法。通过组合体航天器姿态稳定控制仿真研究，验证了基于有限时间微分观测器的部分状态反馈预设性能控制方法的有效性。

相比于现有的状态观测器设计方法和航天器姿态控制方法，本章提出的基于有限时间微分观测器的部分状态反馈预设性能控制方法具有三点优势：①本章提出和设计的微分观测器形式简单，不包含符号函数以及分数阶参量，易于在线实现；②本章提出和设计的微分观测器可以实现有限时间内对未知速度的高精度观测；③基于微分观测器设计的预设性能控制器不依赖系统未知参数，仅仅依赖于组合体航天器可测的姿态信息，因此在实际工程中更实用。此外，通过算例仿真可以看出，本章提出的基于微分观测器的部分状态反馈预设性能控制方法在预设组合体航天器姿态系统的瞬态性能与稳态性能上具有优势。

相比于第 2～7 章，本章主要解决了在部分状态信息缺失情况下的系统预设性能控制问题，因此在实际工程中具有更好的适应性。同时，本章提出的有限时间微分观测器可以推广应用到其他二阶连续系统的速度观测中，具有普适性。

参考文献

[1] Bechlioulis C P, Rovithakis G A. Robust adaptive control of feedback linearizable MIMO nonlinear systems with prescribed performance[J]. IEEE Transactions on Automatic Control, 2008, 53(9): 2090-2099.

[2] Zhao K, Song Y, Ma T, et al. Prescribed performance control of uncertain Euler–Lagrange systems subject to full-state constraints[J]. IEEE Transactions on Neural Networks and Learning Systems, 2017, 29(8): 3478-3489.

[3] Huang X, Biggs J D, Duan G. Post-capture attitude control with prescribed performance[J]. Aerospace Science and Technology, 2019: 105572.

[4] Wang X, Wu Q, Yin X. Adaptive finite-time prescribed performance control of switched nonlinear systems with unknown actuator dead-zone[J]. International Journal of Systems Science, 2019: 1-13.

[5] 魏才盛，罗建军，殷泽阳．航天器姿态预设性能控制方法综述[J]．宇航学报，2019，40(10): 1167-1178.

[6] Li H, Wu C, Yin S, et al. Observer-based fuzzy control for nonlinear networked systems under unmeasurable premise variables[J]. IEEE Transactions on Fuzzy Systems, 2015, 24(5): 1233-1248.

[7] Hu Q, Jiang B. Continuous finite-time attitude control for rigid spacecraft based on angular velocity observer[J]. IEEE Transactions on Aerospace and Electronic Systems, 2017, 54(3): 1082-1092.

[8] 沈艳军，刘万海，张勇. J类非线性系统全局有限时间观测器设计[J]. 控制理论与应用，2010, 27(5).

[9] Huo B, Xia Y, Lu K, et al. Adaptive fuzzy finite-time fault-tolerant attitude control of rigid spacecraft[J]. Journal of the Franklin Institute, 2015, 352(10): 4228-4248.

[10] Han J. From PID to active disturbance rejection control[J]. IEEE transactions on Industrial Electronics, 2009, 56(3): 900-908.

[11] Chen M, Tao G. Adaptive fault-tolerant control of uncertain nonlinear large-scale systems with unknown dead zone[J]. IEEE Transactions on Cybernetics, 2015, 46(8): 1851-1862.

[12] Wei C, Luo J, Dai H, et al. Low-complexity differentiator-based decentralized fault-tolerant control of uncertain large-scale nonlinear systems with unknown dead zone[J]. Nonlinear Dynamics, 2017, 89(4): 2573-2592.

[13] 陈国培，杨莹，李俊民. 非线性系统有限时间稳定的一个新的充分条件[J]. 控制与决策，2011, 26(6): 837-840.

[14] Wang X, Chen Z, Yang G. Finite-time-convergent differentiator based on singular perturbation technique[J]. IEEE Transactions on Automatic Control, 2007, 52(9): 1731-1737.

[15] Shen Q, Wang D, Zhu S, et al. Robust control allocation for spacecraft attitude tracking under actuator faults[J]. IEEE Transactions on Control Systems Technology, 2017, 25(3): 1068-1075.

[16] 王明. 空间机器人目标抓捕后姿态接管控制研究[D]. 西北工业大学，2015.

[17] 黄攀峰，鲁迎波，王明，等. 参数未知航天器的姿态接管控制[J]. 控制与决策，2017, 32(9): 1547-1555.

[18] Huang P, Wang M, Meng Z, et al. Attitude takeover control for post-capture of target spacecraft using space robot[J]. Aerospace Science and Technology, 2016, 51: 171-180.

[19] Chang H, Huang P, Zhang Y, et al. Distributed control allocation for spacecraft attitude takeover control via cellular space robot[J]. Journal of Guidance, Control, and Dynamics, 2018, 41(11): 2499-2506.

[20] Bartoszewicz A, Nowacka-Leverton A. ITAE optimal sliding modes for third-order systems with input signal and state constraints[J]. IEEE Transactions on Automatic Control, 2010, 55(8): 1928-1932.

09 第 9 章 典型航天任务的预设性能控制

9.1 引言

本书第 2～8 章分别介绍了静态、动态、有限时间、约定时间、事件驱动以及部分状态反馈的预设性能控制方法，并通过典型预设性能控制方法在刚性/柔性/分布式航天器姿态控制系统和机械臂系统等应用案例的仿真，验证了所提出方法的有效性。随着空间飞行器在轨服务与维护技术的飞速发展，对高品质、安全可靠的航天器控制系统提出了更高的需求[1-3]。预设性能控制作为一种能够预设受控系统性能、处理系统和任务层面存在的约束，以及具有强鲁棒性的非线性控制方法，得到了广泛关注。近年来，预设性能控制方法已经开始用于解决空间机械臂系统的抓捕轨迹跟踪控制问题[4,5]、航天器姿态跟踪控制问题[6-8]、平动点轨道交会问题[9]，以及高超声速飞行器和导弹的制导与控制问题等。

为了进一步凸显本书研究和提出的预设性能控制方法的优势和可拓展性，本章以三个典型的航天飞行控制任务为例，阐述其解决航天工程控制问题的解决方案和效果。在 9.2 节中，针对空间非合作目标的自主视线交会问题，应用第 6 章提出的约定时间预设性能控制方法，提出了一种约定时间可达的自主视线交会预设性能制导与控制方案。在 9.3 节中，针对空间绳系卫星的抛掷任务，结合第 7 章提出的事件驱动预设性能控制方法，提出了一种考虑输入饱和的抛掷任务事件驱动预设性能控制方法。在 9.4 节中，针对平动点轨道目标的交会问题，结合第 5 章提出的有限时间预设性能控制方法和第 8 章提出的部分状态反馈预设性能控制方法，提出了一种相对速度不可测情况下的平动点轨道交会有限时间预设性能控制方法。

9.2 空间非合作目标自主视线交会控制

空间自主交会是对目标进行在轨服务的前提，也是当前空间技术与应用领域的研究热点。由于空间非合作目标具有外形与动力学参数的先验信息少、缺少合作标识、可能存在翻滚、信息层面不沟通、机动行为不配合等特点，其交会轨迹规划与控制需要综合考虑交会过程中的不确定性、目标运动特性与后续操作的精度和安全性需求[10-12]。

在近距离交会阶段，追踪航天器需要利用星载设备可测量信息，自主地接近空间非合作目标并完成交会。由于非合作目标缺少合作测量标识且信息层面不沟通，因此追踪航天器需要自主测量目标的运动信息。一方面，追踪器可以使用激光雷达或微波雷达或者光学相机和仅测角导航获得与目标的相对距离信息；另一方面，追踪器可以使用光学相机和星敏感器获得目标的视线角信息。因此，采用视线坐标系进行相对运动描述，直接利用视线测量信息（相对距离和视线角）进行动力学建模和控制具有明确的物理和工程意义[13,14]。本节将基于第 6 章的约定时间预设性能控制方法，面向空间非合作目标自主视线交会任务中的制导和控制问题，研究并提出空间非合作目标自主视线交会的约定时间预设性能控制方法。

9.2.1 空间非合作目标视线交会问题描述

本节采用视线坐标系来描述追踪航天器与空间非合作目标交会的相对运动，视线坐标系定义如图 9-1 所示。首先要选择参考惯性坐标系 $O_I - X_I Y_I Z_I$。对于空间任务而言，参考惯性坐标系通常选取为地心惯性坐标系。通过将坐标系原点 O_I 移动到追踪航天器的质心 O_C 上，可以定义视线坐标系 $O_C - x_l y_l z_l$ 如下：x_l 自 O_C 指向目标航天器的质心 O_T；y_l 在平面 $O_C - X_I Y_I$ 内且与 x_l 垂直；z_l 通过右手旋转坐标系进行定义。在视线坐标系 $O_C - x_l y_l z_l$ 中，通过三维状态量 ρ、β 和 θ 来描述相对运动，其中 ρ 表示追踪航天器质心到目标航天器质心的标量距离；β 为视线倾角且定义为 Y_I 和 y_l 之间的夹角；θ 为视线偏角且定义为 $\tilde{x}_l$ 和 x_l 之间的夹角，其中 $\tilde{x}_l$ 为 x_l 在平面 $O_C - X_I Y_I$ 中的投影。值得注意的是，视线倾角 β 和视线偏角 θ 的定义分别满足 $\beta \in (-\pi, \pi)$ 和 $\theta \in (-\pi/2, \pi/2)$。

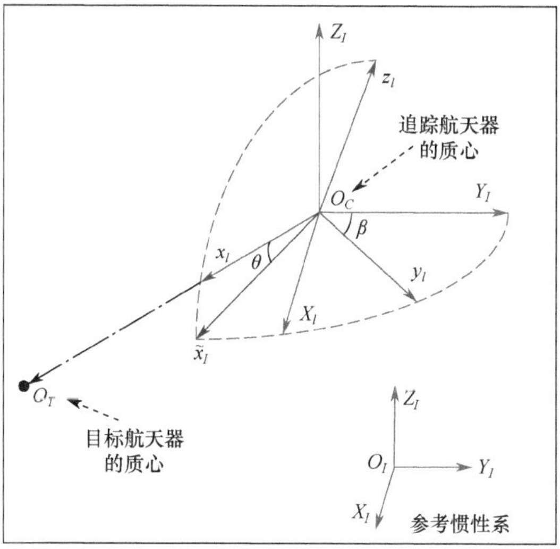

图 9-1 视线坐标系示意图

视线坐标系下航天器相对运动的动力学模型[14]为

$$
\begin{cases}
\rho-\rho(\dot{\theta}^2+\dot{\beta}^2\cos^2\theta)=u_{d1}+u_{t1}-u_1 \\
\rho\ddot{\beta}\cos\theta+2\dot{\rho}\dot{\beta}\cos\theta-2\rho\dot{\beta}\dot{\theta}\sin\theta=u_{d2}+u_{t2}-u_2 \\
\rho\ddot{\theta}+2\dot{\rho}\dot{\theta}+\rho\dot{\beta}^2\sin\theta\cos\theta=u_{d3}+u_{t3}-u_3
\end{cases} \tag{9-1}
$$

定义 $\boldsymbol{u}=[u_1,u_2,u_3]^{\mathrm{T}}\in\mathbb{R}^3$ 为追踪航天器的控制输入； $\boldsymbol{u}_t=[u_{t1},u_{t2},u_{t3}]^{\mathrm{T}}\in\mathbb{R}^3$ 为目标航天器的未知非合作输入，且可以通过 $\boldsymbol{u}_t=\boldsymbol{F}_t/m_t$ 来计算获得， $\boldsymbol{F}_t$ 和 m_t 分别为视线坐标系下目标航天器的推力和质量；外部组合干扰 $\boldsymbol{u}_d=[u_{d1},u_{d2},u_{d3}]^{\mathrm{T}}\in\mathbb{R}^3$ 可表示为

$$
\boldsymbol{u}_d=\boldsymbol{d}/m_c+\Delta\boldsymbol{g} \tag{9-2}
$$

其中： $\boldsymbol{d}\in\mathbb{R}^3$ 为外部干扰； m_c 为追踪航天器的质量； $\Delta\boldsymbol{g}\in\mathbb{R}^3$ 为视线坐标系中的引力差项。

通过定义 $\boldsymbol{p}:=[\rho,\beta,\theta]^{\mathrm{T}}\in\mathbb{R}^3$，式（9-1）中的相对运动动力学模型可以转化为如下所示的欧拉−拉格朗日型非线性系统的形式：

$$
\boldsymbol{M}(\boldsymbol{p})\ddot{\boldsymbol{p}}+\boldsymbol{C}(\boldsymbol{p},\dot{\boldsymbol{p}})\dot{\boldsymbol{p}}=\boldsymbol{B}(\boldsymbol{p})(-\boldsymbol{u}+\boldsymbol{u}_d+\boldsymbol{u}_t) \tag{9-3}
$$

其中

$$
\boldsymbol{M}(\boldsymbol{p})=\begin{bmatrix}1 & 0 & 0\\ 0 & \rho^2\cos^2\theta & 0\\ 0 & 0 & \rho^2\end{bmatrix}, \tag{9-4a}
$$

$$
\boldsymbol{B}(\boldsymbol{p})=\begin{bmatrix}1 & 0 & 0\\ 0 & \rho\cos\theta & 0\\ 0 & 0 & \rho\end{bmatrix} \tag{9-4b}
$$

$$
\boldsymbol{C}(\boldsymbol{p},\dot{\boldsymbol{p}})=\begin{bmatrix}0 & -\rho\dot{\beta}\cos^2\theta & -\rho\dot{\theta}\\ \rho\dot{\beta}\cos^2\theta & \rho\dot{\rho}\cos^2\theta-\rho^2\dot{\theta}\sin\theta\cos\theta & -\rho^2\dot{\beta}\sin\theta\cos\theta\\ \rho\dot{\theta} & \rho^2\dot{\beta}\sin\theta\cos\theta & \rho\dot{\rho}\end{bmatrix} \tag{9-4c}
$$

通过分析可知上述动力学模型中 $\boldsymbol{M}(\boldsymbol{p})$ 和 $\boldsymbol{C}(\boldsymbol{p},\dot{\boldsymbol{p}})$ 满足第 6 章中的**性质 6.1** 至**性质 6.3**。此外，引力差项 $\Delta\boldsymbol{g}$ 满足如下引理：

引理 9-1[14] 存在未知常数 $C_g>0$ 满足 $\|\Delta\boldsymbol{g}\|\leqslant C_g\|\boldsymbol{p}\|$ 恒成立。

为了保证追踪航天器与空间非合作目标交会过程的安全性，交会过程中需要考虑的主要约束如图 9-2 所示。考虑空间非合作目标是一个刚体而不是一个质点，通过定义禁飞区来保证追踪航天器和非合作目标不发生碰撞。追踪航天器应该沿着对接轴线来接近空间非合作目标并完成交会，从而避免进入禁飞区，并为后续的抓捕操控提供有利条件。在实际工况中，由于外部干扰、目标非合作机动和控制误差的存在，追踪航天器往往无法精确地沿着对接轴线接近空间非合作目

标。一个可行的方案是沿着对接轴线定义一个交会走廊。只要追踪航天器始终处于交会走廊以内，就能避免进入空间非合作目标的禁飞区，从而保障接近和交会过程的安全。

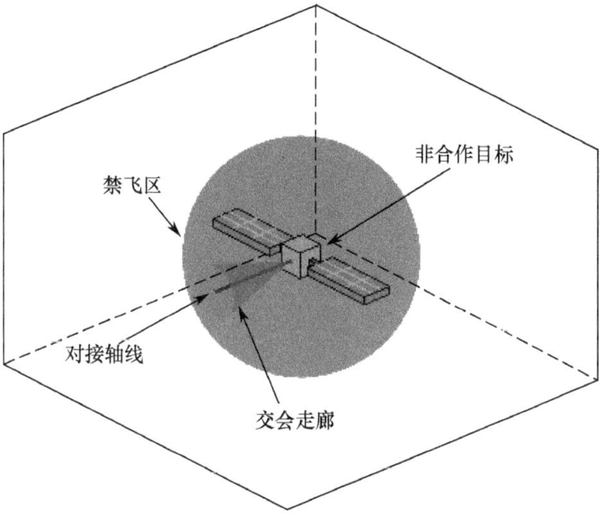

图 9-2　空间非合作目标交会过程中的约束示意图

为了在式（9-3）中的运动模型中考虑上述约束并完成交会任务，在视线坐标系中定义期望最终状态 $\boldsymbol{p}_f := [\rho_f, \beta_f, \theta_f]^{\mathrm{T}} \in \mathbb{R}^3$。如果系统状态 $\boldsymbol{p}$ 能够在预设收敛时间 T 内以给定误差到达期望最终状态 $\boldsymbol{p}_f$，且不违反交会约束，则可以认定空间交会任务成功。期望状态中，ρ_f 为追踪航天器到目标的最终距离，由具体交会任务和控制需求给出。此外，通过定义参考惯性坐标系中的对接轴线单位矢量为 $\boldsymbol{x}_f = [x_{f1}, x_{f2}, x_{f3}]^{\mathrm{T}} \in \mathbb{R}^3$，则期望状态 β_f 和 θ_f 可由下式计算：

$$\begin{bmatrix} 1 \\ 0 \\ 0 \end{bmatrix} = \boldsymbol{R}_{lI} \boldsymbol{x}_f = \begin{bmatrix} \cos\theta_f \cos\beta_f & \cos\theta_f \sin\beta_f & \sin\theta_f \\ -\sin\beta_f & \cos\beta_f & 0 \\ -\sin\theta_f \cos\beta_f & -\sin\theta_f \sin\beta_f & \cos\theta_f \end{bmatrix} \begin{bmatrix} x_{f1} \\ x_{f2} \\ x_{f3} \end{bmatrix} \tag{9-5}$$

其中：$\boldsymbol{R}_{lI} \in \mathbb{R}^{3\times 3}$ 为参考惯性坐标系到视线坐标系的旋转矩阵。

对式（9-5）求解可以得到：

$$\begin{cases} \sin\beta_f = -x_{f2} \\ \tan\theta_f = -x_{f3} / x_{f1} \end{cases} \tag{9-6}$$

注 9-1　期望最终视线角 β_f 和 θ_f 可以为固定值，也可是时变的。固定的 β_f 和 θ_f 表明在整个交会过程中，空间非合作目标的对接轴线在参考惯性坐标系中保持不变，即目标绕固定轴旋转，是一种相对简单的工况。而时变的 β_f 和 θ_f 表明考虑的空间非合作目标是翻滚目标。

基于上述问题描述和交会方案，同时考虑到大多数空间交会任务对完成时间的要求，本节研究基于约定时间预设性能控制的空间翻滚非合作目标自主交会制导与控制问题。

9.2.2 空间自主交会的约定时间预设性能控制

为解决空间非合作目标自主视线交会中的制导与控制问题，本节首先改进了第 5 章提出的约定时间性能函数。改进后的性能函数 $\alpha(t)$ 如下：

$$\begin{cases}\alpha(0)=\alpha_0\\ \dot{\alpha}(t)=-\mu\left|\alpha(t)-\alpha_T\right|^{\gamma}\operatorname{sign}(\alpha(t)-\alpha_T)\end{cases} \tag{9-7}$$

其中：$1/2<\gamma<1$；$\mu=\left|\alpha_0-\alpha_T\right|^{1-\gamma}/(1-\gamma)/T$；$\alpha_0$ 和 α_T 分别为性能函数 $\alpha(t)$ 的初值和终值。

值得注意的是，式（9-7）中的性能函数 $\alpha(t)$ 对于任意的初值 $\alpha_0\in\mathbb{R}$ 和终值 $\alpha_T\in\mathbb{R}$，均能保证 $\alpha(t)=\alpha_T,\ \forall t\geqslant T$。

随后，定义相对运动状态 $\boldsymbol{e}(t)=[e_\rho(t),e_\beta(t),e_\theta(t)]^{\mathrm{T}}$ 为

$$\boldsymbol{e}(t)=\begin{bmatrix}e_\rho(t)\\ e_\beta(t)\\ e_\theta(t)\end{bmatrix}=\boldsymbol{p}(t)-\boldsymbol{p}_f(t)=\begin{bmatrix}\rho(t)-\rho_f(t)\\ \beta(t)-\beta_f(t)\\ \theta(t)-\theta_f(t)\end{bmatrix} \tag{9-8}$$

由式（9-8）可知，交会控制任务需要相对运动状态 $\boldsymbol{e}(t)$ 在预设收敛时间 T 内收敛到 0。根据第 6 章中约定时间预设性能控制方法的含义，可以直接为 $\boldsymbol{e}(t)$ 施加式（9-7）中的约定时间性能函数使其满足上下界约束 $-\alpha(t)<e_i(t)<\alpha(t)$ $(i=\rho,\beta,\theta)$。然而，值得注意的是，在 $\boldsymbol{e}(t)$ 的收敛过程中，图 9-2 中的约束是可能被违反的，无法保证交会任务的完成。

为了解决上述问题，设计一种能够考虑图 9-2 中约束的约定时间可达交会走廊。约定时间可达交会走廊示意图如图 9-3 所示，该交会走廊在视线坐标系下的示意图由图 9-3（a）给出。为了考虑禁飞区约束，首先定义安全距离 ρ_{safe} 使其满足 $\rho_{\text{safe}}>\rho_f>0$。$\rho_{\text{safe}}$ 的定义表示当 $\rho>\rho_{\text{safe}}$ 时，追踪航天器始终处于禁飞区以外。约定时间可达交会走廊的主要设计思路为：保证视线角 β 和 θ 完成收敛时，追踪航天器始终处于禁飞区以外。当视线角 β 和 θ 收敛完成后，即 $e_\beta(t)$ 和 $e_\theta(t)$ 收敛完成后，追踪航天器已经到达非合作目标的对接轴线上，且位于禁飞区以外。随后，追踪航天器可以沿着对接轴线接近非合作目标，且一定不会进入目标的禁飞区。这种完成安全接近和交会的约定时间可达交会走廊的具体设计过程有以下三步。

第一步：设计相对距离 $e_\rho(t)$ 的边界。

显然，$e_\rho(t)$ 的收敛时间是交会任务的总时间 T，基于式（9-4）中的性能函数，$e_\rho(t)$ 的上界 $\bar{\alpha}_\rho(t)$ 和下界 $\underline{\alpha}_\rho(t)$ 可以设计为

$$\begin{cases}\bar{\alpha}_\rho(0)=\bar{\alpha}_{\rho,0}=e_\rho(0)+\eta_{\rho,0}=\rho(0)-\rho_f+\eta_{\rho,0}\\ \dot{\bar{\alpha}}_\rho(t)=-\bar{\mu}_\rho\left|\bar{\alpha}_\rho(t)-\bar{\alpha}_{\rho,T}\right|^\gamma \operatorname{sign}(\bar{\alpha}_\rho(t)-\bar{\alpha}_{\rho,T})\\ \bar{\mu}_\rho=\left|\bar{\alpha}_{\rho,0}-\bar{\alpha}_{\rho,T}\right|^{1-\gamma}\Big/(1-\gamma)/T,\quad \bar{\alpha}_{\rho,T}=\eta_{\rho,T}\end{cases} \tag{9-9}$$

$$\begin{cases}\underline{\alpha}_\rho(0)=\underline{\alpha}_{\rho,0}=e_\rho(0)-\eta_{\rho,0}=\rho(0)-\rho_f-\eta_{\rho,0}\\ \dot{\underline{\alpha}}_\rho(t)=-\underline{\mu}_\rho\left|\underline{\alpha}_\rho(t)-\underline{\alpha}_{\rho,T}\right|^\gamma \operatorname{sign}(\underline{\alpha}_\rho(t)-\underline{\alpha}_{\rho,T})\\ \underline{\mu}_\rho=\left|\underline{\alpha}_{\rho,0}-\underline{\alpha}_{\rho,T}\right|^{1-\gamma}\Big/(1-\gamma)/T,\quad \underline{\alpha}_{\rho,T}=-\eta_{\rho,T}\end{cases} \tag{9-10}$$

其中：$\bar{\alpha}_{\rho,0}$ 和 $\underline{\alpha}_{\rho,0}$ 分别为 $\bar{\alpha}_\rho(t)$ 和 $\underline{\alpha}_\rho(t)$ 的初值；$\bar{\alpha}_{\rho,T}$ 和 $\underline{\alpha}_{\rho,T}$ 分别为其终值；$\eta_{\rho,0}$ 和 $\eta_{\rho,T}$ 为相对距离的初值容许误差和最终容许误差，可根据具体交会任务和控制要求进行设计或给定。

若下式中的上、下界约束始终成立，则相对距离 $e_\rho(t)$ 将会在预设收敛时间 T 以内进入稳定域 $(-\eta_{\rho,T},\eta_{\rho,T})$，即

$$\underline{\alpha}_\rho(t)<e_\rho(t)<\bar{\alpha}_\rho(t) \tag{9-11}$$

第二步：确定视线角的收敛时间 T_{safe}。

视线角 $\beta(t)$ 和 $\theta(t)$ 期望能够在追踪航天器进入空间非合作目标的禁飞区之前以预设的误差范围完成对期望最终视线角 $\beta_f(t)$ 和 $\theta_f(t)$ 的跟踪。由于 $e_\rho(t)$ 的上下界在第一步中已由式（9-9）和式（9-10）给出，因此当性能下界 $\underline{\alpha}_\rho(t)$ 等于安全距离与最终距离的差值时，能够保证追踪航天器始终位于禁飞区以外。定义该时刻为视线角的收敛时间 T_{safe}，且可以由下式计算得到，即

$$T_{\text{safe}}=\arg_t\{\underline{\alpha}_\rho(t)=\rho_{\text{safe}}-\rho_f\} \tag{9-12}$$

第三步：设计视线角的性能边界。

与第一步类似，基于式（9-4）中的性能函数，相对视线倾角 $e_\beta(t)$ 的上界 $\bar{\alpha}_\beta(t)$ 和下界 $\underline{\alpha}_\beta(t)$ 可以分别设计为

$$\begin{cases}\bar{\alpha}_\beta(0)=\bar{\alpha}_{\beta,0}=e_\beta(0)+\eta_{\beta,0}=\beta(0)-\beta_f+\eta_{\beta,0}\\ \dot{\bar{\alpha}}_\beta(t)=-\bar{\mu}_\beta\left|\bar{\alpha}_\beta(t)-\bar{\alpha}_{\beta,T}\right|^\gamma \operatorname{sign}(\bar{\alpha}_\beta(t)-\bar{\alpha}_{\beta,T})\\ \bar{\mu}_\beta=\left|\bar{\alpha}_{\beta,0}-\bar{\alpha}_{\beta,T}\right|^{1-\gamma}\Big/(1-\gamma)/T_{\text{safe}},\quad \bar{\alpha}_{\beta,T}=\eta_{\beta,T}\end{cases} \tag{9-13}$$

$$\begin{cases}\underline{\alpha}_\beta(0)=\underline{\alpha}_{\beta,0}=e_\beta(0)-\eta_{\beta,0}=\beta(0)-\beta_f-\eta_{\beta,0}\\ \dot{\underline{\alpha}}_\beta(t)=-\underline{\mu}_\beta\left|\underline{\alpha}_\beta(t)-\underline{\alpha}_{\beta,T}\right|^\gamma \operatorname{sign}(\underline{\alpha}_\beta(t)-\underline{\alpha}_{\beta,T})\\ \underline{\mu}_\beta=\left|\underline{\alpha}_{\beta,0}-\underline{\alpha}_{\beta,T}\right|^{1-\gamma}\Big/(1-\gamma)/T_{\text{safe}},\quad \underline{\alpha}_{\beta,T}=-\eta_{\beta,T}\end{cases} \tag{9-14}$$

其中：$\bar{\alpha}_{\beta,0}$ 和 $\underline{\alpha}_{\beta,0}$ 分别为性能函数 $\bar{\alpha}_\beta(t)$ 和 $\underline{\alpha}_\beta(t)$ 的初值；$\bar{\alpha}_{\beta,T}$ 和 $\underline{\alpha}_{\beta,T}$ 为其终值；$\eta_{\beta,0}$ 和 $\eta_{\beta,T}$ 为视线倾角的初始容许误差和最终容许误差，可根据具体交会任务和控制要求进行设计。

值得说明的是，性能函数 $\bar{\alpha}_\beta(t)$ 和 $\underline{\alpha}_\beta(t)$ 的收敛时间为 T_{safe}，已在第二步中给出。

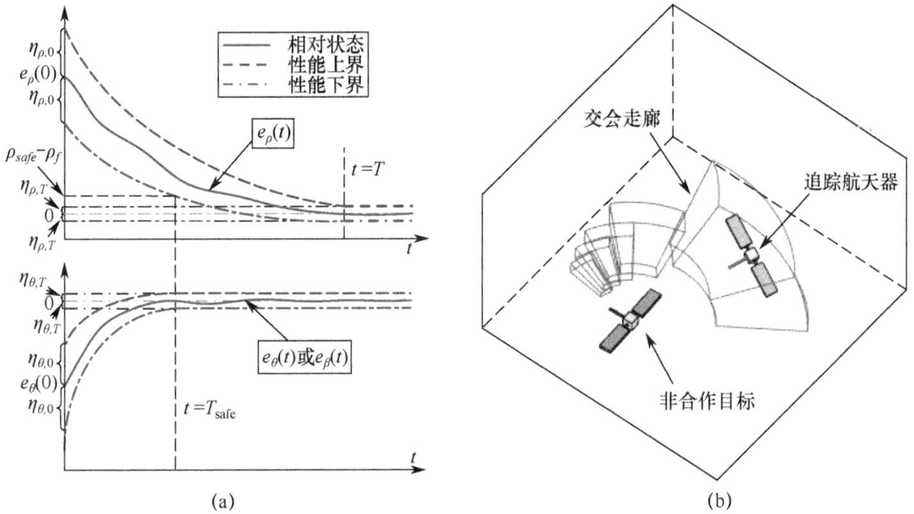

图 9-3 约定时间可达交会走廊示意图

（a）视线坐标系下的示意图；（b）三维空间示意图。

对于相对视线偏角 $e_\theta(t)$，其上、下界性能函数 $\bar{\alpha}_\theta(t)$ 和 $\underline{\alpha}_\theta(t)$ 及其相应的参数 $\bar{\alpha}_{\theta,0}$，$\underline{\alpha}_{\theta,0}$，$\eta_{\theta,0}$ 和 $\eta_{\theta,T}$ 的定义与式（9-13）和式（9-14）基本相同，此处不再赘述。$\bar{\alpha}_\theta(t)$ 和 $\underline{\alpha}_\theta(t)$ 的收敛时间同样为 T_{safe}。

因此，若式（9-15）中的上、下界约束始终成立，即

$$\begin{cases}\underline{\alpha}_\beta(t)<e_\beta(t)<\bar{\alpha}_\beta(t)\\ \underline{\alpha}_\theta(t)<e_\theta(t)<\bar{\alpha}_\theta(t)\end{cases} \tag{9-15}$$

则相对视线角 $e_\beta(t)$ 和 $e_\theta(t)$ 将会在预设收敛时间 T_{safe} 以内分别进入稳定域 $(-\eta_{\beta,T},\eta_{\beta,T})$ 和 $(-\eta_{\theta,T},\eta_{\theta,T})$ 中，

三维空间下约定时间可达交会走廊的示意图由图 9-3（b）给出，从图中可以看出，追踪航天器的质心被限定在交会走廊的约束空间中。随着时间的推移，约束空间不断缩小和移动，进而驱使追踪航天器在不进入空间非合作目标禁飞区的

情况下，自主完成视线交会任务。

为了实现式（9-11）和式（9-15）中的上、下界约束，定义如下所示的状态误差变量$\boldsymbol{\varepsilon}(t)=[\varepsilon_\rho(t),\varepsilon_\beta(t),\varepsilon_\theta(t)]^{\mathrm{T}}\in\mathbb{R}^3$：

$$\boldsymbol{\varepsilon}(t)=\boldsymbol{e}(t)-\boldsymbol{\alpha}_\varepsilon(t) \tag{9-16}$$

其中：$\boldsymbol{\alpha}_\varepsilon(t)=[\alpha_\rho(t),\alpha_\beta(t),\alpha_\theta(t)]^{\mathrm{T}}\in\mathbb{R}^3$ 且 $\alpha_i(t)=(\overline{\alpha}_i(t)+\underline{\alpha}_i(t))/2(i=\rho,\beta,\theta)$ 。

基于第 6 章提出的约定时间控制框架和方法，定义下式所示的线性流形：

$$\boldsymbol{y}(t)=\boldsymbol{\lambda}\boldsymbol{\varepsilon}(t)+\dot{\boldsymbol{\varepsilon}}(t) \tag{9-17}$$

其中：$\boldsymbol{\lambda}=\mathrm{diag}(\lambda_\rho,\lambda_\beta,\lambda_\theta)$ 为正定参数矩阵。

对线性流形 $\boldsymbol{y}(t)$ 施加约定时间性能函数 $\boldsymbol{\alpha}_y(t)=[\alpha_{y,\rho}(t),\alpha_{y,\beta}(t),\alpha_{y,\theta}(t)]^{\mathrm{T}}$ ，则有

$$-\alpha_{y,i}(t)\leqslant y_i(t)\leqslant\alpha_{y,i}(t) \tag{9-18}$$

其中

$$\begin{cases}\alpha_{y,i}(0)=\alpha_{y,i,0}\\ \dot{\alpha}_{y,i}(t)=-\mu_{y,i}\left|\alpha_{y,i}(t)-\alpha_{y,i,T}\right|^{\gamma}\mathrm{sign}(\alpha_{y,i}(t)-\alpha_{y,i,T}),(i=\rho,\beta,\theta)\\ \mu_{y,i}=\left|\alpha_{y,i,0}-\alpha_{y,i,T}\right|^{1-\gamma}\Big/(1-\gamma)/T_i\end{cases} \tag{9-19}$$

$\alpha_{y,i,0}>|y_i(0)|$ 和 $\alpha_{y,i,T}>0$ 分别为性能函数 $\alpha_{y,i}(t)$ 的初值和终值，且有

$$T_i=\begin{cases}T, & i=\rho\\ T_{\mathrm{safe}}, & i=\beta \text{ or } \theta\end{cases} \tag{9-20}$$

本节采用对称的正切型无约束化映射函数对约束状态量 $\boldsymbol{\varepsilon}(t)$ 和 $\boldsymbol{y}(t)$ 进行无约束化映射，映射函数分别定义为 $\boldsymbol{\hbar}_\varepsilon=[\hbar_{\varepsilon,\rho},\hbar_{\varepsilon,\beta},\hbar_{\varepsilon,\theta}]^{\mathrm{T}}$ 和 $\boldsymbol{\hbar}_y=[\hbar_{y,\rho},\hbar_{y,\beta},\hbar_{y,\theta}]^{\mathrm{T}}$ ，且映射后的状态量 $\boldsymbol{s}_\varepsilon=[s_{\varepsilon,\rho},s_{\varepsilon,\beta},s_{\varepsilon,\theta}]^{\mathrm{T}}$ 和 $\boldsymbol{s}_y=[s_{y,\rho},s_{y,\beta},s_{y,\theta}]^{\mathrm{T}}$ 分别定义为

$$s_{\varepsilon,i}(t)=\hbar_{\varepsilon,i}(\varepsilon_i(t))=\tan\left(\frac{\pi\varepsilon_i(t)}{\overline{\alpha}_i(t)-\underline{\alpha}_i(t)}\right),\quad i=\rho,\beta,\theta \tag{9-21}$$

$$s_{y,i}(t)=\hbar_{y,i}(y_i(t))=\tan\left(\frac{\pi y_i(t)}{2\alpha_{y,i}(t)}\right),\quad i=\rho,\beta,\theta \tag{9-22}$$

对 $s_{\varepsilon,i}(t)$ 和 $s_{y,i}(t)$ 求导可以得到

$$\begin{aligned}\frac{\mathrm{d}s_{\varepsilon,i}(t)}{\mathrm{d}t}&=\frac{\partial\hbar_{\varepsilon,i}(\varepsilon_i)}{\partial\left[\varepsilon_i/(\overline{\alpha}_i(t)-\underline{\alpha}_i(t))\right]}\cdot\frac{\mathrm{d}[\varepsilon_i/(\overline{\alpha}_i(t)-\underline{\alpha}_i(t))]}{\mathrm{d}t}\\&=\left(\frac{\partial\hbar_{\varepsilon,i}(\varepsilon_i)}{\partial[\varepsilon_i/(\overline{\alpha}_i(t)-\underline{\alpha}_i(t))]}\cdot\frac{1}{\overline{\alpha}_i(t)-\underline{\alpha}_i(t)}\right)\cdot\left[\dot{\varepsilon}_i(t)+\left(-\frac{\dot{\overline{\alpha}}_i(t)-\dot{\underline{\alpha}}_i(t)}{\overline{\alpha}_i(t)-\underline{\alpha}_i(t)}\right)\varepsilon_i(t)\right]\\&=J_{\varepsilon,i}(\dot{\varepsilon}_i(t)+H_{\varepsilon,i}\varepsilon_i(t)),\quad i=\rho,\beta,\theta\end{aligned} \tag{9-23}$$

$$\begin{aligned}\frac{\mathrm{d}s_{y,i}(t)}{\mathrm{d}t}&=\frac{\partial\hbar_{y,i}(y_i)}{\partial(y_i(t)/\alpha_{y,i}(t))}\cdot\frac{\mathrm{d}(y_i(t)/\alpha_{y,i}(t))}{\mathrm{d}t}\\&=\left(\frac{\partial\hbar_{y,i}(y_i)}{\partial(y_i(t)/\alpha_{y,i}(t))}\cdot\frac{1}{\alpha_{y,i}(t)}\right)\cdot\left[\dot{y}_i(t)+\left(-\frac{\dot{\alpha}_{y,i}(t)}{\alpha_{y,i}(t)}\right)y_i(t)\right]\\&=J_{y,i}(\dot{y}_i(t)+H_{y,i}y_i(t)),\quad i=\rho,\beta,\theta\end{aligned}\tag{9-24}$$

其中：$\boldsymbol{J}_\varepsilon=\mathrm{diag}(J_{\varepsilon,i})$；$\boldsymbol{H}_\varepsilon=\mathrm{diag}(H_{\varepsilon,i})$；$\boldsymbol{J}_y=\mathrm{diag}(J_{y,i})$；$\boldsymbol{H}_y=\mathrm{diag}(H_{y,i})$ 为状态相关矩阵，且

$$J_{\varepsilon,i}=\frac{\partial\hbar_{\varepsilon,i}(\varepsilon_i)}{\partial[\varepsilon_i/(\overline{\alpha}_i(t)-\underline{\alpha}_i(t))]}\cdot\frac{1}{\overline{\alpha}_i(t)-\underline{\alpha}_i(t)}\tag{9-25a}$$

$$H_{\varepsilon,i}=-\frac{\dot{\overline{\alpha}}_i(t)-\dot{\underline{\alpha}}_i(t)}{\overline{\alpha}_i(t)-\underline{\alpha}_i(t)}\tag{9-25b}$$

$$J_{y,i}=\frac{\partial\hbar_{y,i}(y_i)}{\partial(y_i(t)/\alpha_{y,i}(t))}\cdot\frac{1}{\alpha_{y,i}(t)}\tag{9-25c}$$

$$H_{y,i}=-\frac{\dot{\alpha}_{y,i}(t)}{\alpha_{y,i}(t)}\tag{9-25d}$$

借鉴第 6 章的约定时间预设性能控制方法，可以设计如下式所示的约定时间预设性能控制器：

$$\boldsymbol{u}=\boldsymbol{B}^{-1}\boldsymbol{K}_\varepsilon\boldsymbol{s}_\varepsilon+\boldsymbol{B}^{-1}\boldsymbol{J}_\varepsilon\boldsymbol{K}_\varepsilon\boldsymbol{\varepsilon}+\boldsymbol{B}^{-1}\boldsymbol{J}_y\boldsymbol{K}_y\boldsymbol{s}_y\tag{9-26}$$

其中：$\boldsymbol{K}_\varepsilon=\mathrm{diag}(K_{\varepsilon,i})$ 和 $\boldsymbol{K}_y=\mathrm{diag}(K_{y,i})(i=\rho,\beta,\theta)$ 为正定参数矩阵。

约定时间预设性能控制器（9-26）的性质由下述定理给出。

定理 9-1 考虑欧拉−拉格朗日型视线交会运动模型（式（9-3））和约定时间预设性能控制器（9-26）。当参数矩阵 $\boldsymbol{\lambda}$ 的选取满足 $\lambda_i>\max\limits_t|H_{\varepsilon,i}(t)|$ $(i=\rho,\beta,\theta)$ 时，式（9-11）、式（9-15）和式（9-18）中的性能约束始终成立。具体而言：①相对视线角 $e_\beta(t)$ 和 $e_\theta(t)$ 将会在预设收敛时间 T_{safe} 以内分别进入稳定域 $(-\eta_{\beta,T},\eta_{\beta,T})$ 和 $(-\eta_{\theta,T},\eta_{\theta,T})$；②相对距离 $e_\rho(t)$ 将会在预设收敛时间 T 以内进入稳定域 $(-\eta_{\rho,T},\eta_{\rho,T})$。换言之，追踪航天器能够在不进入空间非合作目标禁飞区的前提下，在预设时间 T 以内自主完成视线交会任务。

定理 9-1 的证明过程与第 6 章中的稳定性证明过程类似，此处不再赘述。

9.2.3 仿真验证

为了验证所设计的自主视线交会约定时间预设性能控制器（式（9-26））的有效性和鲁棒性，本节设计了两组空间交会仿真工况：与慢旋小机动空间非合作目

标的交会，与快旋大机动空间非合作目标的交会。

仿真中，追踪航天器和空间非合作目标的初始轨道参数见表 9-1，其中 a_{orbit}、e_{orbit}、i_{orbit}、Ω_{orbit}、ω_{orbit} 和 θ_{orbit} 分别表示轨道半长轴、偏心率、倾角、升交点赤经、近地点幅角和真近点角。上述这些绝对轨道要素可以转化为如下的视线坐标系下的相对运动状态：

$$\begin{gathered}\rho(0)=844.27\ \text{m},\quad \beta(0)=-163.97\,^\circ,\quad \theta(0)=12.92\,^\circ\\ \dot{\rho}(0)=0.09\ \text{m/s},\quad \dot{\beta}(0)=0.06\,^\circ/\text{s},\quad \dot{\theta}(0)=-0.02\,^\circ/\text{s}\end{gathered}\tag{9-27}$$

表 9-1　追踪航天器和空间非合作目标的初始轨道要素

航天器/目标	a_{orbit} / m	e_{orbit}	i_{orbit} / (°)	Ω_{orbit} /(°)	ω_{orbit} / (°)	θ_{orbit} / (°)
追踪航天器	7100195	0.1	9.999	30.006	10	59.987
空间非合作目标	7100000	0.1	10	30	10	60

1．与慢旋小机动空间非合作目标的交会

在本小节中，通过仿真与慢旋小机动空间非合作目标的视线交会任务来验证所设计控制器的有效性。这里的“慢旋”表示期望对接轴线在惯性坐标系下指向的变化速度较慢。由于对接轴线通常选择为空间非合作目标的当前旋转主轴，因此本节中的“慢旋”表明目标的旋转主轴指向变化速度较小，而旋转速度仍可能比较大。

空间非合作目标的动力学及视线交会相关参数设置为

质量：　$m_t=100\ \text{kg}$,

安全距离：　$\rho_f=50\ \text{m}$,

非合作机动：　$\boldsymbol{F}_t=[60\sin(0.005t),50\sin(0.005t),40\sin(0.005t)]^{\text{T}}\ \text{N}$

期望最终状态：　$\boldsymbol{p}_f=[\rho_f,\beta_f,\theta_f]^{\text{T}}=[20\ \text{m},(-60+\pi t/3000)°,0\,°]^{\text{T}}$

外部干扰为

$$\boldsymbol{d}(t)=0.1\times\begin{bmatrix}1+0.7\sin(0.01t)-0.3\cos(0.01t)\\0.8-0.5\sin(0.01t)+0.2\cos(0.01t)\\-1+0.5\sin(0.01t)-0.1\cos(0.01t)\end{bmatrix}\text{N}\tag{9-28}$$

追踪航天器的质量为 $m_c=300\ \text{kg}$，控制输入饱和值为 $1.5\ \text{N/kg}$。

性能函数的参数设计为：预设收敛时间 $T=300\ \text{s}$，$\gamma=0.6$，初始容许误差 $\boldsymbol{\eta}_0=[\eta_{\rho,0},\eta_{\beta,0},\eta_{\theta,0}]^{\text{T}}=[300\ \text{m},45\,°,20\,°]^{\text{T}}$，最终容许误差 $\boldsymbol{\eta}_T=[\eta_{\rho,T},\eta_{\beta,T},\eta_{\theta,T}]^{\text{T}}=[1\ \text{m},0.5\,°,0.5\,°]^{\text{T}}$，$\boldsymbol{\alpha}_{y,0}=[\alpha_{y,\rho,0},\alpha_{y,\beta,0},\alpha_{y,\theta,0}]^{\text{T}}=0.5\boldsymbol{\eta}_0$，$\boldsymbol{\alpha}_{y,T}=[\alpha_{y,\rho,T},\alpha_{y,\beta,T},\alpha_{y,\theta,T}]^{\text{T}}=3\boldsymbol{\eta}_0$。由式（9-12）可得视线角的预设收敛时间为 $T_{\text{safe}}=203.28\ \text{s}$。

控制器参数设计为：$\boldsymbol{\lambda}=\text{diag}(0.5,0.15,0.15)$，$\boldsymbol{K}_\varepsilon=\text{diag}(1,1,1)$，$\boldsymbol{K}_y=\text{diag}(2000,2000,2000)$。

与慢旋小机动非合作目标的交会的仿真结果如图 9-4～图 9-7 所示。图 9-4 给

出了相对距离 $\rho(t)$ 在性能约束下随时间的变化曲线。从式（9-11）可以得出，$\rho(t)$ 应满足约束 $\underline{\alpha}_{\rho}(t)<e_{\rho}(t)=\rho(t)-\rho_f<\overline{\alpha}_{\rho}(t)$，因此图中 $\rho(t)$ 的上界表示 $(\underline{\alpha}_{\rho}(t)+\rho_f)$，下界表示 $(\overline{\alpha}_{\rho}(t)+\rho_f)$。图 9-5 和图 9-6 中 $\beta(t)$ 和 $\theta(t)$ 的上、下界也是同样的含义。从图 9-4 中可以得到，$\rho(t)$ 始终处于预设的上、下界约束以内，且能够在预设收敛时间 T 以内收敛到稳定域中。此外，T_{safe} 的值可以由图 9-4 自动获得。图 9-5 和图 9-6 分别给出了视线角 $\beta(t)$ 和 $\theta(t)$ 在约束下随时间的变化曲线。$\beta(t)$ 和 $\theta(t)$ 同样始终处于预设的上、下界约束以内，且能够在预设收敛时间 T_{safe} 以内收敛到稳定域中。这表明追踪航天器会在进入非合作目标的禁飞区以前到达对接轴线上。图 9-7 给出的控制输入曲线连续而稳定，在工程中易于实现。

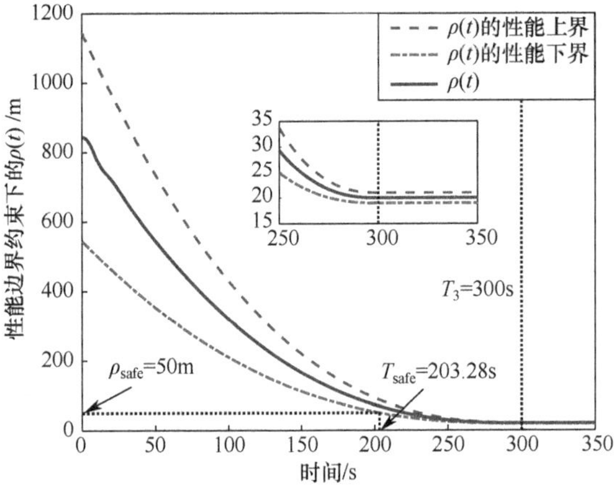

图 9-4　性能约束下相对距离 $\rho(t)$ 的变化曲线（慢旋小机动目标交会）

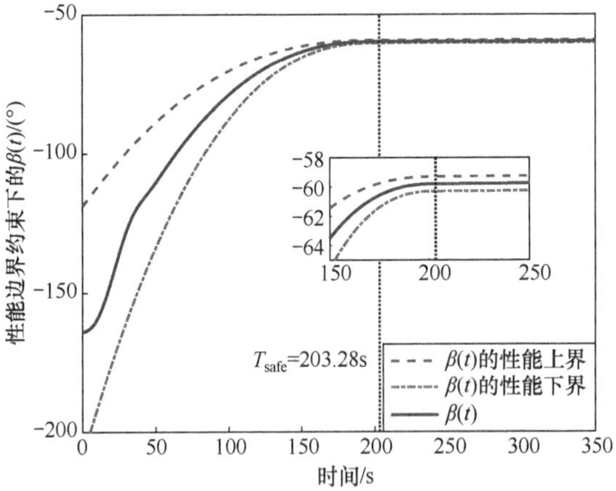

图 9-5　性能约束下视线倾角 $\beta(t)$ 的变化曲线（慢旋小机动目标交会）

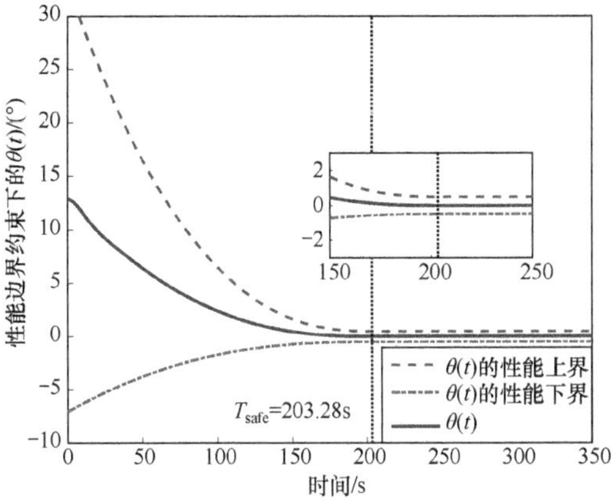

图 9-6 性能约束下视线偏角 $\theta(t)$ 的变化曲线（慢旋小机动目标交会）

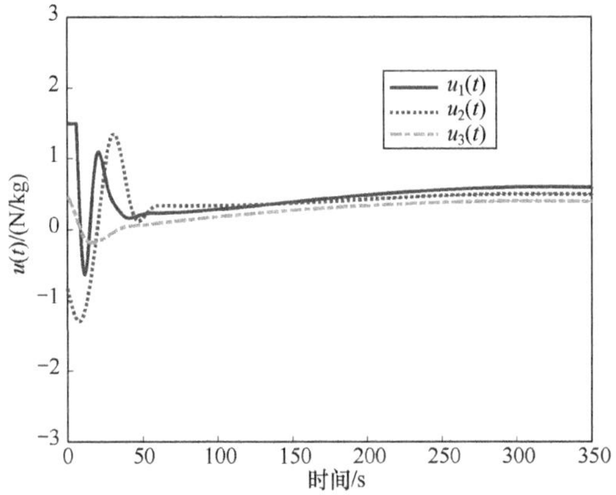

图 9-7 控制输入变化曲线（慢旋小机动目标交会）

为更加形象地展示整个交会控制过程和性能约束，将上述仿真工况的结果在图 9-8 中以三维空间时间片段的形式给出。为方便观察，图 9-8 中的坐标系原点固定在空间非合作目标的质心上（实际中，目标始终在运动且存在非合作性控制输入），坐标系的三轴分别平行于参考惯性坐标系的三轴。为了更加清晰地展示交会控制过程，图 9-8 中航天器的尺寸都进行了相应的放大，如图中“Size $\times 40$”表示追踪航天器和目标的尺寸均放大了 40 倍，可以看出，在 $t=0$ s 时追踪航天器的性能边界范围很大。随着时间的推移，在交会走廊的约束下，交会走廊性能边界范围不断缩小并驱使追踪航天器不断接近于空间非合作目标的对接轴线。当 $t=T_{safe}=203.28$ s 时，追踪航天器精确地到达非合作目标的对接轴线上。值得注意的是，此时追踪航天器和目标的相对距离是大于安全距离 $\rho_{safe}=50$ m 的。随后，追踪航天器沿着对接轴线继续接近非合作目标，并在 $t=T=300$ s 时准确到达预定交会点，自主安全地完成了交会任务。

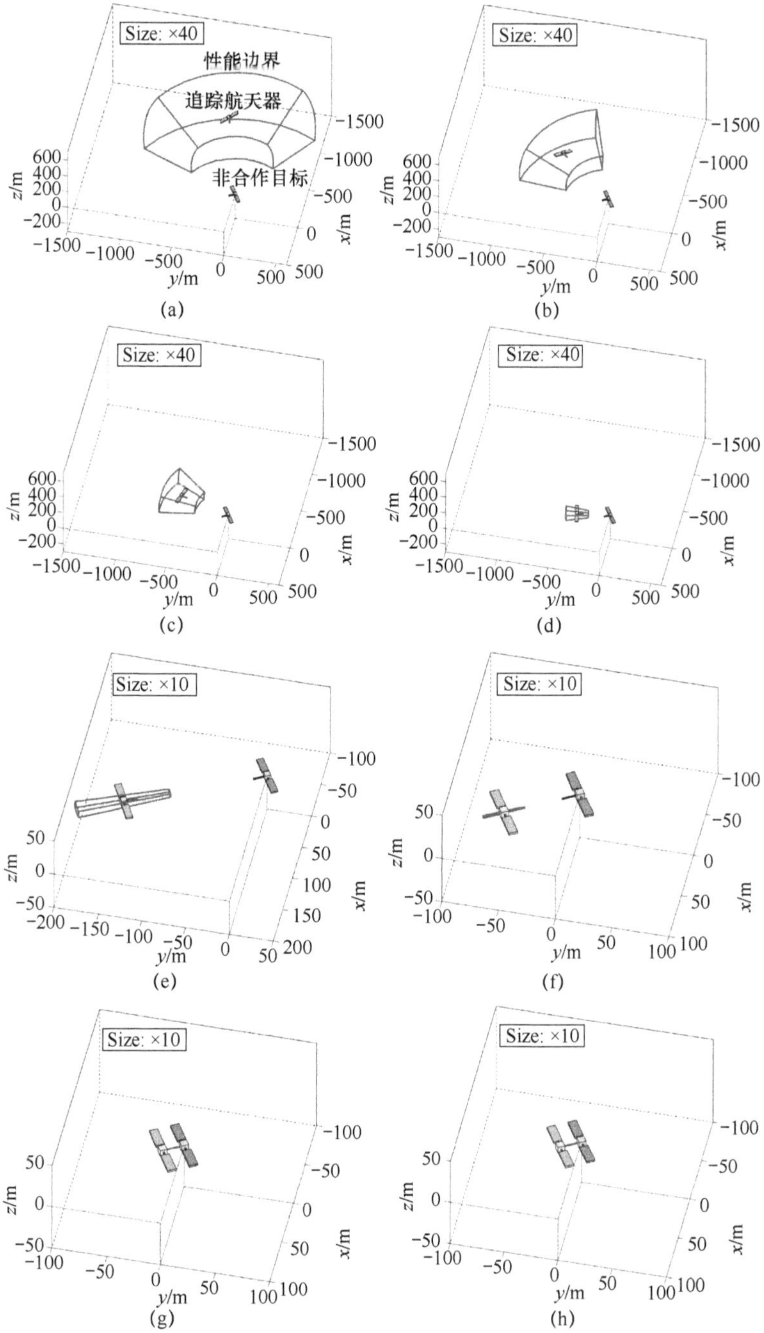

图 9-8 视线交会的三维空间示意图（慢旋小机动目标交会）

（a） $t=0$ s；（b） $t=30$ s；（c） $t=60$ s；（d） $t=100$ s；（e） $t=150$ s；

（f） $t=203.28$ s；（g） $t=300$ s （h） $t=350$ s 。

2．与快旋大机动空间非合作目标的交会

在本小节中，通过与快旋大机动空间非合作目标的视线交会任务仿真来进一步验证所设计控制器的有效性和鲁棒性。与上一个仿真情况相似，此处的“快旋”表示期望对接轴线的指向变化速度（一般为目标旋转主轴的指向变化速度）较大。

空间非合作目标的动力学及交会的相关参数设置为

质量：　$m_t = 100\ \text{kg}$

安全距离：　$\rho_f = 50\ \text{m}$

非合作机动：　$\boldsymbol{F}_t = [60\sin(0.5t), 50\cos(1.0t), 40\sin(0.3t) + 30\sin(0.7t)]^{\text{T}}\ \text{N}$

期望最终状态：　$\boldsymbol{p}_f = [\rho_f, \beta_f, \theta_f]^{\text{T}} = [20\ \text{m}, (-60 + \pi t / 5)\ °, 0\ °]^{\text{T}}$

与慢旋小机动目标中的参数和交会工况相比，目标的非合作机动 $\boldsymbol{F}_t$ 的频率提升了约 100 倍，且幅值也相应变大（慢旋小机动目标中 $\sin(0.005t)$ 在初始时幅值非常小）。此外，期望最终状态中，空间非合作目标的旋转速度从 $\pi / 3000\ °/\text{s}$（约为 $0.001\ °/\text{s}$）提升至 $\pi / 5\ °/\text{s}$（约为 $0.63\ °/\text{s}$），旋转速度明显提升。上述变化极为考验控制器的有效性和鲁棒性。

此外，追踪航天器的真实质量也由 $m_c = 300\ \text{kg}$ 提升为 $450\ \text{kg}$。由于所设计的控制器中不需要用到追踪航天器的真实质量信息，为了考验控制器的鲁棒性，本节人为增加了控制量的施加效率如下：

$$\boldsymbol{u}_{\text{real}}(t) = \frac{\boldsymbol{F}(t)}{m_{c,\text{real}}} = \frac{m_{c,\text{guess}}}{m_{c,\text{real}}} \cdot \frac{\boldsymbol{F}(t)}{m_{c,\text{guess}}} = \frac{300\text{kg}}{450\text{kg}} \cdot \boldsymbol{u}_{\text{design}}(t) \tag{9-29}$$

其中：$\boldsymbol{u}_{\text{design}}(t)$ 为式（9-26）计算得到的设计控制量；$\boldsymbol{u}_{\text{real}}(t)$ 为实际施加的控制量；$m_{c,\text{guess}} = 300\ \text{kg}$ 和 $m_{c,\text{real}} = 450\ \text{kg}$ 分别为追踪航天器的先验质量和真实质量。

性能函数参数、控制器参数、外部干扰和控制饱和约束均与 9.2.2 节仿真的设置相同。与快旋大机动非合作目标交会的仿真结果如图 9-9～图 9-12 所示。图 9-9 给出了相对距离 $\rho(t)$ 在性能边界约束下随时间的变化曲线，从图中可以看出，$\rho(t)$ 的收敛过程并未明显受到目标非合作机动和目标旋转的影响，仍能以预设的性能在预设收敛时间 $T = 300\ \text{s}$ 内完成收敛。图 9-10 中的视线倾角 $\beta(t)$ 在目标快速旋转的过程中仍能始终处于性能边界以内。图 9-11 中的视线偏角 $\theta(t)$ 也未受到目标快旋大机动的影响，能够在 T_{safe} 内完成收敛。图 9-12 给出了控制输入随时间的变化曲线，从中可以发现上述性能约束始终满足的原因。式（9-26）对于目标非合作控制输入和交会工况的改变具有很强的鲁棒性，能够保证在目标快旋大机动交会工况下，状态量变化始终满足性能约束。

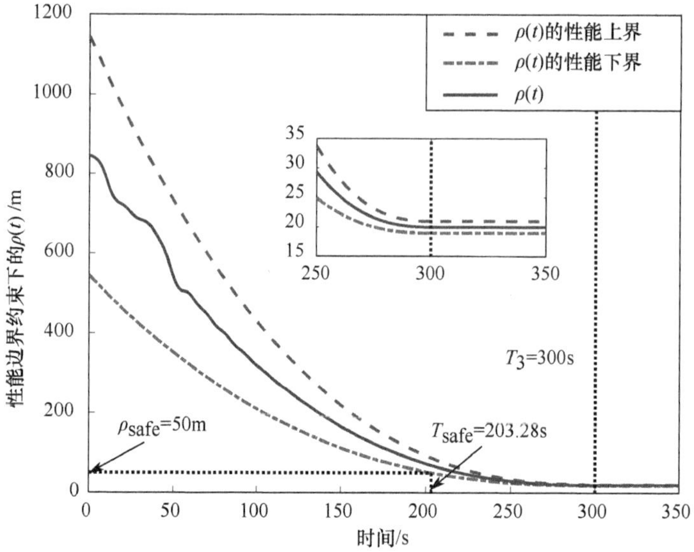

图 9-9 性能约束下相对距离 $\rho(t)$ 的变化曲线（快旋大机动目标交会）

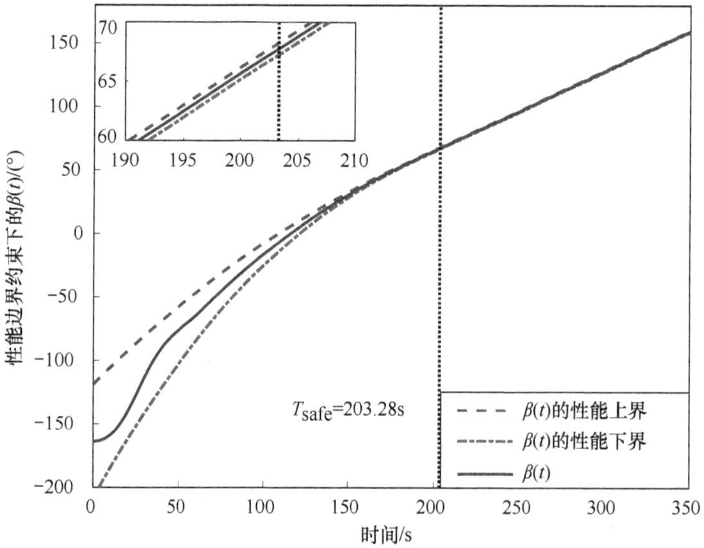

图 9-10 性能约束下视线倾角 $\beta(t)$ 的变化曲线（快旋大机动目标交会）

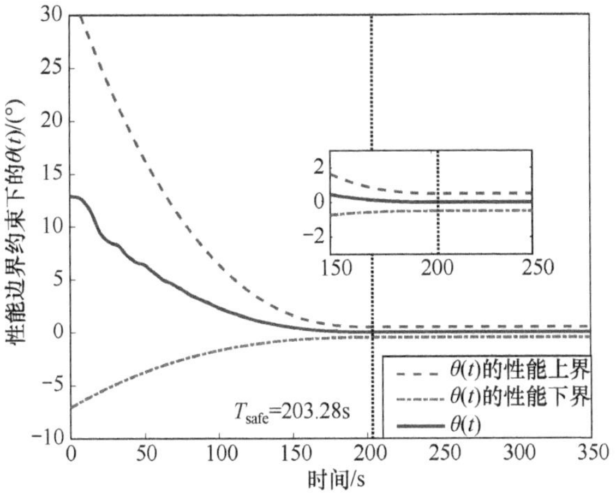

图 9-11　性能约束下视线偏角 $\theta(t)$ 的变化曲线（快旋大机动目标交会）

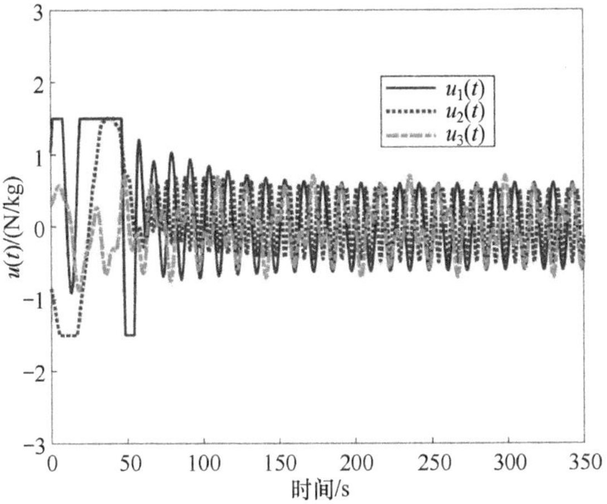

图 9-12　控制输入变化曲线（快旋大机动目标交会）

为更加形象地展示整个快旋大机动交会的控制过程和性能约束，与 9.2.2 小节相同，图 9-13 给出了三维空间下追航天器与空间非合作目标视线交会的仿真结果，从图中可以看到，在交会过程中空间非合作目标始终在快速转动，但是追踪航天器在控制器的作用下仍然能够按时到达对接轴线上，并能在预设时间内完成交会任务。当追踪航天器到达交会点后，其能够自主调整自己的位置，保证相对位置的静止。因此，本节提出的交会方案和设计的约定时间预设性能控制器是有效的，且对非合作控制输入和交会工况的改变具有极强的鲁棒性。该方法能够解决存在强非合作输入的快旋非合作目标的交会问题。

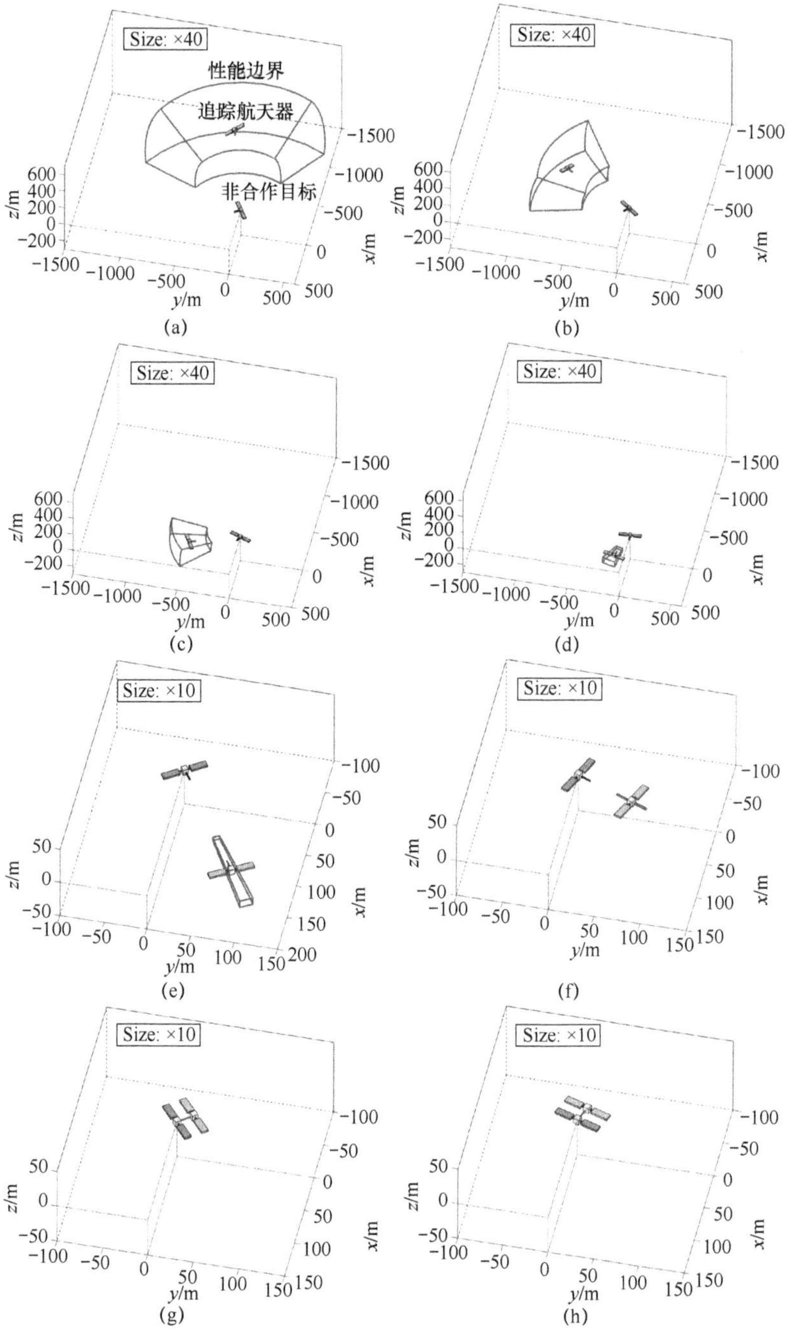

图 9-13 视线交会的三维空间示意图（快旋大机动目标交会）

（a） $t=0$ s；（b） $t=30$ s；（c） $t=60$ s；（d） $t=100$ s；（e） $t=150$ s；（f） $t=203.28$ s；（g） $t=300$ s；（h） $t=350$ s。

9.3 绳系卫星抛掷控制

绳系卫星作为一种潜在的空间碎片清理平台，由于其操控灵活度高、目标适应性广等优点受到广泛关注[15-17]。在绳系卫星捕获目标过程中，有效的绳系抛掷控制系统是决定任务是否能够成功的关键。在现有研究中，文献[18]基于绳系的偏移量提出了一种非线性最优绳系抛掷控制律，实现了对系绳的最优控制。考虑到绳系卫星系统的输入约束，文献[19]提出了一种自适应滑模控制律解决了绳系卫星系统存在不确定性和饱和约束下的控制问题。考虑到绳系卫星系统的强非线性和强不确定性，以及绳系抛掷控制的鲁棒性需求，本节针对绳系卫星抛掷控制任务，探讨预设性能控制方法在处理绳系卫星系统的状态约束以及执行器约束上的可行性，以及在保障受控系统性能上的优势。

9.3.1 绳系卫星抛掷控制问题描述

绳系卫星系统几何关系示意图如图 9-14 所示[22]，为了方便和简化动力学描述，定义如下坐标系：$O-XYZ$ 为地球惯性坐标系，其中坐标轴 OX、OZ 分别指向春分点和北极；$O_1-X'Y'Z'$ 为轨道坐标系，其中坐标轴 O_1-X'、O_1Z' 分别指向轨道速度方向和指向地心方向，运用右手准则得坐标轴 O_1Y'（O_1 是绳系卫星系统得质心）；$O_1-X''Y''Z''$ 为绳系坐标系，坐标轴 OZ'' 沿着系绳指向子星。为了简化建模过程，本章研究的绳系卫星系统为文献[20]的 YES2 绳系试验系统，其中母星和子星质量分别是 6530 kg 和 12 kg，系绳的抛掷由系绳张力和安装在母星上的推力器完成，绳系卫星动力学模型[20]为

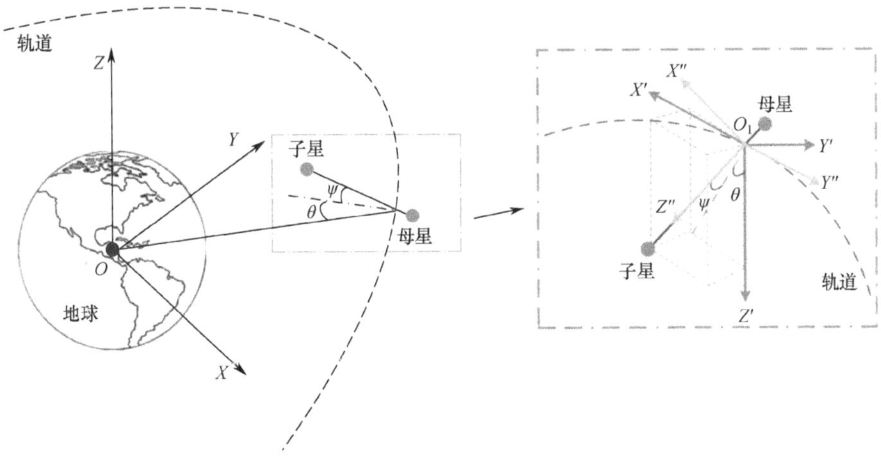

图 9-14 绳系卫星系统几何关系示意图

$$\begin{cases}\bar{m}\ddot{l}-\bar{m}l((\dot{\psi}^2+(\dot{\theta}+\omega)^2\cos^2(\psi))+\omega^2(3\cos^2\psi\cos^2\theta-1))=-u_t+d_t\\ \bar{m}l^2\cos^2\psi\ddot{\theta}+2\bar{m}(\dot{\theta}+\omega)l^2\cos^2\psi(\dot{l}/l-\dot{\psi}\tan\psi)+3\bar{m}\omega^2l^2\sin\theta\cos\theta\cos^2\psi=u_\theta+d_\theta\\ \bar{m}l^2\ddot{\psi}+2\bar{m}\dot{\psi}\dot{l}l+\bar{m}l^2\sin\psi\cos\psi((\dot{\theta}+\omega)^2+3\omega^2\cos^2\theta)=u_\psi+d_\psi\end{cases}\tag{9-30}$$

其中：$m=m_1+m_2$ 为绳系卫星系统的总质量；m_1 和 m_2 分别为母星和子星的质量；l,θ,ψ 分别为系绳长度、绳系卫星系统的滚转角和俯仰角；u_t,u_θ,u_ψ 分别为系绳张量、面内推进力矩和面外推进力矩；d_t、d_θ、d_ψ 为三个通道的外界干扰；ω 为轨道角速度；$\bar{m}=m_1m_2/m$。

为了便于后续控制器设计，定义如下无量纲转化：

$$\begin{cases}\lambda=l/L,\ \mathrm{d}(\bullet)/\mathrm{d}t=\omega\mathrm{d}(\bullet)/\mathrm{d}\chi,\ \tau_t=-u_t/(\bar{m}\omega^2L)\\ \tau_\theta=u_\theta/(\bar{m}\omega^2L^2),\ \tau_\psi=u_\psi/(\bar{m}\omega^2L^2),\ d_t^*=d_t/(\bar{m}\omega^2L)\\ d_\theta^*=d_\theta/(\bar{m}\omega^2L^2),\ d_\psi^*=d_\psi/(\bar{m}\omega^2L^2)\end{cases}\tag{9-31}$$

其中：L,χ 分别为参考绳长和真近点角；λ、τ_t、τ_θ、τ_ψ、d_t、d_θ、d_ψ 分别为参数 l、u_t、u_θ、u_ψ、d_t、d_θ、d_ψ 的无量纲参量。

基于式（9-31）的无量纲转化，式（9-30）中的绳系卫星系统可以转化成如下欧拉-拉格朗日系统形式，即

$$\boldsymbol{M}(\boldsymbol{p})\ddot{\boldsymbol{p}}+\boldsymbol{C}(\boldsymbol{p},\dot{\boldsymbol{p}})\dot{\boldsymbol{p}}+\mathbf{G}(\boldsymbol{p})=\boldsymbol{\tau}+\boldsymbol{d}^*\tag{9-32}$$

其中：$\boldsymbol{p}=[\lambda,\theta,\psi]^{\mathrm{T}}\in\mathbb{R}^3$；$\boldsymbol{\tau}=[\tau_1,\tau_2,\tau_3]^{\mathrm{T}}=[\tau_t,\tau_\theta,\tau_\psi]^{\mathrm{T}}\in\mathbb{R}^3$；$\boldsymbol{d}^*=[d_t^*,d_\theta^*,d_\psi^*]^{\mathrm{T}}\in\mathbb{R}^3$；$\boldsymbol{M}(\boldsymbol{p})$、$\boldsymbol{C}(\boldsymbol{p},\dot{\boldsymbol{p}})$、$\boldsymbol{G}(\boldsymbol{p})$ 分别表示为

$$\boldsymbol{M}(\boldsymbol{p})=\begin{bmatrix}1&0&0\\0&\lambda^2\cos^2\psi&0\\0&0&\lambda^2\end{bmatrix}$$

$$\boldsymbol{G}(\boldsymbol{p})=\begin{bmatrix}-\lambda\cos^2\psi+\lambda-3\lambda\cos^2\theta\cos^2\psi\\3\lambda^2\cos\theta\sin\theta\cos^2\psi\\(1+3\cos^2\theta)\lambda^2\sin\psi\cos\psi\end{bmatrix}\tag{9-33a}$$

$$\boldsymbol{C}(\boldsymbol{p},\dot{\boldsymbol{p}})=\begin{bmatrix}0&-(\lambda\dot{\theta}+2\lambda)\cos^2\psi&-\lambda\dot{\psi}\\(2\lambda+\lambda\dot{\theta})\cos^2\psi&\lambda\dot{\lambda}\cos^2\psi-\lambda^2\dot{\psi}\sin\psi\cos\psi&-(\dot{\theta}+2)\lambda^2\sin\psi\cos\psi\\\lambda\dot{\psi}&\lambda^2(\dot{\theta}+2)\sin\psi\cos\psi&\lambda\dot{\lambda}\end{bmatrix}\tag{9-33b}$$

式（9-32）表明非线性项 $\boldsymbol{M}(\boldsymbol{p})$、$\boldsymbol{C}(\boldsymbol{p},\dot{\boldsymbol{p}})$、$\boldsymbol{G}(\boldsymbol{p})$ 的形式是非常复杂且难以精确建模获得的，如何在系绳抛掷控制系统设计中规避这些复杂的非线性项是决定所设计的抛掷控制律是否有效、实用的关键因素。

在实际系绳抛掷和释放控制过程中，系绳的长度是非负的且不能超过其总长，具体表现为如下约束形式：

$$0<\underline{\lambda}_0\leqslant\lambda\leqslant\overline{\lambda}_0 \tag{9-34}$$

其中：$\underline{\lambda}_0$、$\overline{\lambda}_0\in\mathbb{R}$ 为正的常量。

除此之外，系绳的张量和子星携带的执行器都面临饱和约束问题，即

$$\tau_i(v_i(t))=\begin{cases}\tau_{i,\max}, v_i(t)>\tau_{i,\max}\\ v_i(t), \tau_{i,\max}\leqslant v_i(t)\leqslant\tau_{i,\max}\\ \tau_{i,\min}, v_i(t)<\tau_{i,\max}\end{cases} \tag{9-35}$$

其中：$v_i(t)$ 为第 i 个执行器的输入；$\tau_{i,\min}$、$\tau_{i,\max}$ 分别为相应控制输入 τ_i 的饱和上、下界（$i=1,2,3$）。

基于以上对绳系卫星系统的分析，其系绳抛掷系统控制任务可以归纳为：①在复杂动力学模型和系统约束下，顺利实现系绳抛掷任务；②系绳抛掷任务系统的瞬态性能与稳态性能能够在抛掷全过程中得以保障。

9.3.2 绳系卫星抛掷的事件驱动预设性能控制

本书在第 3 章和第 7 章分别针对广义欧拉−拉格朗日型动力学系统开展了自适应预设性能控制和事件驱动预设性能控制方法研究。考虑到系绳在抛掷过程中存在响应上的时滞现象，因此，非连续更新的事件驱动预设性能控制方法更适合绳系卫星抛掷控制的特点和需要。与此同时，绳系卫星系统的非线性参数 $\boldsymbol{M}(\boldsymbol{p})$、$\boldsymbol{C}(\boldsymbol{p},\dot{\boldsymbol{p}})$、$\boldsymbol{G}(\boldsymbol{p})$ 满足第 7 章中的**性质 7.1** 和**性质 7.2**，故此可以将第 7 章的事件驱动预设性能控制方法应用于绳系卫星抛掷控制任务。

为了方便后续控制器设计，首先对式（9-35）中的饱和输入进行近似转换，根据文献[21]中的饱和约束处理方法，有

$$\tau_i(v_i)=\hbar_i(v_i)+e_i(v_i)=\overline{\tau}_i\times\operatorname{erf}\left(\frac{\sqrt{\pi}}{2\overline{\tau}_i}v_i\right)+e_i(v_i) \tag{9-36}$$

其中：$\overline{\tau}_i=[(\tau_{i,\max}+\tau_{i,\min})/2+(\tau_{i,\max}-\tau_{i,\min})/2]\operatorname{sign}(v_i)$；$\operatorname{erf}(x)=\dfrac{2}{\sqrt{\pi}}\int_0^x\exp(-t^2)\mathrm{d}t$ $\forall x\in\mathbb{R}$ 为对应的高斯函数；$e_i(v_i)=\tau_i-\hbar_i(v_i)$ 为对应的近似误差。

运用中值定理，式（9-36）转化为

$$\tau_i(v_i) = c_i v_i + \hbar_i(v_{i,0}) - c_i v_{i,0} + e_i(v_i) = c_i v_i + e_i^*(v_i) \tag{9-37}$$

其中：$c_i = \left.\dfrac{\partial \hbar_i(v_i)}{\partial v_i}\right|_{v_i=v_{i,1}} = \exp\left(-\left(\dfrac{\sqrt{\pi}}{2\tau_i}v_i\right)^2\right)\Bigg|_{v_i=v_{i,1}}$，$v_{i,1} = b_i v_i + (1-b_i)v_{i,0}$（$b_i$ 为定义在区间 $(0,1)$ 上的常量）；复合近似误差 $e_i^*(v_i) = \hbar_i(v_{i,0}) - c_i v_{i,0} + e_i(v_i)$（$v_{i,0}$ 表示为输入 v_i 的初始值）。

从参量 c_i 的定义可以得到：$c_i \in [\underline{c}_i, \overline{c}_i] \subseteq (0,1)$（$\underline{c}_i, \overline{c}_i$ 为未知的常量）。

考虑到式（9-37）的饱和近似模型，可以将式（9-32）改写为

$$\boldsymbol{M}(\boldsymbol{p})\ddot{\boldsymbol{p}} + \boldsymbol{C}(\boldsymbol{p},\dot{\boldsymbol{p}})\dot{\boldsymbol{p}} + \boldsymbol{G}(\boldsymbol{p}) = \boldsymbol{c}\boldsymbol{\tau} + \boldsymbol{d}^{**} \tag{9-38}$$

其中：$\boldsymbol{c} = \mathrm{diag}(c_1, c_2, c_3) \in \mathbb{R}^{3\times 3}$；$\boldsymbol{d}^{**} = [d_1^{**}, d_2^{**}, d_3^{**}]^{\mathrm{T}}$（复合干扰 $\boldsymbol{d}^{**}$ 的每个元素定义为 $d_i^{**} = d_i^* + e_i^*(v_i)$ $(i=1,2,3)$）。

通过定义 $\boldsymbol{q}_1 = \boldsymbol{p}$ 和 $\boldsymbol{q}_2 = \dot{\boldsymbol{p}}$，式（9-38）可进一步转换成如下负反馈形式，即

$$\begin{cases} \dot{\boldsymbol{q}}_1 = \boldsymbol{q}_2 \\ \dot{\boldsymbol{q}}_2 = \boldsymbol{f}_1(\boldsymbol{q}_1,\boldsymbol{q}_2) + \boldsymbol{f}_2(\boldsymbol{q}_1)\boldsymbol{c}\boldsymbol{v} + \overline{\boldsymbol{d}} \\ \boldsymbol{y} = \boldsymbol{q}_1 \end{cases} \tag{9-39}$$

其中：$\boldsymbol{y} = [y_1, y_2, y_3]^{\mathrm{T}} = [\lambda, \theta, \psi]^{\mathrm{T}}$ 为绳系卫星抛掷控制系统的输出；$\overline{\boldsymbol{d}} = \boldsymbol{M}^{-1}(\boldsymbol{q}_1)\boldsymbol{d}^{**}$；$\boldsymbol{f}_1(\boldsymbol{q}_1,\boldsymbol{q}_2) = -\boldsymbol{M}^{-1}(\boldsymbol{q}_1)(\boldsymbol{C}(\boldsymbol{q}_1,\boldsymbol{q}_2)\boldsymbol{q}_2 + \boldsymbol{G}(\boldsymbol{q}_1))$；$\boldsymbol{f}_2(\boldsymbol{q}_1) = \boldsymbol{M}^{-1}(\boldsymbol{q}_1)$。

为了预设绳系卫星抛掷控制系统的瞬态与稳态性能，定义如下性能约束包络：

$$\underline{y}_i(t) < y_i < \overline{y}_i(t) \tag{9-40}$$

其中：$\underline{y}_i(t)$、$\overline{y}_i(t)$ 分别为包含期望输出指令 $\boldsymbol{y}_r = [y_{r,1}, y_{r,2}, y_{r,3}]^{\mathrm{T}}$ 信息的性能边界函数。$\underline{y}_i(t), \overline{y}_i(t)$ 可设计为：$\underline{y}_i(t) = y_{r,i}(t) - \varrho_i(t), \overline{y}_i(t) = y_{r,i}(t) + \varrho_i(t)$，$\varrho_i(t)$ 为对应的性能函数，可采用 9.2 节中的约定时间性能函数，也可采用传统的指数收敛函数。为了减少式（9-40）的性能约束对控制器设计的难度，定义如下坐标转换：

$$z_{1,i} = \operatorname{atanh}\left(\frac{2y_i - \overline{y}_i - \underline{y}_i}{\overline{y}_i - \underline{y}_i}\right) \tag{9-41}$$

其中：$z_{1,i}$ 为转换后的状态变量。

式（9-41）对应的映射函数为

$$\mathcal{P}(z_{1,i}, \underline{y}_i, \overline{y}_i) = \frac{\overline{y}_i - \underline{y}_i}{2}\tanh(z_{1,i}) + \frac{\overline{y}_i + \underline{y}_i}{2} \tag{9-42}$$

基于式（9-39）和 $\dot{\boldsymbol{z}}_1 = \boldsymbol{z}_2$，则转换后的系统微分方程为

$$\begin{cases}\dot{\boldsymbol{z}}_1=\boldsymbol{z}_2\\ \dot{\boldsymbol{z}}_2=\boldsymbol{\eta}(\boldsymbol{f}_1(\boldsymbol{q}_1,\boldsymbol{q}_2)+\boldsymbol{f}_2(\boldsymbol{q}_1)\boldsymbol{c}\boldsymbol{v}+\bar{\boldsymbol{d}})+\boldsymbol{f}_3(\boldsymbol{Y})\end{cases} \tag{9-43}$$

其中：参量 $\boldsymbol{\eta}=\mathrm{diag}(\eta_1,\eta_2,\eta_3)\in\mathbb{R}^{3\times3}$ 的每个元素为 $\eta_i=\dfrac{2}{(1-\rho_i^2)(\overline{y}_i-\underline{y}_i)}>0$ $\left(\rho_i=\dfrac{2y_i-\overline{y}_i-\underline{y}_i}{\overline{y}_i-\underline{y}_i}\right)$；非线性项 $\boldsymbol{f}_3(\boldsymbol{Y})=[f_{3,1},f_{3,2},f_{3,3}]^{\mathrm{T}}\in\mathbb{R}^3(\boldsymbol{Y}=[\boldsymbol{y}^{\mathrm{T}},\underline{\boldsymbol{y}}^{\mathrm{T}},\overline{\boldsymbol{y}}^{\mathrm{T}}]^{\mathrm{T}}\in\mathbb{R}^9)$ 的每个元素为

$$\begin{aligned}f_{3,i}=&\left[\frac{\partial\mathcal{P}^{-1}(\bullet)}{\partial y_i}\right]^{(1)}\bullet y_i^{(1)}+\left[\frac{\partial\mathcal{P}^{-1}(\bullet)}{\partial\underline{y}_i}\right]^{(1)}\bullet\underline{y}_i^{(1)}+\left[\frac{\partial\mathcal{P}^{-1}(\bullet)}{\partial\overline{y}_i}\right]^{(1)}\bullet\\ &\overline{y}_i^{(1)}+\left[\frac{\partial\mathcal{P}^{-1}(\bullet)}{\partial\underline{y}_i}\right]\bullet\underline{y}_i^{(2)}+\left[\frac{\partial\mathcal{P}^{-1}(\bullet)}{\partial\overline{y}_i}\right]\bullet\overline{y}_i^{(2)}\ (i=1,2,3)\end{aligned}$$

基于以上分析，为了方便后续控制器设计，定义如下伴随变量 $\boldsymbol{s}$，即

$$\boldsymbol{s}=\boldsymbol{\eta}^{-1}(\boldsymbol{z}_2+\boldsymbol{\beta}\boldsymbol{z}_1) \tag{9-44}$$

其中：$\boldsymbol{\beta}=\mathrm{diag}(\beta_1,\beta_2,\beta_3)\in\mathbb{R}^{3\times3}$ 为正定对角矩阵。

对伴随变量 $\boldsymbol{s}$ 进行求导，可得

$$\dot{\boldsymbol{s}}=\boldsymbol{\eta}^{-1}(\dot{\boldsymbol{z}}_2+\boldsymbol{\beta}\boldsymbol{z}_2)+\dot{\boldsymbol{\eta}}^{-1}(\boldsymbol{z}_2+\boldsymbol{\beta}\boldsymbol{z}_1) \tag{9-45}$$

基于式（9-43），对式（9-45）左右分别乘 $\boldsymbol{M}(\boldsymbol{q}_1)$ 并化简，可得

$$\boldsymbol{M}(\boldsymbol{q}_1)\dot{\boldsymbol{s}}=\boldsymbol{c}\boldsymbol{v}-\boldsymbol{C}(\boldsymbol{q}_1,\boldsymbol{q}_2)\boldsymbol{s}+\mathcal{F}_1+\mathcal{F}_2 \tag{9-46}$$

其中：$\mathcal{F}_1=\boldsymbol{C}(\boldsymbol{q}_1,\boldsymbol{q}_2)(\boldsymbol{s}-\boldsymbol{q}_2)+\boldsymbol{G}(\boldsymbol{q}_1)+\boldsymbol{M}(\boldsymbol{q}_1)(\boldsymbol{\eta}^{-1}(\boldsymbol{f}_3(\boldsymbol{Y})+\boldsymbol{\beta}\boldsymbol{z}_2)+\dot{\boldsymbol{\eta}}^{-1}(\boldsymbol{z}_2+\boldsymbol{\beta}\boldsymbol{z}_1))$；$\mathcal{F}_2=\boldsymbol{d}^{**}$。

采用范数不等式进行分析，非线性项 $\mathcal{F}_1=[\mathcal{F}_{1,1},\mathcal{F}_{1,2},\mathcal{F}_{1,3}]^{\mathrm{T}}\in\mathbb{R}^3$ 的每个元素满足

$$\begin{aligned}|\mathcal{F}_{1,i}|&\leqslant\|\mathcal{F}_1\|\\ &\leqslant\left\|\boldsymbol{C}(\boldsymbol{q}_1,\boldsymbol{q}_2)(\boldsymbol{s}-\boldsymbol{q}_2)+\boldsymbol{G}(\boldsymbol{q}_1)+\boldsymbol{M}(\boldsymbol{q}_1)(\boldsymbol{\eta}^{-1}(\boldsymbol{f}_3(\boldsymbol{Y})+\boldsymbol{\beta}\boldsymbol{z}_2)+\dot{\boldsymbol{\eta}}^{-1}(\boldsymbol{z}_2+\boldsymbol{\beta}\boldsymbol{z}_1))\right\|\\ &\leqslant\|\boldsymbol{C}(\boldsymbol{q}_1,\boldsymbol{q}_2)\|\|\boldsymbol{s}-\boldsymbol{q}_2\|+\|\boldsymbol{G}(\boldsymbol{q}_1)\|+\|\boldsymbol{M}(\boldsymbol{q}_1)\|\left\|\boldsymbol{\eta}^{-1}(\boldsymbol{f}_3(\boldsymbol{Y})+\boldsymbol{\beta}\boldsymbol{z}_2)+\dot{\boldsymbol{\eta}}^{-1}(\boldsymbol{z}_2+\boldsymbol{\beta}\boldsymbol{z}_1)\right\|\\ &\leqslant\sigma_{20}\|\boldsymbol{q}_2\|\|\boldsymbol{s}-\boldsymbol{q}_2\|+\sigma_{30}+\bar{\sigma}_{10}\left\|\boldsymbol{\eta}^{-1}(\boldsymbol{f}_3(\boldsymbol{Y})+\boldsymbol{\beta}\boldsymbol{z}_2)+\dot{\boldsymbol{\eta}}^{-1}(\boldsymbol{z}_2+\boldsymbol{\beta}\boldsymbol{z}_1)\right\|\\ &\leqslant\mu_{1,i}\varphi_1\end{aligned} \tag{9-47}$$

其中：$\varphi_1=\|\boldsymbol{q}_2\|\|\boldsymbol{s}-\boldsymbol{q}_2\|+\left\|\boldsymbol{\eta}^{-1}(\boldsymbol{f}_3(\boldsymbol{Y})+\boldsymbol{\beta}\boldsymbol{z}_2)+\dot{\boldsymbol{\eta}}^{-1}(\boldsymbol{z}_2+\boldsymbol{\beta}\boldsymbol{z}_1)\right\|+1$ 为与状态相关的已知函

数；$\boldsymbol{\mu}_1=[\mu_{1,1},\mu_{1,2},\mu_{1,3}]^{\mathrm{T}}=\max\{\bar{\sigma}_{10},\sigma_{20},\sigma_{30}\}\boldsymbol{1}$ 为未知的常量。

复合干扰 $\boldsymbol{\mathcal{F}}_2=[\mathcal{F}_{1,1},\mathcal{F}_{1,2},\mathcal{F}_{1,3}]^{\mathrm{T}}\in\mathbb{R}^3$ 的每个元素满足

$$\left|\mathcal{F}_{2,i}\right|\leqslant\left\|\boldsymbol{\mathcal{F}}_2\right\|=\left\|\boldsymbol{d}^{**}\right\|=\left\|\boldsymbol{d}^*+\boldsymbol{e}^*(\boldsymbol{v})\right\|\leqslant\left\|\boldsymbol{d}^*\right\|+\left\|\boldsymbol{e}^*(\boldsymbol{v})\right\|\leqslant\mu_{2,i} \tag{9-48}$$

其中：$\boldsymbol{\mu}_2=[\mu_{2,1},\mu_{2,2},\mu_{2,3}]^{\mathrm{T}}=\max\left\{\dfrac{\sqrt{d_{t,0}^2L^2+d_{\theta,0}^2+d_{\psi,0}^2}}{\bar{m}\omega^2L^2},\sqrt{e_1^{*2}+e_2^{*2}+e_3^{*2}}\right\}\boldsymbol{1}$ 为未知的常量。

基于以上分析，结合第 3 章提出的自适应预设性能控制方法和控制器设计，将绳系卫星抛掷控制系统的控制器设计为

$$\begin{cases}\boldsymbol{v}(t)=\boldsymbol{\varpi}_1(t)+\boldsymbol{\varpi}_2(t)+\boldsymbol{\varpi}_3(t)\\ \boldsymbol{\varpi}_1(t)=-\kappa(t)\boldsymbol{s}\\ \boldsymbol{\varpi}_2(t)=[\varpi_{2,1}(t),\varpi_{2,2}(t),\varpi_{2,3}(t)]^{\mathrm{T}}\\ \boldsymbol{\varpi}_3(t)=[\varpi_{3,1}(t),\varpi_{3,2}(t),\varpi_{3,3}(t)]^{\mathrm{T}}\end{cases} \tag{9-49}$$

其中：$\boldsymbol{\varpi}_1$ 为标称控制器；$\boldsymbol{\varpi}_2$ 和 $\boldsymbol{\varpi}_3$ 分别为应对未知非线性和干扰的补偿控制器；$\kappa(t)\in\mathbb{R}^+$ 为定义的时变控制增益；$\boldsymbol{\varpi}_2(t),\boldsymbol{\varpi}_3(t)$ 的每个元素为

$$\begin{cases}\varpi_{2,i}(t)=-\dfrac{\hat{\mu}_{1,i}\varphi_1^2s_i}{\varphi_1\left|s_i\right|+\varepsilon_0\exp(-\mathcal{L}t)}\\ \varpi_{3,i}(t)=-\dfrac{\hat{\mu}_{2,i}s_i}{\left|s_i\right|+\varepsilon_0\exp(-\mathcal{L}t)}\end{cases} \tag{9-50}$$

其中：ε_0 为一个小值常量；$\hat{\boldsymbol{\mu}}_1=[\hat{\mu}_{1,1},\hat{\mu}_{1,2},\hat{\mu}_{1,3}]^{\mathrm{T}}$ 和 $\hat{\boldsymbol{\mu}}_2=[\hat{\mu}_{2,1},\hat{\mu}_{2,2},\hat{\mu}_{2,3}]^{\mathrm{T}}$ 分别为未知常量的 $\boldsymbol{\mu}_1,\boldsymbol{\mu}_2$ 的估计值；

参数 $\kappa(t)$、$\hat{\mu}_{1,i}$、$\hat{\mu}_{2,i}$ 的更新律为

$$\begin{cases}\dot{\kappa}(t)=\sqrt{\vartheta\kappa(t)}\left\|\boldsymbol{s}\right\|\\ \dot{\hat{\mu}}_{1,i}(t)=\dfrac{\varphi_1^2s_i^2}{\varphi_1\left|s_i\right|+\varepsilon_0\exp(-\mathcal{L}t)}\\ \dot{\hat{\mu}}_{2,i}(t)=\dfrac{s_i^2}{\left|s_i\right|+\varepsilon_0\exp(-\mathcal{L}t)}\end{cases} \tag{9-51}$$

其中：$\vartheta\in(0,1)$；$\mathcal{L}$ 为常量。

式（9-49）～式（9-51）即为绳系卫星抛掷系统的时间驱动预设性能控制器和自适应律，时间驱动的绳系卫星抛掷预设性能控制框图如图 9-15 所示。

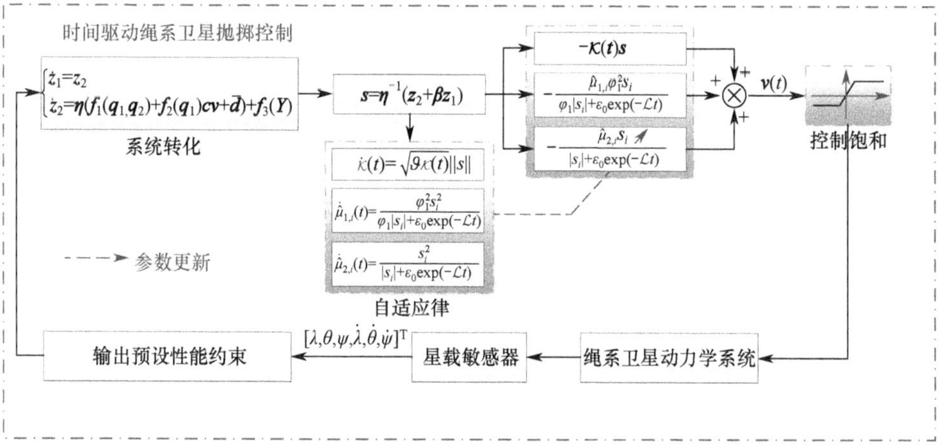

图 9-15　时间驱动绳系卫星抛掷控制框图

为了减少控制律更新频率，依据事件驱动控制理论，设计如下控制律更新规则，即

$$\begin{cases}\boldsymbol{v}(t)=\boldsymbol{v}(t_k)=\boldsymbol{\varpi}_1^*(t_k)+\boldsymbol{\varpi}_2^*(t_k)+\boldsymbol{\varpi}_3^*(t_k),\ t\in[t_k,t_{k+1}) \\ t_{k+1}=\min\{\inf\{t>t_k \,\|\, |\varsigma_i(t)|\geqslant e_{T,i}(i=1,2,3)\}\}\end{cases} \tag{9-52}$$

其中：$t_0,t_1,\cdots,t_k,\cdots$ 为控制律更新时刻 $(t_0=0)$，$k\in\mathbb{N}^+$；$\varsigma(t)=\boldsymbol{\mathcal{U}}(t)-\boldsymbol{v}(t)(t\in[t_k,t_{k+1}))$ 为测量误差 $(\boldsymbol{\mathcal{U}}(t)=\boldsymbol{\varpi}_1^*(t)+\boldsymbol{\varpi}_2^*(t)+\boldsymbol{\varpi}_3^*(t))$；事件触发条件 $e_{T,i}$ 设计为

$$e_{T,i}=\zeta|v_i(t)|+\delta_0\exp(-\ell_0 t) \tag{9-53}$$

其中：$\zeta\in(0,1)$；δ_0 为常量。

$\boldsymbol{\varpi}_1^*(t)$、$\boldsymbol{\varpi}_2^*(t)$、$\boldsymbol{\varpi}_3^*(t)$ 在式（9-49）基础上设计为

$$\begin{cases}\boldsymbol{\varpi}_1^*(t)=-(1+\zeta)\kappa(t)\boldsymbol{s} \\ \boldsymbol{\varpi}_2^*(t)=[\varpi_{2,1}^*(t),\varpi_{2,2}^*(t),\varpi_{2,3}^*(t)]^{\mathrm{T}} \\ \boldsymbol{\varpi}_3^*(t)=[\varpi_{3,1}^*(t),\varpi_{3,2}^*(t),\varpi_{3,3}^*(t)]^{\mathrm{T}}\end{cases} \tag{9-54}$$

$$\begin{cases}\varpi_{2,i}^*(t)=-\dfrac{(1+\zeta)\hat{\mu}_{1,i}^*\varphi_1^{*2}s_i}{\varphi_1|s_i|+\varepsilon_0\exp(-\mathcal{L}t)} \\ \varpi_{3,i}^*(t)=-\dfrac{(1+\zeta)\hat{\mu}_{2,i}^*s_i}{|s_i|+\varepsilon_0\exp(-\mathcal{L}t)}\end{cases} \tag{9-55}$$

其中：$\varphi_1^*=\|\boldsymbol{q}_2\|\|\boldsymbol{s}-\boldsymbol{q}_2\|+\left\|\boldsymbol{\eta}^{-1}(\boldsymbol{f}_3(\boldsymbol{Y})+\boldsymbol{\beta}\boldsymbol{z}_2)+\dot{\boldsymbol{\eta}}^{-1}(\boldsymbol{z}_2+\boldsymbol{\beta}\boldsymbol{z}_1)\right\|+\dfrac{\delta_0\exp(-\ell_0 t)}{1-\zeta}+1$；$\hat{\mu}_{1,i}^*(t)$ 和 $\hat{\mu}_{2,i}^*(t)$ 是相应未知常量的估计值，其自适应律为

$$
\begin{cases}
\dot{\kappa}(t) = \sqrt{\vartheta\kappa(t)}\|\boldsymbol{s}\| \\
\dot{\hat{\mu}}_{1,i}^{*}(t) = \dfrac{\varphi_1^{*2} s_i^2}{\varphi_1^{*}|s_i| + \varepsilon_0 \exp(-\mathcal{L}t)} \\
\dot{\hat{\mu}}_{2,i}(t) = \dfrac{s_i^2}{|s_i| + \varepsilon_0 \exp(-\mathcal{L}t)}
\end{cases}
\tag{9-56}
$$

式（9-52）～式（9-56）即为绳系卫星抛掷控制系统的事件驱动预设性能控制器和自适应律，事件驱动的绳系卫星抛掷预设性能控制框图如图 9-16 所示。

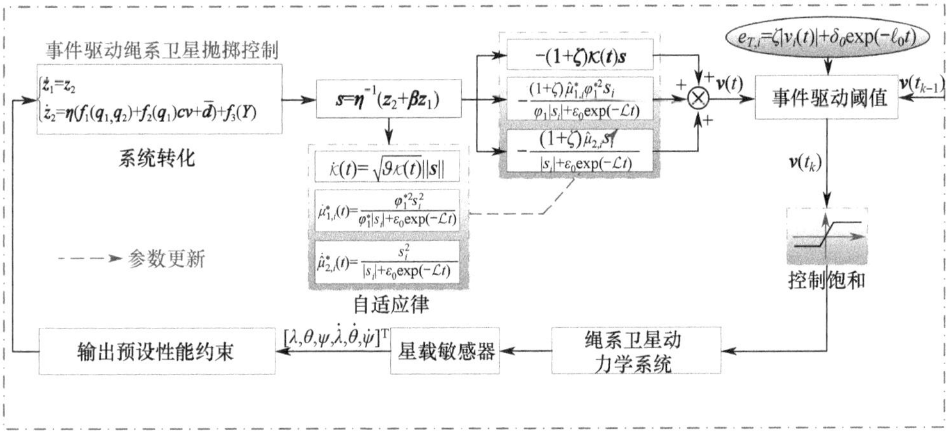

图 9-16　事件驱动绳系卫星抛掷控制框图

为了简便叙述，本节简化和省略了绳系卫星抛掷控制系统设计和稳定性证明过程，详细的设计和证明步骤可参见第 7 章和作者已发表的文献[24]。

注 9-2　图 9-14 和图 9-15 给出了时间和事件驱动的绳系卫星抛掷控制系统流程框图。通过对比图 9-14 和图 9-15 可以发现，在事件驱动的绳系卫星抛掷控制中，执行器的更新是由预设的事件决定的。因此，相比于基于采样时间周期性更新的时间驱动抛掷控制律，事件驱动的抛掷控制律能更有效地解决实际执行器物理机构限制问题。

9.3.3　仿真验证

绳系卫星抛掷的事件驱动预设性能控制的部分仿真结果如图 9-16～图 9-24 所示[24]（图中标注 SSMC 的仿真结果是文献[22]的自适应饱和滑模控制方法的仿真结果）。

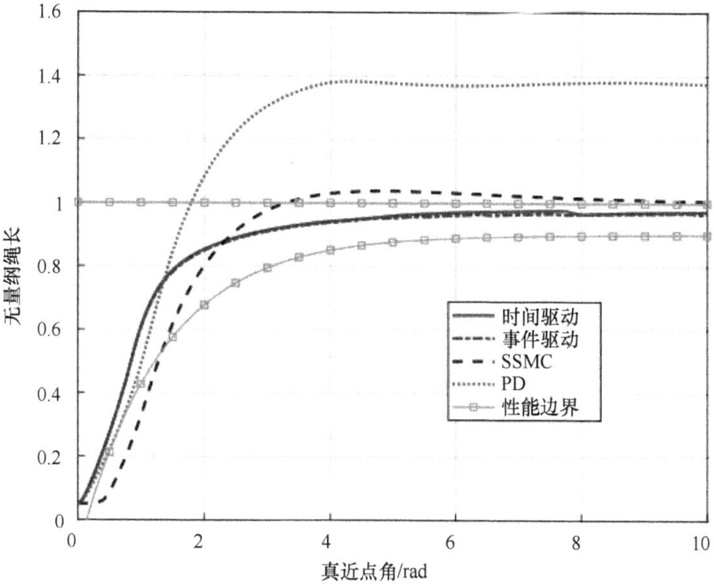

图 9-17 系绳长度变化曲线

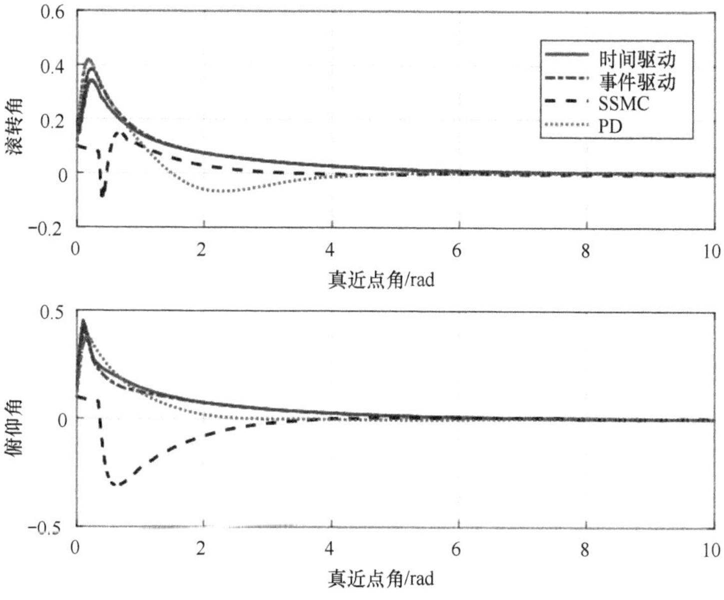

图 9-18 滚转角和俯仰角变化曲线

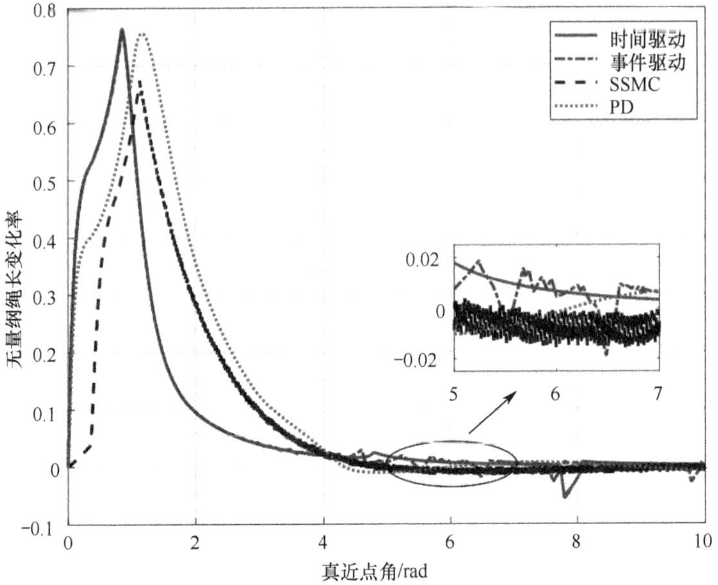

图 9-19　系绳伸缩率变化曲线

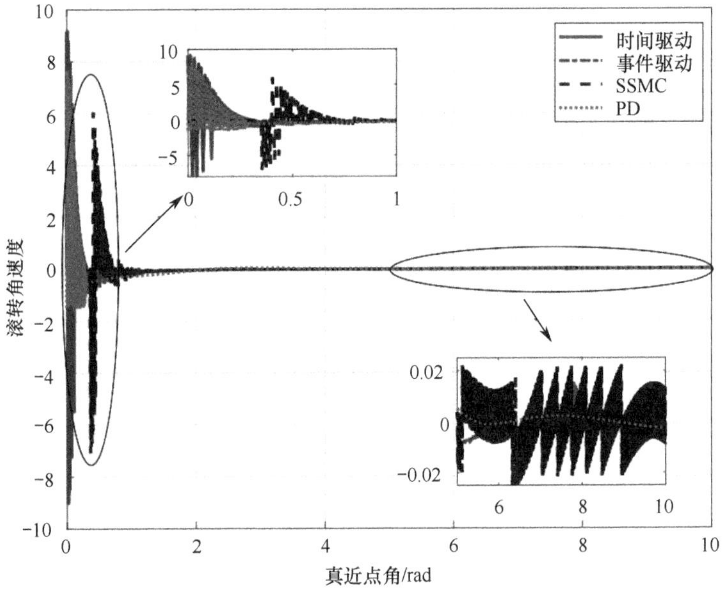

图 9-20　滚转角速度变化曲线

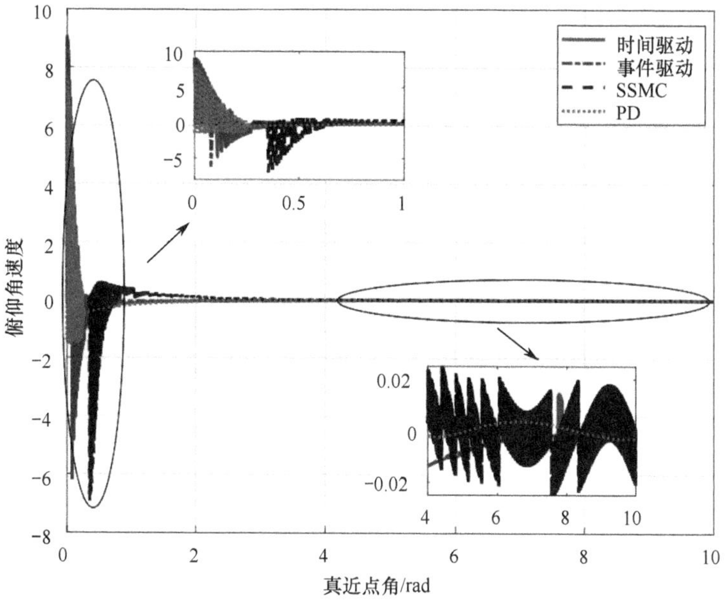

图 9-21　俯仰角速度变化曲线

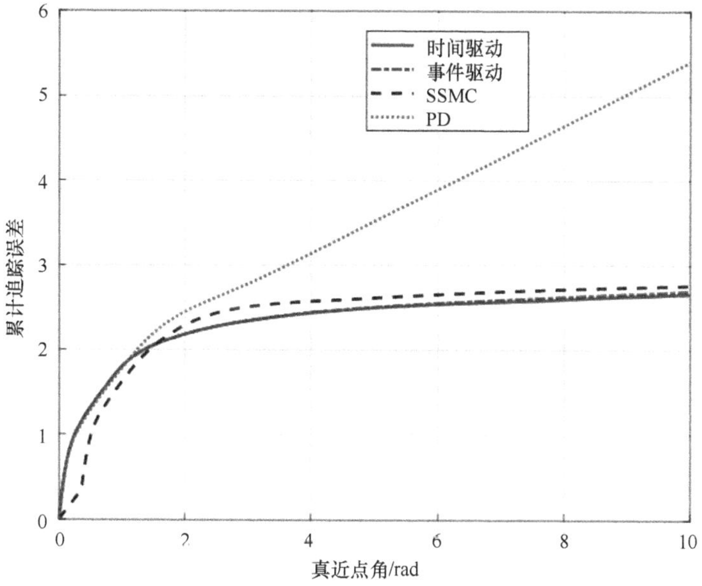

图 9-22　四种控制方法累计误差图

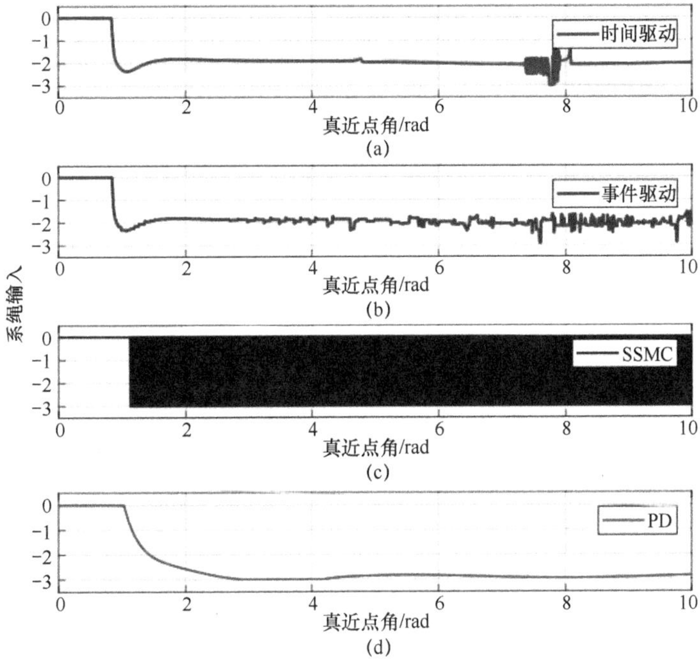

图 9-23 四种控制方法下的系绳输入变化曲线

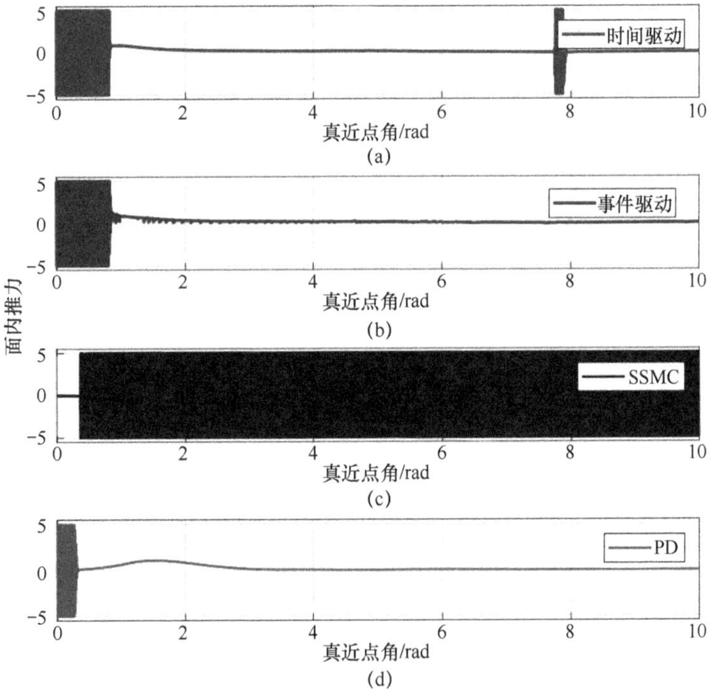

图 9-24 四种控制方法下的面内推力变化曲线

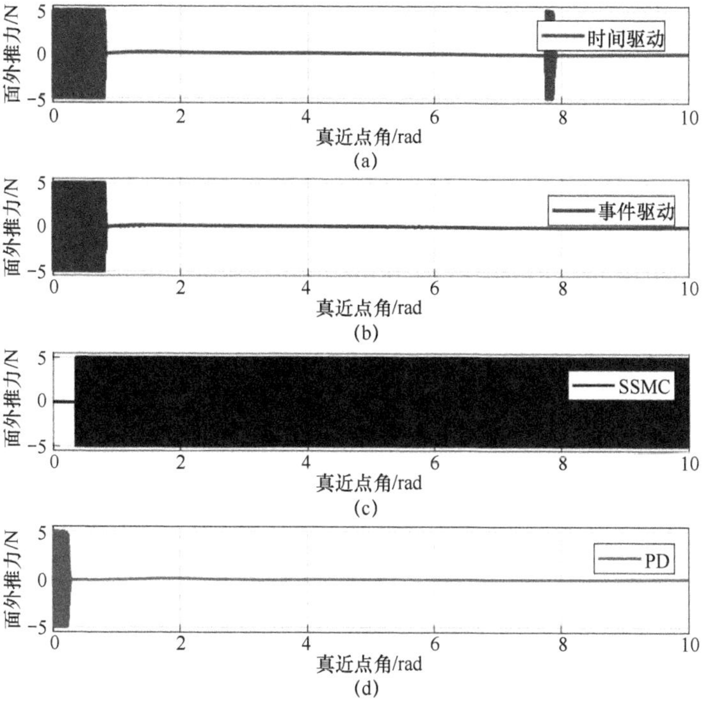

图 9-25 四种控制方法下的面外推力变化曲线

从图 9-17～图 9-25 的仿真结果，可以得到如下结论。

（1）在时间/事件驱动预设性能控制方法下，系绳能够保证在全抛掷过程中不违反规定的物理约束，且受控系统的瞬态性能与稳态精度都表现得较好（图 9-17～图 9-22）；（2）图 9-23～图 9-25 的仿真结果表明，绳系卫星系统存在的执行器约束也能够在第 7 章和本章形成的抗饱和控制方法下很好地得到解决，使得受控系统在存在执行器饱和情况下仍然能够平稳地运行。

9.4 平动点轨道目标交会控制

限制性三体系统的平动点[25,26]具有特殊的几何位置，这使得其一方面可以作为空间态势感知的理想位置，另一方面也可以作为月球探测、星际转移、深空星座布设等深空探测任务的中转站和中转轨道。由于平动点轨道的重要性，其动力学特性和相关任务设计得到了广泛的关注和研究[27-29]。研究平动点轨道的交会对接对于平动点轨道附近航天器的组装、维护、后勤、修复、营救是至关重要的，并且平动点空间飞行器维护系统的建设和使用，将带动深空航天器的重复使用，降低深空探测成本。

针对平动点交会问题，目前有两类方法。第一类是采用离线优化方法获得最优的轨道转移脉冲，并通过遥控遥测施加[30-34]。此类方法没有充分考虑导航误差、其他行星的引力、测量误差、推力约束等因素，可能会存在交会误差过大、违反交会约束等问题。利用反馈控制方法[35,36]进行平动点目标的交会，对误差、干扰、未建模动态等具有较强的鲁棒性。然而由于无法对控制结果进行先验设计，因此不能从理论上保证交会任务满足要求的精度。考虑到预设性能控制的特点和优势，本节研究预设性能控制方法在平动点轨道目标交会控制中的应用。

9.4.1 平动点轨道相对运动模型

圆型限制性三体问题描述两个主天体 P_1 和 P_2 绕着它们共同的质心做圆周运动，分析第三个质量可以忽略的航天器 P_3 在此系统中的运动问题。定义旋转坐标系 $O-xyz$ 的原点 O 为两个主天体 P_1 和 P_2 的质心，以 P_1 和 P_2 的连线为 x 轴，正方向为从质量大的主天体指向质量小的主天体，y 轴在两个主天体运动平面上，z 轴与 x、y 轴满足右手法则。假设质量可以忽略的航天器 P_3 在旋转坐标系 $O-xyz$ 中的状态为 $\boldsymbol{X}=[x,y,z,\dot{x},\dot{y},\dot{z}]^{\mathrm{T}}$。为了便于计算，质量参数定义为 $\mu=m_2/(m_1+m_2)$，其中 m_1、m_2 $(m_2<m_1)$ 分别为两个主天体 P_1、P_2 的质量，并令引力常量 G，P_1、P_2 之间的距离、旋转角速度、两主天体质量和均进行归一化，则圆型限制性三体问题的运动方程为[36]

$$\dot{\boldsymbol{X}}=\boldsymbol{F}(X) \tag{9-57}$$

其中

$$\boldsymbol{F}(X)=[\dot{x},\dot{y},\dot{z},2\dot{y}+\Omega_x,-2\dot{x}+\Omega_y,\Omega_z]^{\mathrm{T}} \tag{9-58}$$

其中：Ω_x、Ω_y、Ω_z 分别为势函数 Ω 对 x、y、z 的偏导，且势函数 Ω 定义为

$$\Omega=(x^2+y^2)/2+(1-\mu)/r_1+\mu/r_2 \tag{9-59}$$

航天器与两主天体 P_1,P_2 的距离 r_1, r_2 的表达式分别为

$$\begin{cases} r_1=[(x+\mu)^2+y^2+z^2]^{1/2} \\ r_2=[(x-1+\mu)^2+y^2+z^2]^{1/2} \end{cases} \tag{9-60}$$

假设在质心旋转坐标系中，追踪航天器和目标航天器的状态矢量分别为 $\boldsymbol{x}_c=[\boldsymbol{r}_c^{\mathrm{T}},\boldsymbol{v}_c^{\mathrm{T}}]^{\mathrm{T}}$ 和 $\boldsymbol{x}_t=[\boldsymbol{r}_t^{\mathrm{T}},\boldsymbol{v}_t^{\mathrm{T}}]^{\mathrm{T}}$，则追踪航天器相对目标航天器的状态矢量为 $\boldsymbol{x}=\boldsymbol{x}_c-\boldsymbol{x}_t=[\Delta x,\Delta y,\Delta z,\Delta\dot{x},\Delta\dot{y},\Delta\dot{z}]^{\mathrm{T}}$。

令 $\boldsymbol{x}_1=[\Delta x,\Delta y,\Delta z]^{\mathrm{T}}$，$\boldsymbol{x}_2=[\Delta\dot{x},\Delta\dot{y},\Delta\dot{z}]^{\mathrm{T}}$，当考虑推力控制以及扰动时，可以得到追踪航天器相对目标航天器的非线性相对运动方程为

$$\begin{cases} \dot{\boldsymbol{x}}_1=\boldsymbol{x}_2 \\ \dot{\boldsymbol{x}}_2=\boldsymbol{f}+\boldsymbol{g}(\boldsymbol{u}_c+\boldsymbol{d}) \end{cases} \tag{9-61}$$

其中：$\boldsymbol{d}=[d_{\Delta x}\ d_{\Delta y}\ d_{\Delta z}]^{\mathrm{T}}\in\mathbb{R}^3$ 为时变扰动加速度，包含直接、间接引力以及外部干扰等；$\boldsymbol{u}_c=[u_{cx}\,u_{cy}\,u_{cz}]^{\mathrm{T}}\in\mathbb{R}^3$ 为控制输入；$\boldsymbol{g}=-\boldsymbol{I}$；$\boldsymbol{f}=[F_1,F_2,F_3]^{\mathrm{T}}$ 的具体表达形式为

$$\begin{cases}F_1=-(1-\mu)\dfrac{(x_c-\Delta x+\mu)k_1+\Delta x}{(r_1^c)^3}-\mu\dfrac{(x_t-\Delta x+\mu-1)k_2+\Delta x}{(r_2^c)^3}+\Delta x+2\Delta\dot{y}\\F_2=-(1-\mu)\dfrac{(y_c-\Delta y)k_1+\Delta y}{(r_1^c)^3}-\mu\dfrac{(y_t-\Delta y)k_2+\Delta y}{(r_2^c)^3}+\Delta y-2\Delta\dot{x}\\F_3=-(1-\mu)\dfrac{(z_c-\Delta z)k_1+\Delta z}{(r_1^c)^3}-\mu\dfrac{(z_t-\Delta z)k_2+\Delta z}{(r_2^c)^3}\end{cases}\tag{9-62}$$

其中：r_1^c、r_2^c 分别为追踪航天器与主天体 P_1、P_2 的距离，其具体形式为

$$\begin{cases}r_1^c=\sqrt{(x_c+\mu)^2+y_c^2+z_c^2}\\r_2^c=\sqrt{(x_c+\mu-1)^2+y_c^2+z_c^2}\end{cases}\tag{9-63}$$

k_1、k_2 的具体形式为

$$\begin{cases}k_1=1-(r_1^c/r_1^t)^3\\k_2=1-(r_2^c/r_2^t)^3\end{cases}\tag{9-64}$$

其中：r_1^t、r_2^t 分别表示目标航天器与主天体 P_1、P_2 的距离，其具体形式为

$$\begin{cases}r_1^t=\sqrt{(x_c-\Delta x+\mu)^2+(y_c-\Delta y)^2+(z_c-\Delta z)^2}\\r_2^t=\sqrt{(x_c-\Delta x+\mu-1)^2+(y_c-\Delta y)^2+(z_c-\Delta z)^2}\end{cases}\tag{9-65}$$

假设扰动加速度 $\boldsymbol{d}$ 是有界未知的，即扰动加速度满足如下不等式：

$$|d_i|\leqslant D_i,\ i=\Delta x,\Delta y,\Delta z\tag{9-66}$$

定义 $\boldsymbol{D}=[D_{\Delta x},D_{\Delta y},D_{\Delta z}]^{\mathrm{T}}$ 为干扰上界，并假设控制器的执行能力强于干扰上界 $\boldsymbol{D}$。以地月系统为例，地月系统受太阳引力和太阳光压的量级大约在10^{-7}和10^{-9}，因此上述假设是合理的。

定义相对运动的期望状态为 $\boldsymbol{x}_d=[\boldsymbol{x}_{d1}^{\mathrm{T}},\boldsymbol{x}_{d2}^{\mathrm{T}}]^{\mathrm{T}}\in\mathbb{R}^6$，因此可以定义状态误差为

$$\begin{cases}\boldsymbol{e}_1(t)=\boldsymbol{x}_1(t)-\boldsymbol{x}_{d1}(t)\\\boldsymbol{e}_2(t)=\dot{\boldsymbol{e}}_1(t)=\boldsymbol{x}_2(t)-\boldsymbol{x}_{d2}(t)\end{cases}\tag{9-67}$$

基于动力学方程（9-61）和状态误差（9-67），可以得到如下的误差动力学方程：

$$\begin{cases}\dot{\boldsymbol{e}}_1(t)=\boldsymbol{e}_2(t)\\\dot{\boldsymbol{e}}_2(t)=\boldsymbol{f}-\dot{\boldsymbol{x}}_{d2}(t)+\boldsymbol{g}(\boldsymbol{u}_c+\boldsymbol{d})\end{cases}\tag{9-68}$$

9.4.2 平动点轨道交会的有限时间预设性能控制

国际深空互操作标准草案 C-2018 组合草案文件[37]指出：深空航天器交会任务可能会出现速度传感器故障的工况，进而无法提供速度测量信息。因此，式（9-67）中的相对速度项 $\boldsymbol{x}_2(t)$ 可能无法获得。为了解决这个问题，本节采用有限时间收敛微分器进行相对速度信息的估计，研究速度信息缺失情况的平动点轨道有限时间交会预设性能控制。

本节采用的有限时间收敛微分器（FTCD）[38]的形式为

$$\begin{cases}\dot{\hat{\boldsymbol{x}}}_1=\hat{\boldsymbol{x}}_2\\ \dot{\hat{\boldsymbol{x}}}_2=\hat{\boldsymbol{x}}_3\\ \dot{\hat{\boldsymbol{x}}}_3=-\dfrac{1}{\tau^3}(c_1\operatorname{sig}^{a_1}(\hat{\boldsymbol{x}}_1-\boldsymbol{x}_1)-c_2\operatorname{sig}^{a_2}(\tau\hat{\boldsymbol{x}}_2)-c_3\operatorname{sig}^{a_3}(\tau^2\hat{\boldsymbol{x}}_3))\end{cases}\tag{9-69}$$

其中：$[\hat{\boldsymbol{x}}_1^{\mathrm{T}},\hat{\boldsymbol{x}}_2^{\mathrm{T}}]^{\mathrm{T}}$ 为相对运动状态 $[\boldsymbol{x}_1^{\mathrm{T}},\boldsymbol{x}_2^{\mathrm{T}}]^{\mathrm{T}}$ 的估计值；$\tau>0$ 是足够小的扰动参数；c_i 的选取保证 $s^3+c_3s^2+c_2s+c_1=0$ 为 Hurwitz 多项式；$0<a_1<1$，$a_i=3a_1/((i-1)a_1+(4-i))(i=2,3)$。

对于有限时间收敛微分器（9-69），由文献[38]可知，存在正实数 ρ_1、ρ_2 和 Θ 使得当时间 $t\geqslant T_1:=\tau\Theta$ 时，$x_i(t)-\hat{x}_i(t)=O(\tau^{\rho_1\rho_2-2})(i=1,2,3)$，其中，$\rho_1=(1-M)/M$，$M\in(0,\min(\rho_2/(\rho_2+3),1/2))$。换言之，即使存在模型不确定、噪声及外界扰动，有限时间收敛微分器仍能保证估计值 $[\hat{\boldsymbol{x}}_1^{\mathrm{T}},\hat{\boldsymbol{x}}_2^{\mathrm{T}}]^{\mathrm{T}}$ 在有限时间 T_1 内收敛到 $[\boldsymbol{x}_1^{\mathrm{T}},\boldsymbol{x}_2^{\mathrm{T}}]^{\mathrm{T}}$ 的小邻域内。

基于有限时间收敛微分器（9-69）的估计结果，定义相对速度状态误差为

$$\hat{\boldsymbol{e}}_2(t):=\hat{\boldsymbol{x}}_2(t)-\boldsymbol{x}_{d2}(t)\tag{9-70}$$

因此，$\hat{\boldsymbol{e}}_2(t)$ 将会在有限时间 T_1 内收敛到 $\boldsymbol{e}_2(t)$ 的小邻域内。

基于第 5 章中的有限时间预设性能控制方法和第 8 章中基于部分状态反馈的预设性能方法，可以构造如下所示的非线性流形 $\boldsymbol{\upsilon}=[\upsilon_1,\upsilon_2,\upsilon_3]^{\mathrm{T}}$：

$$\boldsymbol{\upsilon}=\hat{\boldsymbol{e}}_2+\boldsymbol{\varepsilon}\boldsymbol{\psi}(\boldsymbol{e}_1)\tag{9-71}$$

其中：$\boldsymbol{\varepsilon}=\operatorname{diag}(\varepsilon_1,\varepsilon_2,\varepsilon_3)$ 并且 $\varepsilon_i>0$；$\boldsymbol{\psi}(\boldsymbol{e}_1)=[\psi_1(e_{1,1}),\psi_2(e_{1,2}),\psi_3(e_{1,3})]^{\mathrm{T}}$ 可定义为

$$\psi_i(e_{1,i})=\begin{cases}\operatorname{sig}^{\beta}(e_{1,i}),\ \upsilon_i\neq0,|e_{1,i}|>\chi_i\ \text{或}\ \upsilon_i=0\\ a_{1,i}e_{1,i}+a_{2,i}\operatorname{sig}^2(e_{1,i}),\ |e_{1,i}|\leqslant\chi_i,\upsilon_i\neq0\end{cases}\tag{9-72}$$

其中：$\beta\in(0,1)$、$0<\chi_i<(\varphi_{i,\infty}/\varepsilon_i)^{-\beta}$、$a_{1,i}=(2-\beta)\chi_i^{\beta-1}$、$a_{2,i}=(\beta-1)\chi_i^{\beta-2}$ 保证

了 $\psi_i(e_{1,i})$ 和 $\dot{\psi}_i(e_{1,i})$ 的连续性，$\varphi_{i,\infty}$ 为系统稳定后最大的允许误差。

基于第 5 章的**定理 5.2** 可以得出，当非线性流形 $\boldsymbol{\upsilon}(t)$ 收敛后，其组成状态量 $\boldsymbol{e}_1(t)$ 和 $\hat{\boldsymbol{e}}_2(t)$ 均能在有限时间 T_3 收敛到稳定域内。因此，只要通过设计有限时间预设性能控制器约束非线性流形 $\boldsymbol{\upsilon}(t)$ 在有限时间 T_2 内收敛到稳定域内，就能保证系统的所有状态量都能在时间 $t = T_1 + T_2 + T_3$ 内完成收敛。

为了保证非线性流形 $\boldsymbol{\upsilon}(t)$ 的有限时间收敛性，本节采用如下有限时间预设性能函数 $\varphi_i(t)$ 来约束非线性流形 $\boldsymbol{\upsilon}(t)$ 的收敛过程：

$$\begin{cases} \varphi_i(0) = \varphi_{i,0} \\ \dot{\varphi}_i(t) = -\lambda_i \left|\varphi_i(t) - \varphi_{i,\infty}\right|^{\alpha} \operatorname{sign}(\varphi_i(t) - \varphi_{i,\infty}) \end{cases} \tag{9-73}$$

其中：$\lambda_i = (\varphi_{i,0} - \varphi_{i,\infty})^{1-\alpha} / (1-\alpha) / T_2$，$0 < \alpha < 1$，$T_2$ 为预设收敛时间；$\varphi_{i,0}$ 和 $\varphi_{i,\infty}$ $(\varphi_{i,0} > \varphi_{i,\infty})$ 为严格正常数并且代表 PPF 的初值和终值，并且 $\varphi_{i,0}$ 满足 $\left|\upsilon_i(0)\right| < \varphi_{i,0}$。

由**定理 5.1** 可知，性能函数 $\varphi_i(t)$ 能够在预设收敛时间 T_2 内收敛到其终值 $\varphi_{i,\infty}$。因此，可以使非线性流形 $\boldsymbol{\upsilon}(t)$ 的每一维状态 υ_i 满足如下性能约束：

$$-\varphi_i(t) < \upsilon_i(t) < \varphi_i(t) \tag{9-74}$$

若式（9-74）中的约束成立，显然非线性流形 $\boldsymbol{\upsilon}(t)$ 的每一维状态 υ_i 都能在预设收敛时间 T_2 内到达稳定域 $(-\varphi_{i,\infty}, \varphi_{i,\infty})$ 内。进而结合非线性流形的性质可知，状态量 $\boldsymbol{e}_1(t)$ 和 $\hat{\boldsymbol{e}}_2(t)$ 均能在有限时间 $t = T_1 + T_2 + T_3$ 内收敛到稳定域内。

为了处理式（9-74）中的性能约束，定义状态变量 $\omega_i := \upsilon_i / \varphi_i$ 和无约束化映射函数 $\varGamma_i : (-1,1) \to \mathbb{R}$：

$$\varGamma_i(\omega_i) = \frac{1}{2}\ln\left(\frac{\omega_i + 1}{1 - \omega_i}\right) \tag{9-75}$$

基于第 5 章中的有限时间预设性能控制方法，可以设计如下的有限时间预设性能控制器：

$$\boldsymbol{u}_c = -\boldsymbol{k}\bar{\boldsymbol{\varpi}}\boldsymbol{\varGamma} \tag{9-76}$$

其中：$\boldsymbol{k} = \operatorname{diag}(k_1, k_2, k_3)$ 为正的控制增益矩阵；$\bar{\boldsymbol{\varpi}} = \operatorname{diag}^{-1}((1+\boldsymbol{\omega}) \circ (1+\boldsymbol{\omega}))$，“$\circ$”为 Hadamard 积，$\boldsymbol{\omega} = [\omega_1, \omega_2, \omega_3]^{\mathrm{T}}$；$\boldsymbol{\varGamma} = [\varGamma_1, \varGamma_2, \varGamma_3]^{\mathrm{T}}$。

综合考虑平动点轨道相对动力学，以及本小节的有限时间收敛微分器（FTCD）和有闲时间预设性能控制器，平动点轨道交会的有限时间预设性能控制框图如图 9-26 所示。

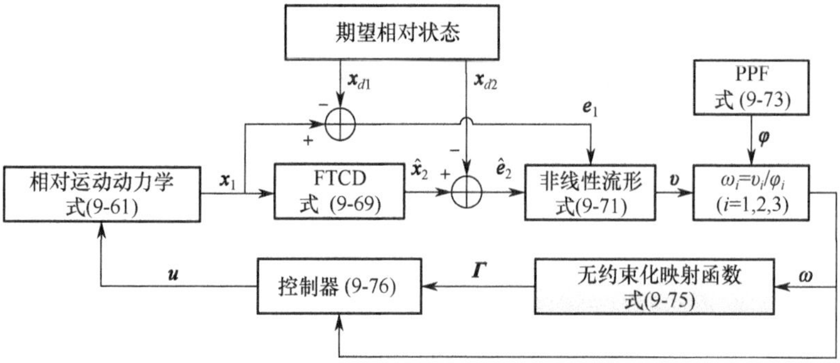

图 9-26　平动点轨道交会控制有限时间预设性能控制框图

在有限时间预设性能控制器（9-76）的作用下，状态误差$e_1(t)$和$\hat{e}_2(t)$将在有限时间$t=T_1+T_2+T_3$内收敛到如下稳定域内：

$$\begin{cases}|e_{1,i}|\leqslant(\varepsilon_i/\varphi_{i,\infty})^{\beta},\\|e_{2,i}|\leqslant 2\varphi_{i,\infty}\end{cases}\tag{9-77}$$

上述结论可结合第 5 章和第 8 章中的结果证明得到，本节不再赘述。

9.4.3　仿真验证

1．有效性仿真验证

本小节假设追踪航天器和目标航天器的初始相对位置和速度状态分别为$[50,0,0]^{\mathrm{T}}$ km 和$[-10,5,6]^{\mathrm{T}}$ m/s，最终期望的两航天器相对位置和速度状态为$[1,0,0]^{\mathrm{T}}$ km 及$[0,0,0]^{\mathrm{T}}$ m/s。考虑到空间中的外部扰动一般呈现周期性变化，因此假设外部干扰$\boldsymbol{d}(t)$呈现如下形式：

$$\boldsymbol{d}(t)=[d_1\sin(\hat{\omega}_1 t),d_2\cos(\hat{\omega}_2 t),d_3(\sin(\hat{\omega}_3 t)+\cos(\hat{\omega}_4 t))]^{\mathrm{T}}\tag{9-78}$$

其中：d_1、d_2、d_3分别为x、y、z方向的扰动幅值；$\hat{\omega}_i(i=1,2,3,4)$为扰动频率。在仿真中，选取参数$d_i=3\times10^{-7}(i=1,2,3)$，$\hat{\omega}_i$=0.0034$(i=1,2,3,4)$。

式（9-69）的参数设置为：$c_1=1,\ c_2=2,\ c_3=3,\ a_1=0.9$，微分器的初始状态设计为$[3.8\text{km},3.8\text{km},3.8\text{km},0,0,0,0,0,0]^{\mathrm{T}}$。预设性能函数的参数为$\beta=0.08$，$\varepsilon_i=20$，$\varphi_{i,0}=3\times10^{-2}$，$\varphi_{i,\infty}=1\times10^{-7}$，$T_2=4$，$\alpha=0.03$，控制器设计参数为：$k_i=10$。

速度信息缺失情况的平动点轨道有限时间交会预设性能控制的仿真结果如图 9-27～图 9-32。为了展示本节的有限时间交会预设性能控制（FTPPC）的优势，本节还采用了第 2 章中的低复杂度预设性能控制器（PPC）进行交会控制，并对两种控制器的控制效果进行了对比。从图 9-27～图 9-28 可知，两种方法的相对位置和相对速度都可以收敛到期望的稳态性能。本节的有限时间预设性能控制和低复杂度预设性能控制的相对位置误差分别为4.9170×10^{-4}m 和2.6773×10^{-3}m。相对速度误差分别为4.4609×10^{-4} m/s和1.0317×10^{-3} m/s。因此，FTPPC 的末端相对位置误差小于 PPC 的误差。此外，FTPPC 的收敛时间为3.5 h，而 PPC 直到5 h才收敛，显然 FTPPC 的收敛速度比 PPC 更快。式（9-69）的估计值如图 9-29～图 9-30 所示。可以看出，相对速度状态可以在有限时间内收敛到系统状态。推力加速度如图 9-31 所示。图 9-32 给出了两种控制器作用下的两航天器相对运动轨迹，可以看出相对运动轨迹平滑，但是 FTPPC 的轨迹长度比较短，并且可以实现快速高精度的交会。

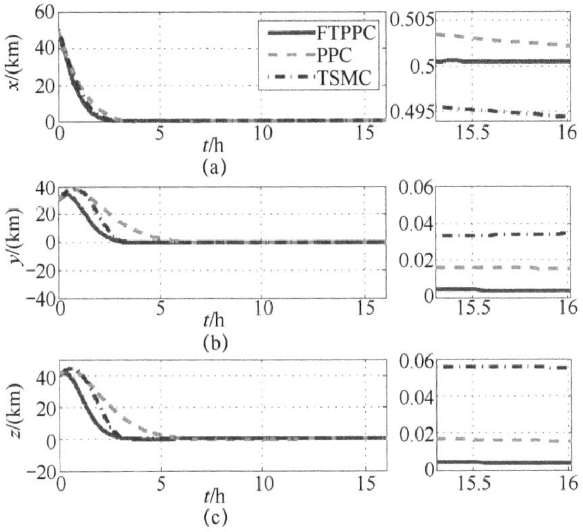

图 9-27　相对位置变化曲线

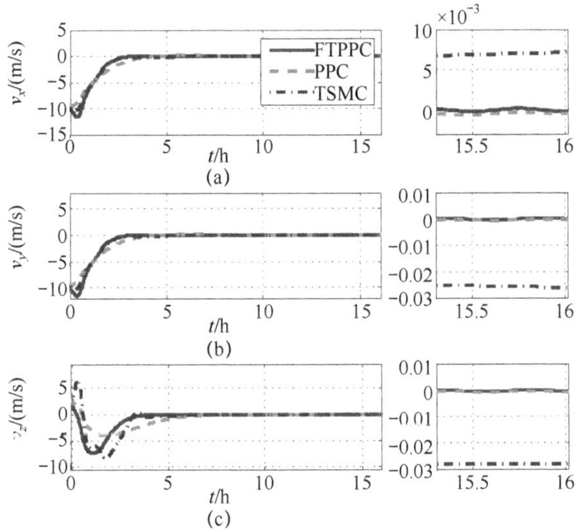

图 9-28　相对速度变化曲线

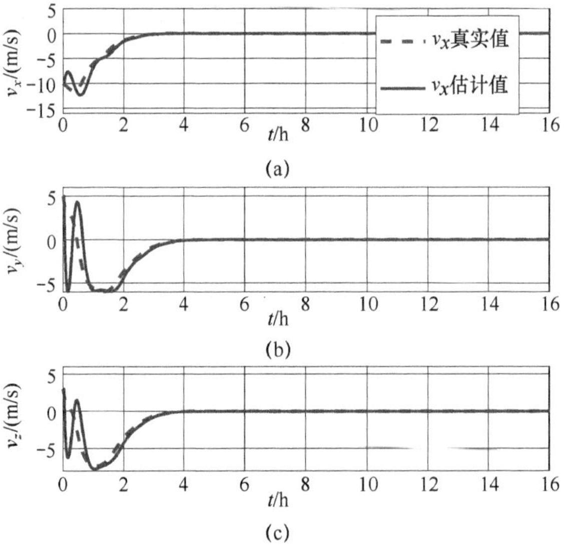

图 9-29　相对速度估计值变化曲线

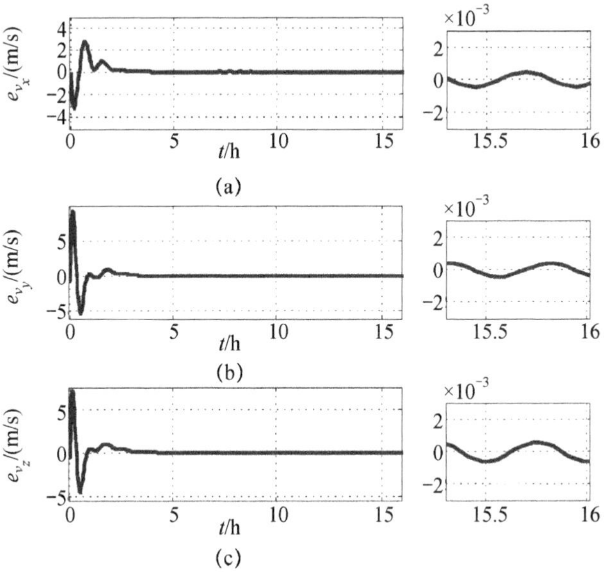

图 9-30　相对速度估计误差变化曲线

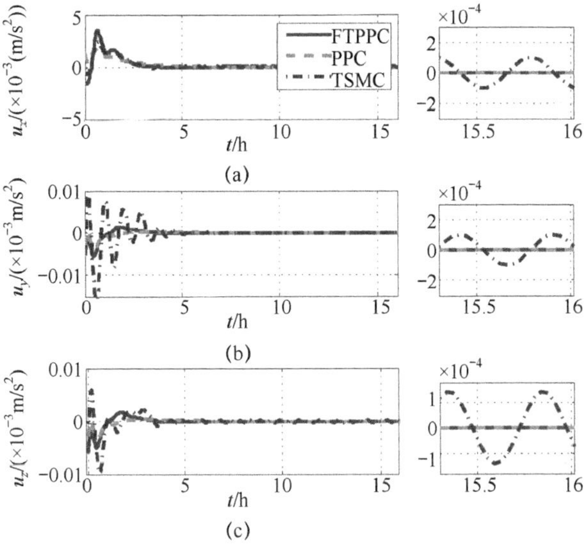

图 9-31 控制输入变化曲线

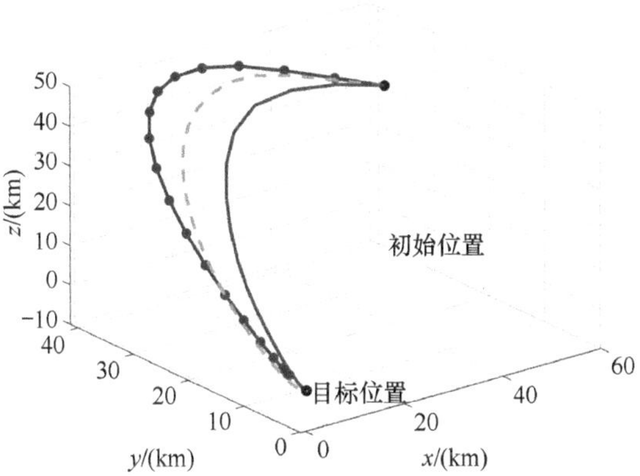

图 9-32 相对运动轨迹

2. 鲁棒性仿真验证

为了进一步验证本节有限时间预设性能控制方法的性能，本小节额外引入了两航天器在不同相对距离的相对位置导航误差，具体如表 9-2 所列。

表 9-2 两航天器相对导航误差

相对距离/km	50～30	30～10	10～1
位置误差（3σ）/m	30	10	5

考虑相对导航误差的仿真结果如图 9-33～图 9-35 所示。由图 9-33 和 9-34 可知，两种控制方法都可以使得两航天器实现在期望的误差范围内交会，但 FTPPC 的相对速度和相对位置误差都小于 PPC，并且比 PPC 收敛速度更快。图 9-35 表示两种控制方法的控制加速度，可以看出在初始阶段加速度的量级在10^{-3}，当达到稳定时，加速度的量级为10^{-7}，这些结果表明本节设计的有限时间预设性能交会控制器对于导航误差具有很强的鲁棒性。

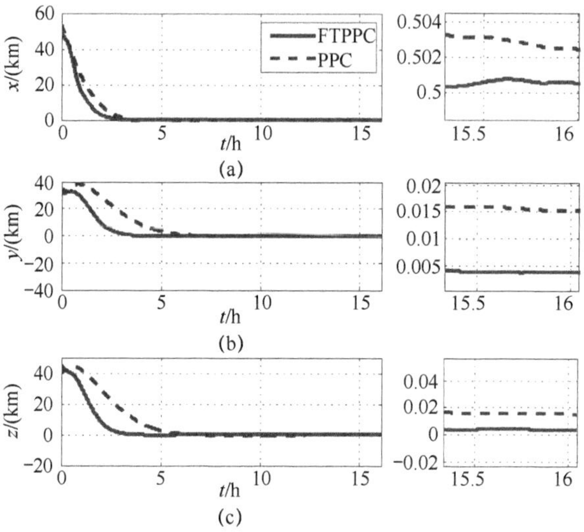

图 9-33　相对位置变化曲线

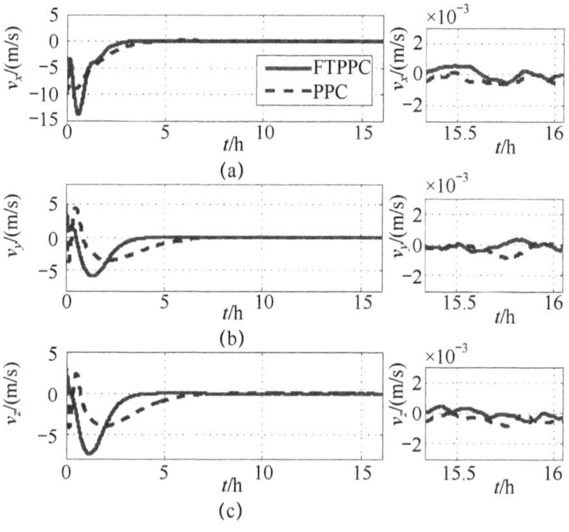

图 9-34　相对速度变化曲线

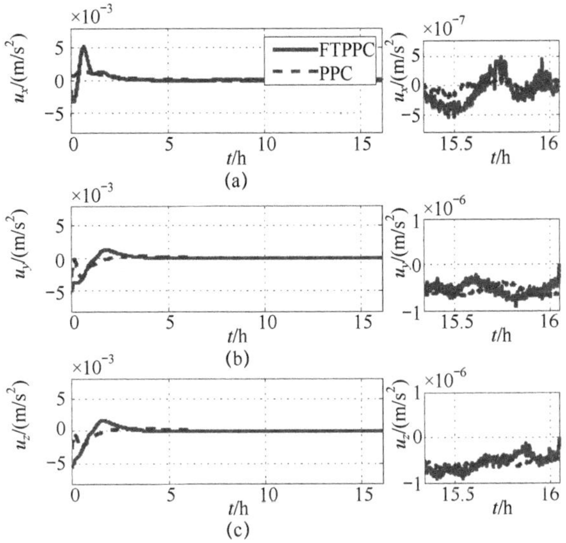

图 9-35 控制输入变化曲线

为了进一步分析本节有限时间预设性能交会控制器的鲁棒性，本小节分别对式（9-80）中的外部干扰和表 9-2 中的导航误差分别放大相应的倍数，通过蒙特卡罗打靶对扰动和导航误差的 16 种不同的放大组合进行分析，并与 PPC 进行比较。仿真结果如图 9-36～图 9-39 所示。在这些图中，k_d 中的 0、1、2 和 4 表示扰动的放大倍数。同样的，k_p 为相对导航误差 0、1、2 和 4 倍，坐标轴中的 $e_{\|r_f\|}$ 和 $e_{\|v_f\|}$ 分别表示最终交会的相对位置和相对速度误差，柱形表示误差平均值，火柴棍表示标准差，火柴棍顶点为方形表示交会失败，圆点表示交会成功。仿真中对每种组合进行了 100 次打靶仿真。

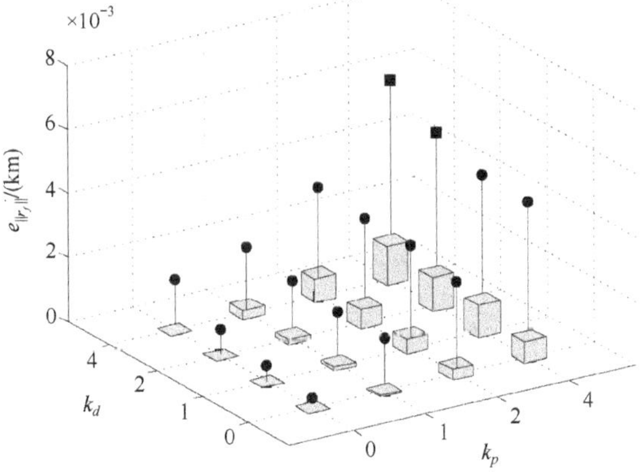

图 9-36 FTPPC 相对位置控制性能

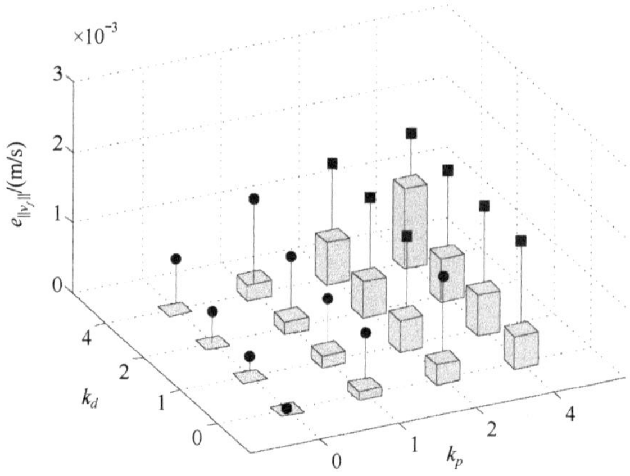

图 9-37 FTPPC 相对速度控制性能

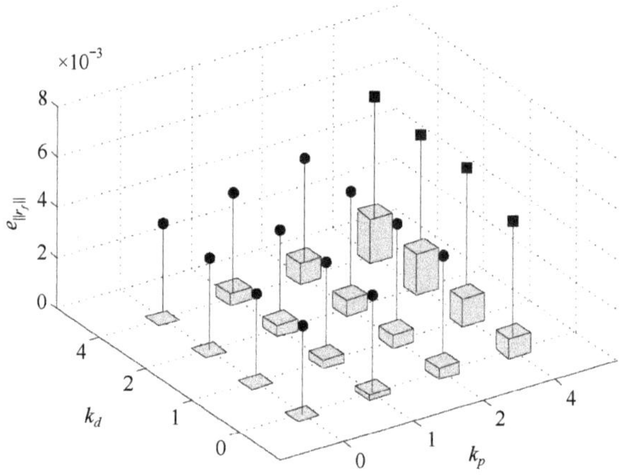

图 9-38 PPC 相对位置控制性能

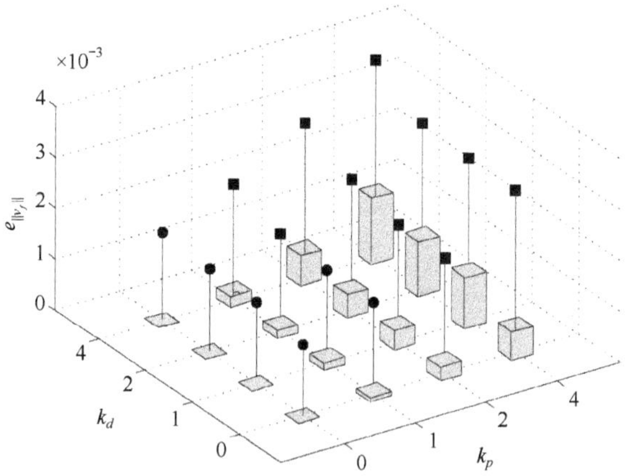

图 9-39 PPC 相对速度控制性能

如图 9-36～图 9-39 所示，FTPPC 的相对位置误差 $e_{\|r_f\|}$ 直到扰动的倍数为 2 和 4，导航误差的倍数为 4 时交会才失败。然而，PPC 当导航误差增大到 4 倍时，不论外部扰动为几倍，交会均失败。对于相对速度误差 $e_{\|v_f\|}$，FTPPC 仍旧表现出比 PPC 性能更好的优势。这些结果表明，FTPPC 对于外部扰动和导航误差具有很强的鲁棒性。

9.5 本章小结

本章通过对三个典型航天控制任务的分析和讨论，利用不同的预设性能控制方法设计了与相应的航天控制任务相匹配的预设性能控制器，进一步展示了预设性能控制方法的优势和可拓展性。针对空间非合作目标的自主视线交会问题，应用第 6 章提出的约定时间预设性能控制方法，提出了一种约定时间可达的自主视线交会预设性能控制方案；针对空间绳系卫星的抛掷任务，结合第 7 章提出的事件驱动预设性能控制方法，提出了一种考虑输入饱和问题的抛掷任务事件驱动预设性能控制方案；针对平动点轨道目标的交会问题，结合第 5 章提出的有限时间预设性能控制方法和第 8 章提出的部分状态反馈预设性能控制方法，考虑相对运动速度不可测问题，提出了一种平动点交会有限时间预设性能控制方案。

通过前述章节和本章的研究表明，预设性能控制作为一种可预设控制系统性能指标的方法，可以与更多的航天控制任务进行结合。期待读者结合自己的研究工作继续拓展预设性能控制方法的应用研究与实践。

参考文献

[1] 陈小前, 袁建平, 姚雯, 等. 航天器在轨服务技术[M]. 北京: 中国宇航出版社, 2009.

[2] 吴宏鑫, 谈树萍. 航天器控制的现状与未来[J]. 空间控制技术与应用, 2012, 38(5): 1-7.

[3] Flores-Abad A, Ma O, Pham K, et al. A review of space robotics technologies for on-orbit servicing[J]. Progress in Aerospace Sciences, 2014, 68(8): 1-26.

[4] Zhou Z G, Zhang Y A, Zhou D. Robust prescribed performance tracking control for free-floating space manipulators with kinematic and dynamic uncertainty[J]. Aerospace Science and Technology, 2017, 71: 568-579.

[5] Zhu Y, Qiao J, Guo L. Adaptive sliding mode disturbance observer-based composite control with prescribed performance of space manipulators for target capturing[J]. IEEE Transactions on Industrial Electronics, 2018, 66(3): 1973-1983.

[6] 马广富, 朱庆华, 王鹏宇, 等. 基于终端滑模的航天器自适应预设性能姿态跟踪控制[J]. 航空学报, 2018 (6): 321763.

[7] 黄秀韦，段广仁. 组合航天器的姿态控制与结构鲁棒控制分配[J]. 控制理论与应用，2018, 35(10): 1447-1457.
[8] 魏才盛，罗建军，殷泽阳. 航天器姿态预设性能控制方法综述[J]. 宇航学报，2019, 40(10): 1167-1176.
[9] 郑丹丹，罗建军，殷泽阳，等. 速度信息缺失的平动点轨道交会预设性能控制[J]. 宇航学报，2019, 40(5): 508-517.
[10] 梁斌，杜晓东，李成，等. 空间机器人非合作航天器在轨服务研究进展[J]. 机器人，2012(02):116-130.
[11] 陈统，徐世杰. 非合作式自主交会对接的终端接近模糊控制[J]. 宇航学报, 2006(03): 98-103.
[12] 高登巍，罗建军，马卫华，等. 接近和跟踪非合作机动目标的非线性最优控制[J]. 宇航学报，2013, 34(6): 773-781.
[13] 殷泽阳，罗建军，魏才盛，等. 非合作目标接近与跟踪的低复杂度预设性能控制[J]. 宇航学报, 2017, 38(8): 855-864.
[14] Zhang K, Duan G, Ma M. Adaptive sliding-mode control for spacecraft relative position tracking with maneuvering target[J]. International Journal of Robust and Nonlinear Control, 2018, 28(18): 5786-5810.
[15] Kumar K D. Review on dynamics and control of nonelectrodynamic tethered satellite systems[J]. Journal of Spacecraft and Rockets, 2006, 43(4): 705-720.
[16] 孔宪仁，徐大富. 空间绳系研究综述[J]. 航天器环境工程, 2010 (6): 775-783.
[17] Shan M, Guo J, Gill E. Review and comparison of active space debris capturing and removal methods[J]. Progress in Aerospace Sciences, 2016, 80: 18-32.
[18] Kumar K D, Tan B. Nonlinear optimal control of tethered satellite systems using tether offset in the presence of tether failure[J]. Acta Astronautica, 2010, 66(9-10): 1434-1448.
[19] Ma Z, Sun G. Adaptive sliding mode control of tethered satellite deployment with input limitation[J]. Acta Astronautica, 2016, 127: 67-75.
[20] Williams P, Hyslop A, Stelzer M, et al. YES2 optimal trajectories in presence of eccentricity and aerodynamic drag[J]. Acta Astronautica, 2009, 64(7-8): 745-769.
[21] Ma J, Ge S S, Zheng Z, et al. Adaptive NN control of a class of nonlinear systems with asymmetric saturation actuators[J]. IEEE Transactions on Neural Networks and Learning Systems, 2014, 26(7): 1532-1538.
[22] Ma Z, Sun G, Li Z. Dynamic adaptive saturated sliding mode control for deployment of tethered satellite system[J]. Aerospace Science and Technology, 2017, 66: 355-365.
[23] Williams P, Hyslop A, Stelzer M, et al. YES2 optimal trajectories in presence of eccentricity and aerodynamic drag[J]. Acta Astronautica, 2009, 64(7-8): 745-769.
[24] Wei C, Luo J, Gong B, et al. On novel adaptive saturated deployment control of tethered satellite

system with guaranteed output tracking prescribed performance[J]. Aerospace Science and Technology, 2018, 75: 58-73.

[25] Lo M, Ross S. The Lunar L_1 Gateway: Portal to the Stars and Beyond[C]. AIAA Space 2001 Conference and Exposition, Albuquerque, NM, August 28-30, 2001.

[26] Bond V R, Sponaugle S J, Fraietta M. F, etal. Cislunar Libration Point as a Transportation Node for Lunar Exploration[C]//AAS/AIAA Spaceflight Mechanics Meeting, Houston, TX, February 11-13, 1991.

[27] Farquhar R W. The Flight of ISEE-3/ICE: Origins, Mission History and a Legacy[J]. Journal of the Astronautical Sciences, 2001, 49(1): 23-74.

[28] Dunham D W, Roberts C E. Stationkeeping Techniques for Libration-Point Satellites[J]. Journal of the Astronautical Sciences, 2001, 49(1): 127-144.

[29] Roberts, C. E. Long Term Missions at the Sun-Earth Libration Point L1: ACE, SOHO, and WIND[C]//AAS/AIAA Astrodynamics Specialist Conference, Girdwood, AK, 11-485, 2011.

[30] Jones B. A guidance and navigation system for two spacecraft rendezvous in translunar halo orbit [D]. Austin: The University of Texas at Austin, 1993.

[31] Marinescu A, Dumitrache M. The nonlinear problem of the optimal libration points rendezvous in Earth-Moon system [C]//AIAA/AAS Astrodynamics Specialist Conference, Denver, Colorado, August 23-26, 2000.

[32] Marinescu A, Nicolae A, Dumitrache M. Optimal low-thrust libration points rendezvous in Earth-Moon system [C]//AIAA AAS/AIAA Spaceflight Mechanics Meeting, Breckenridge, Colorado, February 7-10, 1999.

[33] Volle M. Optimal variable-specific-impulse rendezvous trajectories between Halo orbits[C]// International Symposiumon Space Flight Dynamics. Japan Society for Aeronautical and Space Sciences and ISTS, Kanazawa, Japan, 9, 2006.

[34] Yuri U. Optimization of Low thrust Rendezvous Trajectories in vicinity of Lunar L2 Halo-orbit[C]//AIAA/AAS Astrodynamics Specialist Conference, Long Beach, CA, September 12-15, 2016.

[35] Lian Y J, Tang G J. Libration point orbit rendezvous using PWPF modulated terminal sliding mode control[J]. Advances in Space Research. 2013, 52: 2156-2167 .

[36] Peng H J, Jiang X, Chen B S. Optimal nonlinear feedback control of spacecraft rendezvous with finite low thrust between libration orbit[J]. Nonlinear Dynamics, 2014, 76: 1611-1632.

[37] National Aeronautics, Space Administration. International deep space interoperability standards Draft C-2018 Combined draft document [EB/OL]. https://www.nasa.gov.2/2018.

[38] Wang X, Chen Z, Yang G. Finite-time-convergent differentiator based on singular perturbation technique[J]. IEEE Transactions on Automatic Control, 2007, 52(9): 1731-1737.

内 容 简 介

本书以预设性能控制方法的研究与发展及航天器预设性能控制的应用为主线，系统地介绍了预设性能控制的基本原理、典型方法和应用。主要内容包括：预设性能控制基本方法、静态与动态预设性能控制方法、时间驱动与事件驱动预设性能控制方法、有限时间与约定时间预设性能控制方法、全状态反馈与部分状态反馈的预设性能控制方法和航天器姿态控制与典型航天任务的预设性能控制应用。

本书是有关非线性系统预设性能控制的专著，适合于控制理论与工程、航空宇航科学与技术领域的科学研究和工程技术人员阅读和研究参考，也可作为高等院校相关专业的研究生教学参考书。

This book focuses on the state-of-art development of the prescribed performance control (PPC) method and its applications in aerospace engineering. It systematically introduces the basic principles, typical methods and applications of PPC method. The main contents of this book include: the basic principle of the PPC method, static/dynamic PPC method, time-triggered/event-triggered PPC method, finite-time/appointed-time PPC method, full state/partial state feedback PPC method, and typical aerospace applications of the PPC method.

The book is a monograph in the field of prescribed performance control of nonlinear system. It can be used as a suitable reference book for scientists and engineers in the field of control theory and engineering, aerospace science and technology. It could also be used as a referenced textbook for postgraduates in related majors.